电子电路设计、仿真与制作

常用控制电路设计及应用

（第2版）

周润景　张　晨　编著

電子工業出版社
Publishing House of Electronics Industry
北京·BEIJING

内 容 简 介

本书介绍了37个典型的控制电路设计案例。每个案例项目都对整个电路主要模块进行了详细介绍，使读者可以清晰地了解各个模块的具体功能，并实现整个电路的仿真设计。这些案例均来源于作者多年的实际科研项目，因此具有很强的实用性。通过对本书的学习和实践，读者可以很快掌握常用控制电路设计的基础知识及应用方法。

本书适合电子电路设计爱好者自学使用，也可作为高等学校相关专业课程设计、毕业设计及电子设计竞赛的指导书籍。

图书在版编目（CIP）数据

常用控制电路设计及应用/周润景，张晨编著．—2版．—北京：电子工业出版社，2021.5
（电子电路设计、仿真与制作）
ISBN 978-7-121-41141-0

Ⅰ．①常…　Ⅱ．①周…　②张…　Ⅲ．①控制电路-电路设计　Ⅳ．①TN710

中国版本图书馆CIP数据核字（2021）第087275号

责任编辑：张　剑（zhang@phei.com.cn）　　文字编辑：靳　平
印　　刷：北京天宇星印刷厂
装　　订：北京天宇星印刷厂
出版发行：电子工业出版社
　　　　　北京市海淀区万寿路173信箱　邮编：100036
开　　本：787×1092　1/16　印张：22.25　字数：570千字
版　　次：2017年7月第1版
　　　　　2021年5月第2版
印　　次：2023年6月第6次印刷
定　　价：89.00元

凡所购买电子工业出版社图书有缺损问题，请向购买书店调换。若书店售缺，请与本社发行部联系，联系及邮购电话：（010）88254888，88258888。

质量投诉请发邮件至zlts@phei.com.cn，盗版侵权举报请发邮件至dbqq@phei.com.cn。

本书咨询联系方式：zhang@phei.com.cn。

前　言

当代电子技术的迅速发展为人们的文化、物质生活提供了优越的条件。数码摄像机、家庭影院、空调、电子计算机等都是典型的电子技术应用实例。其中，控制电路应用于多个领域，其应用领域涉及机械制造、工业过程控制、汽车电子产品、通信电子产品、消费电子产品和专用设备等。因此，掌握控制电路的基本原理和工作特性对于电路设计是至关重要的。本书以控制电路为主、单片机系统为辅，并以设计、分析、制作为主线，围绕控制电路设计应用中的一些具体案例进行讲解。

本书将控制思想集中整合并运用到电路中，并精选内容，推陈出新，讲清电路的基本工作原理和基本分析方法。其中，对较为复杂的电路运用 Proteus 软件进行了仿真，相关电路中的程序以 C 语言进行编写，使用的编译软件为 Keil。

本书的特点如下。

（1）分模块简述了电路原理，为以后的复杂电路设计提供引导性的背景知识。

（2）在电路设计中，为了将仿真、原理图及 PCB 的绘制整合起来，绝大部分电路设计采用 Proteus 软件来实现。

（3）目前，硬件与软件之间的界限已越来越模糊。本书在利用软件对电路进行辅助设计时，尽可能将二者结合起来。

（4）在每个电路设计案例的最后都编写了思考与练习，以便读者深入理解书中内容。

本书详细介绍了 37 个典型案例。每个案例项目都对整个电路的主要模块进行了详细介绍，使读者可以清晰地了解各个模块的具体功能，并实现整个电路的仿真设计。

本书的内容大多来自作者的科研与实践，有关内容的讲解并没有过多的理论推导，代之以实用的电路设计。本书语言生动精炼，内容详尽，且包含了大量可供参考的实例。本书电路图由仿真软件自动生成，未进行标准化处理。

本书由周润景、张晨编著。其中，张晨编写了项目 21 ～ 23，周润景编写了其余项目，全书由周润景统稿。另外，参加本书编写的还有张红敏和周敬。

在本书的编写过程中，作者虽力求完美，但由于水平有限，书中难免有不足之处，敬请读者批评指正。

编著者

目　录

项目 1　数控锁相环调速电路

设计任务

本设计电路利用锁相环电路控制电动机的转速，将电动机转速分为两挡，通过开关控制电动机转速挡位的切换，然后通过霍尔传感器对电动机转速信号进行采样，产生脉冲信号（比较信号）。

基本要求

使用锁相环检测比较信号和参考信号之间的瞬时相位差，然后通过该相位差调节 PWM（Pulse Width Modulation）波的占空比，以调节电动机两端电压，从而使电动机转速保持在选择挡位，实现调速。

总体思路

本设计以 4020 芯片构成的分频电路和 4046 芯片构成的锁相环电路为核心，通过选频开关选择频率基准，电动机将对应于不同的转速，并由有源晶振为电路提供振荡信号，通过分频电路的分频作用形成相应的参考信号。霍尔传感器对电动机转速信号进行采样，从而产生脉冲信号（比较信号），该比较信号即为反馈信号。通过锁相环检测比较信号和参考信号之间的瞬时相位差，然后通过该相位差调节 PWM 波的占空比，以调节电动机两端电压，从而使电动机转速保持设定值，实现调速。

系统组成

数控锁相环调速电路主要有以下 5 个模块。

☺ 开关控制电路：用于选择电动机基准频率并通过相应的发光二极管（Light Emitting Diode，LED）指示该频率。

☺ 分频电路：用于产生参考信号，即产生电路的基准频率。

☺ 转速采样电路：霍尔传感器对电动机转速信号进行实时采样，从而产生比较信号，该比较信号即为反馈信号。

☺ 锁相环电路：用于检测比较信号和参考信号之间的瞬时相位差，然后通过该相位差调节 PWM 波的占空比，以改变电动机两端的电压。

☺ 电动机驱动电路：用于驱动直流电动机旋转。

 模块详解

1. 开关控制电路

开关控制电路主要由非门（7404 芯片）和 3 输入或非门（7427 芯片 ）构成，如图 1-1 所示。本设计中，开关控制电路设置了两挡控制开关以选择电动机转速，分别将电动机转速控制为 160rad/s 和 100rad/s。当选择不同电动机转速档位时，会有不同颜色的指示灯亮起。当选择 160rad/s 电动机转速时，黄色的 LED 亮；当选择 100rad/s 电动机转速时，绿色的 LED 亮。

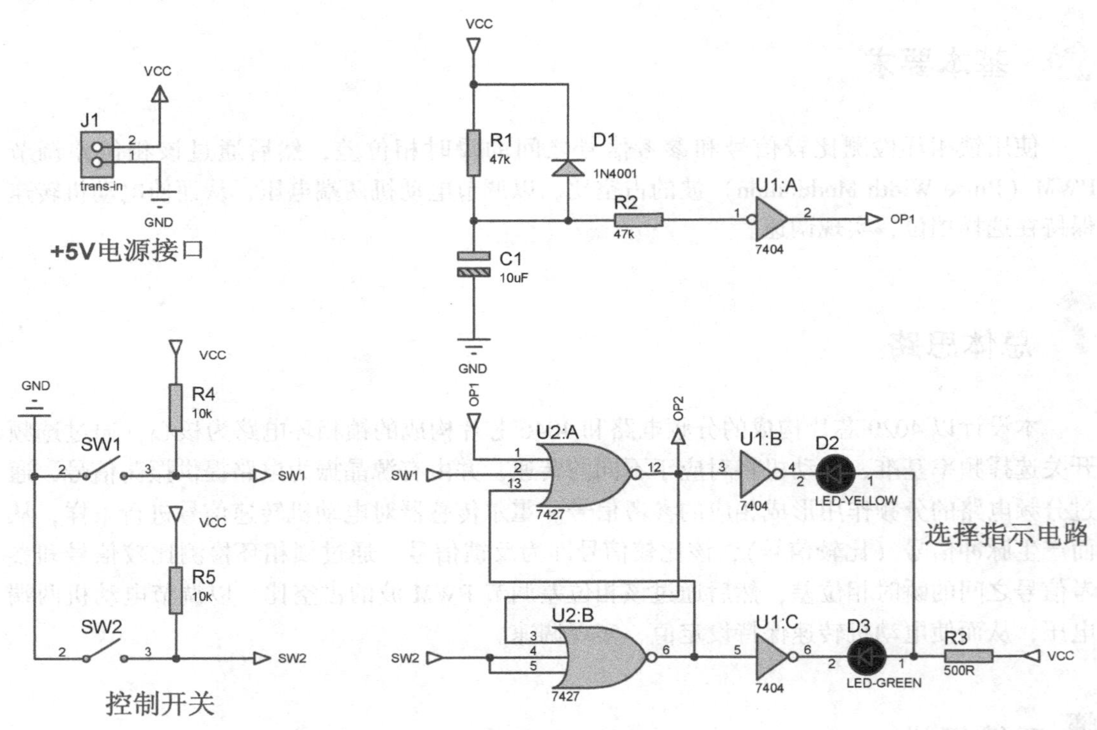

图 1-1　开关控制电路

开关控制电路仿真结果 1 如图 1-2 所示。开关控制电路仿真结果 2 如图 1-3 所示。

从图 1-2 可以看到，当开关 SW2 闭合时指示灯 D3（即绿色的 LED）亮起，选择的电动机转速是 160rad/s。

注：图 1-1 中 “uF” “k” 为软件生成，即为 “μF” “kΩ”，其中单位 “Ω” 被省略，全书下同。

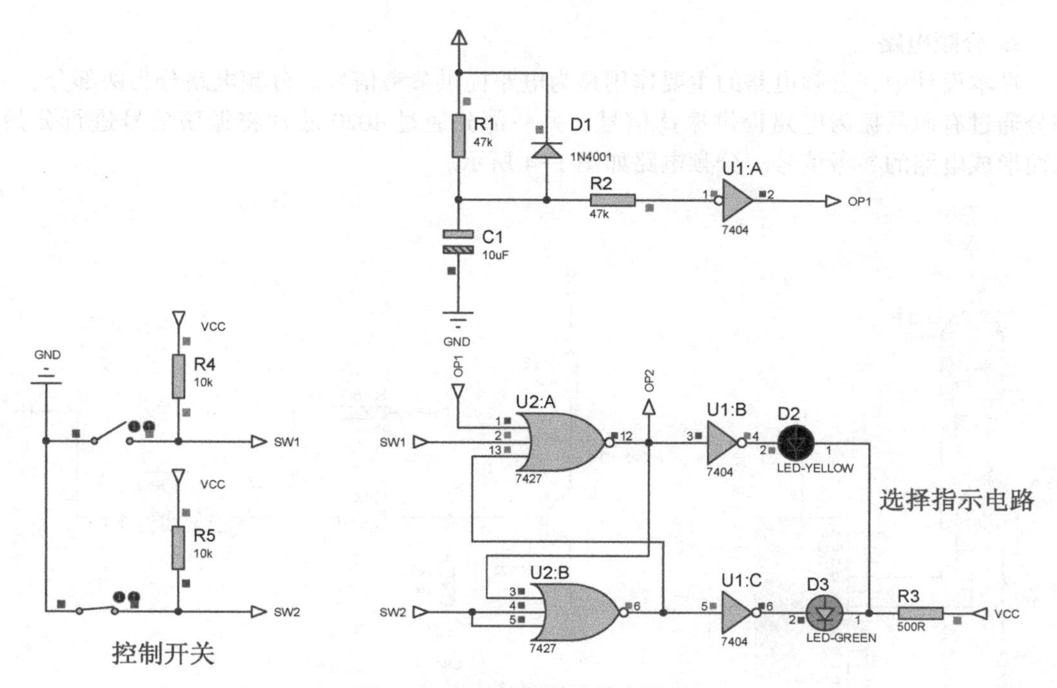

图 1-2　开关控制电路仿真结果 1

从图 1-3 可以看到，当开关 SW1 闭合时指示灯 D2（即黄色的 LED）亮起，选择的电动机转速是 100rad/s。

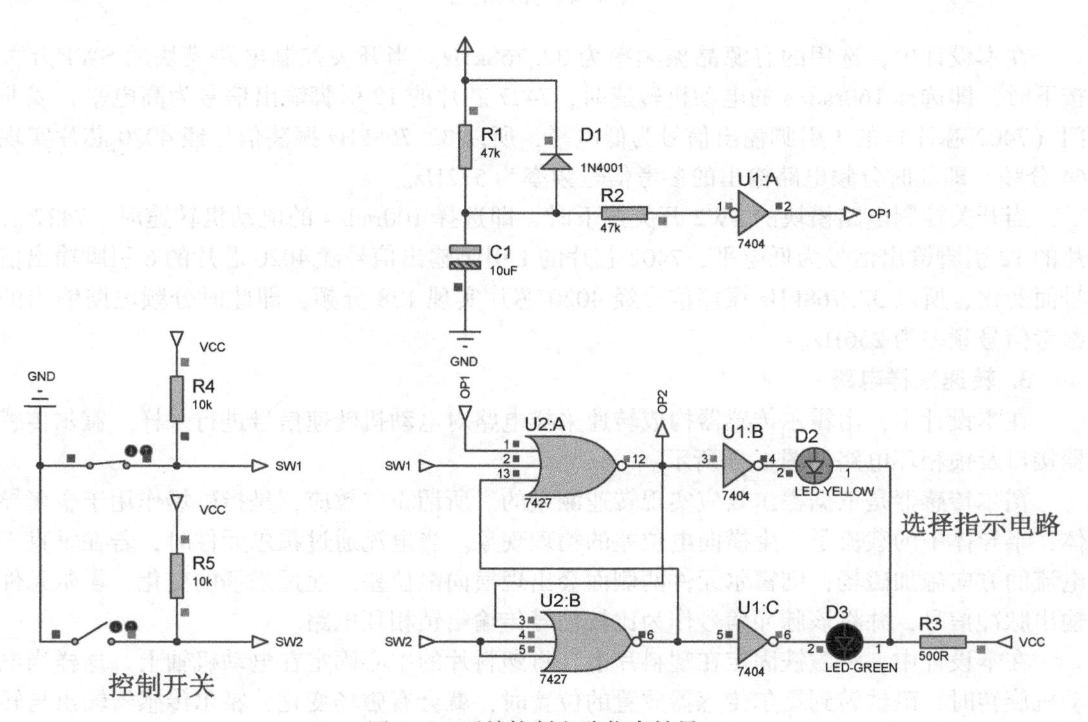

图 1-3　开关控制电路仿真结果 2

2. 分频电路

在本设计中，分频电路的主要作用是为电路提供参考信号。分频电路分为两部分，一部分通过有源晶振为电路提供振荡信号，另一部分通过 4020 芯片将振荡信号进行分频，从而形成电路的参考信号。分频电路如图 1-4 所示。

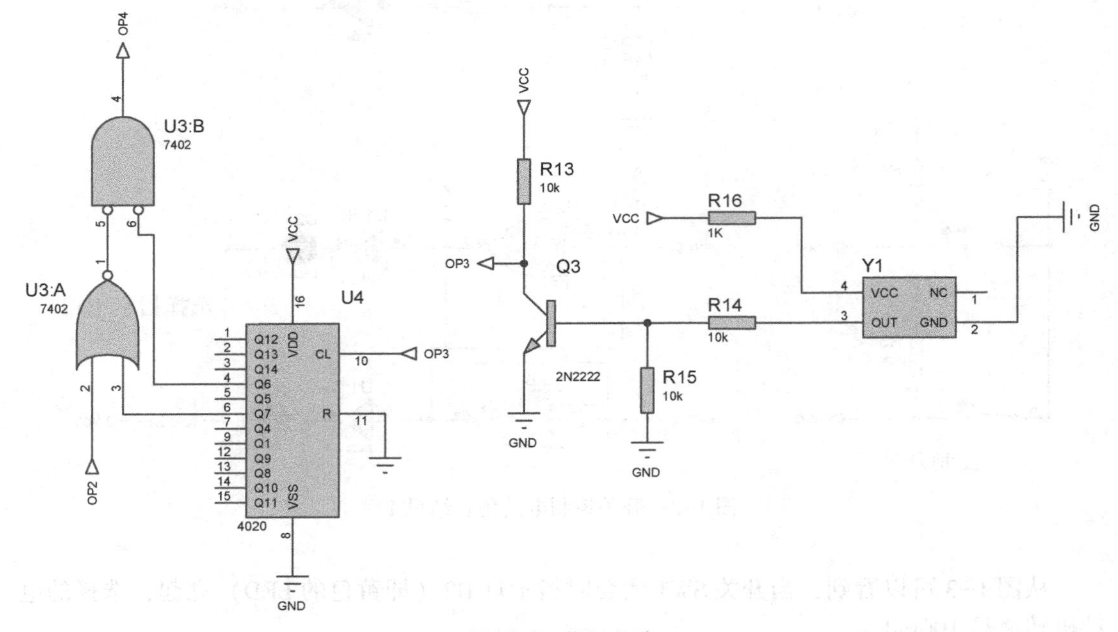

图 1-4　分频电路

在本设计中，选用的有源晶振频率为 32.768kHz。当开关控制电路模块的 SW1 开关按下时，即选择 160rad/s 的电动机转速时，7427 芯片的 12 引脚输出信号为高电平，或非门（7402 芯片）的 1 引脚输出信号为低电平，所以 32.768kHz 振荡信号经 4020 芯片实现 64 分频，即此时分频电路输出的参考信号频率为 512Hz。

当开关控制电路模块的 SW2 开关按下时，即选择 100rad/s 的电动机转速时，7427 芯片的 12 引脚输出信号为低电平，7402 芯片的 1 引脚输出信号随 4020 芯片的 6 引脚输出信号而变化，所以 32.768kHz 振荡信号经 4020 芯片实现 128 分频，即此时分频电路输出的参考信号频率为 256Hz。

3. 转速采样电路

在本设计中，由霍尔传感器构成转速采样电路对电动机转速信号进行采样。霍尔传感器接口及锁相环电路如图 1-5 所示。

霍尔传感器是依据霍尔效应实现转速测量的。所谓霍尔效应，是指磁场作用于金属导体、半导体中的载流子产生横向电位差的物理现象。当电流通过霍尔元件时，若在垂直于电流的方向施加磁场，则霍尔元件两侧面会出现横向电位差。通过磁场的变化，霍尔元件输出脉冲信号，并将该脉冲信号作为比较信号传输给锁相环电路。

在本设计中，将磁铁固定在塑料片上，将塑料片的中心固定在电动机轴上。这样当电动机旋转时，磁铁转到霍尔传感器放置的位置时，就会有磁场变化，霍尔传感器输出与转速对应的脉冲信号。

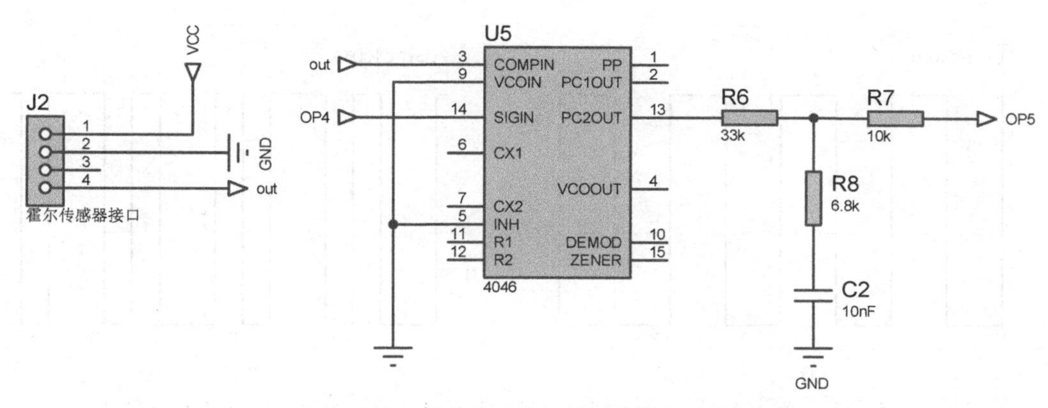

图 1-5　霍尔传感器接口及锁相环电路

4. 锁相环电路

能够完成两个电信号相位同步的自动控制闭环系统称为锁相环。在本设计中，锁相环的作用是生成与参考信号同步的新信号作为驱动电动机旋转的 PWM 波，从而控制电动机转速与设定值相同，实现电动机调速。

在图 1-5 中，霍尔传感器采集电动机转速信号，从而产生脉冲信号，并将其作为锁相环（4046 芯片）3 引脚的输入信号，该输入信号经有源晶振分频后成为参考信号，这个参考信号经 14 引脚输入锁相环（4046 芯片），然后经锁相环内部相位比较器Ⅱ对 13 引脚输出的 PWM 波占空比进行不断调整，使得电动机按照设定转速运行。

在本次设计中，锁相环电路模块选择的是 4046 芯片。4046 芯片的 3 引脚输入信号是经霍尔传感器采集回来的脉冲信号，14 引脚输入信号是时钟信号。4046 芯片输出 PWM 波来控制电动机的转速。对该模块具体仿真的情况分为两大类，时钟频率分别为 256Hz 与 128Hz。在这两类中又分别测试了在不同比较信号下，锁相环的输出信号，如图 1-6 所示。

1）时钟频率为 512Hz

☺ 当输入比较信号为 256Hz 方波信号时，锁相环的输出信号如图 1-6（a）所示。

☺ 当输入比较信号为 128Hz 方波信号时，锁相环的输出信号如图 1-6（b）所示。

☺ 当输入比较信号为 64Hz 方波信号时，锁相环的输出信号如图 1-6（c）所示。

☺ 当输入比较信号为 32Hz 方波信号时，锁相环的输出信号如图 1-6（d）所示。

2）时钟频率为 256Hz

☺ 当输入比较信号为 128Hz 方波信号时，锁相环的输出信号如图 1-6（e）所示。

☺ 当输入比较信号为 64Hz 方波信号时，锁相环的输出信号如图 1-6（f）所示。

☺ 当输入比较信号为 32Hz 方波信号时，锁相环的输出信号如图 1-6（g）所示。

由以上对锁相环电路模块的仿真可知，时钟频率的变化与霍尔传感器输出信号频率的改变都会引起锁相环输出信号波形的变化。

5. 电动机驱动电路

如图 1-7 所示，电动机驱动电路模块由 LM324 芯片和三极管组成。LM324 芯片构成两级电压跟随器，三极管起开关和放大作用，用以驱动电动机工作。

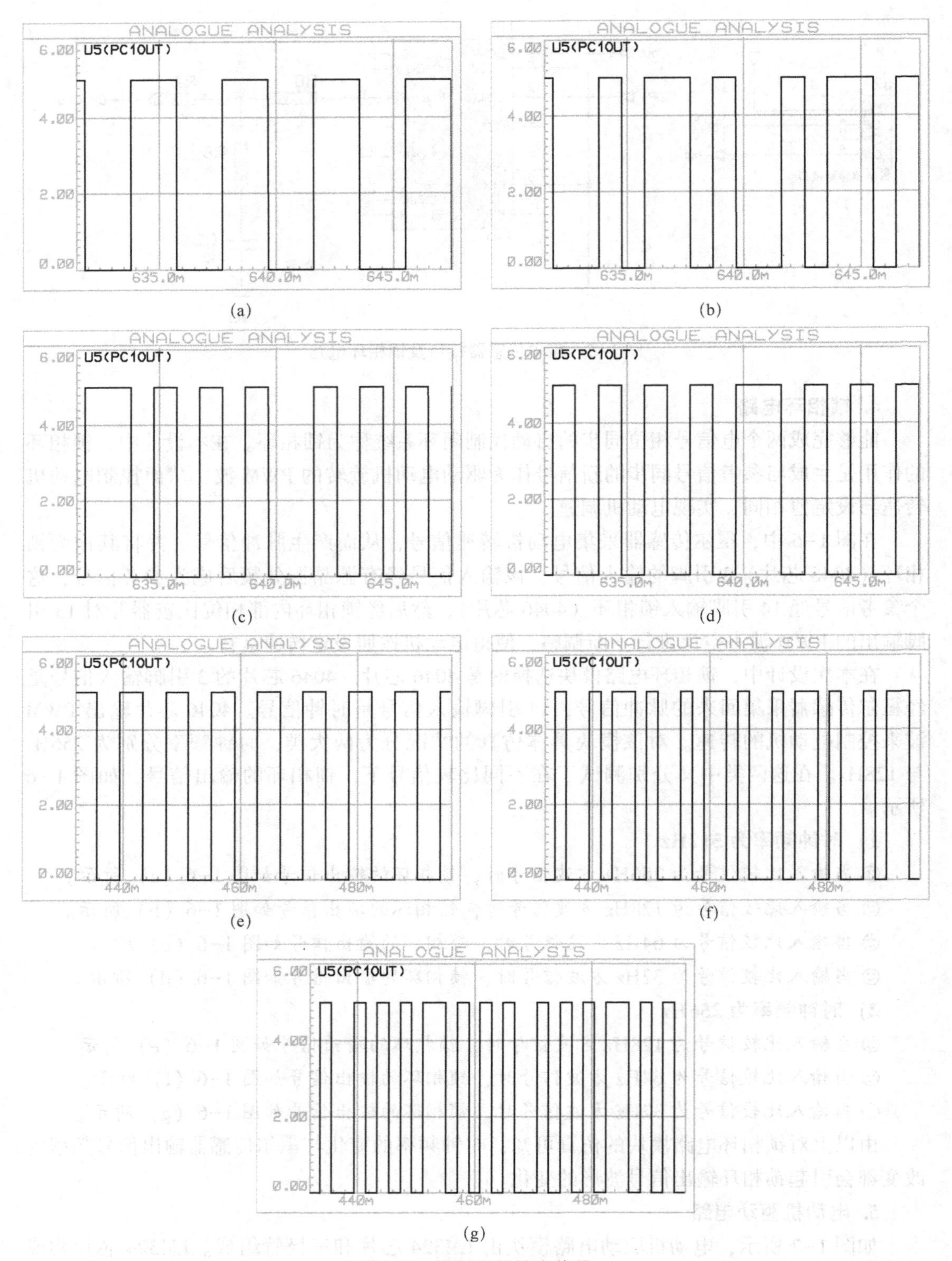

图 1-6　锁相环的输出信号

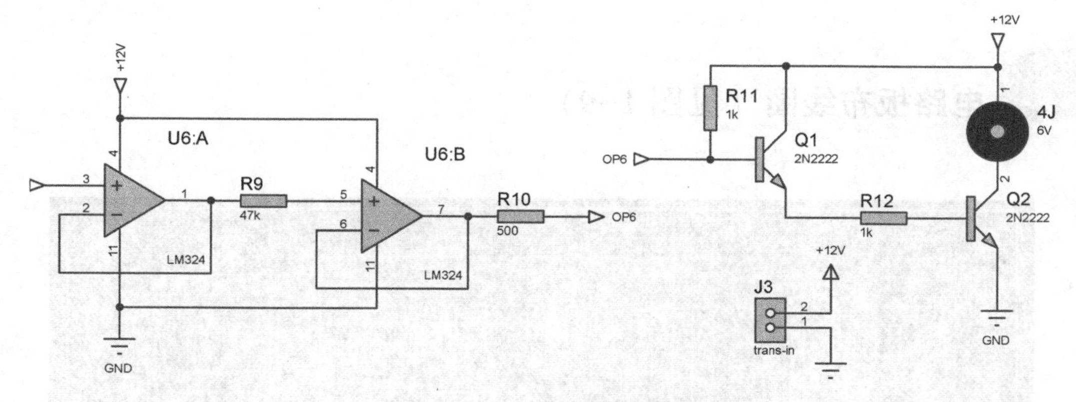

图 1-7　电动机驱动电路

总体电路仿真（见图 1-8）

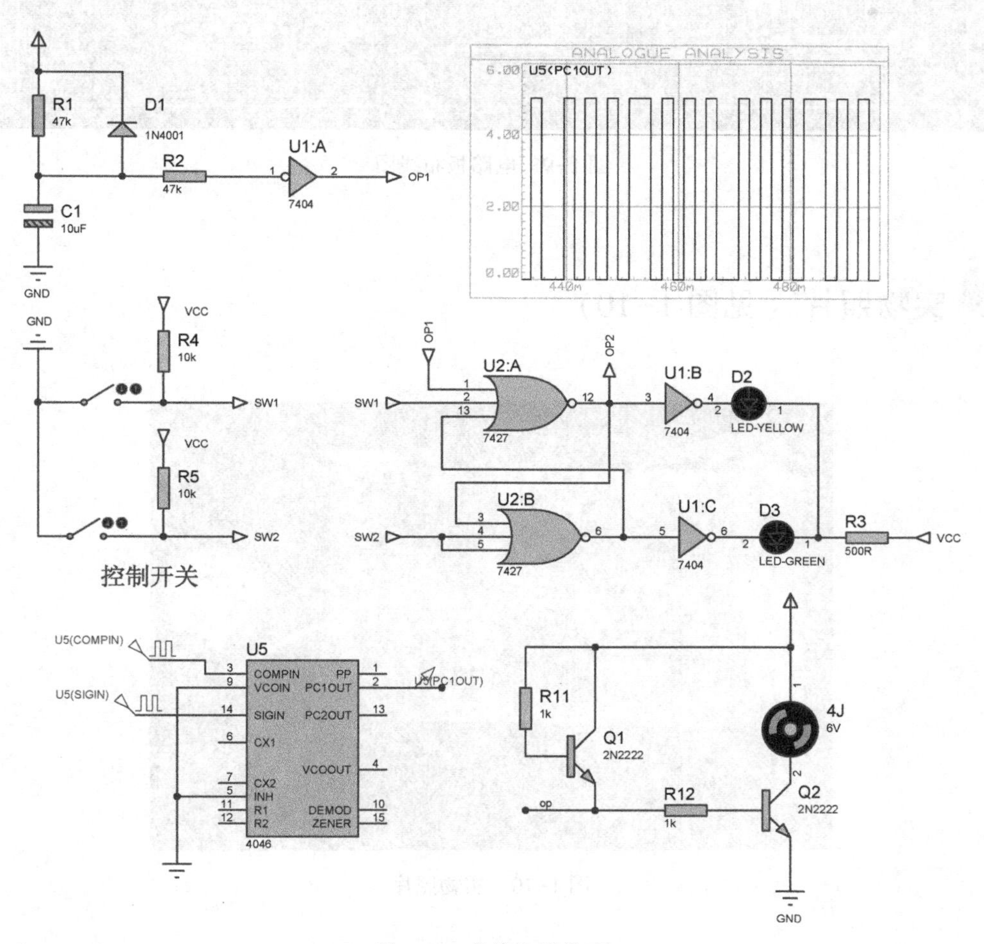

图 1-8　总体电路仿真

电路板布线图（见图 1-9）

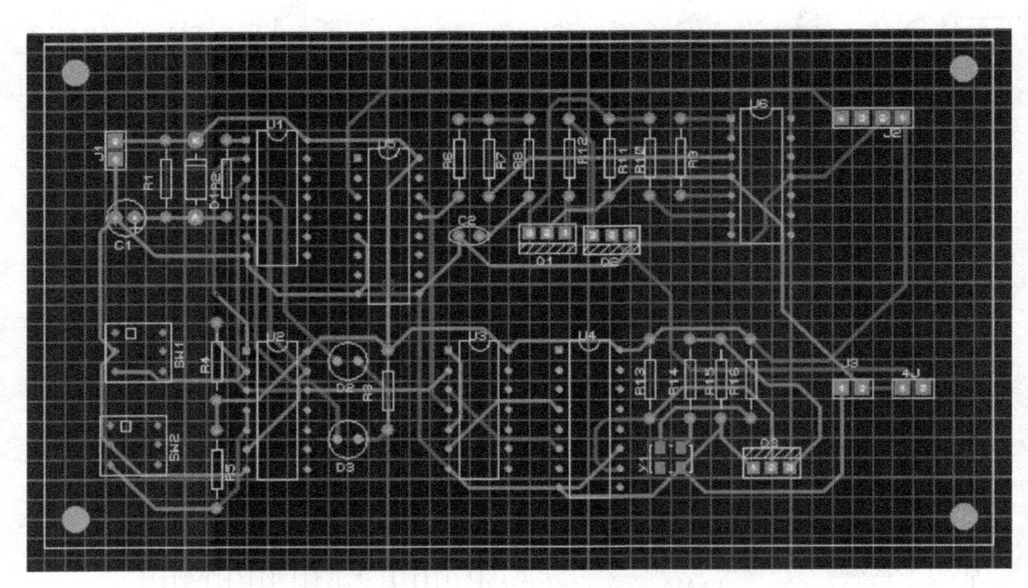

图 1-9　电路板布线图

实物照片（见图 1-10）

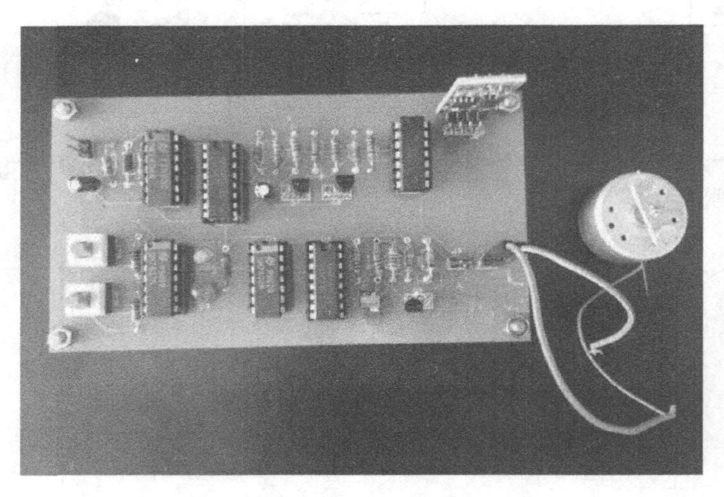

图 1-10　实物照片

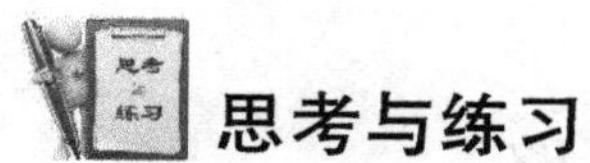

思考与练习

（1）在本设计中，锁相环电路属于开环控制还是闭环控制？其为正反馈还是负反馈？

答：锁相环电路属于闭环控制，其为负反馈。

（2）如图1-1所示，若想按下开关SW2时，将原设计的128分频变为256分频，则该怎么改变本设计中的电路？

答：将U2:B的6引脚接到4020芯片的Q5引脚。

（3）概括锁相环的功能。

答：锁相环能够实现相位同步的自动控制。

项目 2　数控直流电动机调速电路

设计任务

利用 AT89C51 单片机对直流电动机进行转速控制。通过调节可调电位器，使可调电位器输出不同的模拟电压，然后经过 ADC0809 芯片，将模拟电压转换为数字量，并作为 PWM 波的时间常数，从而控制直流电动机的转速。

基本要求

☺ 用 AT89C51 单片机输出占空比可调的 PWM 波，通过直流电动机驱动电路使直流电动机按一定转速旋转。

☺ 通过 ADC0809 芯片将模拟电压实时转换为数字量，然后用 AT89C51 单片机读取这个数字量，将数字量作为 PWM 波的时间常数，用以调节 PWM 波的占空比，进而调节直流电动机的转速。

总体思路

本设计主要通过 ADC0809 芯片构建数字电路，以实现控制直流电动机调速的功能。通过 AT89C51 单片机输出占空比可调的 PWM 波可以调节直流电动机的转速。

系统组成

数控直流电动机调速电路主要分为以下 4 个模块。

☺ 模拟电压输入电路：为整个数控直流电动机调速电路提供被测的模拟电压 0 ～ 5V。

☺ AD 转换电路：将被测的模拟电压转换成数字量，并通过单片机对数字量进行处理。

☺ 单片机电路：产生占空比可调的 PWM 波。

☺ 直流电动机驱动电路。

数控直流电动机调速电路系统框图如图 2-1 所示。

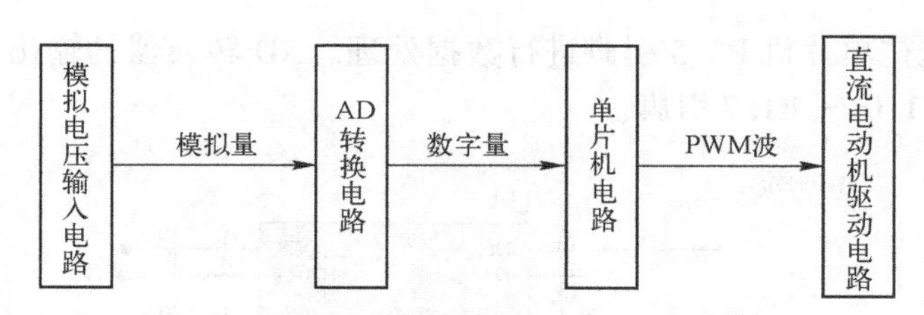

图 2-1　数控直流电动机调速电路系统框图

模块详解

数控直流电动机调速电路如图 2-2 所示。下面分别对数控直流电动机调速电路的各模块进行详细介绍。

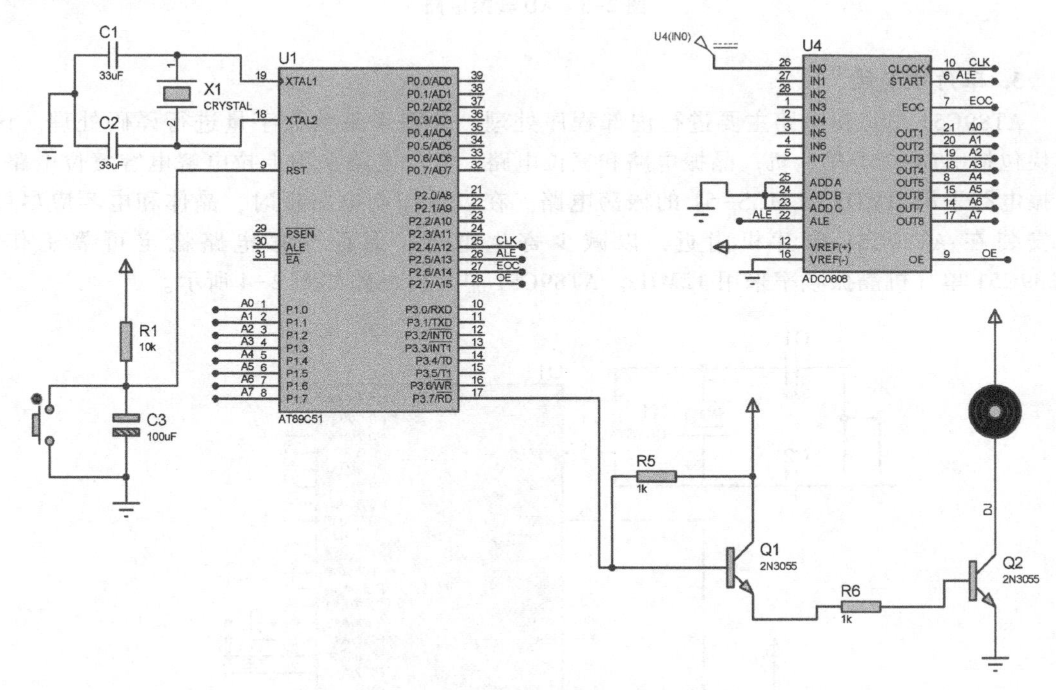

图 2-2　数控直流电动机调速电路

1. 模拟电压输入电路

模拟电压输入电路模块由一个阻值为 10kΩ 的可调电位器和 5V 电源组成。可调电位器的两端接到 5V 电源上，这样可调电位器的中间抽头引出线的电压就为 0 ～ 5V 的模拟电压。该模拟电压在图 2-2 中用信号源来代替。

2. AD 转换电路（见图 2-3）

在本设计中，ADC0809 芯片是 8 位逐次逼近型 AD 转换器。AD 转换电路由一个 8 路模拟开关、一个地址锁存译码器、一个 AD 转换器和一个三态输出锁存器组成。该模块的数字量输出范围为 0 ～ 255。输入时钟信号是单片机的 P2.4 引脚产生的脉冲信号。从 AD

转换器输出信号送往单片机 P2.5 引脚进行数据处理。AD 转换器的输出引脚 A0 ～ A7 分别连到单片机的 P1.0 ～ P1.7 引脚。

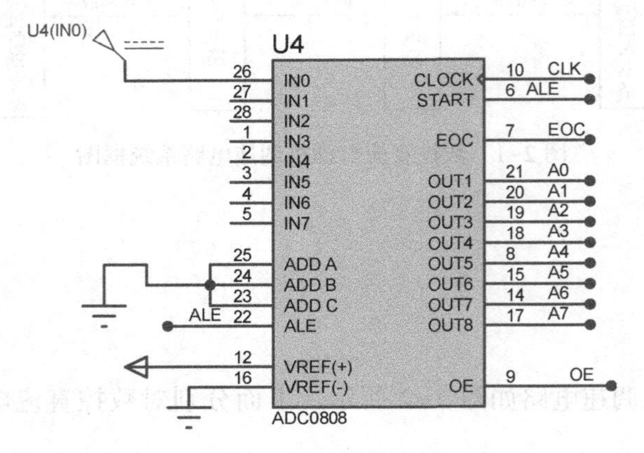

图 2-3　AD 转换电路

3. 单片机电路

AT89C51 单片机电路主要进行内部程序处理，并将采集的数字量进行译码处理。该模块包括 AT89C51 单片机、晶振电路和复位电路。复位电路采用上拉电解电容复位电路。晶振电路采用 HMOS 型 MCS-51 的振荡电路。在设计印制电路板时，晶体和电容应尽可能安装在 AT89C51 单片机附近，以减少寄生电容，保证晶振电路稳定可靠工作。AT89C51 单片机晶振频率采用 12MHz。AT89C51 单片机电路如图 2-4 所示。

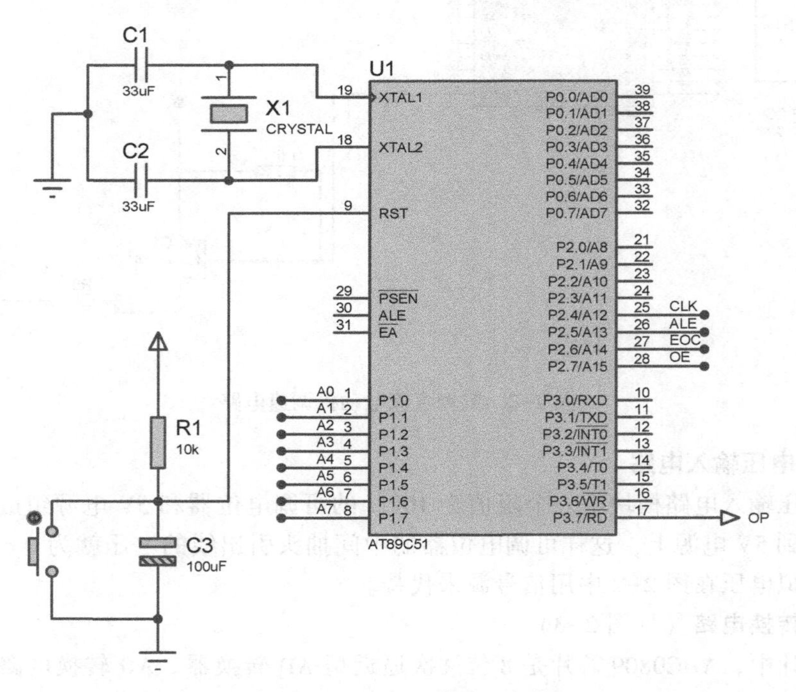

图 2-4　AT89C51 单片机电路

AT89C51 单片机的外围驱动信号为：AT89C51 单片机的 P3.7 引脚输出高电平信号，延时一段时间，然后输出低电平信号，再延时一段时间，这样通过改变输入模拟电压的大小，就可以改变 AT89C51 单片机输出的 PWM 波占空比，从而达到调节直流电动机转速的目的。

对该模块进行仿真，共对 5 组输入模拟电压进行了测试。这 5 组输入模拟电压分别为 125mV、2V、3V、4V、5V，并通过 Proteus 仿真，对 AT89C51 单片机输出的 PWM 波进行观察。单片机的输出信号如图 2-5 所示。

☺ 当输入模拟电压为 125mV 时，单片机的输出信号如图 2-5（a）所示。

☺ 当输入模拟电压为 2V 时，单片机的输出信号如图 2-5（b）所示。

☺ 当输入模拟电压为 3V 时，单片机的输出信号如图 2-5（c）所示。

☺ 当输入模拟电压为 4V 时，单片机的输出信号如图 2-5（d）所示。

☺ 当输入模拟电压为 5V 时，单片机的输出信号如图 2-5（e）所示。

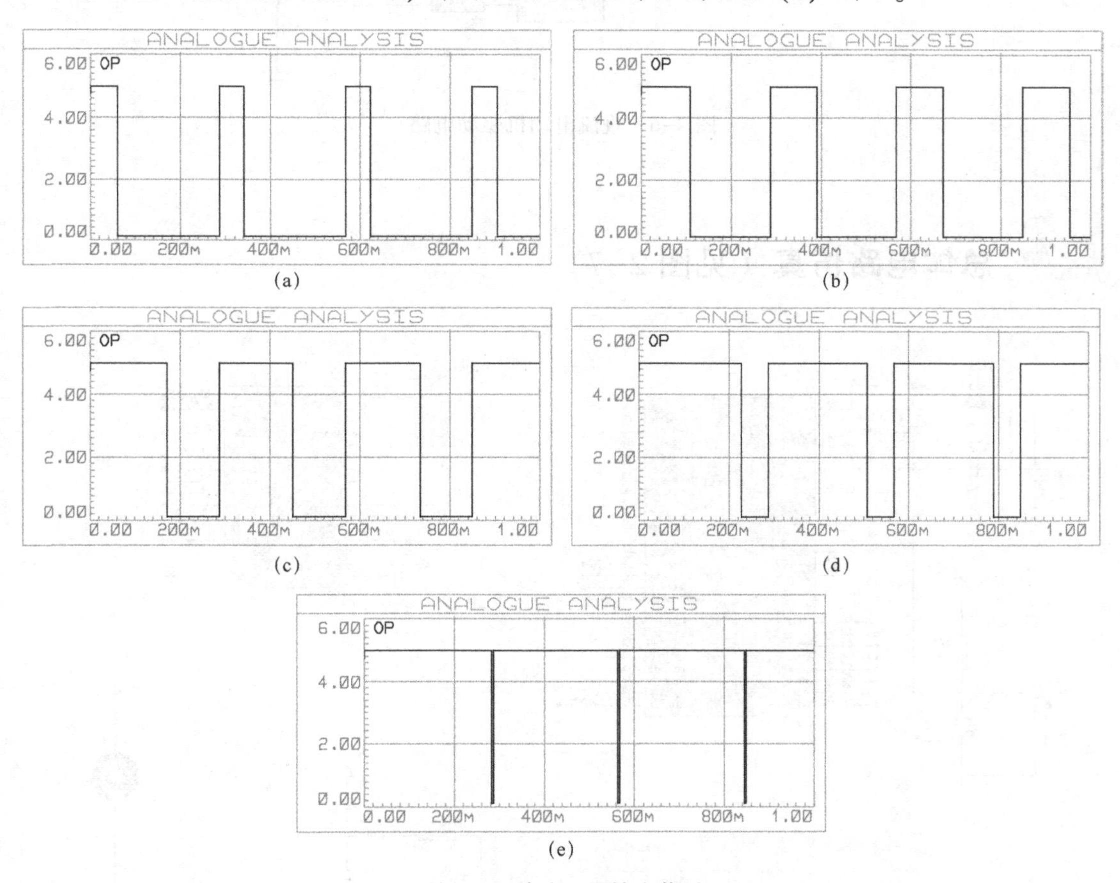

图 2-5　单片机的输出信号

4. 直流电动机驱动电路

如图 2-5（a）、（b）所示，直流电动机驱动电路由 LM324 芯片和三极管组成。LM324 芯片构成两级电压跟随器，三极管起开关和放大作用，用以驱动直流电动机工作。在 Proteus 仿真中并没有对 LM324 芯片构成的电压跟随器电路进行仿真，只仿真了三极管电路部分。

直流电动机驱动电路如图 2-6 所示。

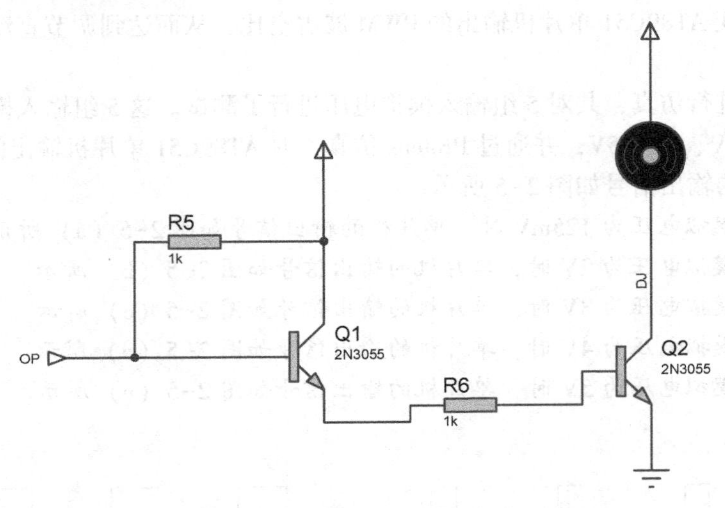

图 2-6　直流电动机驱动电路

 总体电路仿真（见图 2-7）

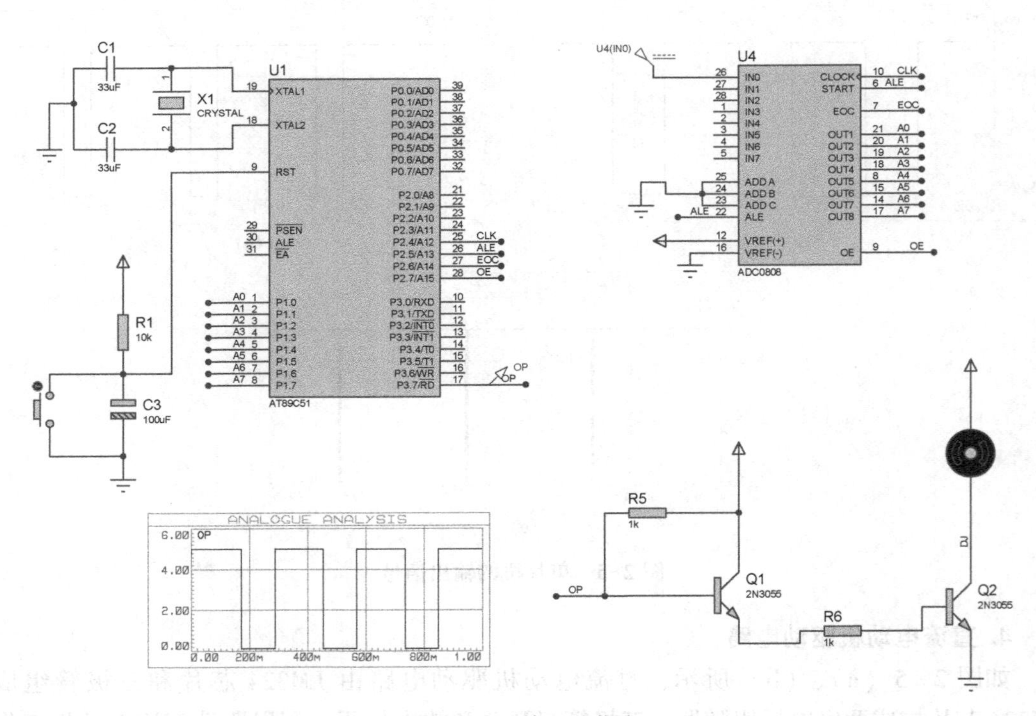

图 2-7　总体电路仿真

程序设计

具体程序如下：

```
#include <reg52. h>
#include <intrins. h>

sbitEOC=P2^6;
sbitSTART=P2^5;
sbitOE=P2^7;
sbitCLK=P2^4;
sbit PWM=P3^7;
unsigned char ad_data;

 void delay_ms(unsigned int z)                //延时子程序
{
    unsigned int x,y;
    for(x=z;x>0;x--)
        for(y=110;y>0;y--);
}
void ADC0809()
{
    OE=0;                                     //以下 3 条指令为启动 AD0809 芯片
    START=0;
    START=1;
    START=0;
    delay_ms(1);
    while(!EOC);                              //等待转换结束
    OE=1;                                     //取出读得的数据
    ad_data=P1;                               //送相关通道数组
    OE=0;
}

void main()
{
    EA=1;
    TMOD=0X02;
    TH0=216;
    TL0=216;
    TR0=1;
    ET0=1;
    while(1)
    {
    ADC0809();
     PWM=1;
     delay_ms(ad_data);
     PWM=0;
     delay_ms(255-ad_data);
```

```
        }
}
void t0( ) interrupt 1 using 0
{
    CLK=~ CLK;
}
```

电路板布线图（见图 2-8）

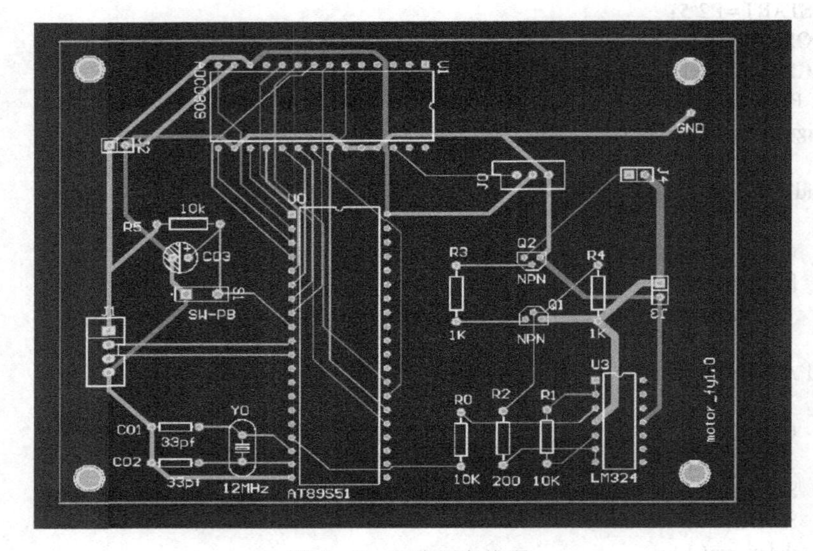

图 2-8　电路板布线图

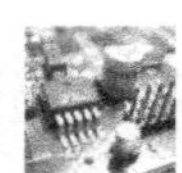

实物照片（见图 2-9）

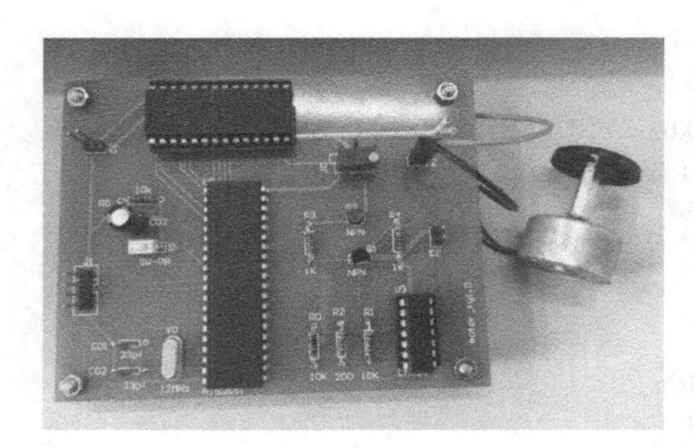

图 2-9　实物照片

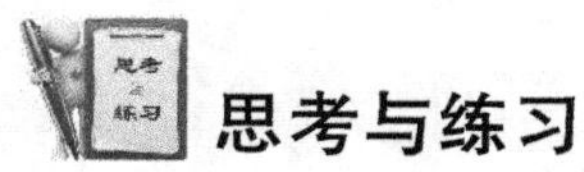

思考与练习

（1）在数控直流电动机调速电路中，AD 转换器的时钟信号是怎样提供的？

答：在数控直流电动机调速电路中，AD 转换器的时钟信号是通过计时器定时触发中断来提供的。

（2）在直流电动机驱动电路中，LM324 芯片构成的两级电压跟随器起什么作用？

答：在直流电动机驱动电路中，电压跟随器起隔离缓冲输入信号的作用，使单片机的 P3.7 引脚输出信号不受下级电路影响，从而为直流电动机提供稳定的驱动信号。

（3）为什么通过可调电位器可以调节直流电动机转速？

答：可调电位器输出的模拟电压经过 AD 转换后，可作为 PWM 波的时间常数，用以调节 PWM 波的占空比，从而调节直流电动机转速。

特别提醒

（1）在设计印制电路板时，晶振和电容应尽可能安装在单片机附近，以减少寄生电容，保证振荡器稳定和可靠的工作。为了提高稳定性，应采用 NPO 电容。

（2）焊接印制电路板前，先检查印制电路板有无短路现象，一般要看电源线和地线、信号线和电源线、信号线和地线之间有无短路。

项目3　数控直流恒流源电路

设计任务

设计一个数控直流恒流源电路，使其通过按键控制输出恒定电流。

基本要求

☺ 按下 ADD 键，数控直流恒流源电路输出电流增大。
☺ 按下 DEC 键，数控直流恒流源电路输出电流减小。
☺ 数控直流恒流源电路输出电流最小值为 5.28mA、最大值为 340mA。
☺ 数控直流恒流源电路共有 6 个挡位的输出电流值可选。

总体思路

恒流源是一种宽频谱、高精度交流稳流电源，具有响应速度快、恒流精度高、能长期稳定工作、适合各种性质负载（阻性、感性、容性）等优点，一般用于检测热继电器、塑壳断路器、小型短路器，以及须设定额定电流、动作电流、短路保护电流等的生产场合。恒流源有个定式，就是利用一个基准电压，在电阻上形成固定电流。本设计中是通过采用可逆加减计数器 74LS193 芯片输出可以随按键触发而加减的 4 位二进制数字量，通过 DA 转换电路将数字量转换为模拟电压，这个模拟电压就是一个可控的基准电压。基准电压输入运算放大器的同相输入端，通过负反馈作用，使比较放大器的输出电压和输入电压相等。该电压除以固定电阻即可得到随电压变化的可控电流。

系统组成

数控直流恒流源电路分为以下 4 个模块。
☺ 电源电路：为后续各模块供电。
☺ 数控电路：输出可以随按键触发而加减的 4 位二进制数字量。
☺ DA 转换电路：将 74LS193 芯片输出的数字量转换为模拟电压。该模拟电压为恒流源输出电路提供可控基准电压。

☺ 数控恒流源产生电路：利用电压跟随器，使运算放大器输出的可控电压除以固定电阻即可产生可控电流。

数控直流恒流源电路系统框图如图 3-1 所示。

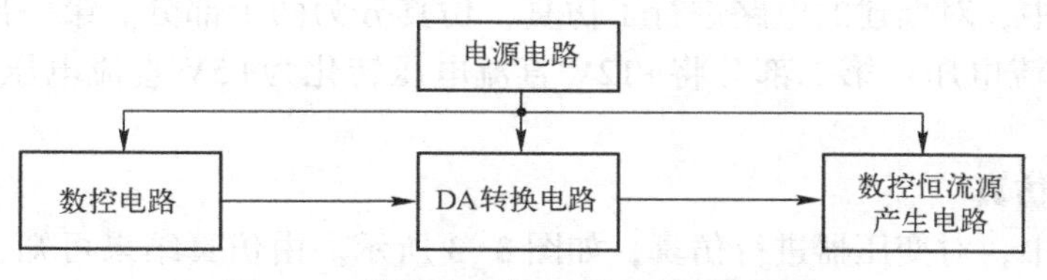

图 3-1　数控直流恒流源电路系统框图

模块详解

1. 电源电路

电源电路由带中心抽头的变压器、桥式整流电路、电容滤波电路、三端稳压器（7812、7809、7909、7805）及滤波电容组成，如图 3-2 所示。变压器将市电降压，利用两个半桥电路轮流导通，形成信号的正半周和负半周。连接在三端稳压器的输入端的 1000μF 电解电容用于滤波，其后并入的 4.7μF 电解电容用于进一步滤波。连接在三端稳

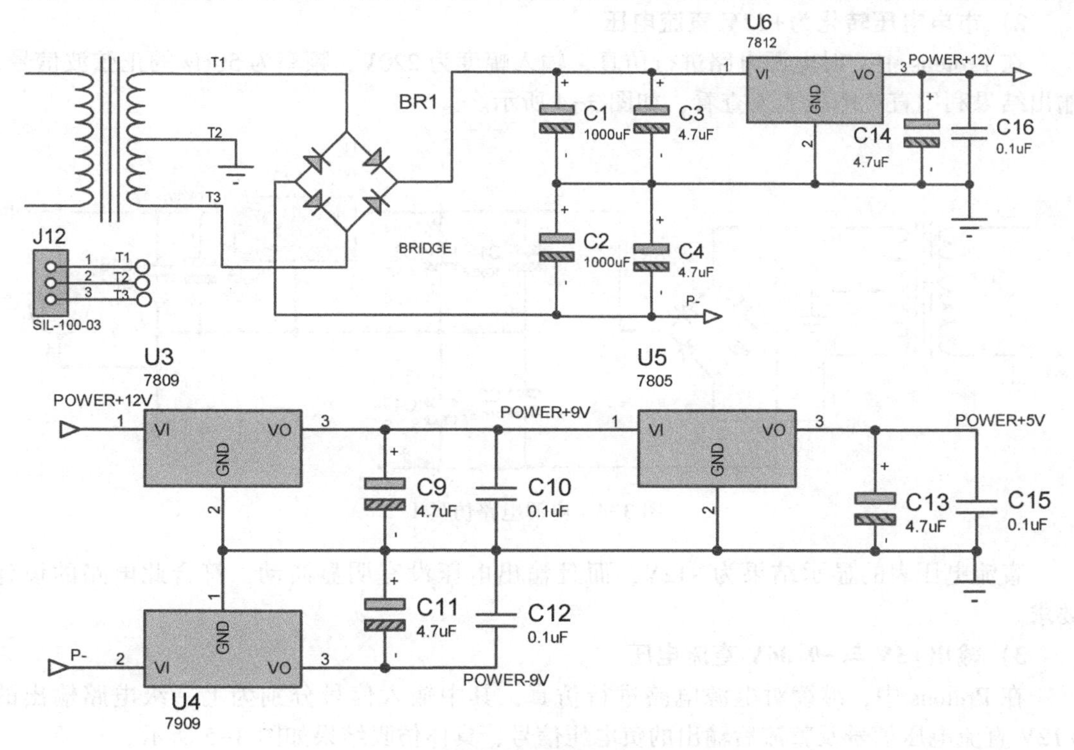

图 3-2　电源电路

压器输出端的 4.7μF 电解电容用于减小电压纹波，而 0.1μF 陶瓷电容用于改善负载的瞬态响应并抑制高频干扰。经过滤波后，三端稳压器 7812 芯片的输出电压为+12V、7809 芯片的输出电压为+9V、7909 芯片的输出电压为-9V、7805 芯片的输出电压为+5V，分别为后续电压控制电路和可控恒流源电路提供稳定供电电压。

在 Proteus 中，对上述的电路进行了仿真，仿真分为两个部分。第一部分将市电电压转化为+12V 直流电压；第二部分将+12V 直流电压转化为+5V 直流电压与-9.06V 直流电压。

1）变压器仿真

在 Proteus 中，对变压器进行仿真，如图 3-3 所示。由仿真结果可知，变压器满足设计要求。

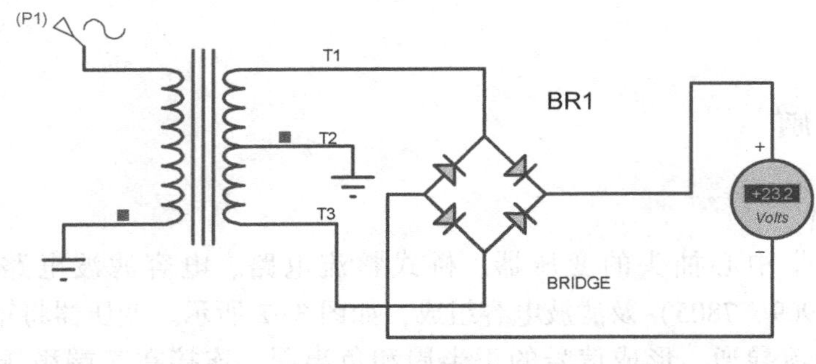

图 3-3　变压器仿真

2）市电电压转化为+12V 直流电压

在 Proteus 中，对电源电路进行仿真，输入幅度为 220V、频率为 50Hz 的正弦波信号，输出结果利用直流电压表来查看，如图 3-4 所示。

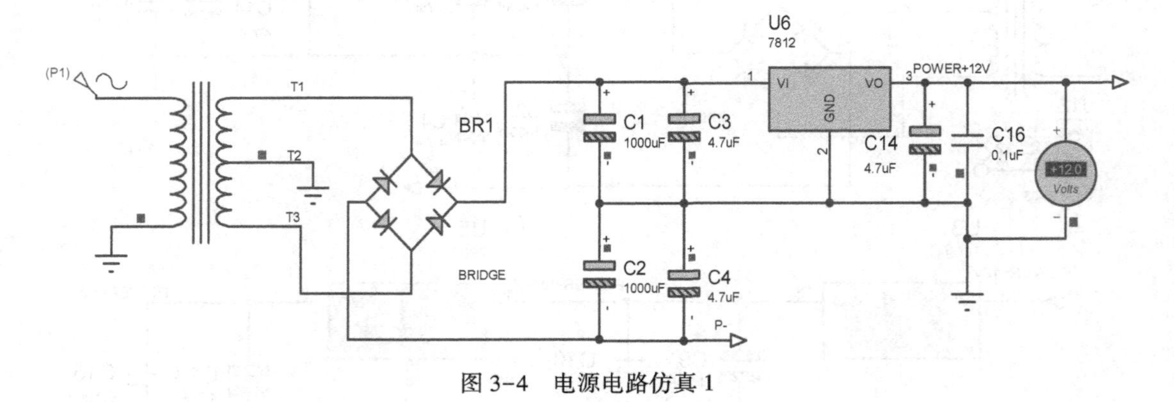

图 3-4　电源电路仿真 1

直流电压表的显示结果为+12V，而且输出电压没有明显波动，符合此电路的设计要求。

3）输出+5V 与-9.06V 直流电压

在 Proteus 中，继续对电源电路进行仿真，其中输入信号分别为上一级电路输出的+12V 直流电压信号及整流后输出的负电压信号，具体仿真结果如图 3-5 所示。

直流电压表显示的示数分别为+5V 与-9.06V，而且输出电压没有明显波动，符合此电路的设计要求。

2. 数控电路

数控电路由按键、上拉电阻及可逆加减计数器74LS193芯片组成。由于本设计中只实现加计数、减计数功能，故将置数端PL引脚置为无效电平（高电平），清除端MR引脚置为无效电平（低电平）。计数输入端D0～D3引脚接地，表明计数器从0000开始计数。当加计数端UP引脚有上升沿触发信号，并且减计数端DN引脚为高电平时，计数器功能为加计数；当减计数端DN引脚有上升沿触发信号，并且加计数端UP引脚为高电平时，计数器功能为减计数。当没有按键被按下时，UP和DN引脚为高电平；当非自锁按键被按下时，相应引脚瞬间为低电平；而当非自锁按键弹起时，相应引脚又为高电平，从而产生了上升沿触发信号使计数器工作。74LS193芯片功能表如表3-1所示。数控电路如图3-6所示。

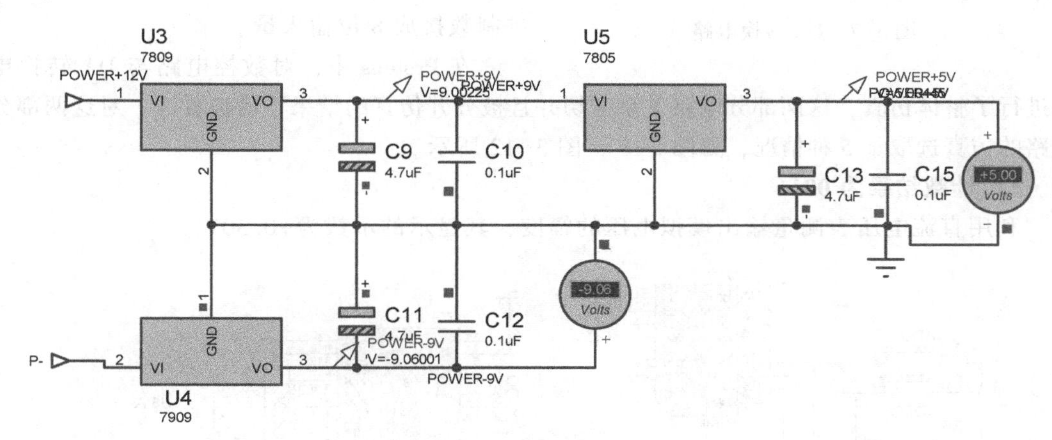

图3-5 电源电路仿真2

表3-1 74LS193芯片功能表

MR	PL	UP	DN	MODE
H	X	X	X	Reset
L	L	X	X	Preset
L	H	H	H	No change
L	H	↑	H	Count Up
L	H	H	↑	Count Down

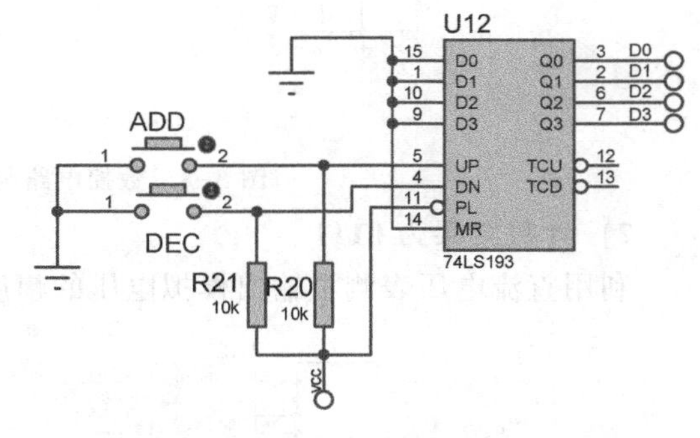

图3-6 数控电路

数控电路主要由74LS193芯片组成。74LS193芯片输出4位二进制数字量。

当按下ADD按键时，74LS193芯片输出的4位二进制数字量将会增加；当按下DEC按键时，74LS193芯片输出的4位二进制数字量将会减小。

3. DA转换电路

DA转换电路是整个系统的纽带，将控制部分的数字量转化成后面可控恒流源产生电路中需要的可控模拟电压。DA转换电路由DA转换器DAC0832芯片和运算放大器LM324

芯片组成，如图 3-7 所示。DAC0832 芯片主要由 8 位输入寄存器、8 位 DAC 寄存器、8 位 DA 转换器及输入控制电路 4 部分组成。8 位 DA 转换器输出与数字量成正比的模拟电流。在本设计中，DAC0832 芯片采用的是单极性输出方式；运算放大器 LM324 芯片使得 DAC0832 芯片输出的模拟电流转化为模拟电压。

图 3-7 DA 转换电路

输出电压 OUT1 = $-B\times$VREF/256，其中 B 为 DI0 ～ DI7 组成的 8 位二进制数，VREF 为由电源电路提供-9V 的 DAC0832 芯片的参考电压。在本设计中，前一级数控电路输出 4 位二进制数，DAC0832 芯片 DI0、DI1 接 D0，DI2、DI3 接 D1，依次类推，将 4 位二进制数接成 8 位输入量。

在 Proteus 中，对数控电路与 DA 转换电路进行了整体仿真，这两部分电路关系密切并且被分开仿真的结果不易被看清。对这两部分电路的仿真选取了 5 种情况，如图 3-8 ～图 3-12 所示。

1）计数结果为 0011

利用直流电压表测量输出模拟电压的幅度，其显示的示数为+0.30V。

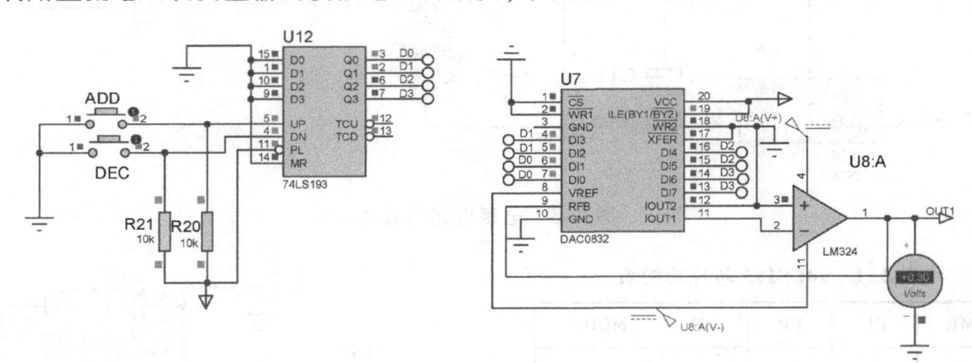

图 3-8 数控电路与 DA 转换电路仿真 1

2）计数结果为 0111

利用直流电压表测量输出模拟电压的幅度，其显示的示数为+1.23V。

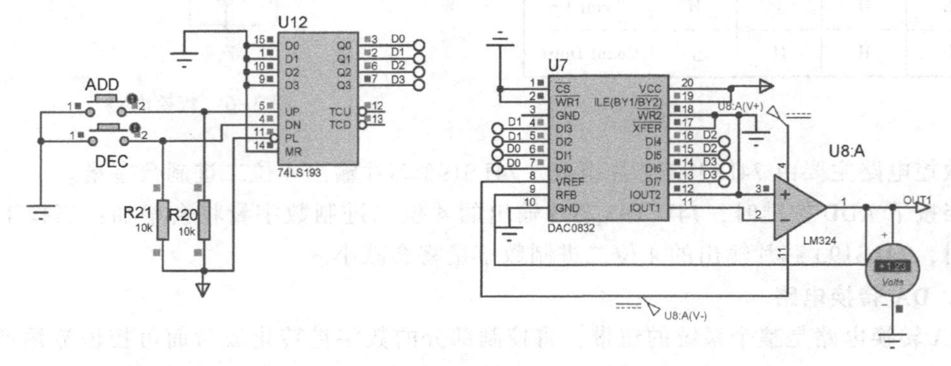

图 3-9 数控电路与 DA 转换电路仿真 2

3）计数结果为 1001

利用直流电压表测量输出模拟电压的幅度，其显示的示数为+3. 81V。

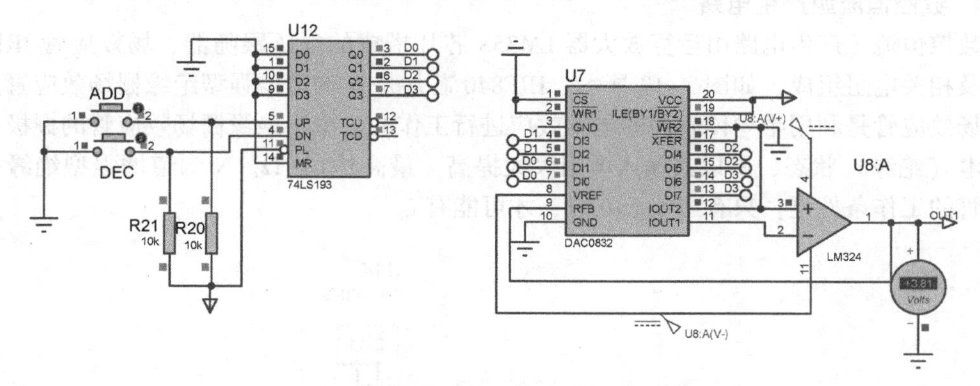

图 3-10　数控电路与 DA 转换电路仿真 3

4）计数结果为 1100

利用直流电压表测量输出模拟电压的幅度，其显示的示数为+4. 68V。

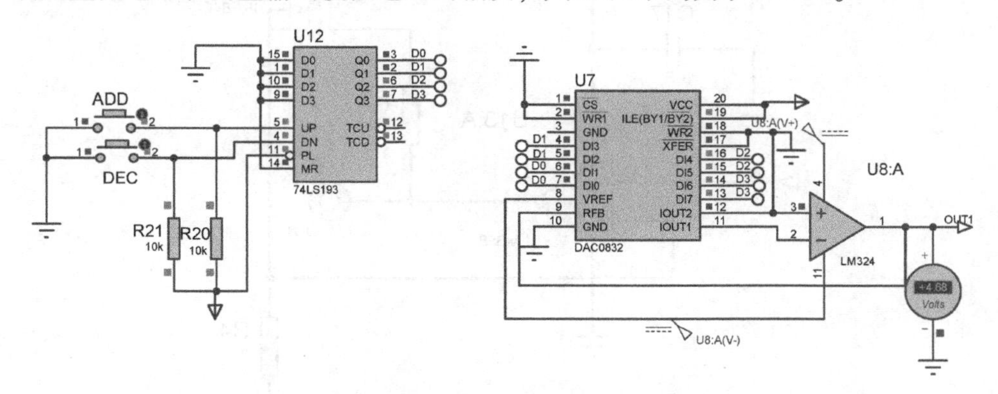

图 3-11　数控电路与 DA 转换电路仿真 4

5）计数结果为 1111

利用直流电压表测量输出模拟电压的幅度，其显示的示数为+4. 98V。

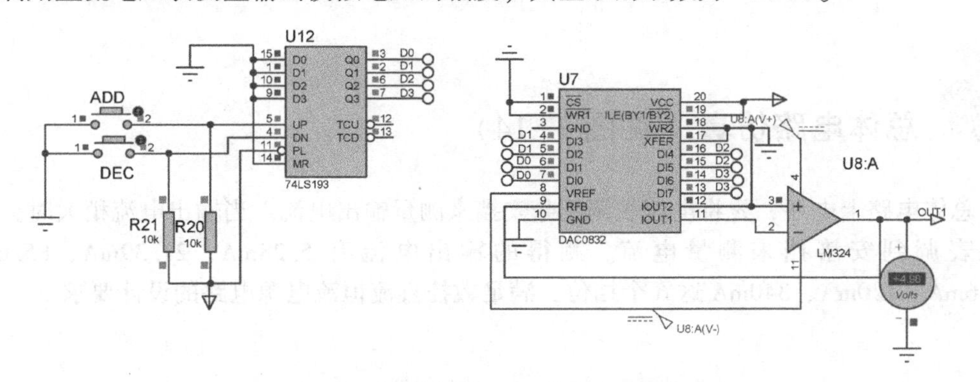

图 3-12　数控电路与 DA 转换电路仿真 5

由上面的仿真结果可知，随着计数结果的增大输出模拟电压的幅度也在逐渐增大，符合此电路的设计要求。

4. 数控恒流源产生电路

数控恒流源产生电路由运算放大器 LM358 芯片搭成的电压跟随器、场效应管 IRF840 芯片及相关电阻组成，如图 3-13 所示。IRF840 芯片是 N 沟道增强型绝缘栅场效应管。绝缘栅场效应管是利用半导体表面的电场效应进行工作的。由于绝缘栅场效应管的栅极处于不导电（绝缘）状态，所以其输入电阻大大提高，最高达$10^{15}\Omega$。N 沟道增强型绝缘栅场效应管的工作条件是：只有当 $V_{GS}>0$ 时，才可能有 i_0。

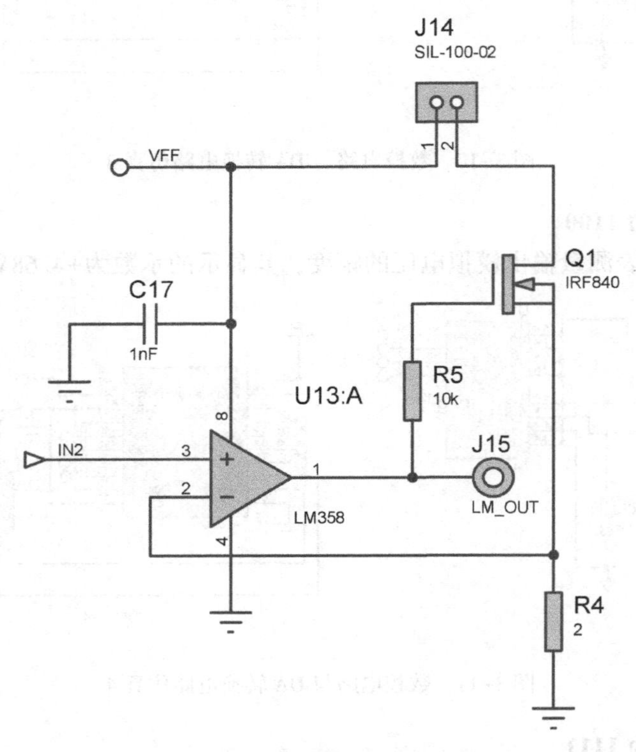

图 3-13　数控恒流源产生电路

总体电路仿真（见图 3-14）

总体电路上电后，先将电流表调到毫安挡来测量输出电流。当输出电流稍大时，则将电流表调到安培挡来测量电流。测得的输出电流有 5.28mA、21.39mA、85.6mA、112.6mA、120mA、340mA 这 6 个挡位，满足数控直流恒流电源电路的设计要求。

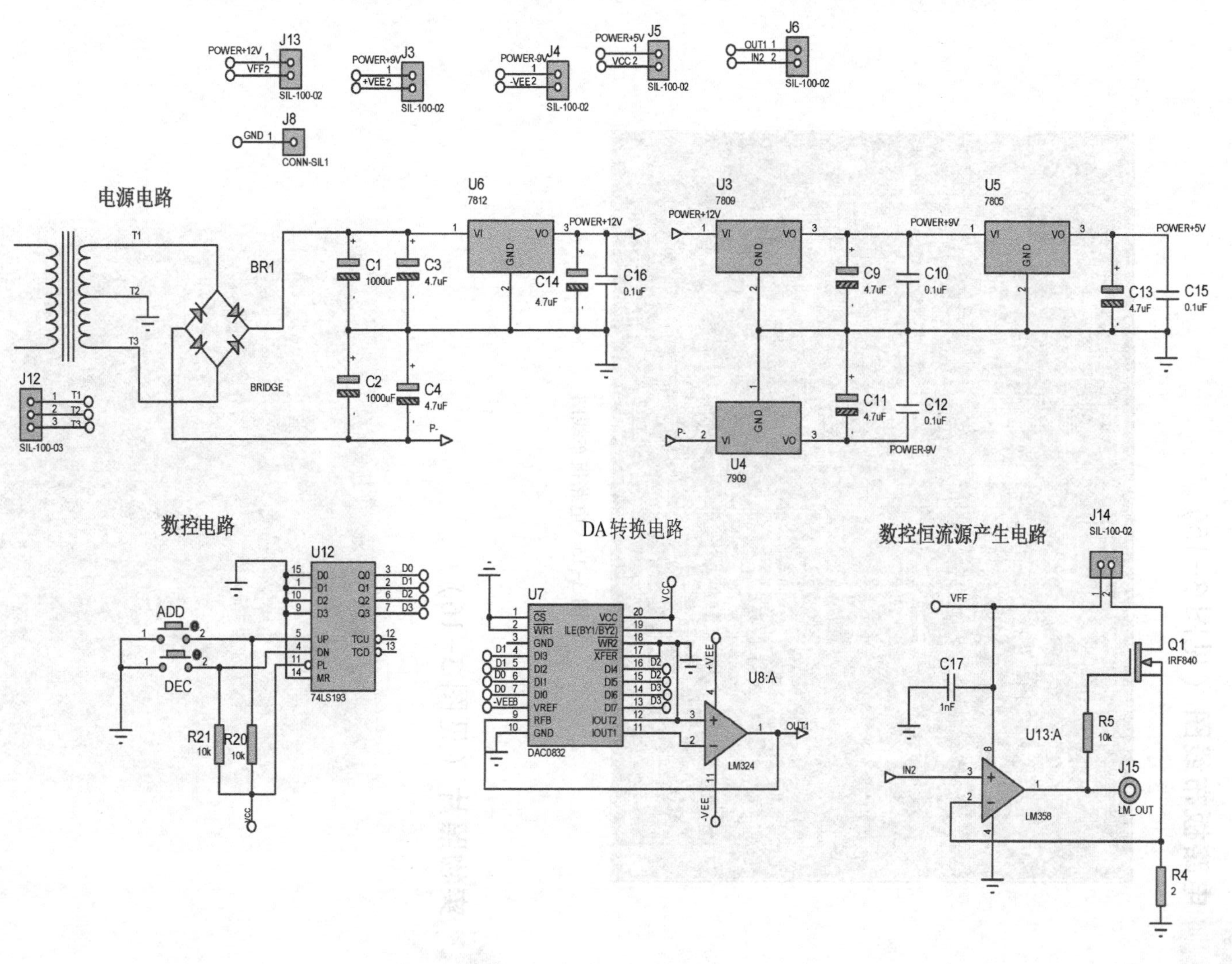

电源电路
数控电路
DA转换电路
数控恒流源产生电路
U6
7812
U3
7809
U4
7909
U5
7805
BR1
BRIDGE
U12
74LS193
U7
DAC0832
U8:A
LM324
U13:A
LM358
Q1
IRF840
ADD
DEC

图3-14 总体电路仿真

电路板布线图（见图 3-15）

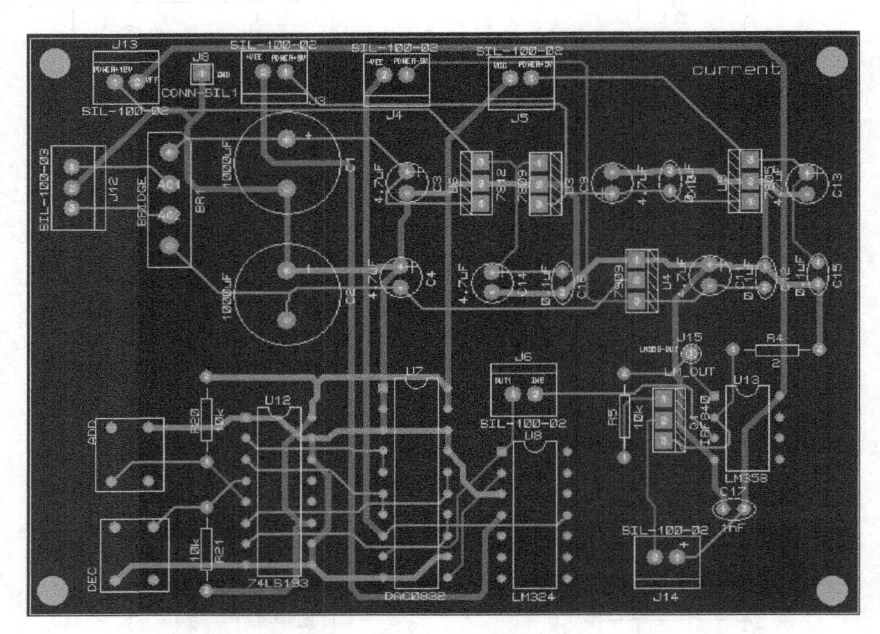

图 3-15 电路板布线图

实物照片（见图 3-16）

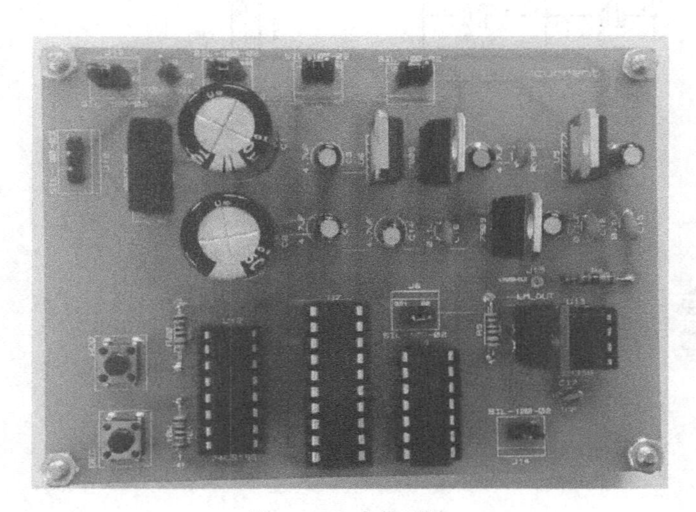

图 3-16 实物照片

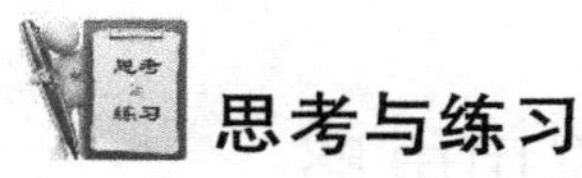

思考与练习

（1）IRF840 芯片有什么特点？

答：IRF840 芯片的特点是噪声低、输入阻抗高、开关时间短。IRF840 芯片通常应用于电子镇流器、电子变压器、开关电源等电路中。

（2）在数控恒流源产生电路中，为什么选择场效应管而不选择三极管？

答：最常用的简易恒流源使用的是两只同型号三极管，并利用三极管相对稳定的 be 极间电压作为基准。通常使用一个运算放大器构成反馈电路，同时使用场效应管代替三极管，从而避免三极管的 be 极间电流导致的误差，并有助于提高恒流源输出电流的精度。如果恒流源输出电流无须特别精确，那么可以不用场效应管代替三极管。

（3）74LS193 芯片如何产生上升沿触发信号的？

答：硬件电路的 UP 和 DN 引脚接下拉按键和上拉电阻。当按键没有被按下时，UP 和 DN 引脚为高电平；当非自锁按键被按下时，相应引脚瞬间变为低电平，当非自锁按键弹起时，相应引脚又为高电平，从而产生了上升沿触发信号使计数器工作。

特别提醒

（1）实验室的电阻功率均为 1/4W，而恒流源的输出电流，即流过固定电阻 R4 的电流 $I_R = U_{IN2}/R_4$。这时，既要保证 I_R 不超过所选电阻额定功率下的额定电流，又要保证有合适数目的输出电流挡位，经过调试，选择 R4 为 20.5Ω。

（2）当固定电阻相等时，如果要使输出电流挡位增多，必须更换较大功率的电阻。

项目 4　数字电位器在 AD 转换中的应用电路

设计任务

目前，数字电位器以其调节准确、方便，性能稳定、无噪声，具有可编程能力等特点，在电子工程技术中得到了广泛应用。本设计将用数字电位器取代传统的机械电位器，使输入的模拟量更加精确可调，AD 转换后输出的数字量更准确。

总体思路

数字电位器是用数字信号控制电位器滑动端位置的新型器件。本设计选用 MCP4131-502 芯片作为串行信号控制的数字电位器。本设计通过数字电位器提供 0 ～ 5V 的模拟电压，经 AD 转换变为数字量，然后通过单片机数据处理显示在数码管上。本设计的核心是通过数字电位器的应用使输入的模拟量更加精确。

系统组成

数字电位器在 AD 转换中的应用电路主要分为以下 4 个模块。

☺ 模拟电压输入电路：提供 0 ～ 5V 的模拟电压，通过单片机控制数字电位器，精确控制输入的模拟电压。

☺ AD 转换电路：通过 AD 转换，将模拟电压转换为数字量，便于单片机处理。

☺ 单片机电路：通过单片机采样，向数字电位器发送控制信号，驱动数码管显示。

☺ 数码管显示电路：将采样后的数字量显示在数码管上。

数字电位器在 AD 转换中的应用电路系统框图如图 4-1 所示。

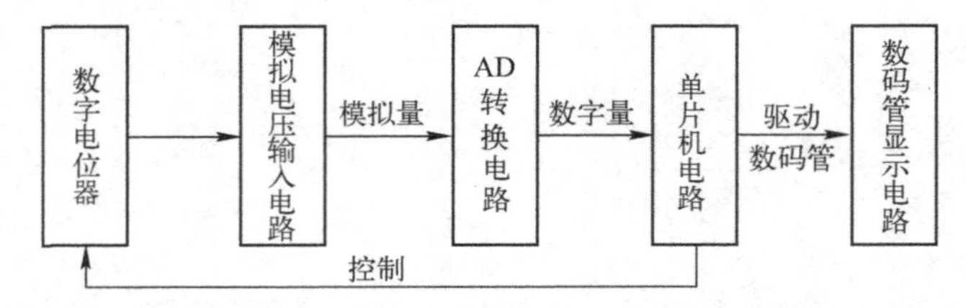

图 4-1　数字电位器在 AD 转换中的应用电路系统框图

模块详解

数字电位器在 AD 转换中的应用电路如图 4-2 所示。下面分别对数字电位器在 AD 转换中的应用电路的各模块进行详细介绍。

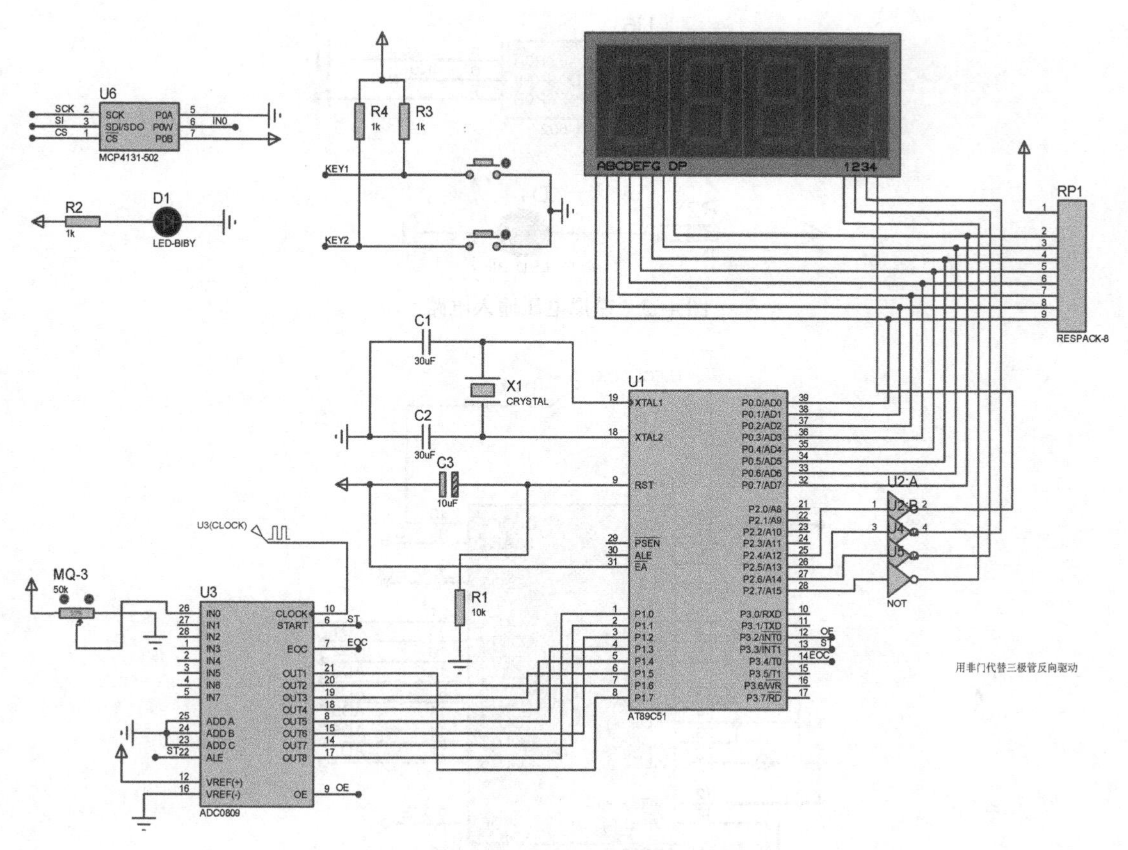

图 4-2　数字电位器在 AD 转换中的应用电路

1. 模拟电压输入电路

模拟电压输入电路如图 4-3 所示，其中 MCP4131-502 芯片的引脚功能如下。

1 引脚为片选信号端$\overline{\text{CS}}$，低电平有效；

2 引脚为时钟信号端 SCK；

3 引脚为串行数据输入端 SDI/SDO；

4 引脚为接地端 VSS（图 4-3 中未画出）；

5 引脚为电位器 0A 端 P0A；

6 引脚为电位器抽头端 P0W；

7 引脚为电位器 0B 端 P0B；

8 引脚为电源端 VCC（图 4-3 中未画出）。

本设计通过单片机控制数字电位器，从而输入 0 ～ 5V 模拟电压到 ADC0809 芯片。

2. AD 转换电路

AD 转换电路如图 4-4 所示。本设计采集 ADC0809 芯片的 IN0 引脚上的模拟量，故将

MCP4131-502 芯片的 P0W 引脚和 ADC0809 芯片的 IN0 引脚连接。ADC0809 芯片的模拟通道地址选择信号端 ADDA、ADDB、ADDC 引脚都接地，这样地址信号 000 选中的转换通道为 IN0 引脚。ADC0809 芯片的地址锁存允许信号端 ALE 引脚为高电平有效，故接 VCC 引脚，则 ADDA、ADDB、ADDC 3 引脚上的 3 位地址被锁存。ADC0809 芯片的启动信号端 START 引脚为正脉冲有效，和单片机的 P3.3 引脚连接。当单片机的 P3.3 引脚为高电平时，则启动 AD 转换。

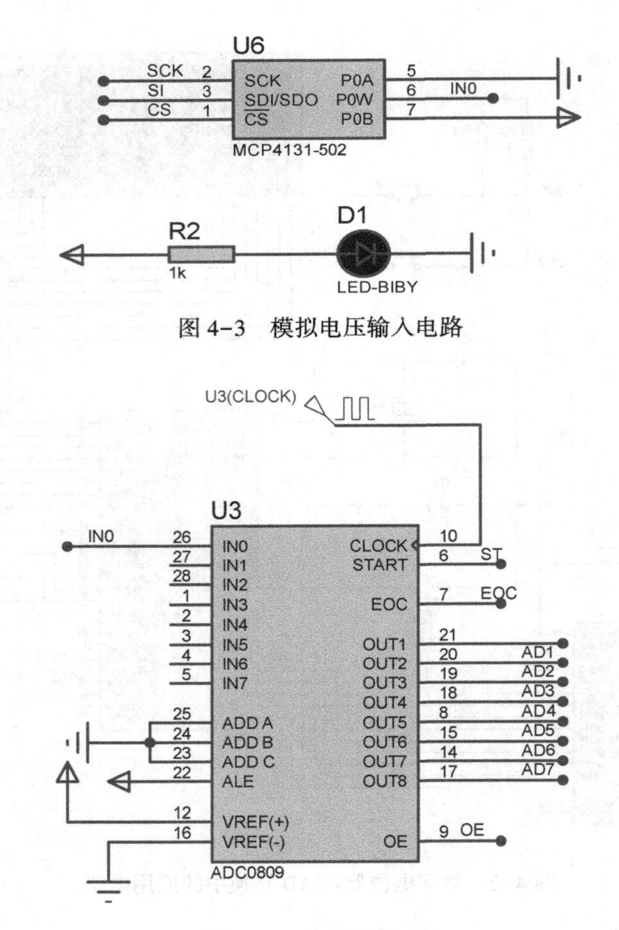

图 4-3　模拟电压输入电路

图 4-4　AD 转换电路

本电路设计为单极电压输入，VREF(+)引脚接+5V，用于提供片内 DC 电阻网络的基准电压。CLOCK 引脚与 1MHz 有源晶振的输出引脚相连。转换结束信号端 EOC 引脚在 AD 转换过程中为低电平，AD 转换结束时为高电平，与单片机的 P3.4 引脚相连。当 AD 转换结束时，单片机读取 AD 转换结果。输出允许信号端 OE 引脚接单片机的 P3.2 引脚，且为高电平有效。当单片机将 P3.2 引脚置高电平时，才可以从三态输出锁存器取走 AD 转换完的数据。ADC0809 芯片的数字量输出端 OUT1 ～ OUT8 引脚接单片机的 P1.7 ～ P1.0 引脚。

3. 单片机电路

单片机电路主要进行内部程序处理，实现采样、控制数字电位器和驱动数码管显示等功能。单片机电路如图 4-5 所示。其中，C1、C2 及 X1 构成晶振电路，其作用是为系统提供时钟信号。

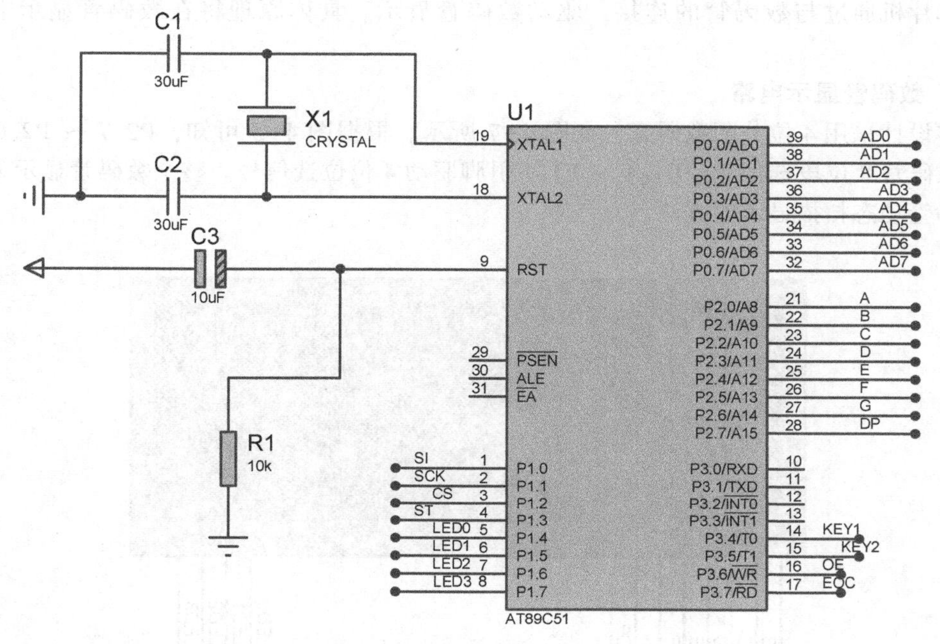

图 4-5　单片机电路

1）控制数字电位器功能

在本设计中，通过单片机控制数字电位器。单片机的 P1. 0、P1. 1 和 P1. 2 引脚分别接数字电位器的 SDI/SDO、SCK 和 $\overline{CS}$ 引脚。当 $\overline{CS}$ 引脚处于低电平时，单片机通过 SDI/SDO 串行移位输入 16 位命令字，在 SCK 引脚信号的每个上升沿时刻输入 1 位命令字。如图 4-6 所示，KEY1 和 KEY2 端接单片机 P3. 4 和 P3. 5 中断引脚。通过按键 S1 和 S2 调节数字电位器，实现输入的模拟电压增/减。

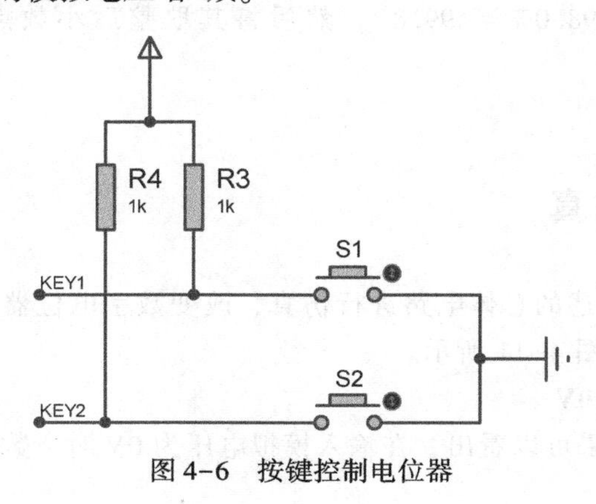

图 4-6　按键控制电位器

2）采样功能

单片机通过对 ADC0809 芯片的控制，实现数据采样功能。具体原理在 AD 转换电路中已详述。

3）驱动数码管显示功能

单片机通过与数码管的连接，驱动数码管显示。具体原理将在数码管显示电路中详述。

4. 数码管显示电路

本设计采用 4 位共阴数码管，如图 4-7 所示。根据图 4-5 可知，P2.7 ～ P2.0 引脚驱动数码管 8 位段选信号，P1.4 ～ P1.7 引脚驱动 4 位位选信号。整个数码管显示采用多维数码管动态扫描显示的方法。

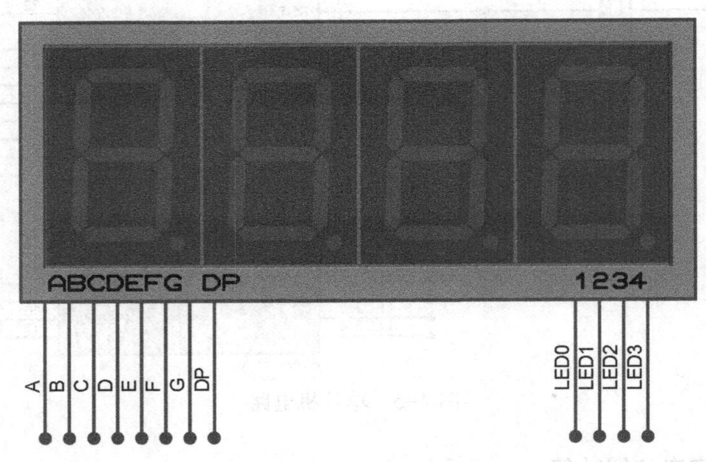

图 4-7　数码管显示电路

以 5V 输入模拟电压为例，AD0809 芯片的输出数据为

$$V_{out} = V_{in} \times 255/5 = V_{in} \times 51 \tag{4-1}$$

式中，V_{in}为输入模拟电压；V_{out}为输出数据。当输入模拟电压为 5V 时，输出数据为 255V，将 255×2 = 510V，510×98.0% = 499.8V，然后将其取整后小数点左移两位，即显示为“4.99”。

总体电路仿真

在 Proteus 中，对上述的总体电路进行仿真，改变数字电位器的电阻值，观测显示结果的变化，如图 4-8 ～图 4-11 所示。

1. 输入模拟电压为 0V

由图 4-8 的仿真结果可以看出，在输入模拟电压为 0V 时，数码管显示为“000”。

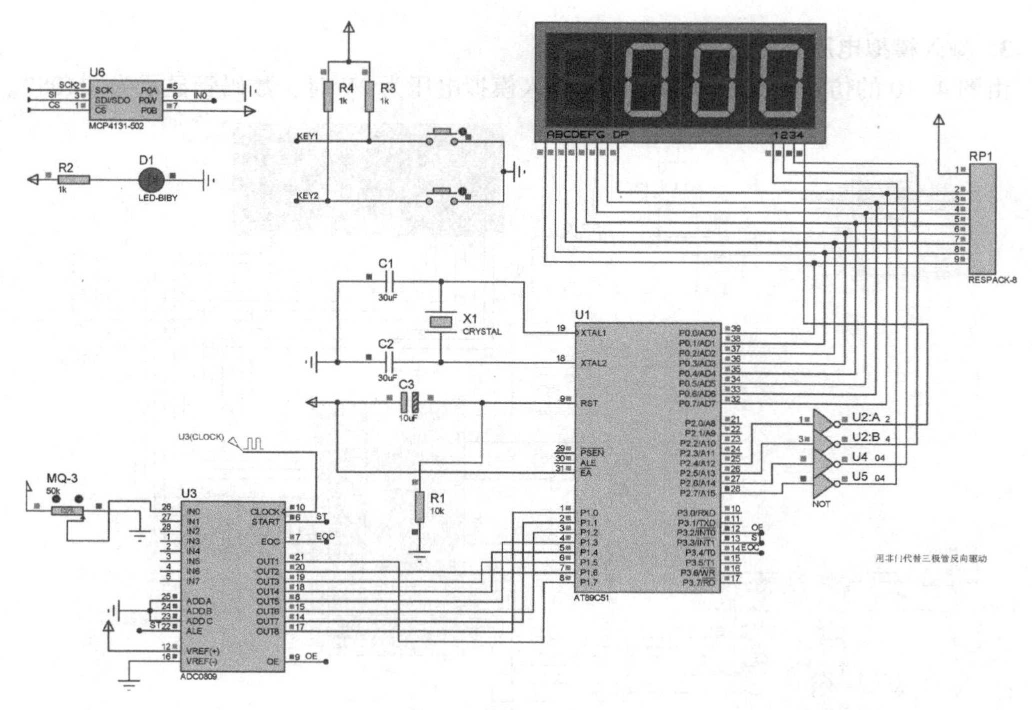

图 4-8　总体电路仿真 1

2. 输入模拟电压为 1V

由图 4-9 的仿真结果可以看出，在输入模拟电压为 1V 时，数码管显示为“055”。

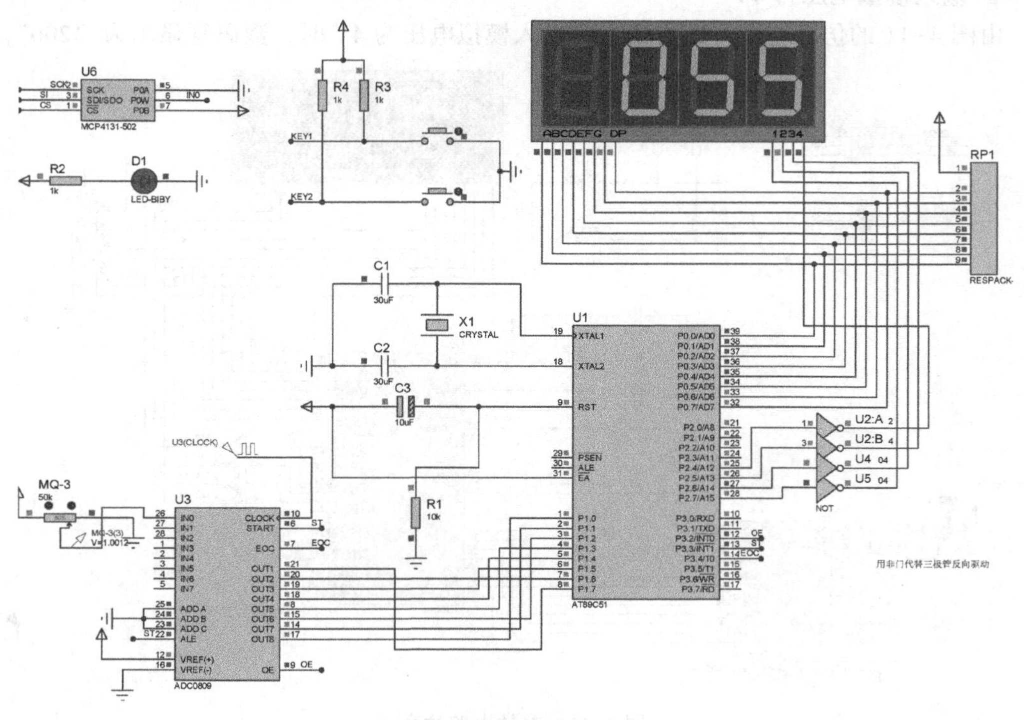

图 4-9　总体电路仿真 2

3. 输入模拟电压为 2V

由图 4-10 的仿真结果可以看出，在输入模拟电压为 2V 时，数码管显示为“105”。

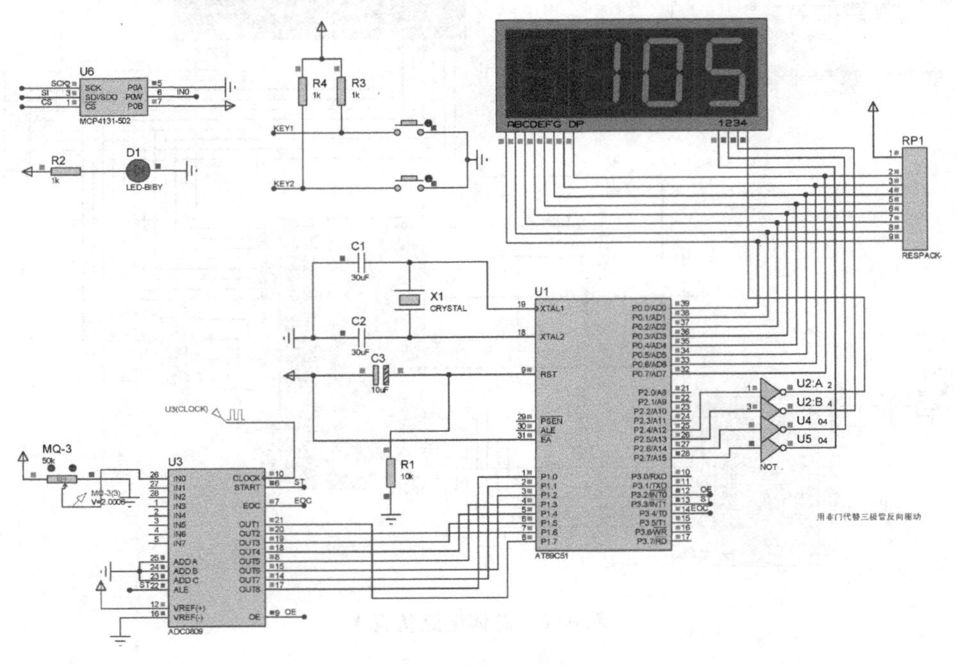

图 4-10 总体电路仿真 3

4. 输入模拟电压为 4V

由图 4-11 的仿真结果可以看出，在输入模拟电压为 4V 时，数码管显示为“206”。

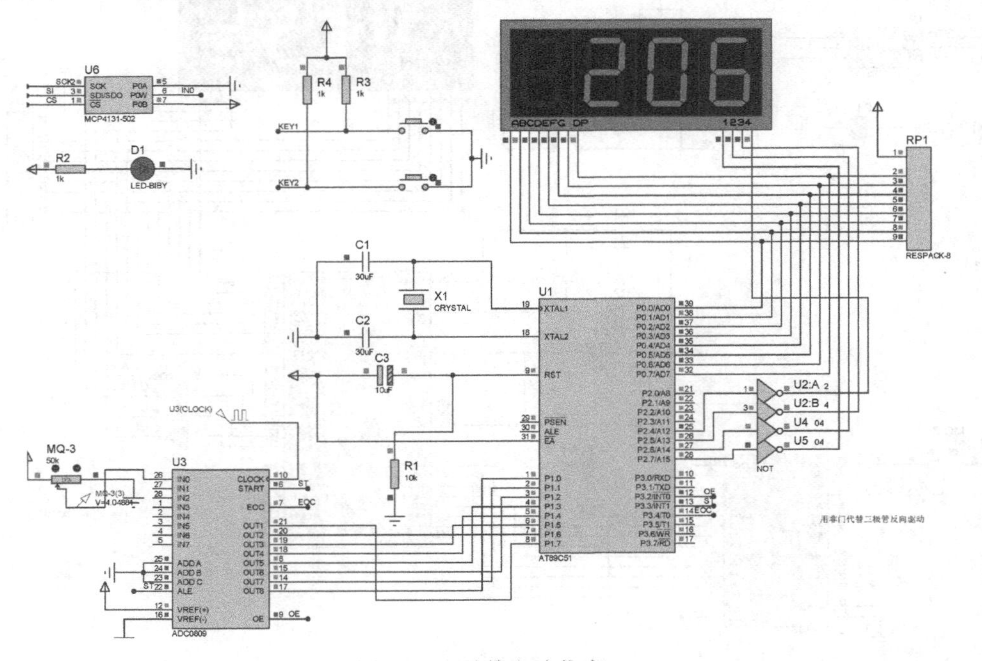

图 4-11 总体电路仿真 4

由以上的仿真结果可知，本设计的电路基本可以完成设计要求。

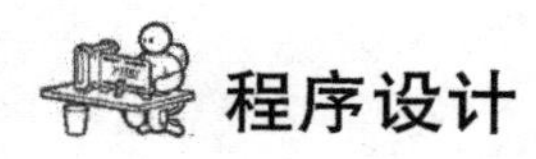

程序设计

在本次设计中所用到的单片机程序如下：

```
#include <reg52. h>
#include <intrins. h>

sbit EOC=P2^6;
sbit START=P2^5;
sbit OE=P2^7;
sbit CLK=P2^4;
sbit PWM=P3^7;
unsigned char ad_data;

 void delay_ms(unsigned int z)                          //延时子程序
{
    unsigned int x,y;
    for(x=z;x>0;x--)
        for(y=110;y>0;y--);
}
void ADC0809()
{
    OE=0;                                               //以下 3 条指令启动 AD0809 芯片
    START=0;
    START=1;
    START=0;
    delay_ms(1);
    while(!EOC);                                        //等待 AD 转换结束
    OE=1;                                               //取出读得的数据
    ad_data=P1;                                         //送相关通道数组
    OE=0;
}

void main()
{
    EA=1;
    TMOD=0X02;
    TH0=216;
    TL0=216;
    TR0=1;
    ET0=1;
    while(1)
    {
    ADC0809();
     PWM=1;
     delay_ms(ad_data);
     PWM=0;
     delay_ms(255-ad_data);
```

```
        }
    }
    void t0( ) interrupt 1 using 0
    {
        CLK=~ CLK;
    }
```

电路板布线图（见图 4-12）

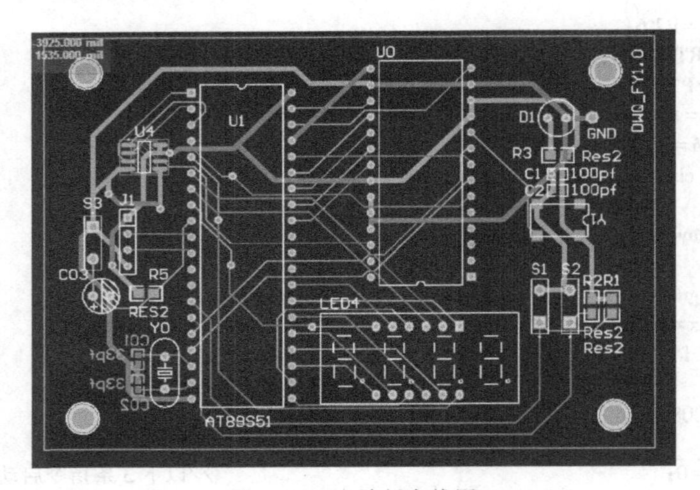

图 4-12　电路板布线图

实物照片（见图 4-13）

图 4-13　实物照片

思考与练习

（1）为了使数码管显示亮度提高，在原设计上应怎样处理？

答：在数码管位选端接入上拉电阻。

（2）多位数码管动态显示的原理是什么？

答：各个数码管的段码都是P0接口的输出值，即各个数码管在每一时刻输入的段码是一样的。为了使其显示不同的数字，可采用动态显示的方法，即先让最低位数码管被选通显示，经过一段延时，再让次低位数码管被选通显示，再延时，依次类推。由于视觉暂留，只要延时的时间足够短，就能使各个数码管的显示看起来稳定、清楚。

特别提醒

（1）在设计印制电路板时，晶体和电容应尽可能安装在单片机附近，以减少寄生电容的影响，保证振荡器稳定和可靠的工作。为了提高稳定性，应采用NPO电容。

（2）在Protues软件中，没有ADC0809芯片的仿真模型，所以使用了ADC0808芯片的仿真模型来代替它。在实际电路制作中，最常用的是ADC0809芯片。

项目5　双闪车灯电路

设计任务

双闪车灯是汽车的信号灯。双闪车灯的作用是提醒其他车主与行人注意本车发生了特殊情况，请大家避让。本设计通过NE555芯片构成的自激多谐振荡电路，使红色的LED和绿色的LED交替闪烁，从而构成双闪车灯。与三极管自激多谐振荡电路相比，NE555芯片构成的自激多谐振荡电路产生的时钟信号驱动力较强，通过改变电路参数即可调节振荡频率。

总体思路

本设计以NE555芯片为核心，构成自激多谐振荡电路，通过电容的充放电来改变自激多谐振荡电路输出状态。当自激多谐振荡电路输出高电平时，绿色的LED亮；当自激多谐振荡电路输出低电平时，红色的LED亮。

系统组成

双闪车灯电路主要由以下两个模块组成。

☺ 直流稳压电源电路：输出+5V的直流电压。

☺ 自激多谐振荡电路：输出周期矩形波，使红色的LED、绿色的LED交替闪烁。

模块详解

双闪车灯电路如图5-1所示。下面分别对双闪车灯电路的各模块进行详细介绍。

1. 直流稳压电源电路

本设计要求输出+5V直流电压，为此，三端稳压器选择7805芯片。在三端稳压器的输入端接入电解电容C4(1000μF)，用于电源滤波，其后并入电解电容C3(4.7μF)，用于进一步滤波。在三端稳压器输出端接入电解电容C5(4.7μF)，用于减小纹波电压，而并入瓷片电容C6(100nF)，用于改善负载的瞬态响应并抑制高频干扰（瓷片小电容电感效应很小，可以忽略，而电解电容因为电感效应在高频段比较明显，所以不能抑制高频干扰）。直流稳压电源电路如图 5-2 所示。

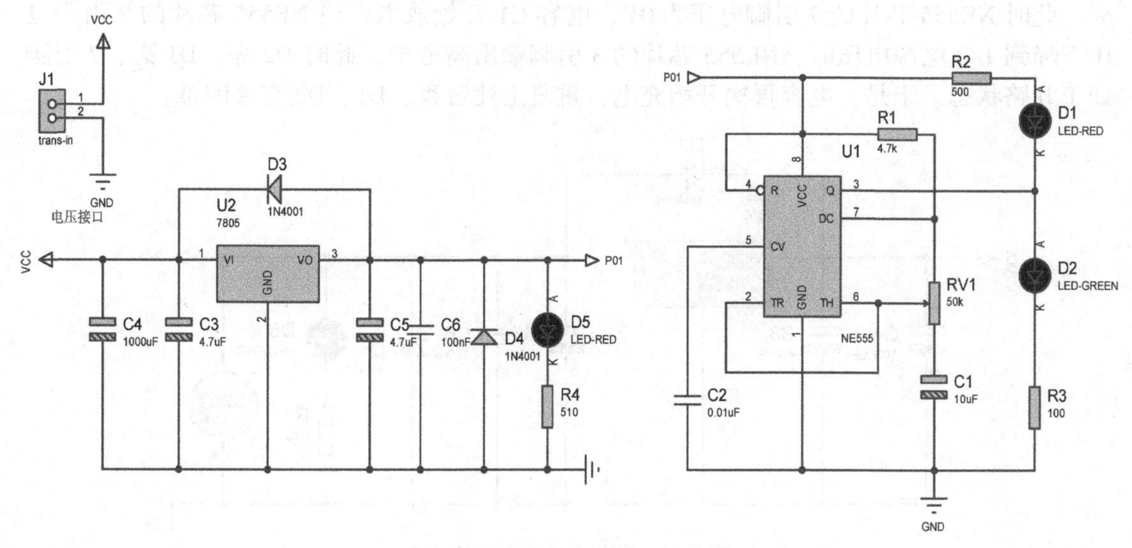

图 5-1　双闪车灯电路

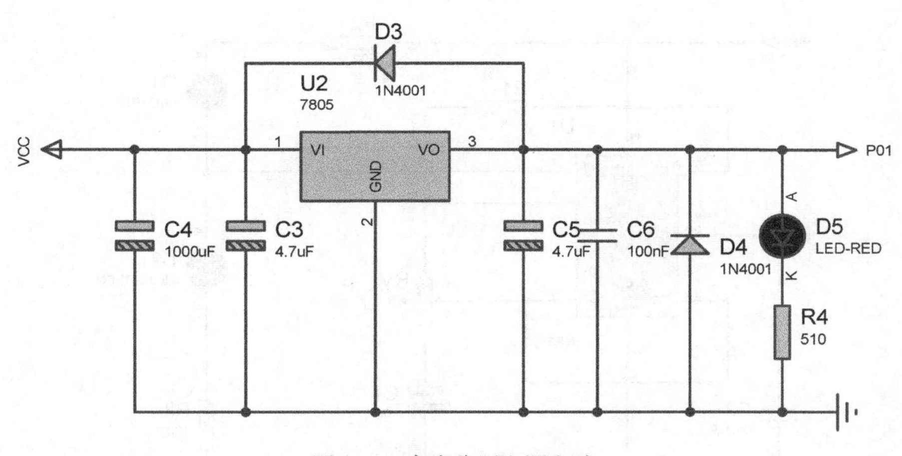

图 5-2　直流稳压电源电路

图 5-2 中的整流二极管 D3、D4 用于保护三端稳压器，以避免被反向感生电压击穿。同时，红色的 LED（D5）用于指示直流稳压电源电路工作。

在 Proteus 中，对直流稳压电源电路进行仿真，如图 5-3 所示，并用图表分析观测其输出电压。

由图 5-3 的仿真结果可以看出，在输入电压为+5V 时，输出电压为+3. 77V。输出电压没有明显的波动，符合此电路的设计要求。

2. 自激多谐振荡电路

NE555 芯片构成的自激多谐振荡电路是本设计的核心电路，如图 5-4 所示。在图 5-4 中，NE555 芯片的 4 引脚与 8 引脚连接电源。当电路通电瞬间，电源正极通过电阻 R1、滑动变阻器给电容 C1 充电，此时 C1 两端电压由 0V 开始上升。当 NE555 芯片的 2 引脚电压小于1/3电源电压时，NE555芯片的3引脚输出高电平，此时D2亮、D1灭。当NE555芯片的2引脚电压上升到2/3电源电压时，NE555芯片的3引脚输出低电平，D1亮、D2灭，此时NE555芯片的7引脚电压为0V，电容C1开始放电。当NE555芯片的2引脚电压下降到1/3电源电压时，NE555芯片的3引脚输出高电平，此时D2亮、D1灭，7引脚处于开路状态。于是，电容再次开始充电，重复上述过程，D1、D2交替闪烁。

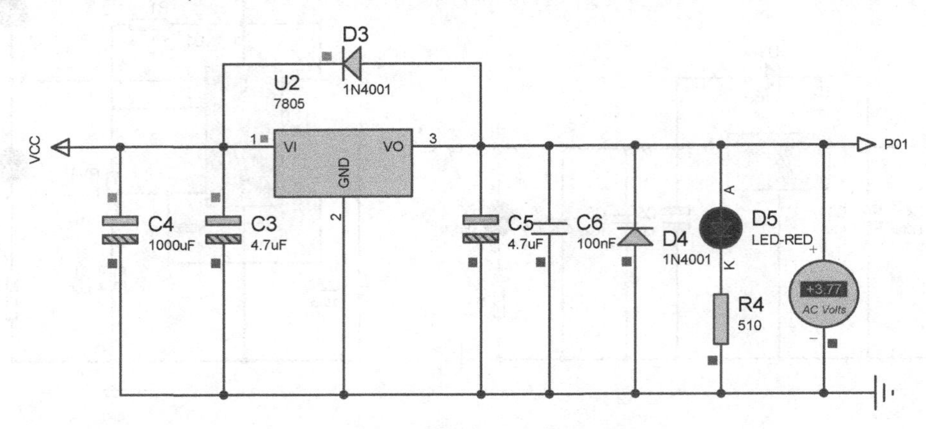

图5-3　直流稳压电源电路仿真

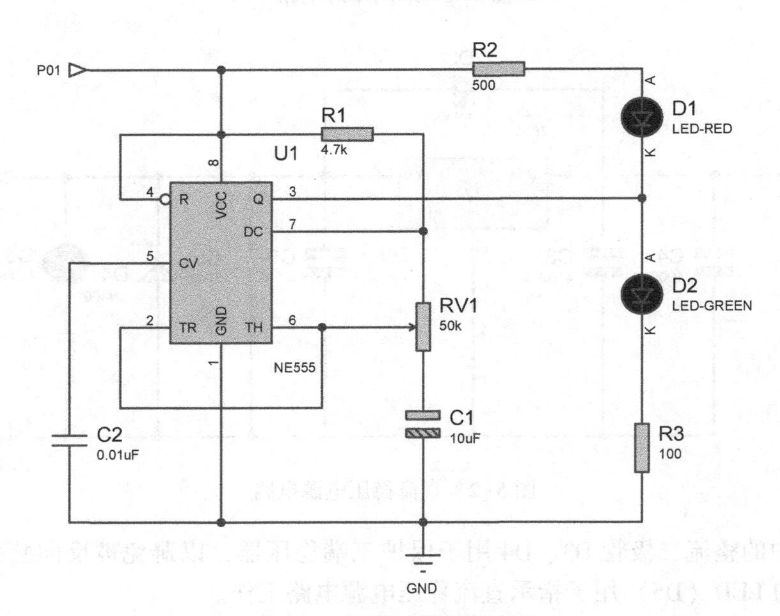

图5-4　自激多谐振荡电路

输出高电平的时间T_h为

$$T_h=(R_1+R_{V_1})C_1\ln2 \tag{5-1}$$

输出低电平的时间T_L为

$$T_L=R_{V_2}C_1\ln2 \tag{5-2}$$

振荡周期T为

$$T=(R_1+R_V)C_1\ln2 \tag{5-3}$$

式中，R_{V_1}为滑动变阻器上半部分电阻值；R_{V_2}为滑动变阻器下半部分电阻值；R_V为滑动变阻器整个电阻值。通过调节滑动变阻器，可以改变自激多谐振荡电路的振荡频率，即每个灯的闪烁时间及两灯的闪烁时间间隔。

本设计在初始状态，将滑动变阻器的抽头端置于正中间，即滑动变阻器接入电路的有效部分为25kΩ。根据式（5-1）、式（5-2）、式（5-3）可知，输出高电平的时间，即绿色的LED亮的时间约为0.21s；输出低电平的时间，即红色的LED亮的时间约为0.17s；两灯交替闪烁一次的周期约为0.38s。

通过调节滑动变阻器电阻值的大小（0～50kΩ），可以改变两灯交替闪烁的周期。在本设计中，两灯交替闪烁的周期可调范围为0.03～0.72s。在实际使用过程中，若两灯交替闪烁的周期范围不满足用户要求，可根据实际要求选取不同型号的滑动变阻器和电容来改变两灯交替闪烁的周期范围。

在Proteus中，对自激多谐振荡电路进行仿真，调节滑动变阻器的滑片位置来改变两灯交替闪烁的周期。该仿真分为两种情况进行，即滑动变阻器的滑片位置分别在100%与70%处。

1）滑动变阻器的滑片位置在100%处

滑动变阻器的滑片位置在100%处时，自激多谐振荡电路的输出信号如图5-5所示，车灯闪亮情况1如图5-6所示。

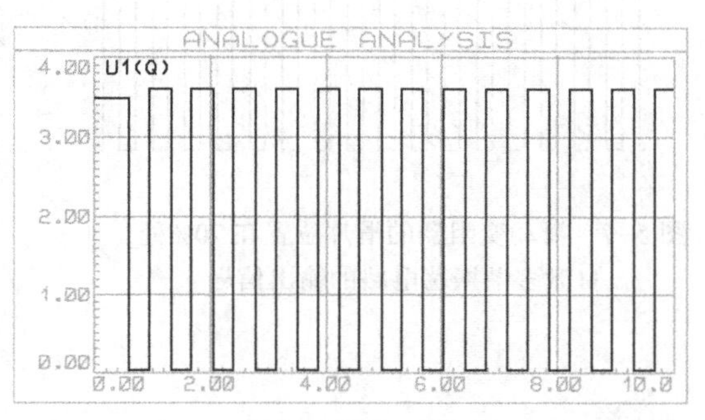

图5-5　滑动变阻器的滑片位置在100%处时，自激多谐振荡电路的输出信号

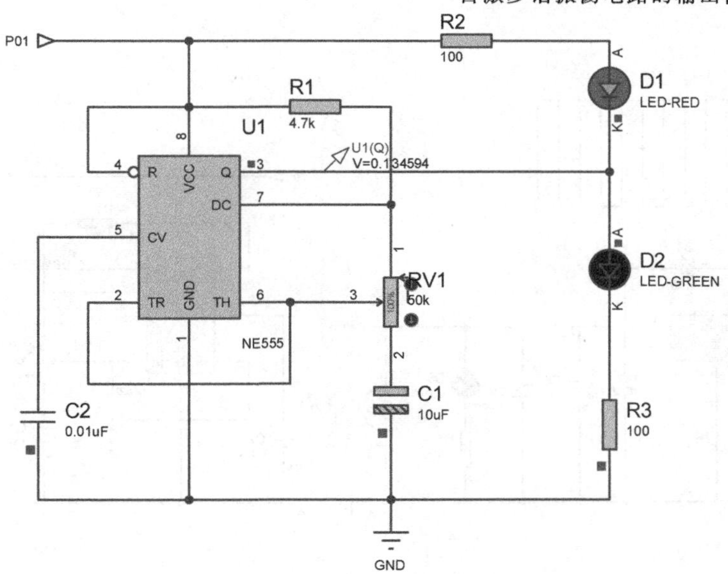

图5-6　车灯闪亮情况1

2）滑动变阻器的滑片位置在70%处

调节滑动变阻器的滑片位置在70%处时，NE555输出的波形频率明显变快，车灯闪

烁一次的时间明显变短，如图 5-7、图 5-8 所示。

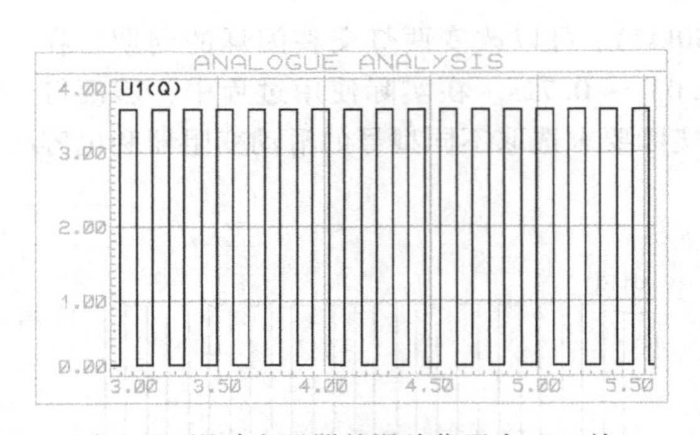

图 5-7 滑动变阻器的滑片位置在 70%处，自激多谐振荡电路的输出信号

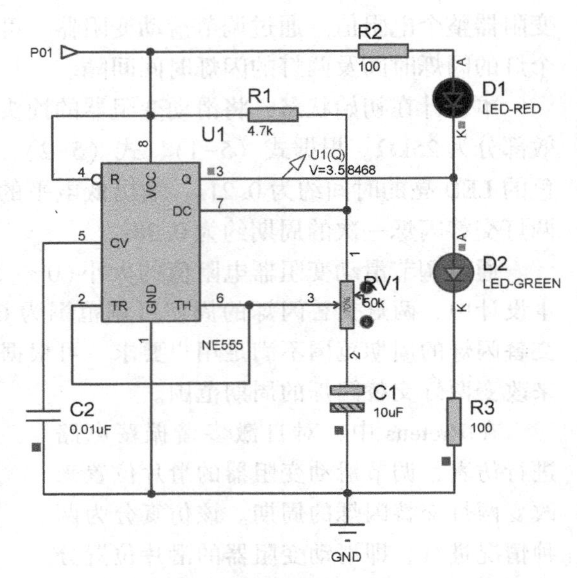

图 5-8 车灯闪烁情况 2

总体电路仿真（见图 5-9）

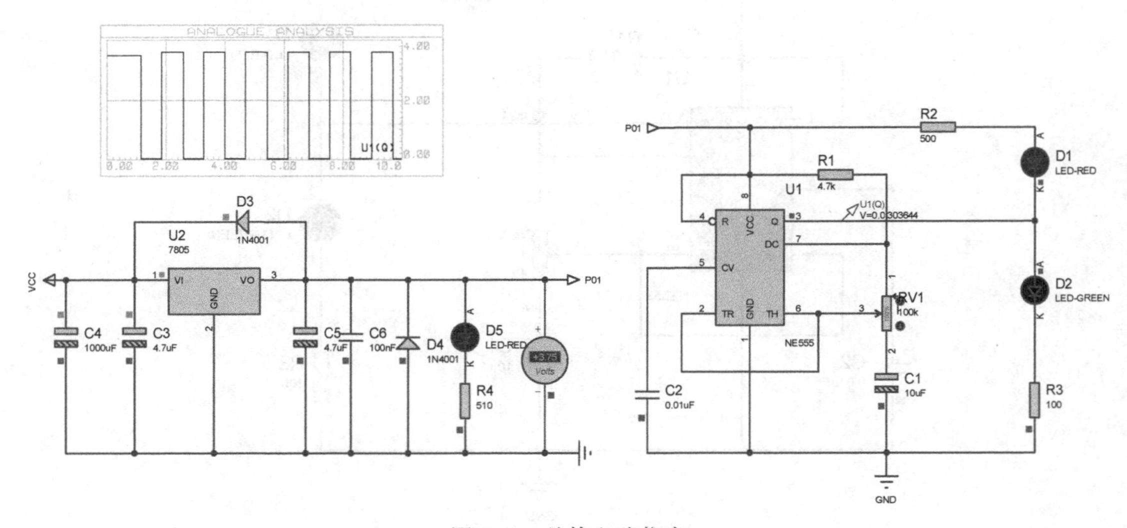

图 5-9 总体电路仿真

电路板布线图（见图 5-10）

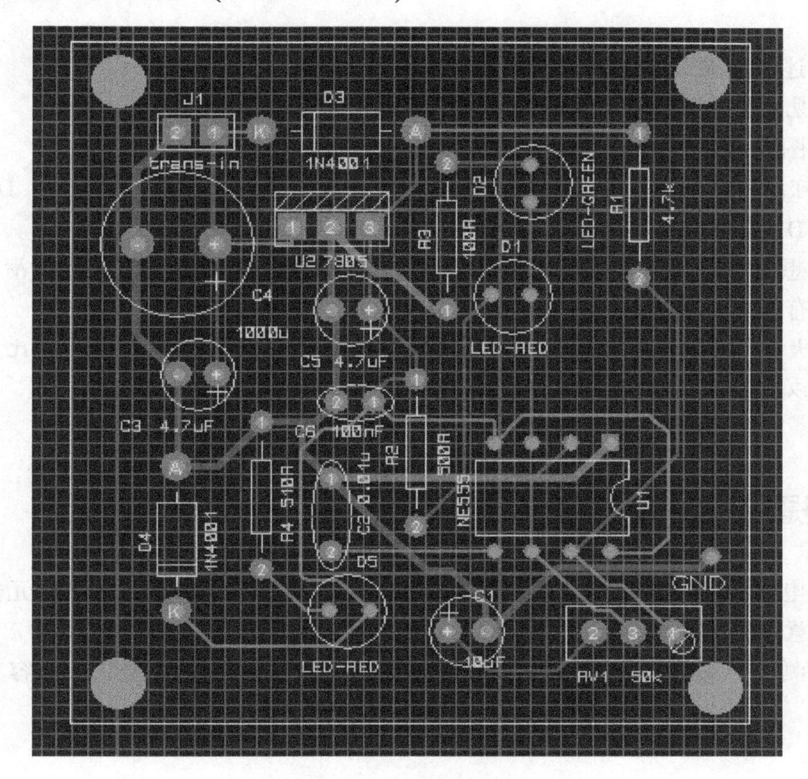

图 5-10　电路板布线图

实物照片（见图 5-11）

图 5-11　实物照片

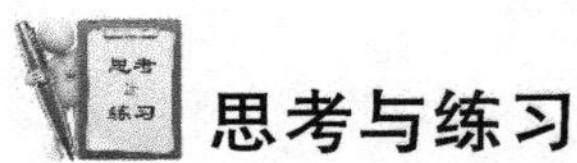

思考与练习

（1）简述多谐振荡电路的工作原理。

答案：见自激多谐振荡电路介绍部分。

（2）在图 5-4 中，可以去掉电阻 R2、R3 吗？叙述其原因。

答：不可以。电阻 R2、R3 起限流作用，如去掉这两个电阻，流过 D1、D2 的电流过大，会损坏 D1、D2。

（3）若想使 D1、D2 交替闪烁的时间间隔增大，除了调节滑动变阻器的滑片位置使阻值增大，还有什么其他方法？

答：增大电容 C1 的电容值，其间隔时间与变阻器电阻值和电容值成正比，所以增大电容值也可以增长间隔时间。

特别提醒

（1）当电路各部分设计完毕后，须对各部分进行适当的连接，并考虑元器件间的相互影响。注意顶层的跳线连接。

（2）在测试电路时，注意正确接入电源的正、负极，若电源接反，则容易使电解电容爆炸。

项目6　汽车电压监视电路

 设计任务

汽车电压监视电路用于监视汽车供电电压是否正常。若汽车供电电压在 12 ～ 14.5V，则汽车供电电压正常；若汽车供电电压低于 12V 或高于 14.5V，分别有相应的 LED 亮起来报警。

 总体思路

本设计通过电压比较器进行电压比较，以实现上述功能。汽车供电电压既作为汽车电压监视电路的输入电压，又作为电源给整个电路供电。通过调节两滑动变阻器，分别控制 LM324 芯片的两个电压比较器。当汽车供电电压低于 12V 和高于 14.5V 时 LM324 芯片的两个电压比较器分别输出高电平信号，此时通过三极管驱动对应的 LED 亮起来报警。当汽车供电电压在 12 ～ 14.5V 的正常范围之内，LM324 芯片的两个电压比较器均输出低电平，两个 LED 均不亮。

系统组成

汽车电压监视电路主要由以下两个模块组成。

☺ 电压比较电路：主要用于对汽车供电电压进行比较，判断汽车供电电压是否在正常范围内。

☺ LED 驱动电路：通过两个三极管导通使相应的 LED 亮起。

 模块详解

汽车电压监视电路如图 6-1 所示。下面分别对汽车电压监视电路的各模块进行详细介绍。

1. 电压比较电路

LM324 芯片内部包含 4 个电压比较器，本次设计用到其中两个电压比较器。如图 6-2

所示的电路为电压比较电路的上半部分，由电容 C1、C2，电阻 R1 及稳压二极管构成。其中，电容 C1、C2 起到滤波作用；电阻 R1 的作用是分压，保护稳压二极管不被击穿。稳压二极管的稳定电压为 6.2V，其两端电压分别作为 LM324 芯片内部第一个电压比较器的同相输入信号和第二个电压比较器的反相输入信号，参与电压比较。

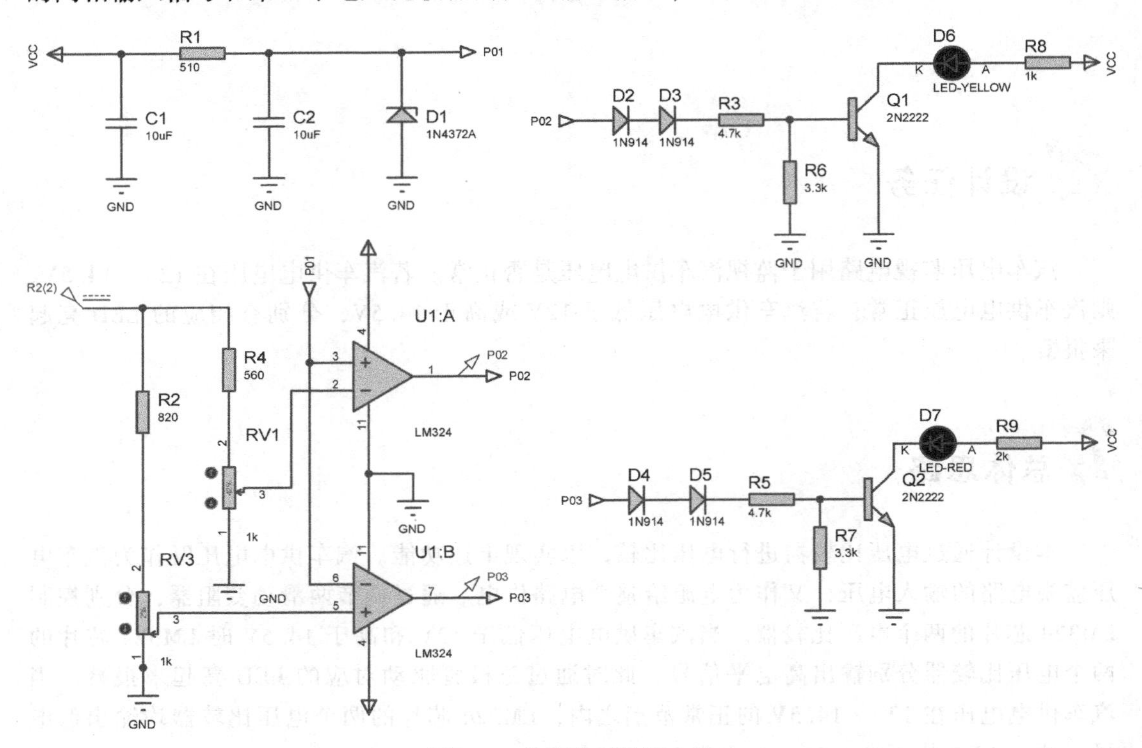

图 6-1　汽车电压监视电路

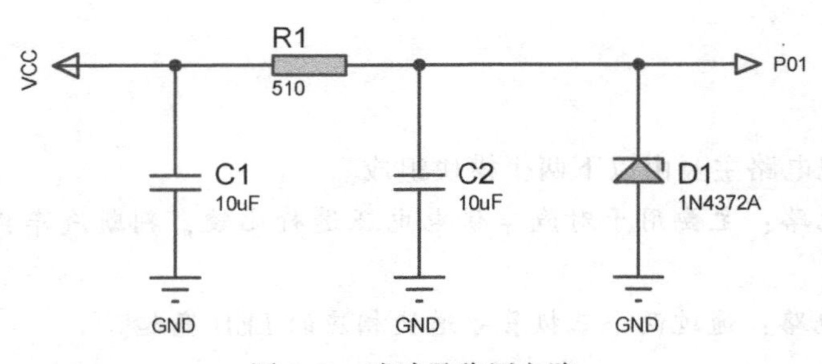

图 6-2　滤波及稳压电路

在 Proteus 中，对上述的滤波稳压电路进行仿真，如图 6-3 所示。用直流电压表测量稳压电路的输出电压为 5V，符合此电路的设计要求。

如图 6-4 所示的电路为电压比较电路的下半部分，由 LM324 芯片、电阻 R2、R4，滑动变阻器 RV1 和 RV3 组成。在图 6-4 中，第一个电压比较器的输入端为 2、3 引脚，其输出端为 1 引脚。第一个电压比较器的同相输入电压为稳压管两端电压，其反相输入电压通过调节滑动变阻器来控制。当第一个电压比较器的同相输入电压大于其反相输入电压时，1引脚输出高电平；当第一个电压比较器的同相输入电压小于其反相输入电压时，1引脚输出低电平。

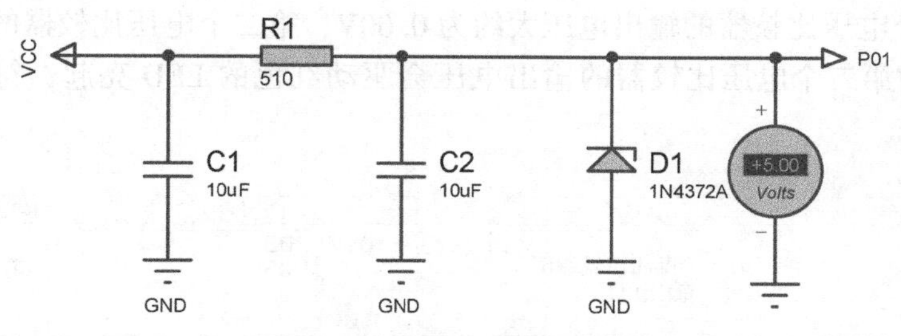

图6-3 滤波及稳压电路仿真

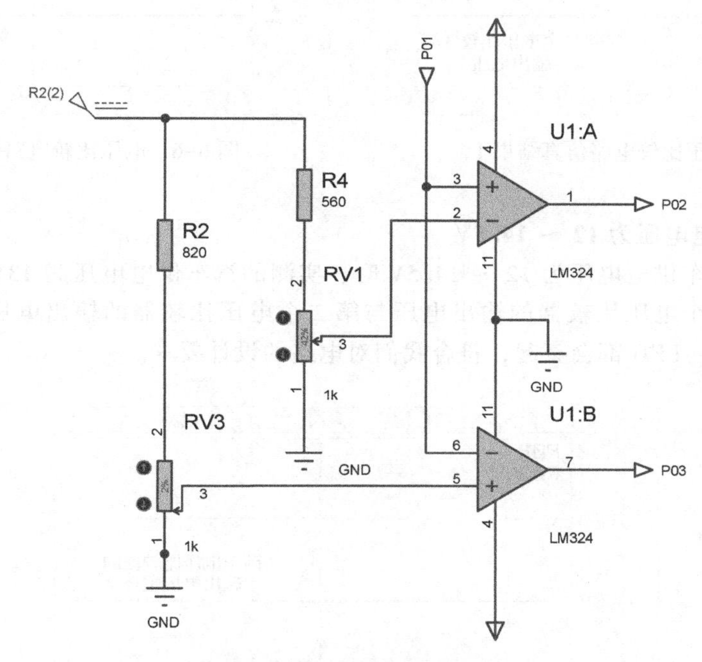

图6-4 电压比较电路的下半部分

在图6-4中，第二个电压比较器输入端为5、6引脚，其输出端为7引脚。第二个电压比较器的同相输入电压通过调节滑动变阻器来控制，其反相输入电压为稳压二极管两端电压。

第一个电压比较器的作用是比较汽车供电电压是否小于12V；第二个电压比较器的作用是比较汽车供电电压是否大于14.5V。

在Proteus中，对上述电压比较电路的下半部分进行仿真，利用电压探针观测P02端的输出电压，并利用图表仿真观测结果。我们设计仿真实验分为3种情况，分别为汽车供电电压小于12V、汽车供电电压大于14.5V、汽车供电电压在12～14.5V的范围内。

1）汽车供电电压小于12V

当输入的汽车供电电压小于12V时，实测的汽车供电电压为8V。从图6-5中可以看出，第一个电压比较器的输出电压大约为4.00V，第二个电压比较器的输出电压大约为0.00V。这时第一个电压比较器的输出电压会驱动黄色的LED亮起，符合我们对电路的设计要求。

2）汽车供电电压大于 14.5V

当输入的汽车供电电压大于 14.5V 时，实测的汽车供电电压为 15V。从图 6-6 中可以看出，第一个电压比较器的输出电压大约为 0.00V，第二个电压比较器的输出电压大约为 4.00V。这时第二个电压比较器的输出电压会驱动红色的 LED 亮起，符合我们对电路的设计要求。

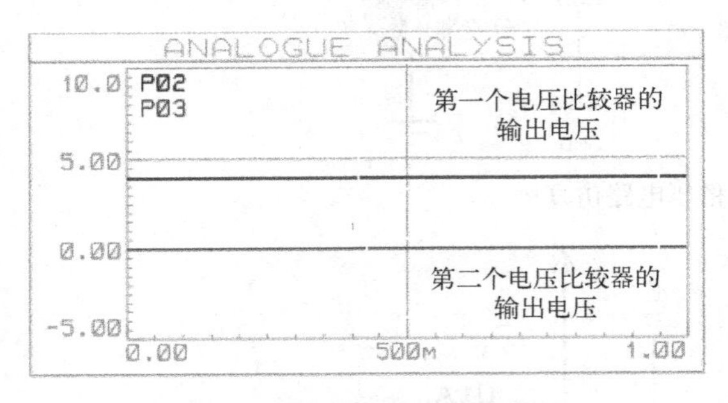

图 6-5　电压比较电路仿真结果 1

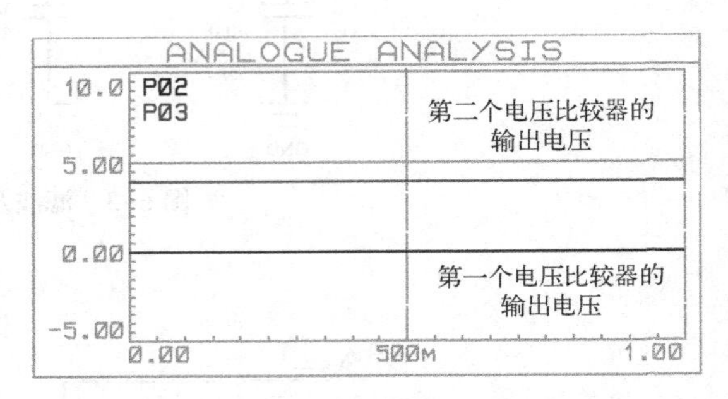

图 6-6　电压比较电路仿真结果 2

3）汽车供电电压为 12 ～ 14.5V

当输入的汽车供电电压为 12 ～ 14.5V 时，实测的汽车供电电压为 13V。从图 6-7 中可以看出，第一个电压比较器的输出电压与第二个电压比较器的输出电压重合，同时为 0.00V。这时两个 LED 都会亮起，符合我们对电路的设计要求。

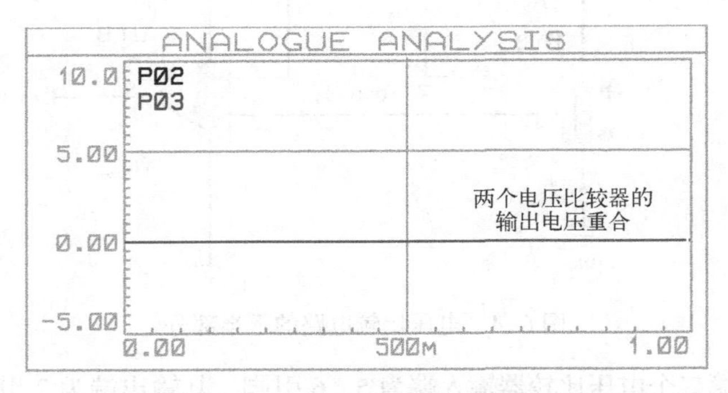

图 6-7　电压比较电路仿真结果 3

2. LED 驱动电路

LED 驱动电路由 4 个二极管D2 ～ D5，电阻 R3、R5 ～ R9，两个三极管 Q1、Q2 和两个 LED 组成，并分为汽车供电电压低于 12V 时的报警灯驱动电路和汽车供电电压高于 14.5V 时的报警灯驱动电路，如图 6-8 和图 6-9 所示。

如图 6-8 所示，二极管 D2、D3 串联接于 LM324 芯片的 1 引脚。当汽车供电电压小于 12V 时，LM324 芯片的 1 引脚输出高电平信号，三极管 Q1 导通，汽车供电电压通过 R8 给黄色的 LED 供电，黄色的 LED 亮起。

如图 6-9 所示，二极管 D4、D5 串联接于 LM324 芯片的 7 引脚。当汽车供电电压大于 14.5V 时，LM324 芯片的 7 引脚输出高电平信号，三极管 Q2 导通，汽车供电电压通过

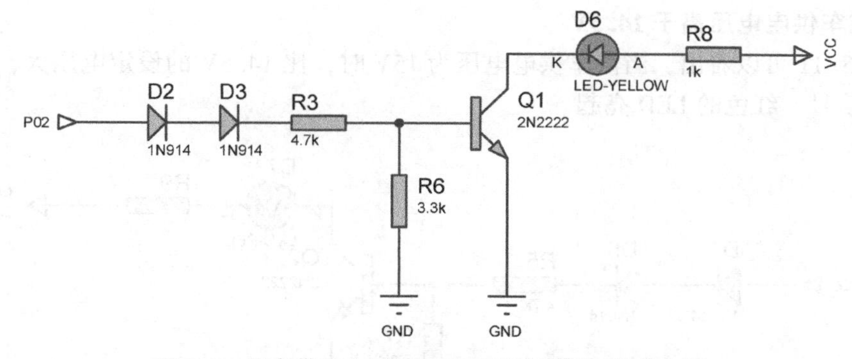

图 6-8　汽车供电电压低于 12V 时的报警灯驱动电路

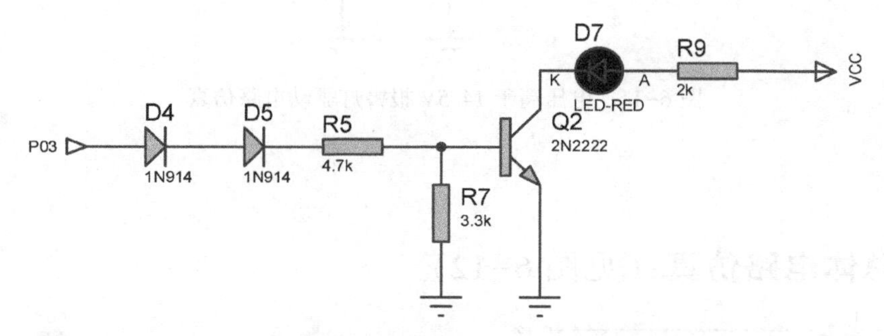

图 6-9　汽车供电电压高于 14.5V 时的报警灯驱动电路

R9 给红色的 LED 供电，红色的 LED 亮起。

当汽车供电电压在 12 ～ 14.5V 的范围内，LM324 芯片的 1、7 引脚均输出低电平信号，三极管 Q1、Q2 截止，两个 LED 均不亮。

R6、R7 两个电阻的作用是为三极管 Q1、Q2 提供开启电压。

在 Proteus 中，对 LED 驱动电路进行仿真。当汽车供电电压小于 12V 时，P02 端输出高电平信号，用以驱动 LED。同理，当汽车供电电压高于 14.5V 时，P03 端会输出高电平信号，用以驱动 LED。

1）汽车供电电压小于 12V

由图 6-10 可以看出，当汽车供电电压为 8V 时，比 12V 的设定电压小，P02 端输出高电平信号，黄色的 LED 亮起。

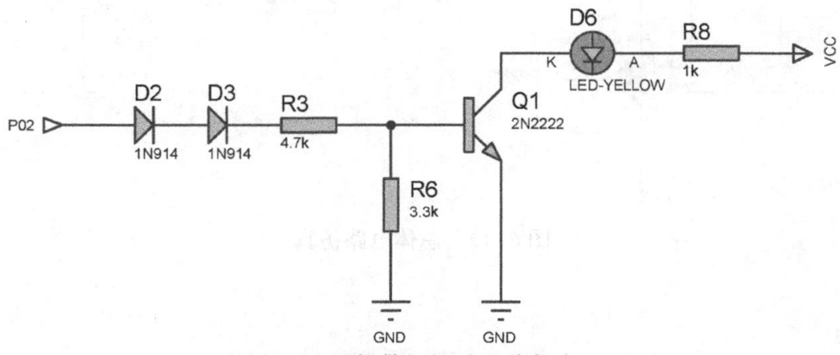

图 6-10　报警灯驱动电路仿真 1

2）汽车供电电压高于 14.5V

由图 6-11 可以看出，当汽车供电电压为 15V 时，比 14.5V 的设定电压大，P03 端输出高电平信号，红色的 LED 亮起。

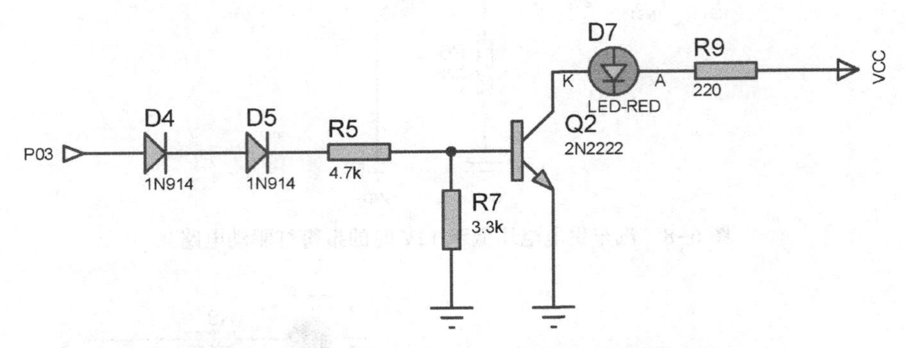

图 6-11　电压高于 14.5V 报警灯驱动电路仿真

总体电路仿真（见图 6-12）

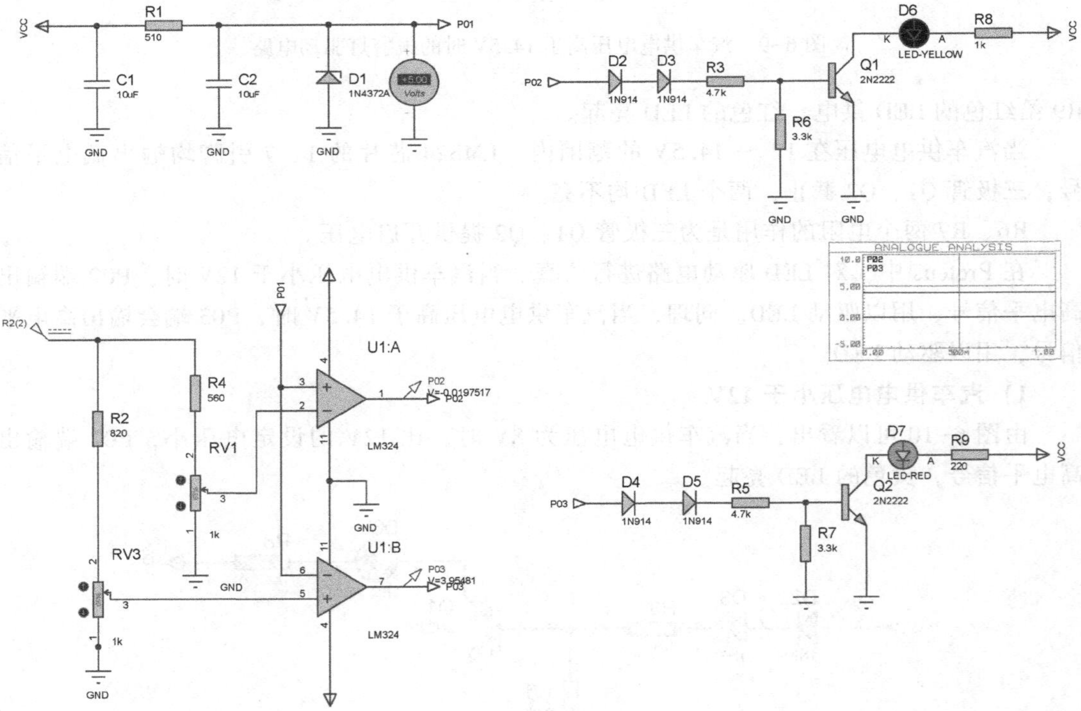

图 6-12　总体电路仿真

电路板布线图（见图 6-13）

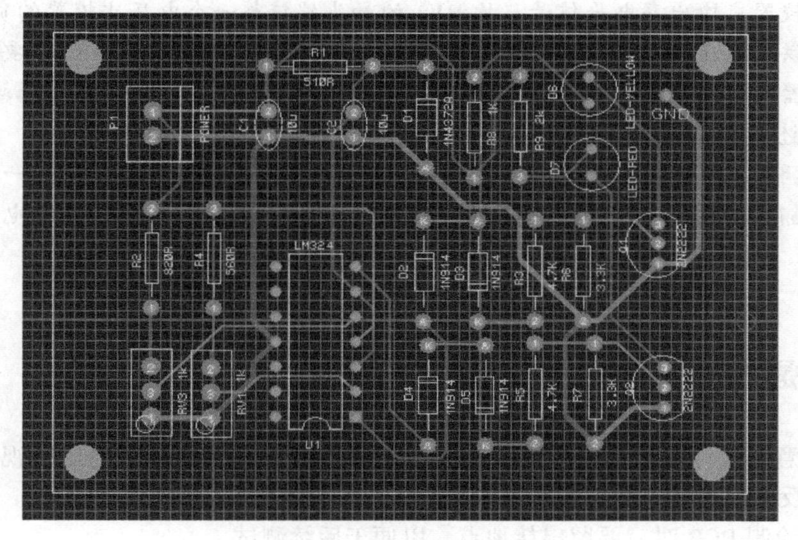

图 6-13　电路板布线图

实物照片（见图 6-14）

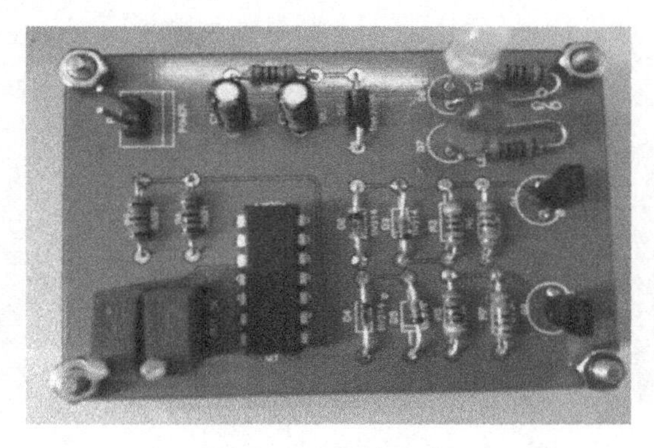

图 6-14　实物照片

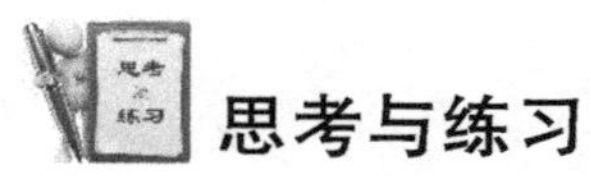

思考与练习

（1）简述电压比较器输入电压、输出电压特点。

答： 电压比较器的输入电压为模拟信号，其输出电压有高、低电平两种状态，用以表示比较结果。

(2) 如图 6-1 所示，在本设计中，为什么 RV1 的抽头端接第一个电压比较器的负端，而 RV3 的抽头端接第二个电压比较器的正端？

答：当汽车供电电压小于 12V 时，第一个电压比较器所接的黄色的 LED 要亮起，第一个电压比较器应输出高电平信号，故 RV1 的抽头端接第一个电压比较器的负端。

当汽车供电电压大于 14.5V 时，第二个电压比较器所接的红色的 LED 要亮起，第二个电压比较器应输出高电平信号，故 RV3 的抽头端接第二个电压比较器的正端。

(3) 叙述本电路调试方法。

答：在调试本电路时，先输入 12V 电压，调节滑动变阻器 RV1，使第一个电压比较器输出信号翻转。然后输入 14.5V 电压，调节滑动变阻器 RV3，使第二个电压比较器输出信号翻转。

特别提醒

(1) 注意本设计电路与电源正、负极的正确连接。如果将汽车电压监视电路与电源正、负极接反了，会使电解电容爆炸。

(2) 在绘制 PCB 时，要留出接地点，以便于后续测试。

项目 7　汽车自动亮灯保持电路

设计任务

本设计要实现的功能是：当汽车停车时，车灯自动亮灯；当关闭车灯时，车灯延时亮一段时间后熄灭。这样可以为驾驶员及乘客提供极大的方便。

本设计用与发动机转速成正比的脉冲信号模拟汽车速度并作为输入信号，通过设计频率电压转换电路、电压比较电路、自动亮灯及车灯延时电路等模块，最终实现汽车停车时自动亮灯、关闭车灯时车灯延时熄灭的功能。

总体思路

本设计以 LM331、LM358、NE555 等芯片为核心来设计汽车自动亮灯保持电路中的各个模块。其中，通过频率电压转换电路将脉冲信号频率转换为直流电压，并且该直流电压随脉冲信号频率的升高而增大；然后通过电压比较电路判断汽车的状态；最后通过车灯自动亮灯及车灯延时电路实现了汽车停车时自动亮灯、关闭车灯时车灯延时熄灭的保持功能。

系统组成

汽车自动亮灯保持电路主要由以下 3 个模块组成。

☺ 频率电压转换电路：将脉冲信号频率转换为直流电压。

☺ 电压比较电路：通过电压比较，判断汽车是处于行驶状态还是处于停车状态。

☺ 自动亮灯及车灯延时电路：实现汽车停车时自动亮灯、关闭车灯时车灯延时熄灭的功能。

模块详解

汽车自动亮灯保持电路如图 7-1 所示。下面分别对汽车自动亮灯保持电路的各主要模块进行详细介绍。

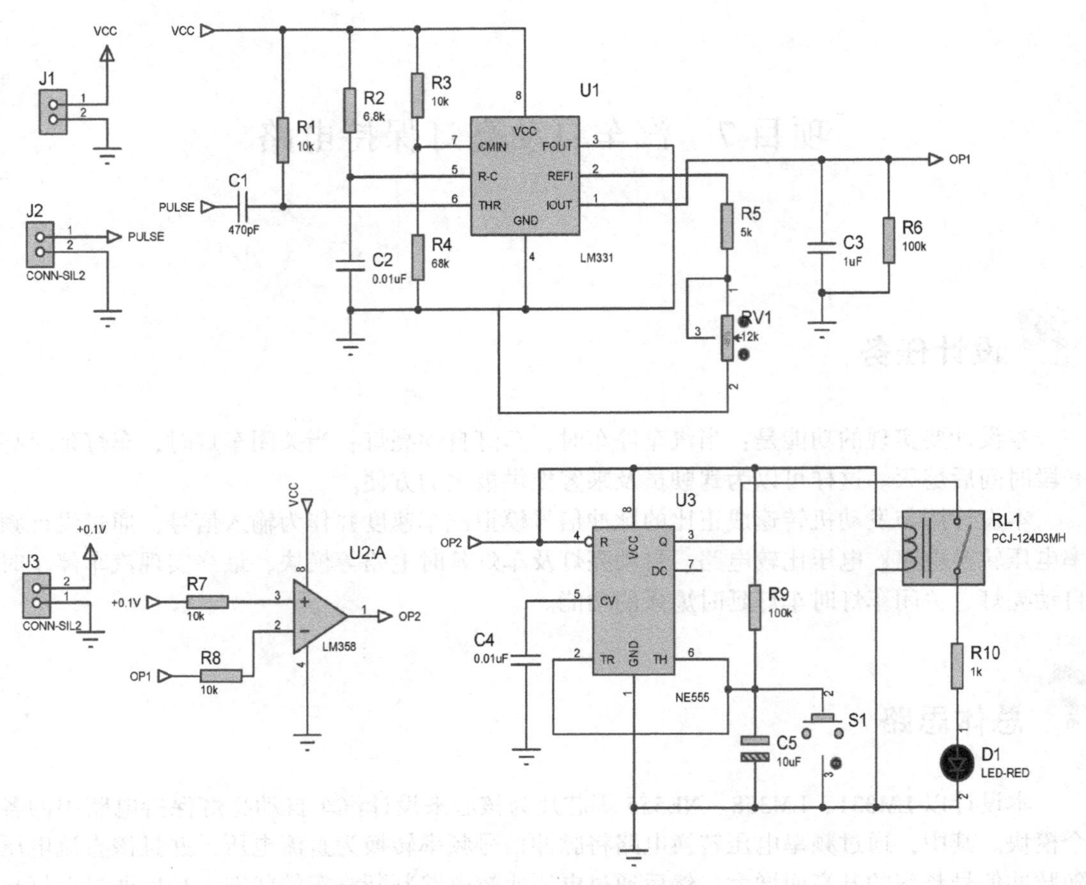

图 7-1　汽车自动亮灯保持电路

1. 频率电压转换电路

频率电压转换电路如图 7-2 所示。频率电压转换电路的主要作用是把脉冲信号频率转换为直流电压，以便后续电压比较电路进行电压比较，从而判断汽车的状态。

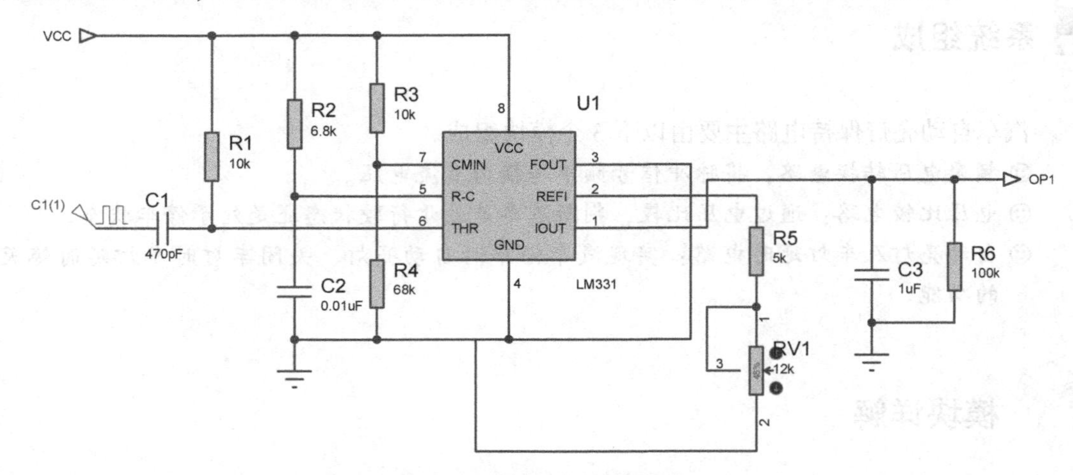

图 7-2　频率电压转换电路

LM331 芯片是一种高精度频率电压转换器。LM331 芯片各引脚功能说明如下。

(1) 1 引脚为电流脉冲信号输出端，内部相当于脉冲恒流源，该电流脉冲信号的脉冲宽度与内部单稳态电路的输出脉冲信号的相同。

(2) 2 引脚为电流脉冲信号幅度调节输出端。

(3) 3 引脚为电压脉冲信号输出端，OC 门结构，该电压脉冲信号的脉冲宽度、相位与内部单稳态电路的输出脉冲信号的相同，不用时可悬空或接地。

(4) 4 引脚为接地端。

(5) 5 引脚为时间常数信号输入端。

(6) 6 引脚为脉冲信号输入端，当该脉冲信号的电压低于 7 引脚的触发电平时该脉冲信号有效。

(7) 7 引脚为电压比较器基准电压输入端，用于设置触发电平。

(8) 8 引脚为电源 VCC 的输入端，输入该端的正常电压范围为 4 ～ 40V。

LM331 芯片的优点：线性度好，最大非线性失真小于 0.01%，在其工作频率低到 0.1Hz 时尚有较好的线性；变换精度高，数字分辨率可达 12 位；外接电路简单，只要接入几个外部元器件就可方便构成频率电压转换电路，并且容易保证转换精度。

下面介绍 LM331 芯片构成的频率电压转换电路工作原理。

如图 7-2 所示，当输入的负脉冲信号到达时，6 引脚电平低于 7 引脚电平，此时 VCC 经 R2 给 C2 充电，使 C2 两端电压升高。同时 C3 也被充电，其两端电压线性增大。经过 $1.1R_2C_2$ 时间，C2 两端电压增大到 $2/3V_{CC}$时，C2、C3 再次被充电，再经过 $1.1R_2C_2$ 时间，C2、C3 放电。重复上述过程，在 R6 两端得到一个直流电压 V_o，并且这个电压与输入的脉冲信号频率 f_i 成正比。V_o 与 f_i 的关系：

$$V_o = 2.09\frac{R_6}{R_{V1}+R_5}R_2C_2f_i \tag{7-1}$$

由式 (7-1) 可知，当 R_6、R_{V1}、R_5、R_2、C_2 一定时，V_o 与 f_i 成正比。

在本设计中，选取 $R_6=100\text{k}\Omega$，$R_5=5\text{k}\Omega$，将 R_{V1} 调节到 7kΩ，$R_2=6.8\text{k}\Omega$，$C_2=0.01\mu\text{F}$，根据式 (7-1)，可知 $V_o\approx0.001f_i$。

本频率电压转换电路可以将 0Hz ～ 5kHz 的脉冲信号频率转换为 0 ～ 5V 的直流电压。

在 Proteus 中，对频率电压转换电路进行仿真，当对其输入不同频率的方波信号时，其仿真结果如图 7-3 ～图 7-5 所示。

1) 输入的脉冲信号频率为 5kHz

由图 7-3 可知，在输入的脉冲信号频率为 5kHz 时，频率电压转换电路在稳定时的输出电压约为 800mV。

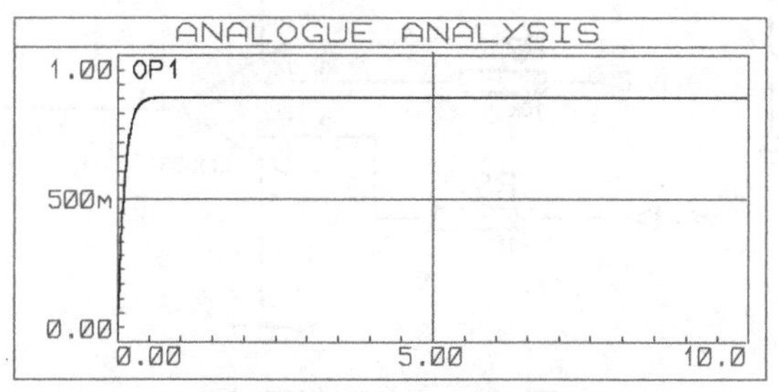

图 7-3　频率电压转换电路仿真结果 1

2）输入的脉冲信号频率为 10kHz

由图 7-4 可知，在输入的脉冲信号频率为 10kHz 时，频率电压转换电路在稳定时的输出电压约为 1.5V。

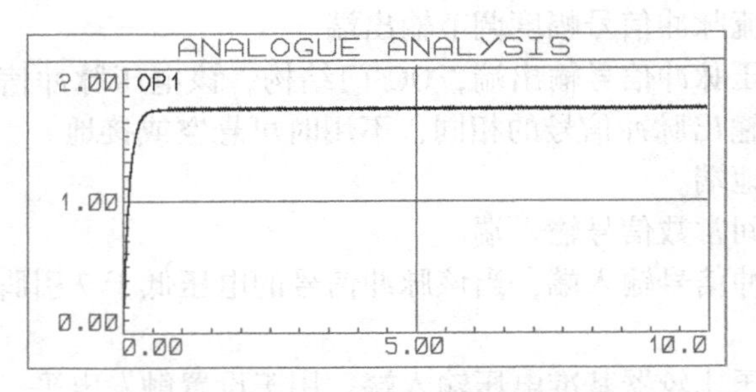

图 7-4　频率电压转换电路仿真结果 2

3）输入的脉冲信号频率为 50kHz

由图 7-5 可知，在输入的脉冲信号频率为 50kHz 时，频率电压转换电路在稳定时的输出电压约为 7.2V。

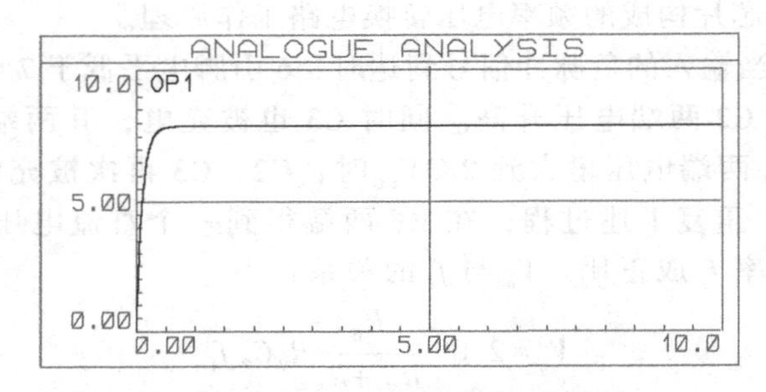

图 7-5　频率电压转换电路仿真结果 3

2. 电压比较电路

本设计的电压比较电路由 LM358 芯片构成，如图 7-6 所示。在 LM358 芯片的 3 引脚接入+0.1V 电压。当汽车处于停车状态时，输入频率电压转换电路的脉冲信号频率接近于 0，频率电压转换电路的输出电压也接近于 0，此时电压比较电路输出端为高电平。当汽车处于行驶状态时，电压比较电路输出端为低电平。

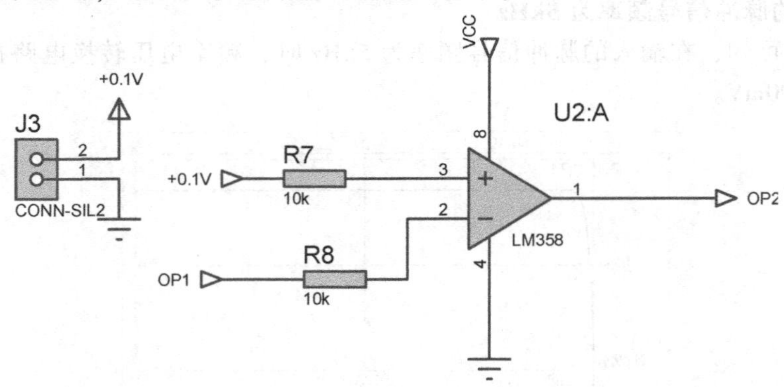

图 7-6　电压比较电路

在 Proteus 中，对电压比较电路进行仿真。该仿真分为两种情况：一种是频率电压转换电路有一定的输出电压的情况；另一种是频率电压转换电路的输出电压为 0 的情况。在仿真时，输入电压比较电路的激励信号可以为 5V 直流电压，也可以为 0V 电压，以替代频率转换电路的输出电压。

1）激励信号为 5V 直流电压信号

如图 7-7 所示，在 R7 一端加上 0.1V 固定电压，在 R8 一端加上 5V 直流电压。由图 7-7 可知，在频率电压转换电路的输出电压为 5V 直流电压时，电压比较电路的输出电压为-0.01V。

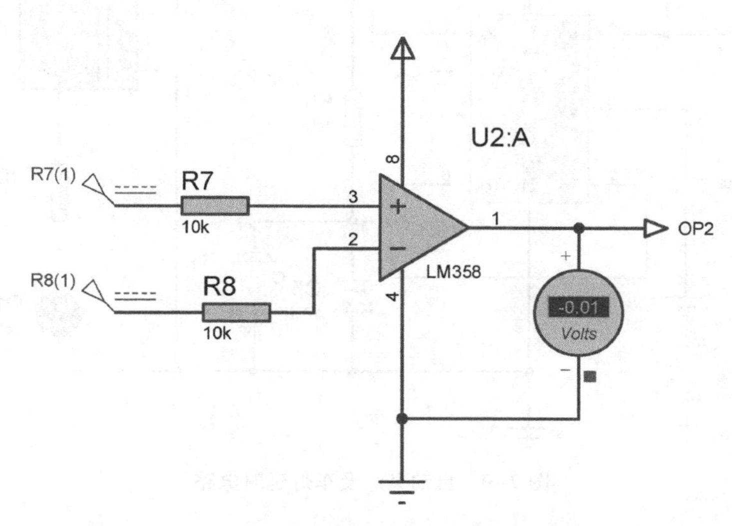

图 7-7　电压比较电路仿真 1

2）激励信号为 0V 电压信号

如图 7-8 所示，在 R7 一端加上 0.1V 固定电压，在 R8 一端加 0V 电压。由图 7-8 可知，在频率电压转换电路的输出电压为 0V 时，电压比较电路的输出电压为+3.89V。

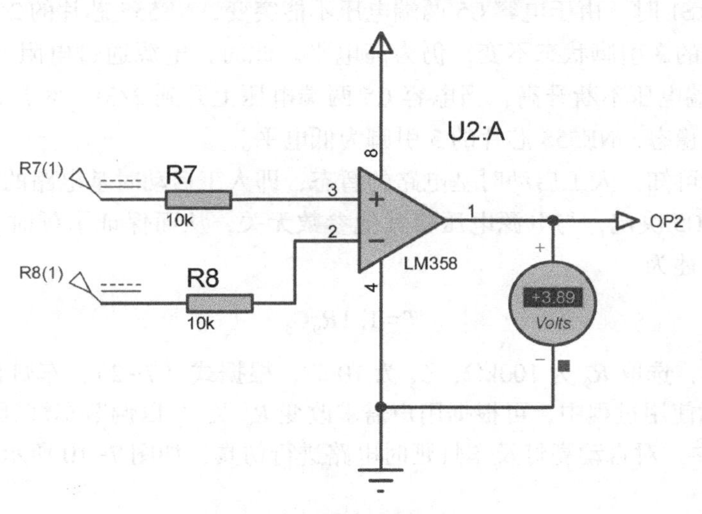

图 7-8　电压比较电路仿真 2

3. 自动亮灯及车灯延时电路

NE555芯片构成的人工启动时基电路是本模块的核心电路，如图7-9所示。该时基电路接成单稳态工作模式。在白天可以断开开关S1，使汽车停车时车灯不会亮；在晚上闭合开关S1，使汽车停车时车灯自动亮。当车上的人离开时，断开开关S1，使车灯自动延时熄灭，从而给人们带来极大的方便。

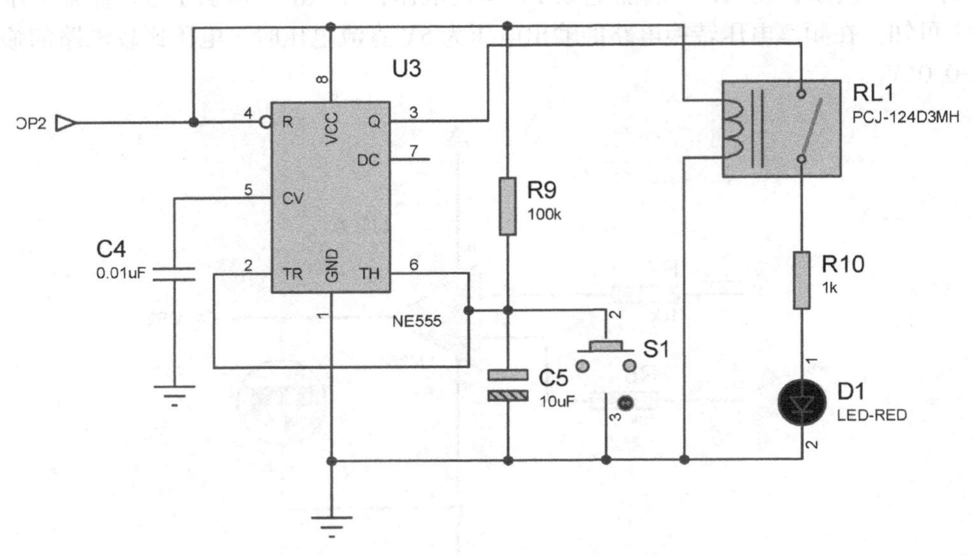

图7-9　自动亮灯及车灯延时电路

在图7-9中，电容C5平时处于充满电荷的状态，NE555芯片的6引脚为高电平，NE555芯片的3引脚为低电平，人工启动时基电路处于稳态。

当闭合开关S1时，电容C5两端被短接，使NE555芯片的2引脚为低电平，NE555芯片的3引脚为高电平，人工启动时基电路进入暂态。

当断开开关S1时，由于电容C5两端电压不能突变，NE555芯片的2引脚仍保持低电平，NE555芯片的3引脚状态不变，仍为高电平。此时，电源通过电阻R9向电容C5充电，电容C5两端电压不断升高，当电容C5两端电压上升到$2/3V_{CC}$时，人工启动时基电路恢复到原来的稳态，NE555芯片的3引脚为低电平。

由上述分析可知，人工启动时基电路的暂态，即人工启动时基电路的延时时间主要由电阻R9和电容C5决定，与电源电压等其他参数无关，从而保证了延时时间的精度。其延时时间T可表述为

$$T=1.1R_9C_5 \tag{7-2}$$

在本电路中，选取R_9为100kΩ，C_5为10μF，根据式（7-2），车灯延时熄灭的时间为1.1s。在实际使用过程中，可根据用户需求改变R_9及C_5以调节车灯延时熄灭的时间。

在Proteus中，对自动亮灯及车灯延时电路进行仿真，如图7-10所示。

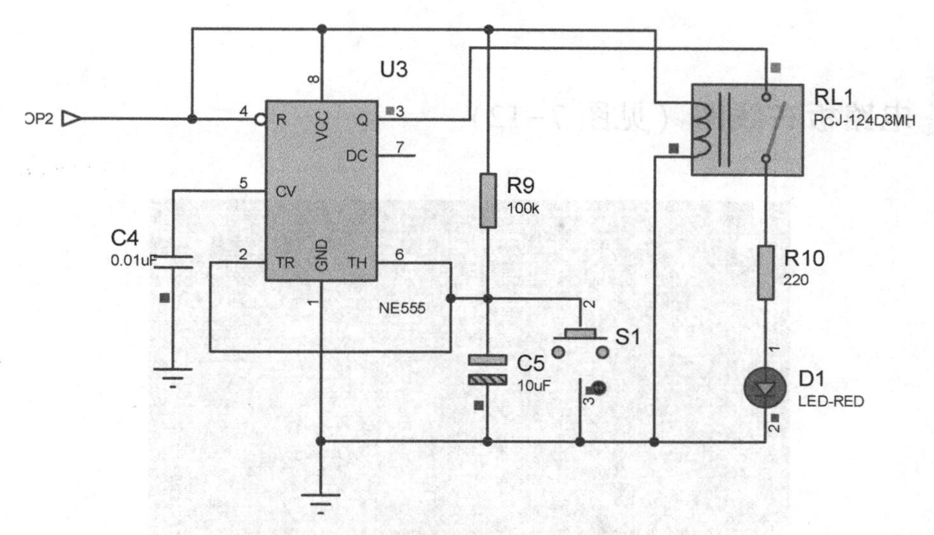

图 7-10　自动亮灯及车灯延时电路仿真

总体电路仿真（见图 7-11）

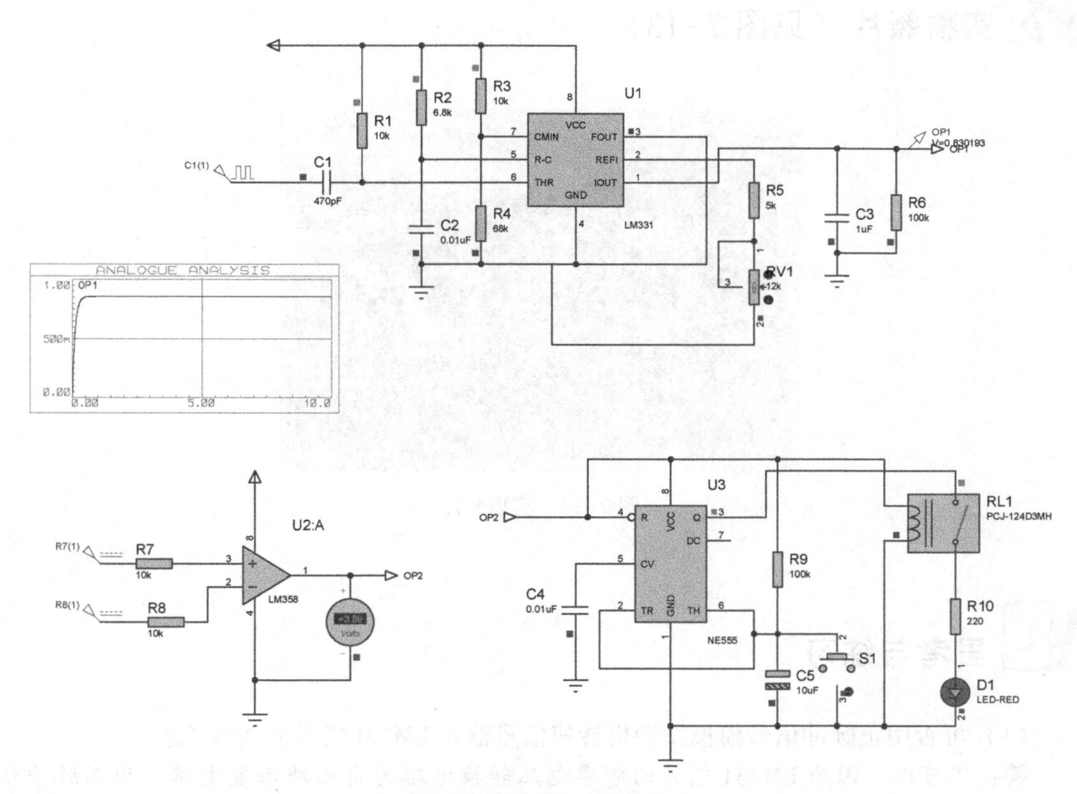

图 7-11　总体电路仿真

电路板布线图（见图 7-12）

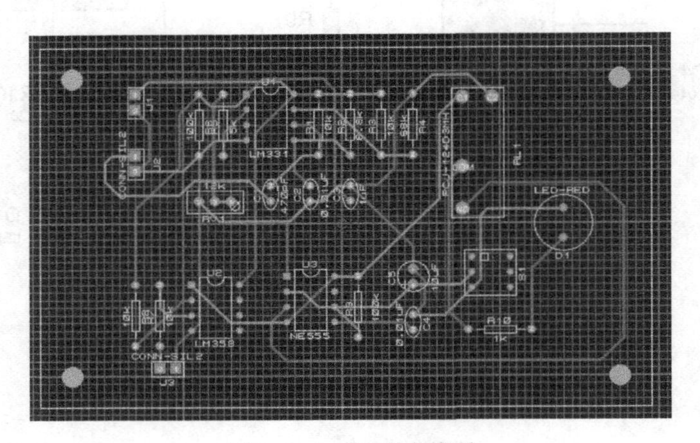

图 7-12　电路板布线图

实物照片（见图 7-13）

图 7-13　实物照片

思考与练习

（1）可否用正脉冲信号模拟发动机转速信号输入 LM331 芯片？为什么？

答：不可以。因为 LM331 芯片的频率电压转换电路为负脉冲触发电路，用正脉冲信号模拟发动机转速信号不能触发 LM331 芯片工作。

（2）如图 7-6 所示，LM358 芯片的 3 引脚可否经电阻 R7 直接接地？为什么？

答： 不可以。因为汽车处于停车状态时，其速度为 0，即输入频率电压转换电路的脉冲信号频率为 0，频率电压转换电路的输出电压也为 0V。而此时若 LM358 芯片的 3 引脚经电阻 R7 直接接地，虽然理论上这个引脚电压为 0V，但实际上可能为负值，从而使 LM358 芯片的输出端为低电平，使后续电路不能工作，即在汽车停车时车灯不亮。

特别提醒

（1）注意汽车自动亮灯保持电路与电源正、负极的正确连接。如果把汽车自动亮灯保持电路与电源正、负极接反，则会使电解电容爆炸。

（2）在绘制 PCB 时，要留出接地点，以便于后续测试。

项目 8　汽车车灯延时电路

设计任务

汽车车灯延时电路是一种实用的汽车电路。该电路通过开关控制车灯的亮、灭，并在断开开关后，车灯可以延时熄灭，这样继续为车上的人提供一段时间照明，而后自动熄灭。该电路具有实用、便捷的特点，为人们带来极大的便利。

本设计通过 NE555 芯片实现车灯延时功能，并通过继电器控制电路控制车灯的亮、灭。

总体思路

本设计以 NE555 芯片为核心，构成人工启动单稳态时基电路，以实现车灯延时功能。车灯与继电器串联，而 NE555 芯片通过控制继电器闭合、断开来控制车灯的亮、灭。

系统组成

汽车车灯延时电路主要由以下 3 个模块组成。

☺ 直流稳压电源电路：输出 12V 直流电压。

☺ 人工启动单稳态时基电路：利用电容的充/放电，实现延时功能。

☺ 继电器控制电路：控制车灯的亮、灭。

模块详解

汽车车灯延时电路如图 8-1 所示。下面分别对汽车车灯延时电路的各主要模块进行详细介绍。

1. 直流稳压电源电路

本设计要求直流稳压电源电路能输出 12V 直流电压及 10mA 直流电流，为此，三端稳压器可选择为 7812 芯片。直流稳压电源电路如图 8-2 所示。在三端稳压器输入端接入的电解电容 C3（1000μF）用于滤波，其旁边并入的电解电容 C4（4.7μF）用于进一步滤波。

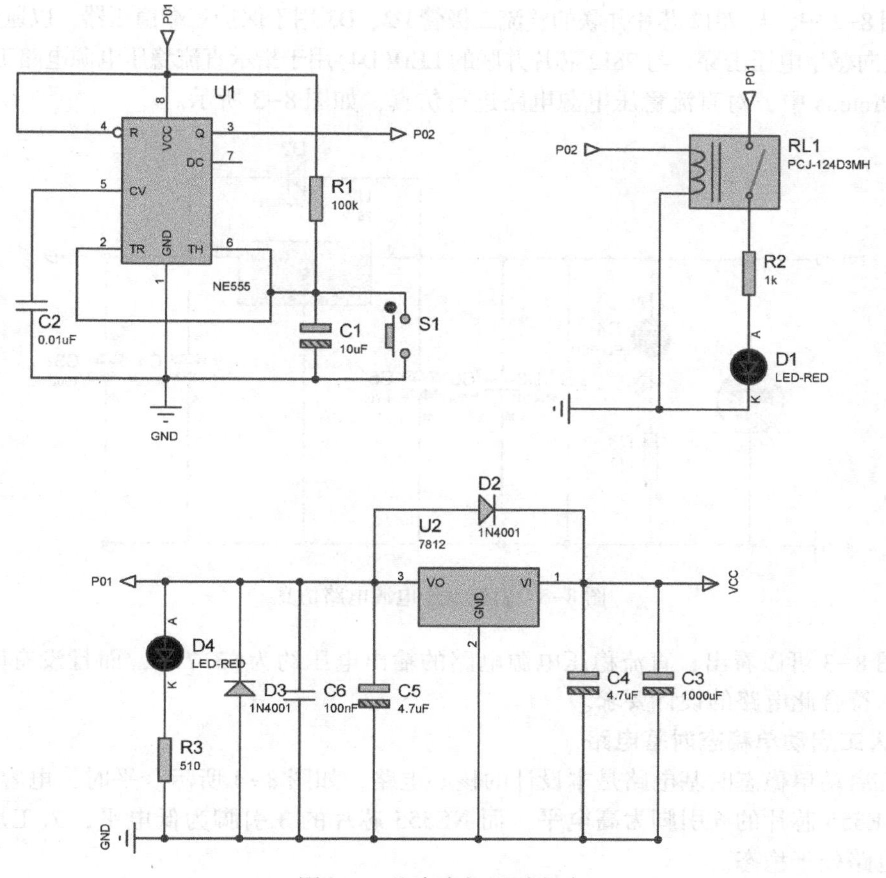

图 8-1　汽车车灯延时电路

在三端稳压器输出端接入的电解电容 C5(4.7μF)，用于减小纹波电压，而并入的瓷片电容 C6(100nF) 用于改善负载的瞬态响应并抑制高频干扰（瓷片电容电感效应很小，可以被忽略，而电解电容的电感效应在高频段比较明显，不能抑制高频干扰)。

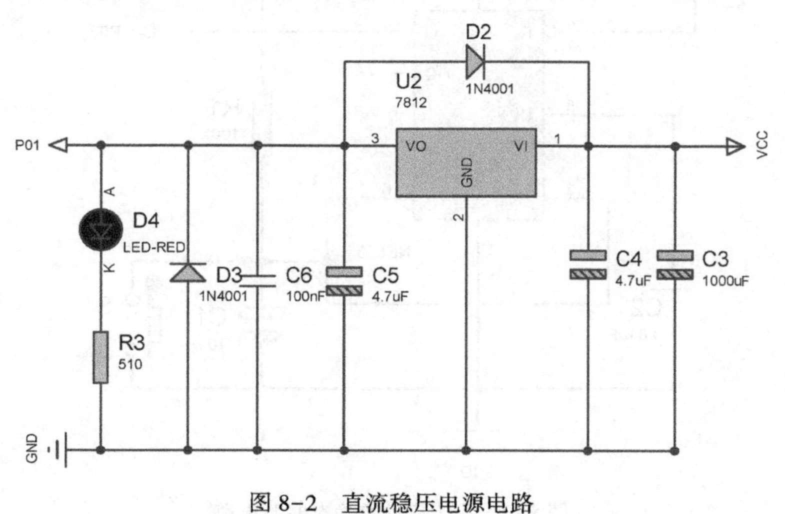

图 8-2　直流稳压电源电路

在图 8-2 中，与 7812 芯片并联的整流二极管 D2、D3 用于保护三端稳压器，以避免三端稳压器被反向感生电压击穿。与 7812 芯片并联的 LED(D4)用于指示直流稳压电源电路工作情况。

在 Proteus 中，对直流稳压电源电路进行仿真，如图 8-3 所示。

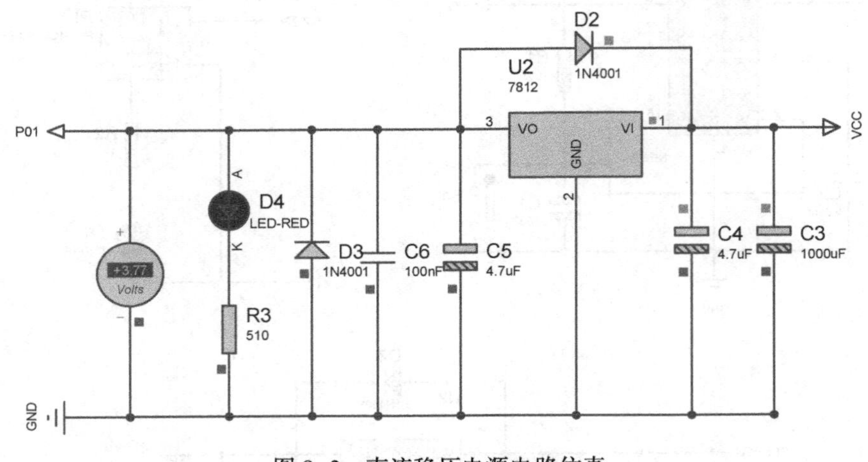

图 8-3　直流稳压电源电路仿真

由图 8-3 可以看出，直流稳压电源电路的输出电压约为+3.77V，而且没有明显波动的情况，符合此电路的设计要求。

2. 人工启动单稳态时基电路

人工启动单稳态时基电路是本设计的核心电路，如图 8-4 所示。平时，电容 C1 充满电荷，NE555 芯片的 6 引脚为高电平，而 NE555 芯片的 3 引脚为低电平，人工启动单稳态时基电路处于稳态。

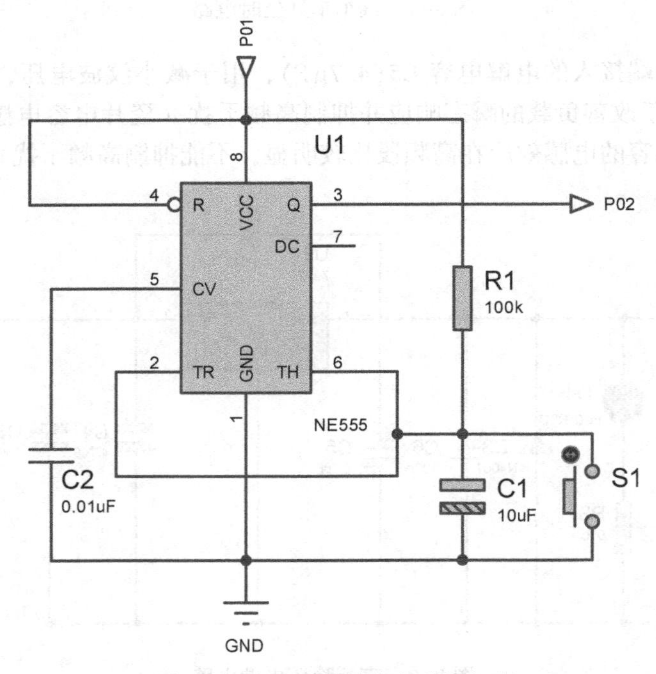

图 8-4　人工启动单稳态时基电路

当闭合开关S1时，电容C1两端被短接，NE555芯片的2引脚为低电平，NE555芯片的3引脚为高电平，人工启动单稳态时基电路进入暂态。

当断开开关S1时，由于电容C1两端电压不能突变，NE555芯片的2引脚仍保持低电平，NE555芯片的3引脚的状态不变，仍为高电平。此时，电源通过电阻R1向电容C1充电，C1两端电压不断升高。当C1两端电压上升到$2/3V_{CC}$时，人工启动单稳态时基电路恢复到原来的稳态，NE555芯片的3引脚为低电平。

由上述分析可知，人工启动单稳态时基电路的延时时间主要由电阻R_1和电容C_1决定，与本电路其他参数无关，从而保证了其延时时间的精度。其延时时间可表述为

$$T=1.1R_1C_1 \tag{8-1}$$

在本电路中，选取R_1为100kΩ，C_1为10μF，根据式（8-1），车灯的延时时间为1.1s。在实际使用过程中，可根据用户需求改变R_1及C_1，以调节车灯的延迟时间。

在Proteus中，对由NE555芯片构成的人工启动单稳态时基电路进行仿真，闭合开关S1，查看NE555芯片的输出电压，如图8-5所示。

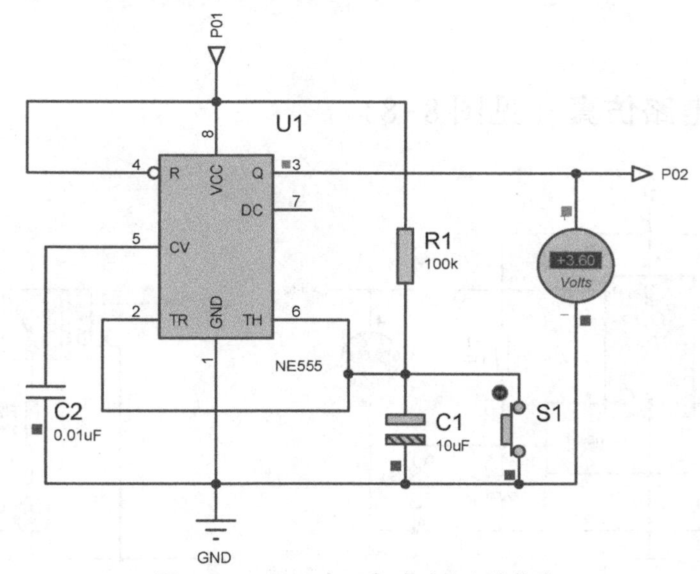

图8-5　NE555人工启动时基电路仿真

由电压探针的探测结果可知，在开关S1闭合时，NE555芯片的输出电压可以达到+3.60V左右。本设计的继电器开启电压为2V，只有继电器接入的电压高于2V时，其铁芯才会被吸合。

3. 继电器控制电路

本设计选择2V继电器，继电器与车灯串联，从而控制车灯的亮、灭。当NE555芯片的3引脚为低电平时，继电器断开，车灯处于熄灭状态。当NE555芯片的3引脚为高电平时，继电器闭合，车灯亮起。换言之，继电器控制电路就是车灯的驱动电路，如图8-6所示。

在Proteus中，对继电器控制电路进行仿真，如图8-7所示。

由仿真结果可知，所设计的继电器控制电路基本可以完成工作。

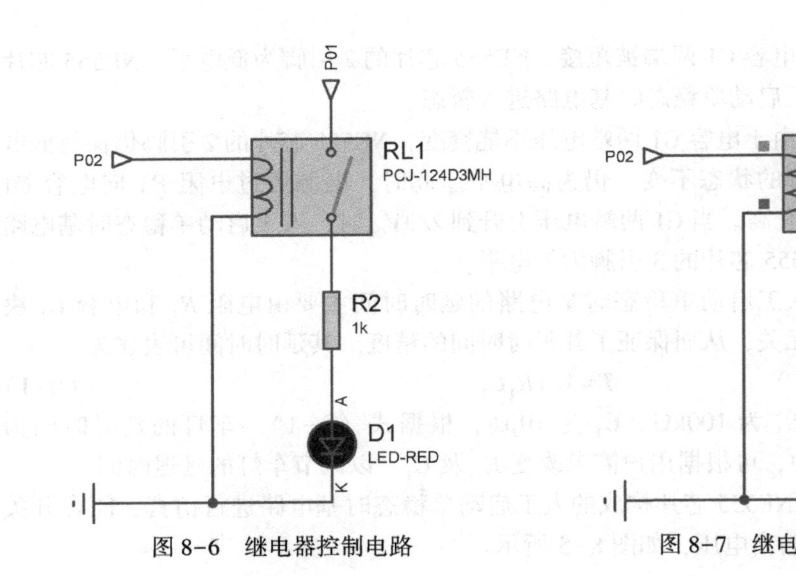

图 8-6　继电器控制电路

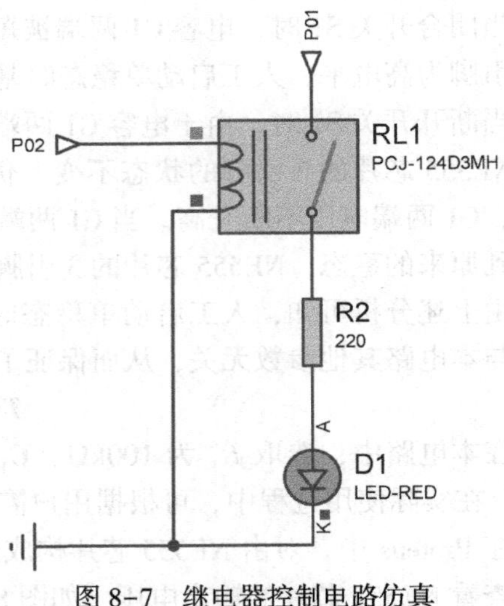

图 8-7　继电器控制电路仿真

总体电路仿真（见图 8-8）

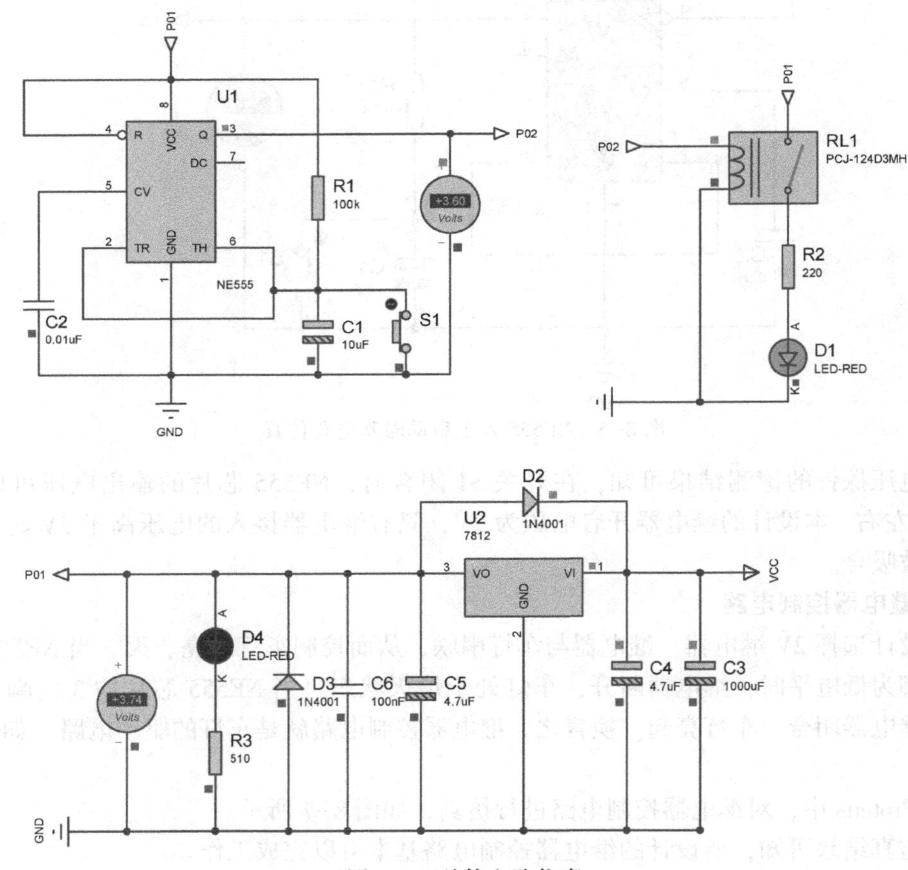

图 8-8　总体电路仿真

电路板布线图（见图 8-9）

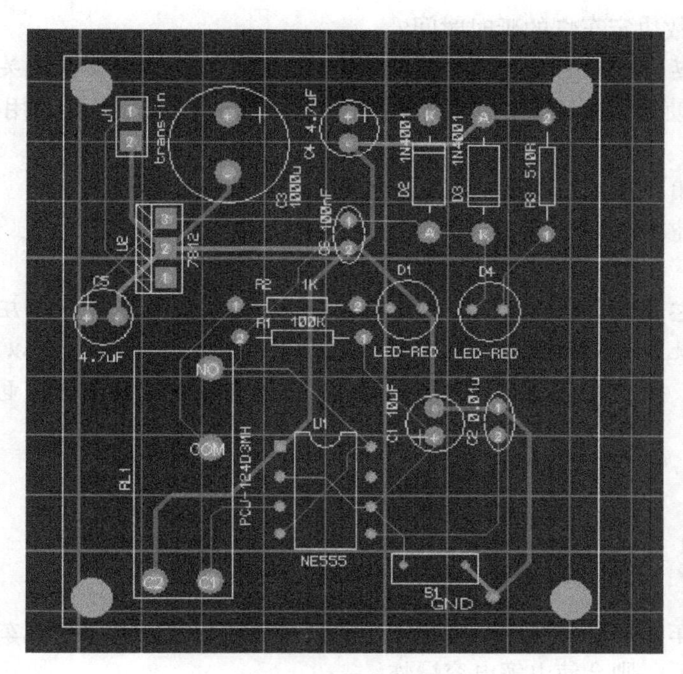

图 8-9　电路板布线图

实物照片（见图 8-10）

图 8-10　实物照片

思考与练习

（1）哪些参数决定车灯的延时时间？

答： 车灯的延时时间主要靠电阻 R_1 和电容 C_1 决定，与其他参数无关。

（2）本设计使用了人工启动单稳态时基电路，除此之外，还可以用什么方法启动单稳态时基电路？

答： 还可以用脉冲信号启动单稳态时基电路。

（3）NE555 芯片构成的人工启动单稳态时基电路除了用于延时外，还可以用在哪些方面？

答： NE555 芯片构成的人工启动单稳态时基电路还可用于调光、调压、调速等多种控制及计量检测。此外，NE555 芯片构成的人工启动单稳态时基电路可以构成脉冲振荡电路、单稳态电路、双稳态电路和脉冲调制电路，并应用于交流信号源、电源变换、频率变换、脉冲调制等。

特别提醒

（1）注意汽车车灯延时电路与电源正、负极的正确连接。如果把汽车车灯延时电路与电源正、负极接反，则会使电解电容爆炸。

（2）在绘制 PCB 时，要留出接地点，以便于后续测试。

项目9　汽车里程计数电路

设计任务

设计一个汽车里程计数电路，将汽车在行驶过程中车轮转数换算成汽车里程。

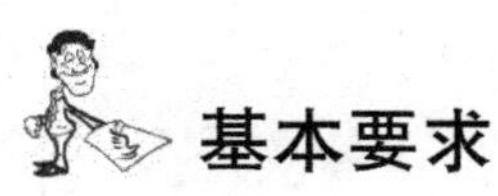

基本要求

☺ 通过霍尔传感器测量车轮转速，并通过液晶显示器（Liquid Crystal Display，LCD）准确显示车轮转速。

☺ 依据需求实现电动机的转速可调功能。

总体思路

首先在车轮轴上安放磁铁，通过霍尔传感器产生电流脉冲信号。然后将该脉冲信号传到单片机来进行处理，以换算成汽车里程。最后将处理后的信号送到液晶显示器上，以显示汽车的里程。

系统组成

汽车里程计数电路主要由电动机系统、霍尔传感器、单片机最小系统、液晶显示器这几个模块组成。

☺ 电动机系统：在电动机系统中，电动机转速等同车轮转数。

☺ 霍尔传感器：在电动机转动时采集信号，形成电流脉冲信号。

☺ 单片机最小系统：将电流脉冲信号处理后传到液晶显示器上。

☺ 液晶显示器：将单片机处理后的信号显示出来。

汽车里程计数电路系统框图如图9-1所示。

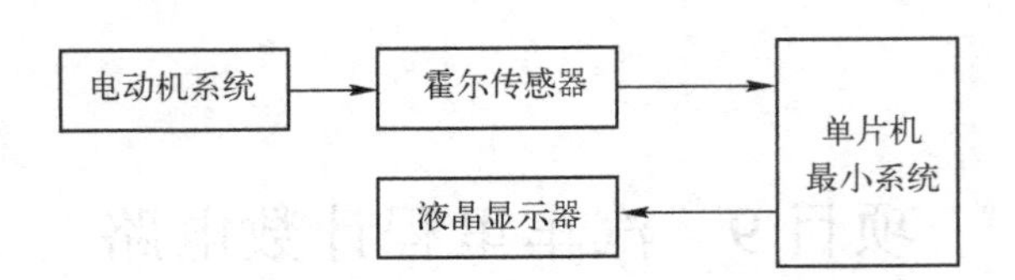

图 9-1　汽车里程计数电路系统框图

模块详解

汽车里程计数电路如图 9-2 所示。下面分别对汽车里程计数电路的各主要模块进行详细介绍。

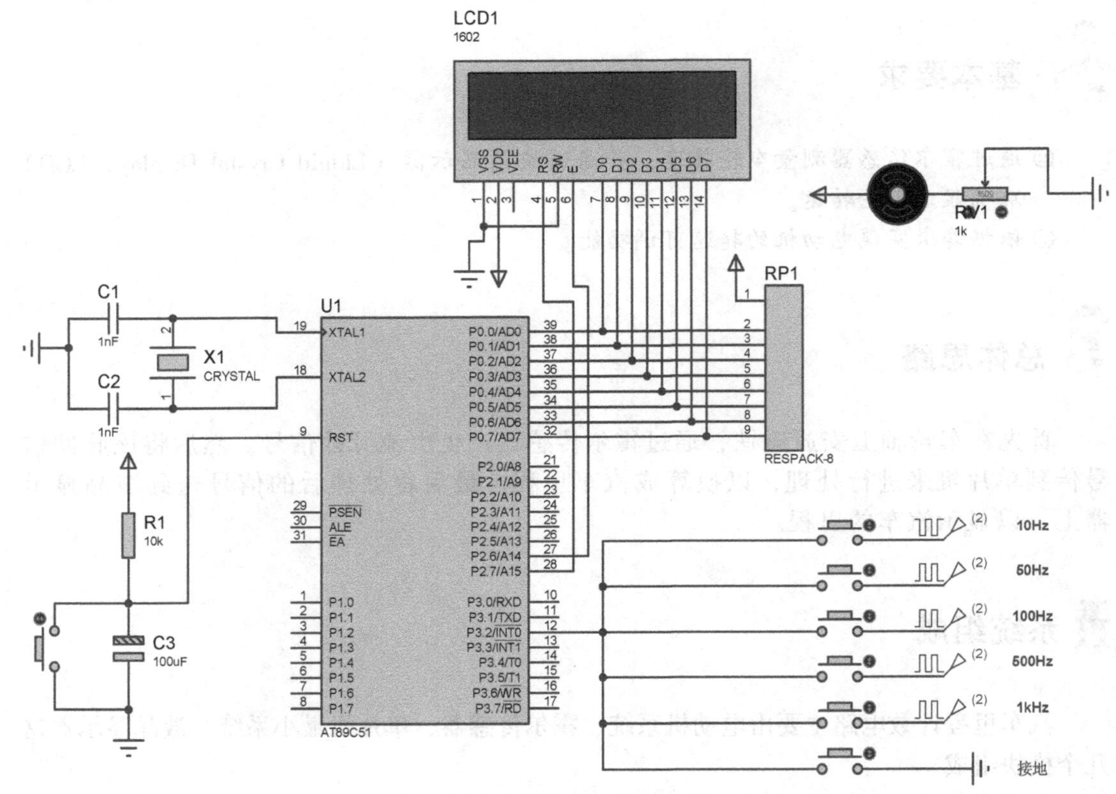

图 9-2　汽车里程计数电路

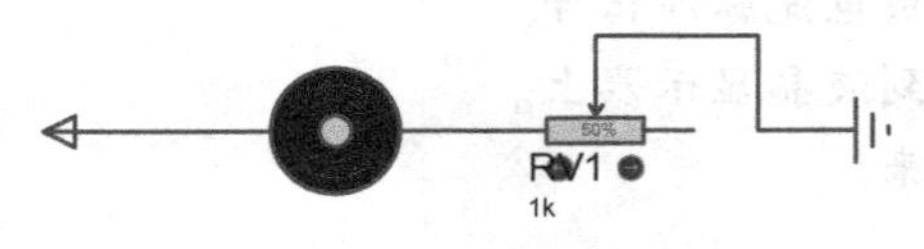

图 9-3　电动机系统

1. 电动机系统

如图 9-3 所示，通过改变滑动变阻器的滑片位置便可以调节电动机转速。

2. 霍尔传感器

当垂直于外磁场的电流通过导体时，在垂直于电流和磁场的方向会产生一个附加电场，从而在导体的两端产生电势差，这就是霍尔效应。霍尔传感器就是利用霍尔效应来产生电流脉冲信号的。

3. 单片机最小系统（见图 9-4）

单片机采用 AT89C51 单片机，其片内集成有 Flase 存储器，完全兼容 51 系列单片机。单片机最小系统使用 12MHz 晶振，并采用常规的上电手动复位电路（低电平驱动）。12MHz 晶振经过 12 分频之后提供只有 1MHz 的稳定脉冲信号。由于晶振频率是非常准确的，所以 AT89C51 单片机计数脉冲之间的时间间隔也是非常准确的。这个准确的时间间隔是 1μs。这样单片机就可以敏感地接收霍尔传感器传递来的电流脉冲信号，并进行定时处理。

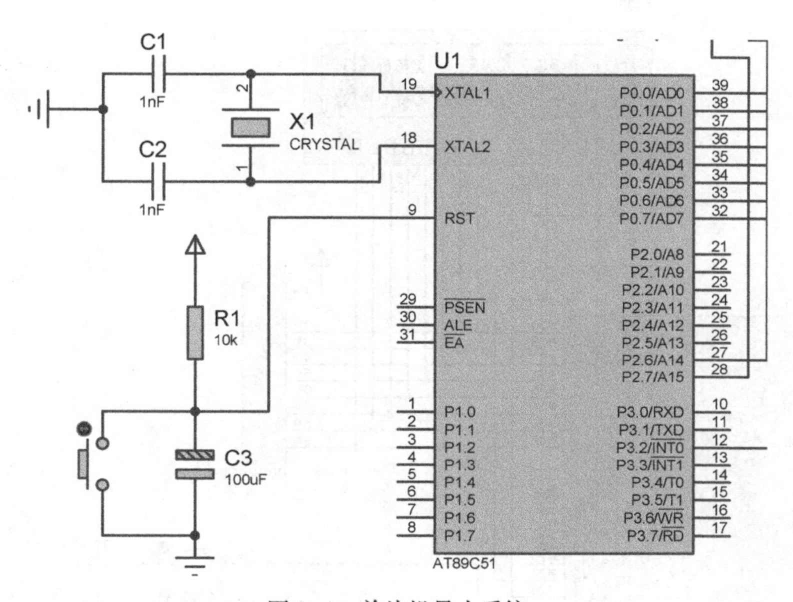

图 9-4　单片机最小系统

4. 液晶显示器（见图 9-5）

液晶显示器采用 1602 芯片。1602 芯片具有显示质量高、功耗低等特点。液晶显示器都是数字式的。这样液晶显示器和单片机最小系统的连接就更加简单、可靠。液晶显示器通过显示屏上的电极控制液晶分子状态来达到显示的目的，在质量上比相同显示面积的传统显示器要小得多。液晶显示器通过接收 AT89C51 单片机处理后的信号显示汽车里程。

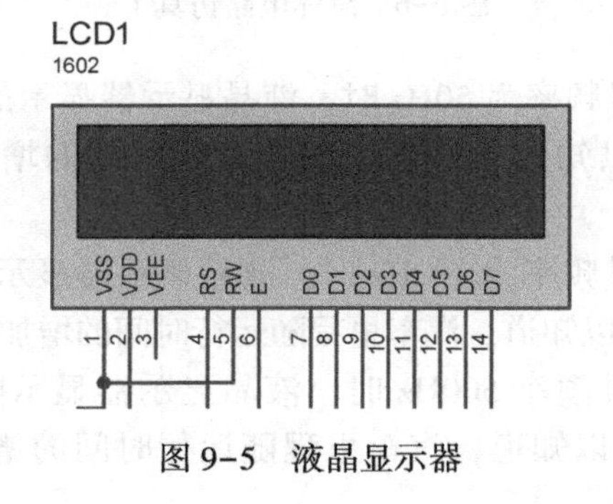

图 9-5　液晶显示器

总体电路仿真

在 Proteus 中，以脉冲信号代替霍尔传感器的输出信号对汽车里程计数电路进行仿真。

（1）当输入的脉冲信号频率为 10Hz 时，液晶显示器显示的汽车速度为 1km/h，如图 9-6 所示。由仿真结果可以知道，汽车里程随运行时间的增加而增加，符合实际情况要求。

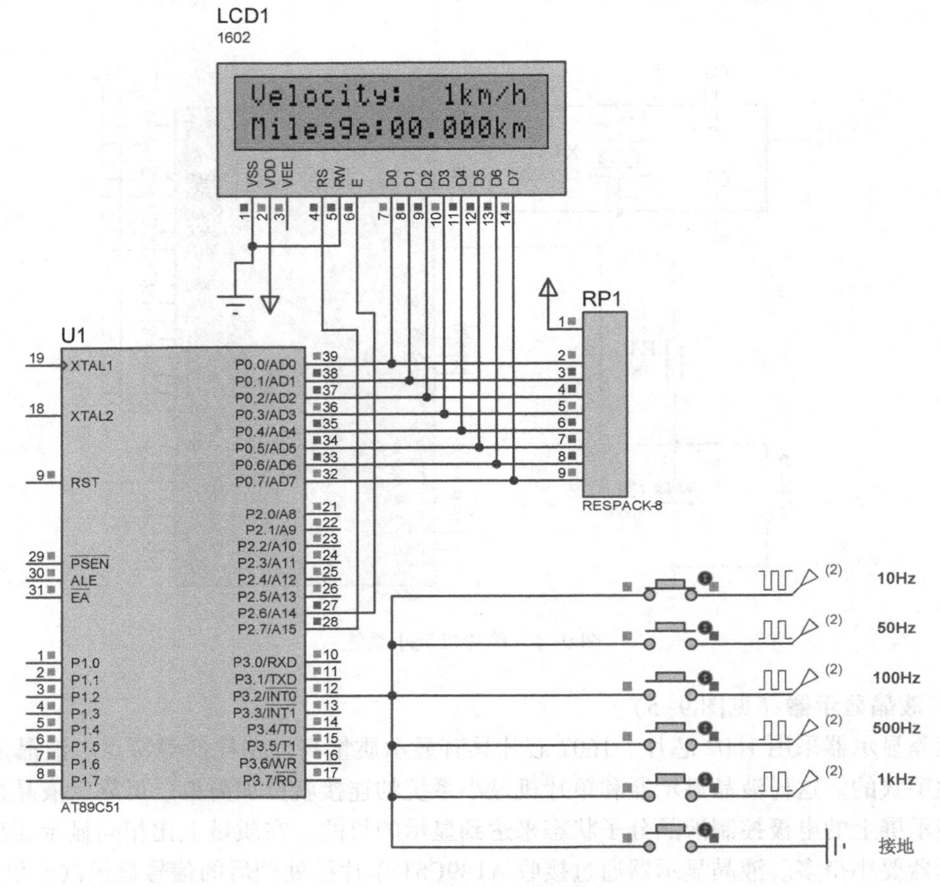

图 9-6　总体电路仿真 1

（2）当输入的脉冲信号频率为 50Hz 时，液晶显示器显示的汽车速度为 5km/h，如图 9-7 所示。由仿真结果可以知道，汽车里程随运行时间的增加而增加，符合实际情况要求。

（3）当输入的脉冲信号频率为 100Hz 时，液晶显示器显示的汽车速度为 10km/h，如图 9-8 所示。由仿真结果可以知道，汽车里程随运行时间的增加而增加，符合实际情况要求。

（4）当输入的脉冲信号频率 500Hz 时，液晶显示器显示的汽车速度为 30km/h，如图 9-9 所示。由仿真结果可以知道，汽车里程随运行时间的增加而增加，符合实际情况要求。

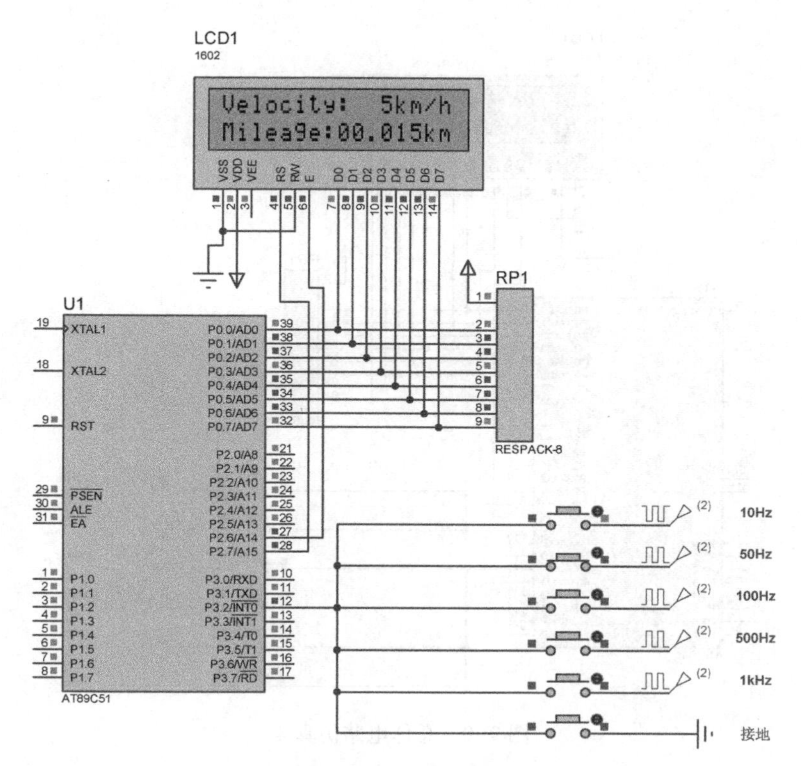

图 9-7　总体电路仿真 2

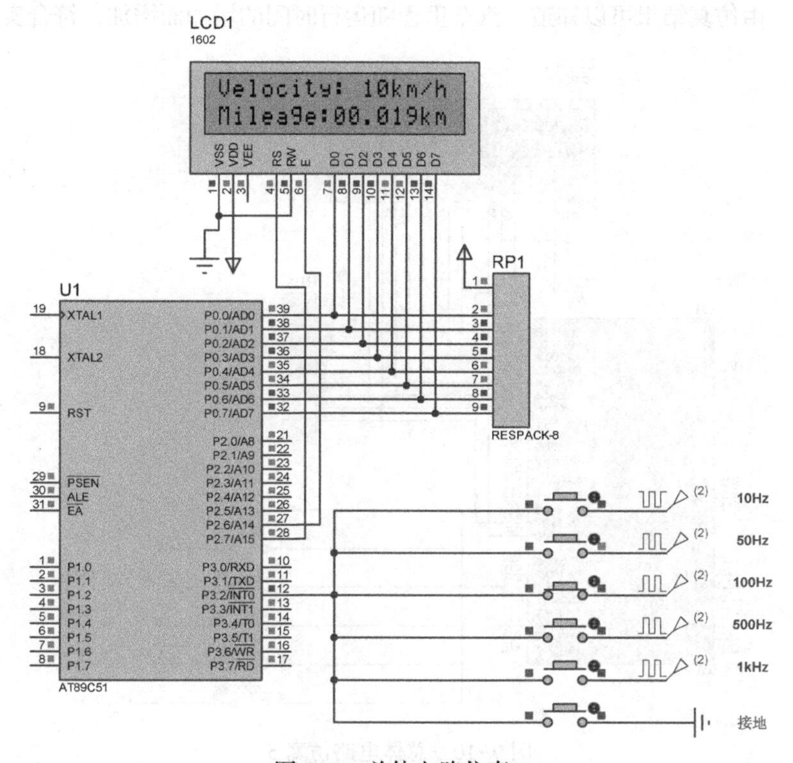

图 9-8　总体电路仿真 3

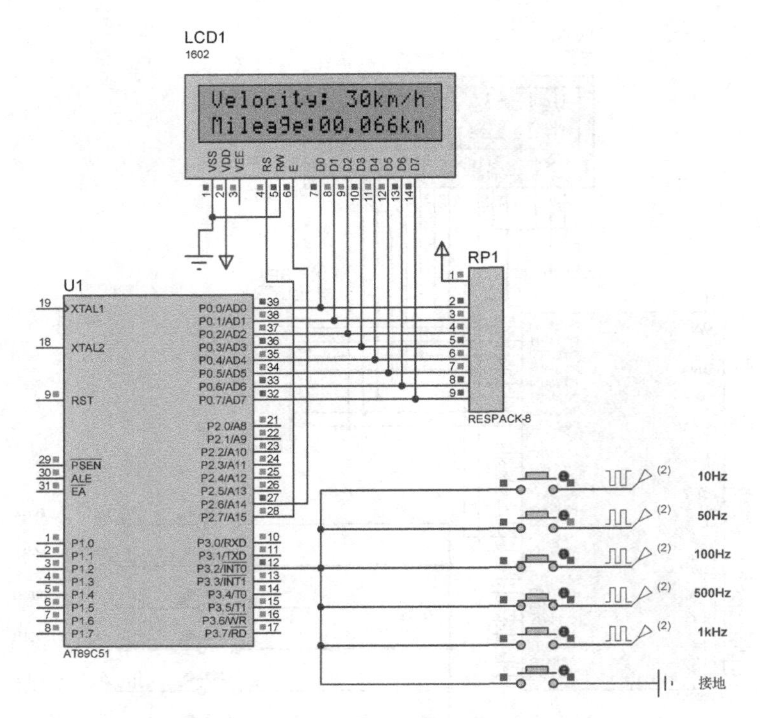

图 9-9　总体电路仿真 4

（5）当输入的脉冲信号频率为 1kHz 时，液晶显示器显示的汽车速度为 49km/h，如图 9-10 所示。由仿真结果可以知道，汽车里程随运行时间的增加而增加，符合实际情况要求。

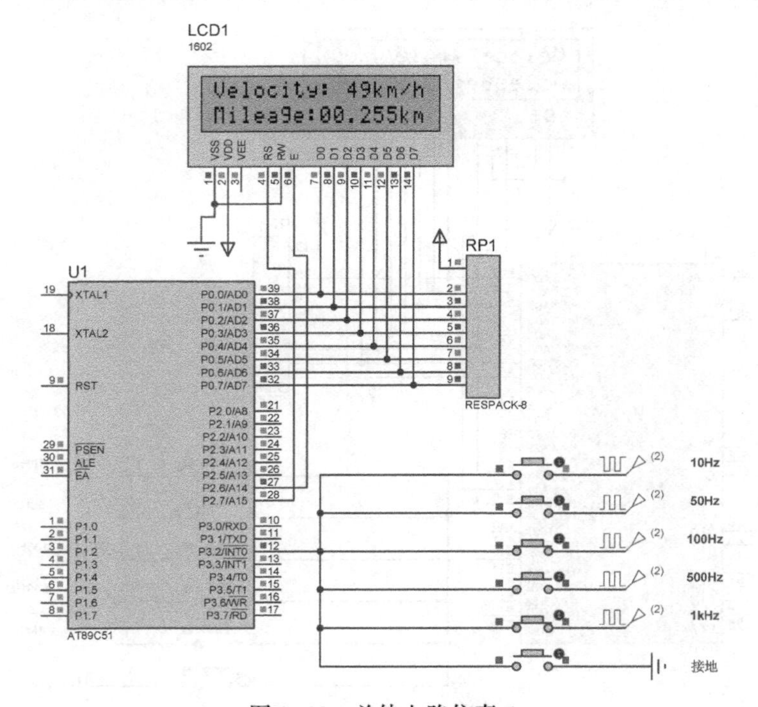

图 9-10　总体电路仿真 5

（6）当输入的脉冲信号接地时，液晶显示器显示的汽车速度为 0km/h，如图 9-11 所示。由仿真结果可以知道，汽车里程是 0km，符合实际情况要求。

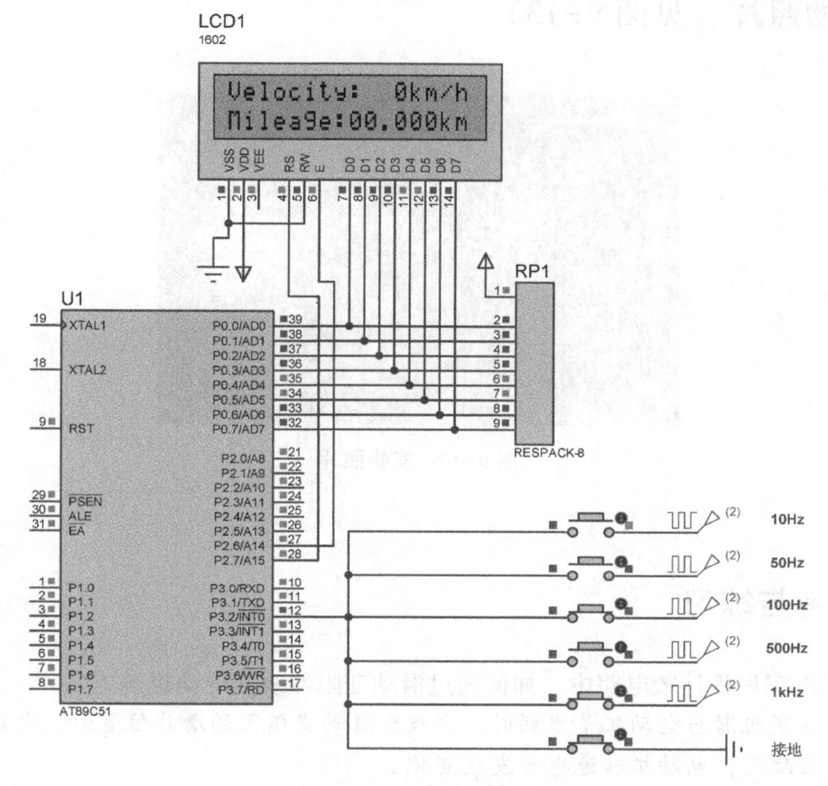

图 9-11　总体电路仿真 6

电路板布线图（见图 9-12）

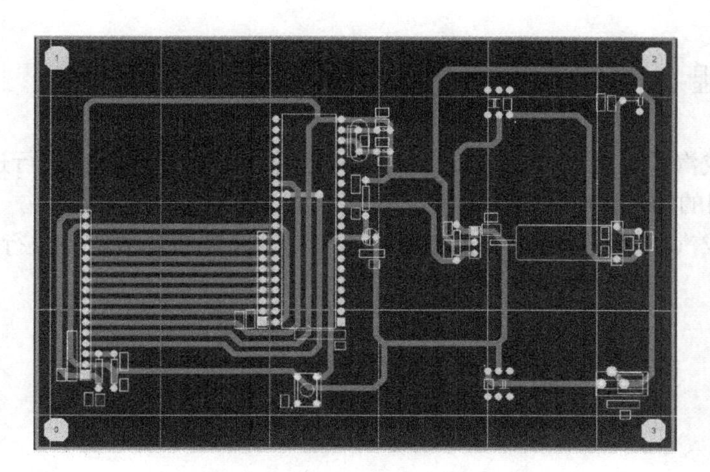

图 9-12　电路板布线图

实物照片（见图 9-13）

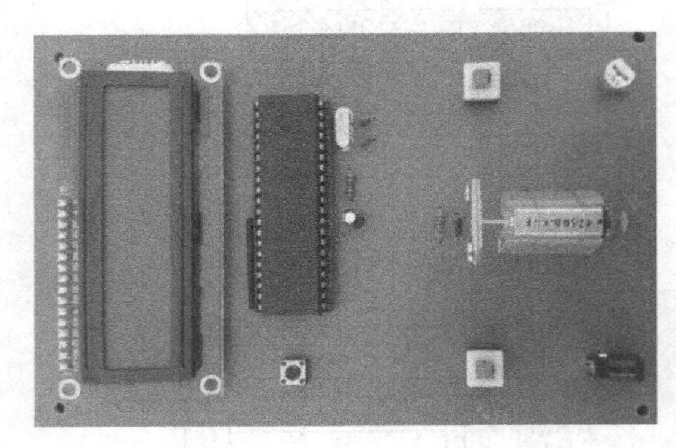

图 9-13　实物照片

思考与练习

（1）在汽车里程计数电路中，如何通过滑动变阻器改变电动机转速？

答：滑动变阻器与电动机是串联的。当改变滑动变阻器的滑片位置时，电动机两端的电压就会发生改变，电动机转速也会发生变化。

（2）霍尔传感器基于什么原理？

答：霍尔传感器基于的原理是霍尔效应。当垂直于外磁场的电流通过导体时，在垂直于电流和磁场的方向会产生一个附加电场，从而在导体的两端产生电势差，这就是霍尔效应。

特别提醒

（1）当完成汽车里程计数电路各模块的设计后，必须对各模块进行适当的连接，并考虑元器件之间的相互影响。

（2）在完成汽车里程计数电路的设计后，要对汽车里程计数电路进行测试。

项目 10　汽车电池电压监视电路

设计任务

设计一个汽车电池电压监视电路，使其在汽车电池电压不足时发出控制信号，以控制 LED 与蜂鸣器报警。

基本要求

☺ 汽车电池电压监视电路的工作电压为 4.5 ～ 18V。

☺ 汽车电池电压监视电路的输出电流为 225mA（最大值）。

总体思路

汽车电池电压监视电路以 NE555 芯片（时基集成电路）为主要元器件制作而成。该电路在汽车电池电压不足时，发出高电平信号，使 LED 发出红光报警信号并伴随蜂鸣器报警。

系统组成

汽车电池电压监视电路主要分为以下 4 个模块。

☺ 外部电压源：为整个系统供电并充当被测电压以模拟汽车电池电压不足的情况。

☺ 多谐振荡电路：产生控制信号。

☺ LED 控制电路：通过多谐振荡电路产生的控制信号控制 LED 的亮、灭。

☺ 蜂鸣器驱动电路：由多谐振荡电路产生的控制信号驱动蜂鸣器报警。

汽车电池电压监视电路系统框图如图 10-1 所示。

模块详解

1. 外部电压源

要求外部电压源是直流电源，其电压为 4.5 ～ 18V，为汽车电池电压监视电路提供工

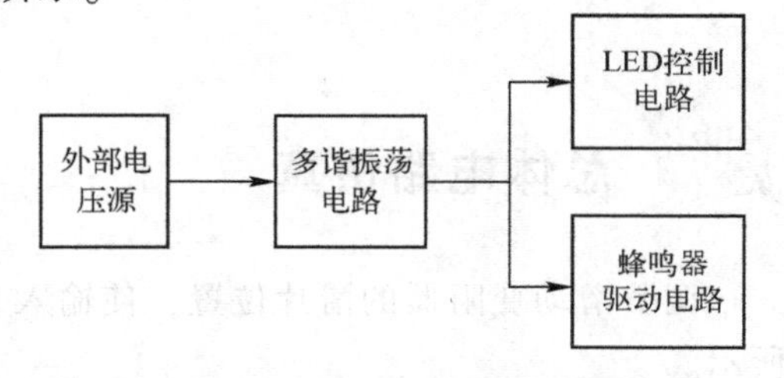

图 10-1　汽车电池电压监视电路系统框图

作电压，并能够模拟汽车电池电压不足的情况。

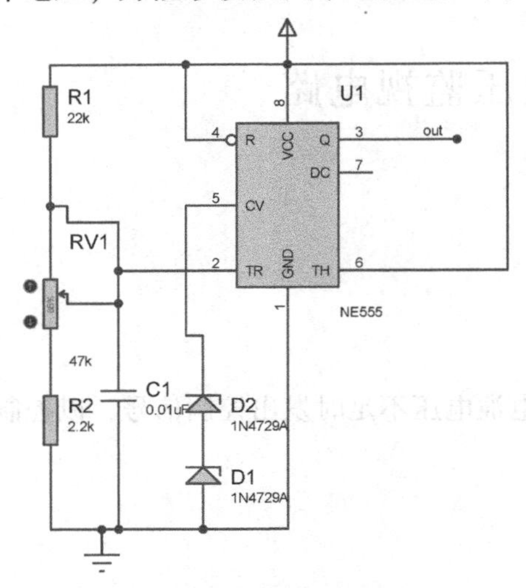

图 10-2　多谐振荡电路

2. 多谐振荡电路

多谐振荡电路如图 10-2 所示。其中，1 引脚为接地端；2 引脚为低电平触发端，由此输入低电平触发脉冲信号；6 引脚为高电平触发端，由此输入高电平触发脉冲信号；4 引脚为复位端，由此 输入负脉冲信号（或使该引脚电压低于 0.7V）可使 NE555 芯片直接复位；5 引脚为电压控制端，通过此端的外加电压可以改变比较器的参考电压；7 引脚为放电端；3 引脚为输出端，输出电流可达 200mA，可以直接驱动继电器、LED、指示灯等；8 引脚为电源端，可接 5 ～ 18V 的电源电压。

3. LED 控制电路

LED 控制电路如图 10-3 所示。由多谐振荡电路的输出信号控制 LED 的亮、灭。当多谐振荡电路的输出信号为高电平时，LED 亮；当多谐振荡电路的输出信号为低电平时，LED 灭。通过此功能提示汽车电池电压的状态，以便及时对其充电。

4. 蜂鸣器驱动电路

蜂鸣器驱动电路如图 10-4 所示。其中，三极管的基极信号由多谐振荡电路提供，蜂鸣器供电电压由外部电压源提供。当三极管的基极信号为高电平时，蜂鸣器响；当三极管的基极信号为低电平时，蜂鸣器不响。三极管的集电极接蜂鸣器的负极，三极管的发射极接地。

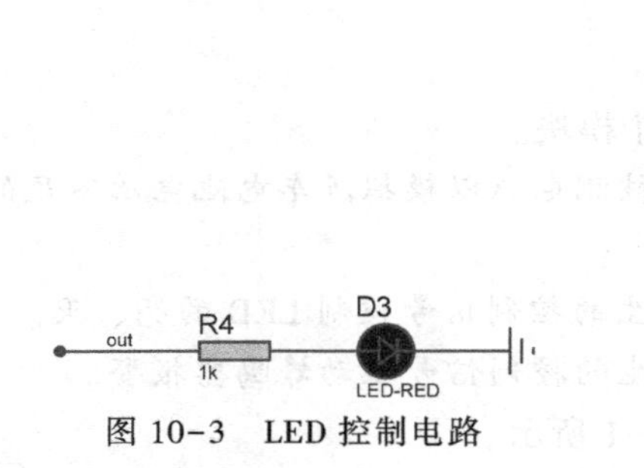

图 10-3　LED 控制电路

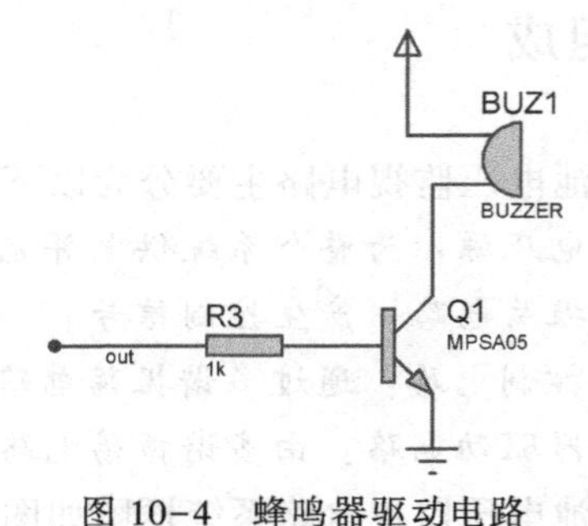

图 10-4　蜂鸣器驱动电路

总体电路仿真

调节滑动变阻器的滑片位置，使输入 NE555 芯片的 2 引脚电压小于 4.5V，如图 10-5 所示。

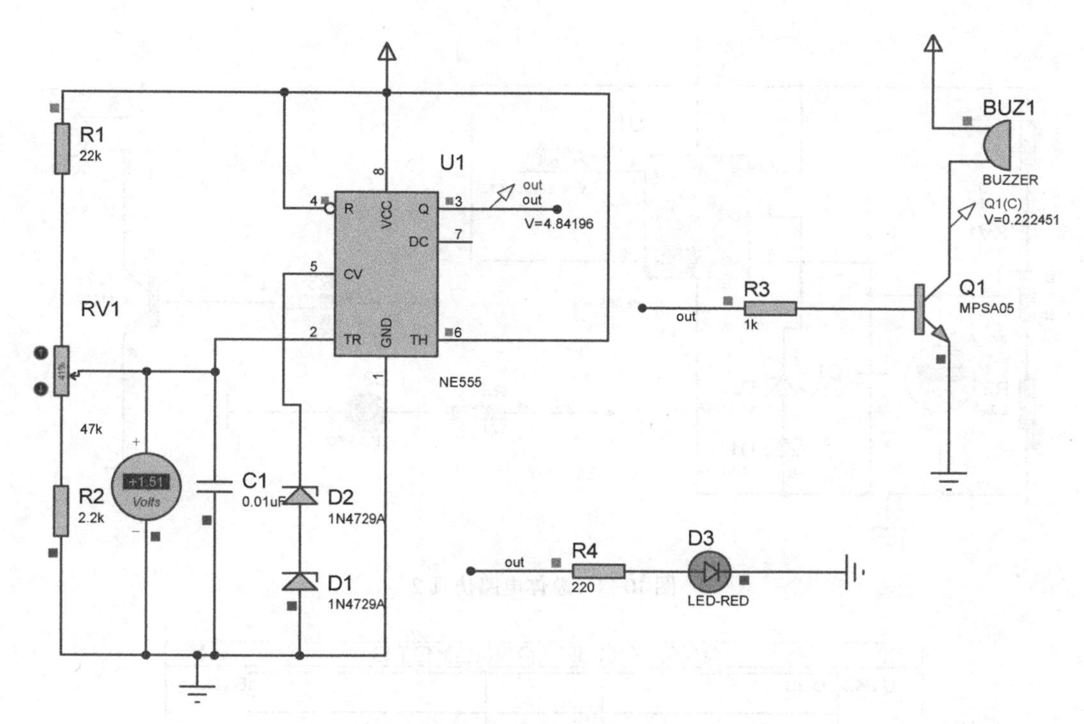

图 10-5　总体电路仿真 1

利用 Proteus 中的图表分析来查看 NE555 芯片的输出电压及蜂鸣器供电电压，如图 10-6 所示。

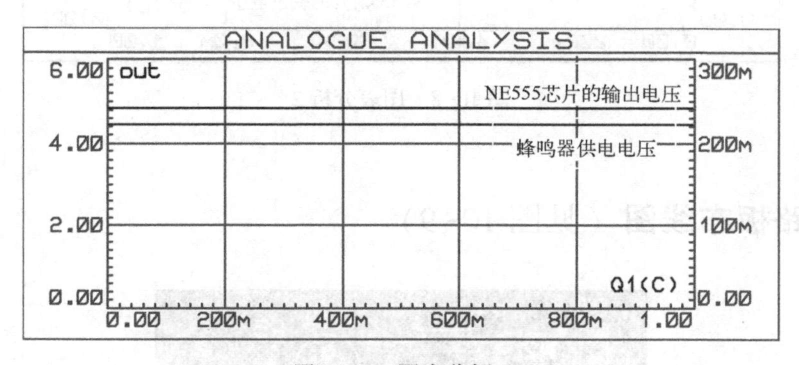

图 10-6　图表分析 1

调节滑动变阻器的滑片位置，使输入 NE555 芯片的 2 引脚电压大于 4. 5V，如图 10-7 所示。

利用 Proteus 中的图表分析来查看 NE555 芯片的输出电压及蜂鸣器供电电压，如图 10-8 所示。

由上面的仿真结果可知，当输入 NE555 芯片的 2 引脚电压小于 4. 5V 时，NE555 芯片的输出电压约为 5V，驱动蜂鸣器报警，LED 亮。当输入 NE555 芯片的 2 引脚电压高于 4. 5V 时，NE555 芯片的输出电压约为 0V，蜂鸣器不响，LED 不亮。

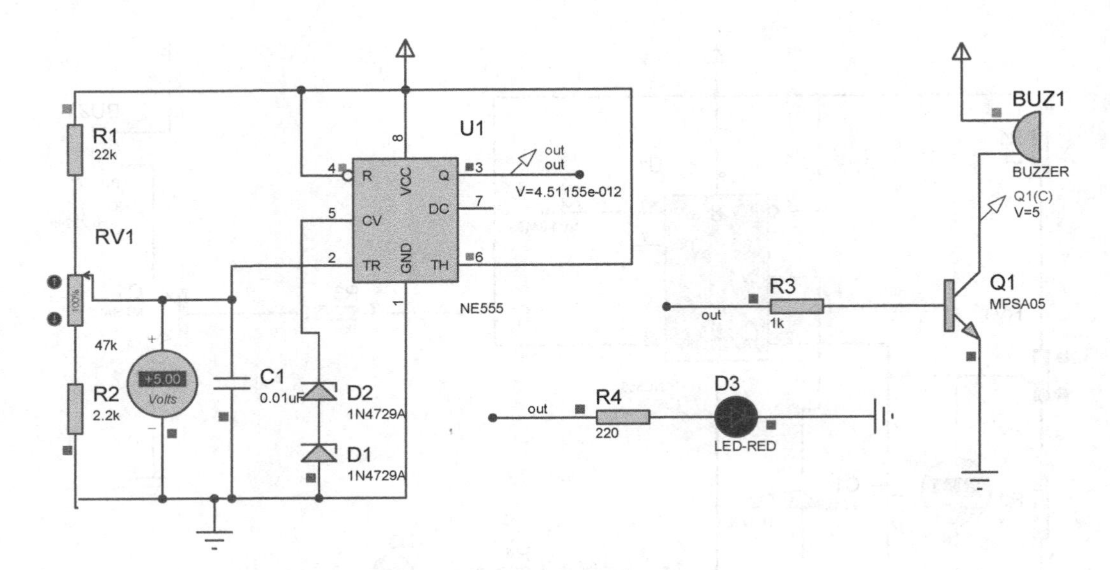

图 10-7　总体电路仿真 2

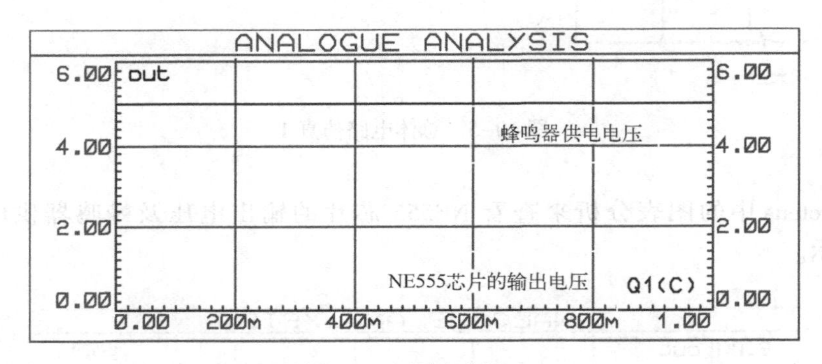

图 10-8　图表分析 2

电路板布线图（见图 10-9）

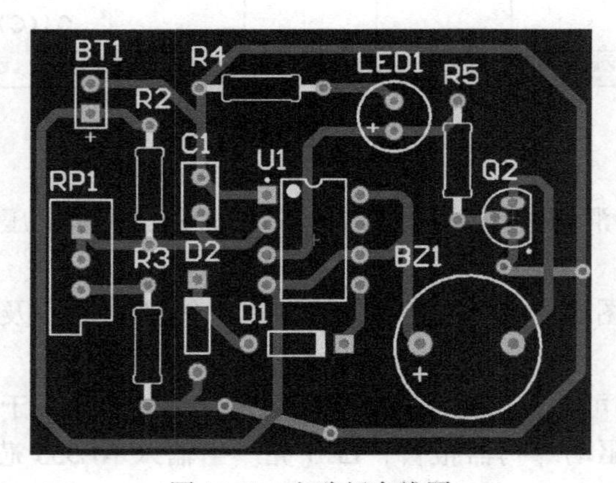

图 10-9　电路板布线图

实物照片（见图 10-10）

（a）汽车电池电压监视电路板

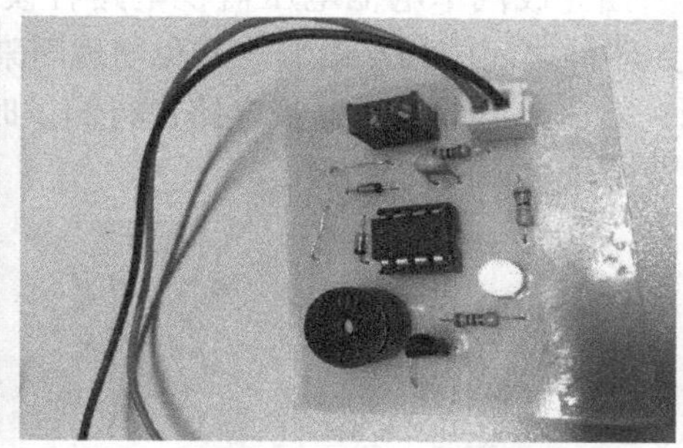

（b）测试汽车电池电压监视电路板

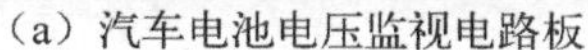

图 10-10　实物照片

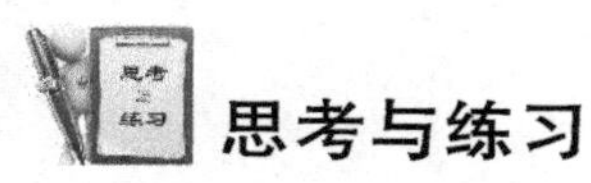

思考与练习

由 NE555 芯片构成的电路如图 10-11 所示，二极管为理想二极管。

（1）计算 V_O的振荡周期及占空比

答： $T=t_{PH}+t_{PL}=R_1C\ln2+R_2C\ln2\approx20\text{k}\Omega\times0.01\mu\text{F}\times0.7=0.14\text{ms}$

$$q=\frac{t_{PH}}{t_{PH}+t_{PL}}=\frac{R_1}{R_1+R_2}=\frac{1}{2}=50\%$$

（2）画出 V_C、V_O的波形。

答： V_C、V_O 的波形如图 10-12 所示。

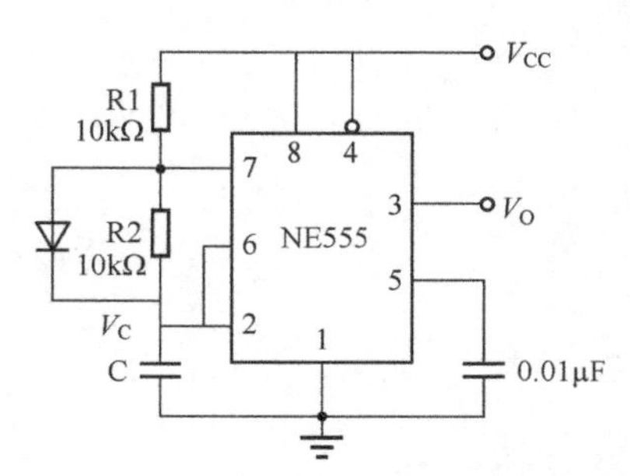

图 10-11　由 NE555 芯片构成的电路

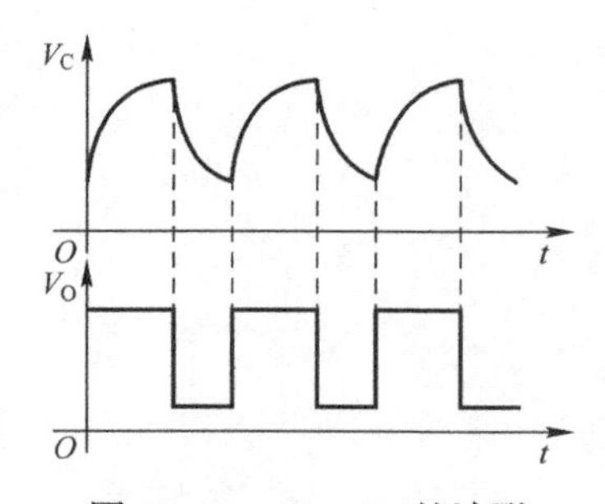

图 10-12　V_C、V_O 的波形

（3）若在 NE555 芯片的 5 引脚接固定电压 3V，V_O的振荡周期及占空比是否变化？若变化，定性指出其变化趋势。

答： 若在 NE555 芯片的 5 引脚接固定电压 3V，V_O的振荡周期及占空比变化，振荡周期变小，占空比变小。

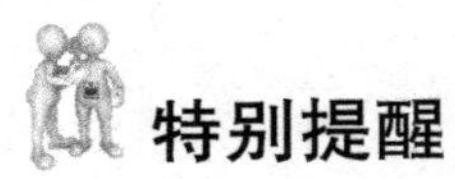

特别提醒

（1）当完成汽车电池电压监视电路各模块设计后，必须对各模块进行适当的连接，并考虑元器件之间的相互影响，避免物理因素引起的误差。

（2）对汽车电池电压监视电路进行测试时注意被测电压的取值，以免烧坏元器件。

项目 11　汽车超速报警电路

设计任务

本设计从驾驶员的角度出发，设计了一个汽车超速报警电路。该报警电路可以自己设定行车允许最高速度，高于此设定速度便通过 LED 实现报警。

本设计以与发动机转速成正比的脉冲信号频率模拟汽车行驶速度，通过设计频率电压转换电路、电压比较电路等模块最终实现超速报警功能。

总体思路

通过频率电压转换电路将脉冲信号频率转换为电压，且该电压随脉冲信号频率的增大而增大。将频率转换电路的输出电压与外设电压进行比较，以实现超速报警功能。

系统组成

汽车超速报警电路主要由以下 3 个模块组成。

☺ 直流稳压电源电路：输出 12V 直流电压。

☺ 频率电压转换电路：将脉冲信号频率转换为电压。

☺ 电压比较电路：将频率转换电路的输出电压与外设电压（行车允许最高速度对应的电压）进行比较，以实现超速报警功能。

模块详解

汽车超速报警电路如图 11-1 所示。下面分别对汽车超速报警电路的各主要模块进行详细介绍。

1. 直流稳压电源电路

本设计要求直流稳压电源电路输出 12V 直流电压。为此，三端稳压器选择 7812 芯片。直流稳压电源电路如图 11-2 所示。在三端稳压器输入端接入的电解电容 C5（1000μF）用于滤波，其后并联的电解电容 C6（4.7μF）用于进一步滤波。在三端稳压

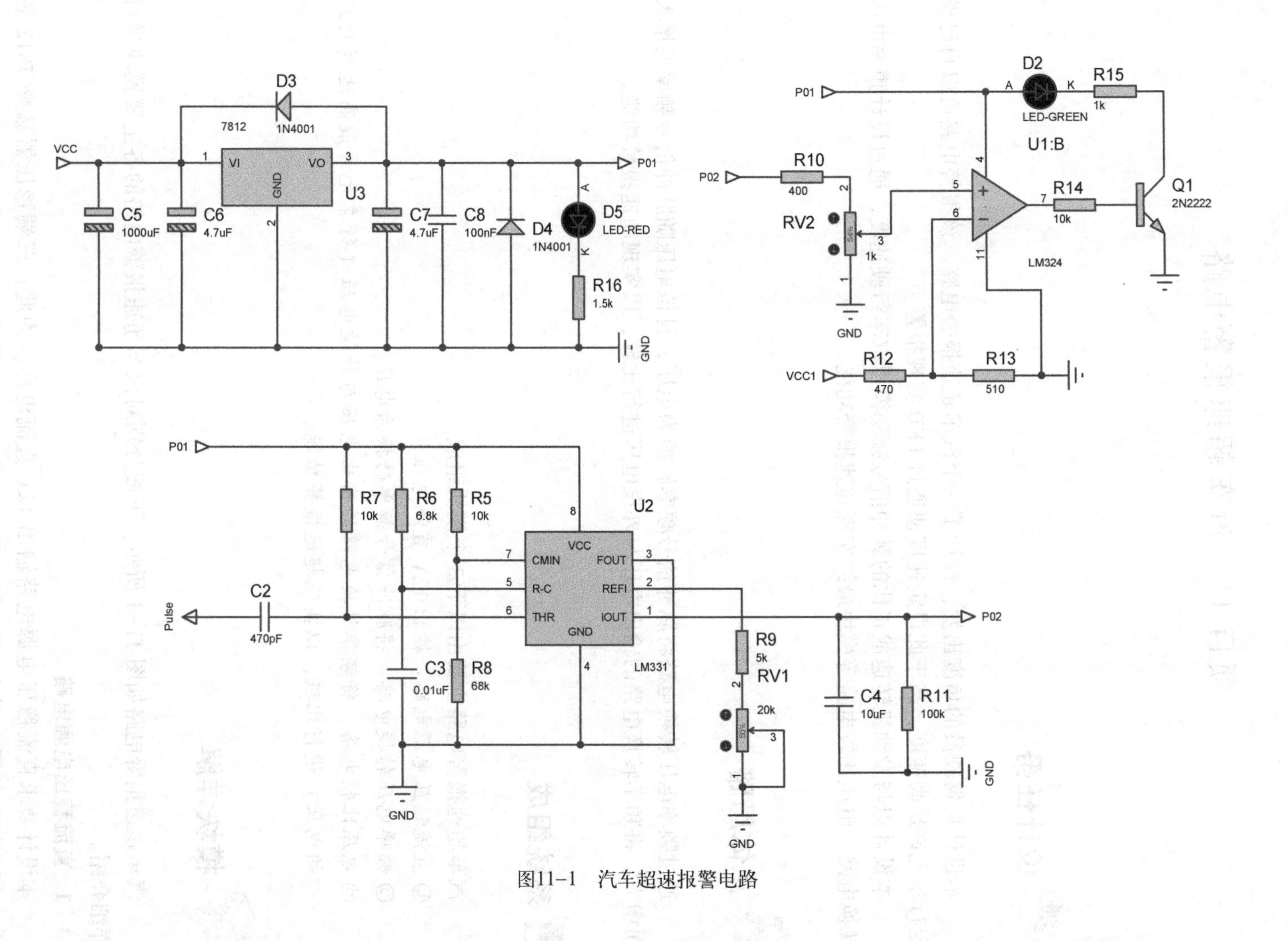

图11-1　汽车超速报警电路

器输出端接入的电解电容 C7（4.7μF）用于减小纹波电压，其后并联的瓷片电容 C8（100nF）用于改善负载的瞬态响应并抑制高频干扰（瓷片电容电感效应很小，可以被忽略；电解电容电感效应在高频段比较明显，不能抑制高频干扰）。

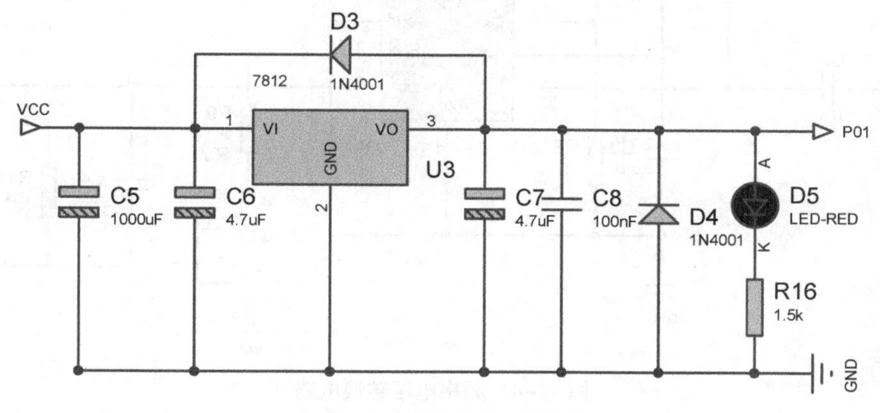

图 11-2　直流稳压电源电路

与三端稳压器并联的整流二极管 D3、D4 用于保护三端稳压器，以避免三端稳压器被反向感生电压击穿。与三端稳压器并联的 LED（D5）用于指示直流稳压电源电路工作状态。

在 Proteus 中，对直流稳压电源电路进行仿真，并在其输入端加入 13V 的直流激励信号，利用电压表来观测直流稳压电源电路的输出电压，如图 11-3 所示。

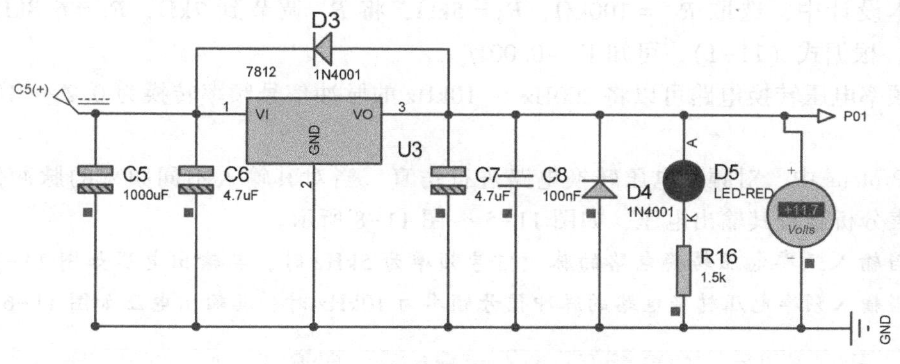

图 11-3　直流稳压电源电路仿真

由仿真结果可知，直流稳压电源电路的输出电压为+11.7V，没有明显的波动情况，符合此电路的设计要求。

2. 频率电压转换电路

本设计的频率电压转换电路采用 LM331 芯片，如图 11-4 所示。频率电压转换电路的主要作用是把脉冲信号频率转换为电压。该电压和外设电压进行比较，以判断汽车是否超速。

频率电压转换电路工作原理如下所述。

当输入的负脉冲信号到达 LM331 芯片的 6 引脚时，LM331 芯片的 6 引脚电平低于 LM331 芯片的 7 引脚电平，此时 VCC 经 R6 给 C3 充电，使 C3 两端电压升高。同时 C4 也被充电，其两端电压线性增大。经过 $1.1R_6C_3$ 时间，C3 两端电压增大到 $2/3V_{CC}$ 时，C3、

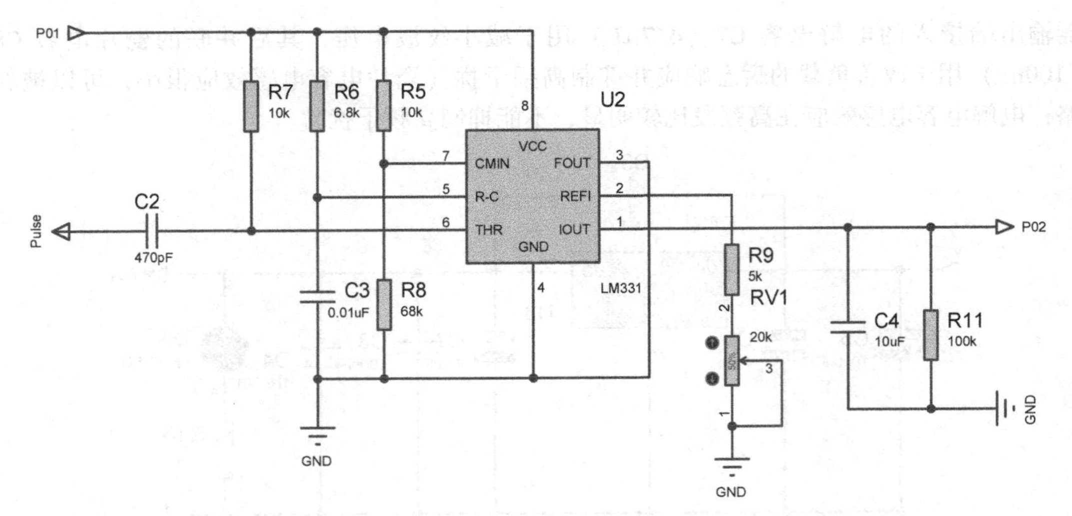

图 11-4　频率电压转换电路

C4 再次被充电，再经过 $1.1R_6C_3$时间，C3、C4 放电。重复上述过程，在 R11 两端得到一个直流电压 V_o，并且这个电压与输入脉冲信号频率f_i成正比。V_o与f_i的关系：

$$V_o = 2.09\frac{R_{11}}{R_{V1}+R_9}R_6C_3f_i \tag{11-1}$$

由式（11-1）可知，当R_{11}、R_{V1}、R_6、R_9、C_3一定时，V_o与f_i成正比。

在本设计中，选取 $R_{11}=100\text{k}\Omega$，$R_9=5\text{k}\Omega$，将 R_{V1} 调节到 $7\text{k}\Omega$，$R_6=6.8\text{k}\Omega$，$C_3=0.01\mu\text{F}$，根据式（11-1），可知 $V_o \approx 0.001f_i$。

本频率电压转换电路可以将 200Hz ～ 10kHz 的脉冲信号频率转换为 0.2 ～ 10V 的直流电压。

在 Proteus 中，对频率电压转换电路进行仿真，当对其输入不同频率的脉冲信号时，利用图表分析查看其输出电压，如图 11-5 ～图 11-8 所示。

☺ 当输入频率电压转换电路的脉冲信号频率为 5kHz 时，其输出电压如图 11-5 所示。

☺ 当输入频率电压转换电路的脉冲信号频率为 10kHz 时，其输出电压如图 11-6 所示。

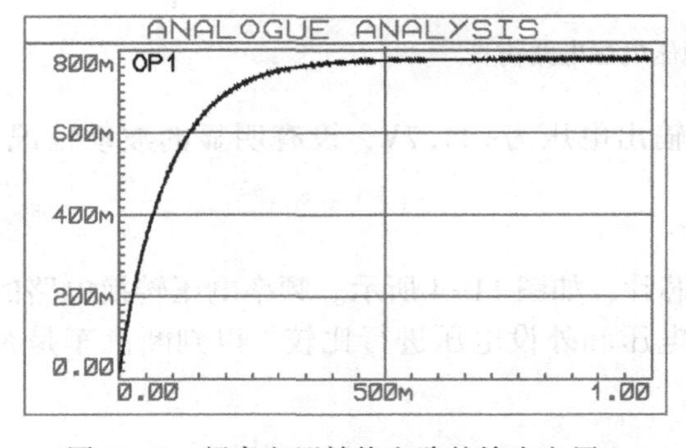

图 11-5　频率电压转换电路的输出电压 1

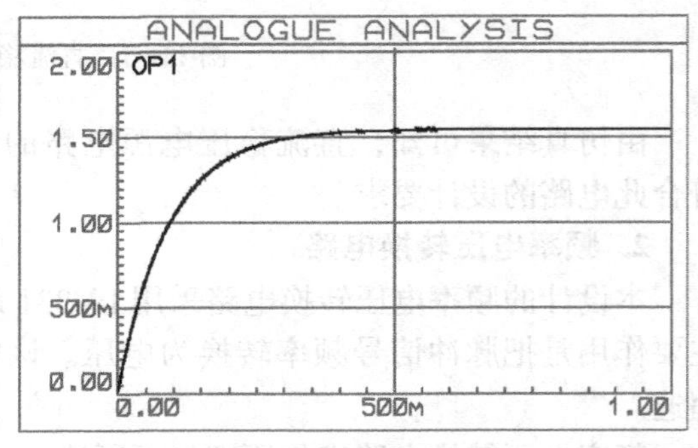

图 11-6　频率电压转换电路的输出电压 2

☺ 当输入频率电压转换电路的脉冲信号频率为 20kHz 时，其输出电压如图 11-7 所示。

☺ 当输入频率电压转换电路的脉冲信号频率为 50kHz 时，其输出电压如图 11-8 所示。

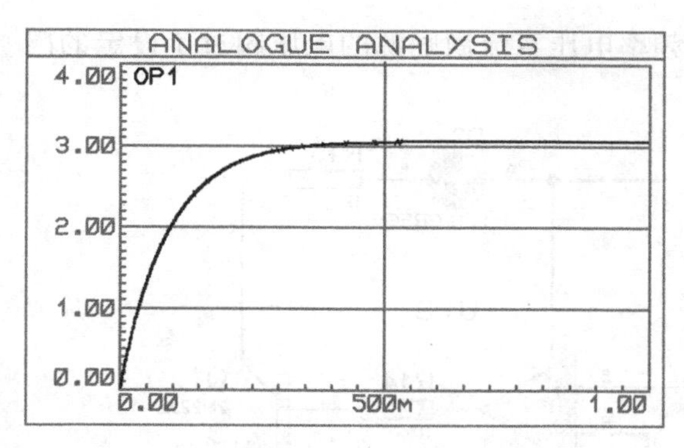

图 11-7　频率电压转换电路的输出电压 3

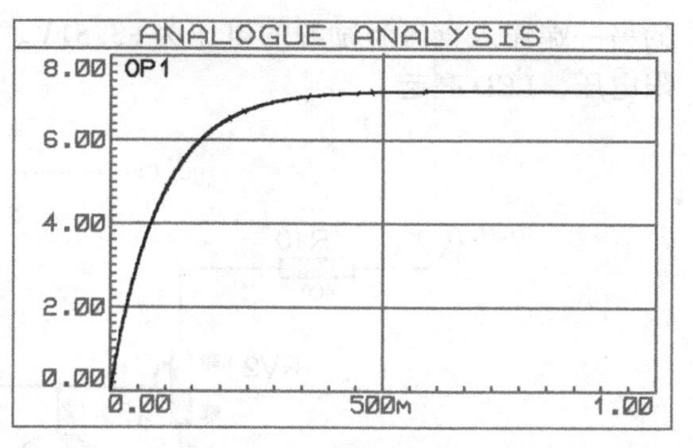

图 11-8　频率电压转换电路的输出电压 4

由上面的仿真结果可知，随着输入频率电压转换电路的脉冲信号频率的增大，频率电压转换电路的输出电压也随之增大。

3. 电压比较电路

本设计的电压比较电路由 LM324 芯片构成，如图 11-9 所示。电压比较电路通过 J3 输入外设电压。此外设电压是行车允许最高速度对应的电压。如果频率电压转换电路的输出电压小于此外设电压，则 LM324 芯片的 7 引脚为低电平，Q1 截止，LED（D2）不亮。若频率电压转换电路的输出电压大于此外设电压，则 LM324 芯片的 7 引脚为高电平，Q1 导通，LED（D2）亮起，从而形成报警信号。

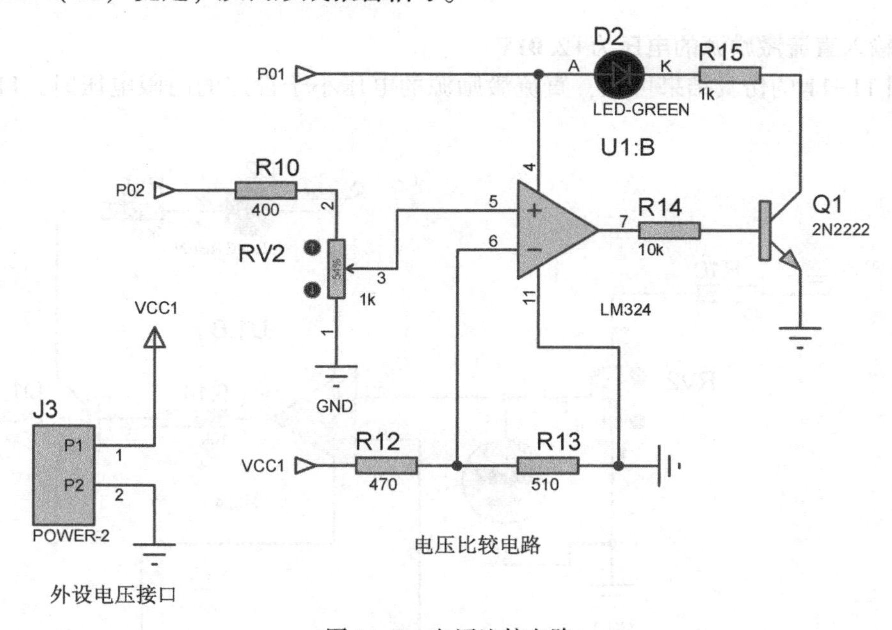

图 11-9　电压比较电路

本设计将外设电压设定为 6V。在实际使用中，用户可根据自身需求设定此外设电压值。

1）输入直流激励源的电压为+3.51V

如图 11-10 所示，在电压比较电路仿真中，以直流激励源的电压来代替频率电压转换电路的输出电压。在电压比较器的一端输入设定的门限电压为+2.60V，在电压比较器的另一端输入直流激励源的电压为+3.51V。频率电压直流激励源的电压超过了设定的门限电压，LED 亮起。

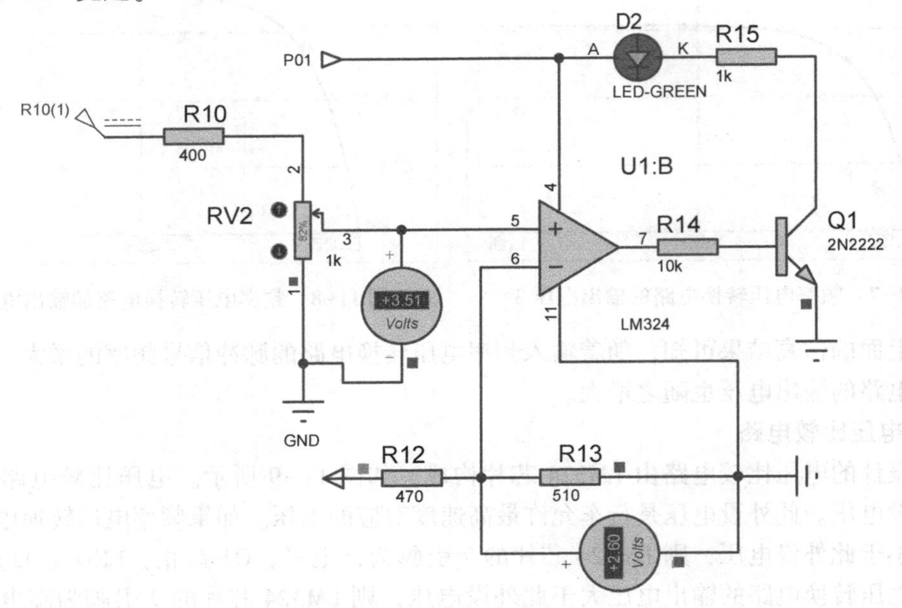

图 11-10　电压比较电路仿真 1

2）输入直流激励源的电压为+2.01V

由图 11-11 的仿真结果可知，直流激励源的电压小于设定的门限电压时，LED 不会亮起。

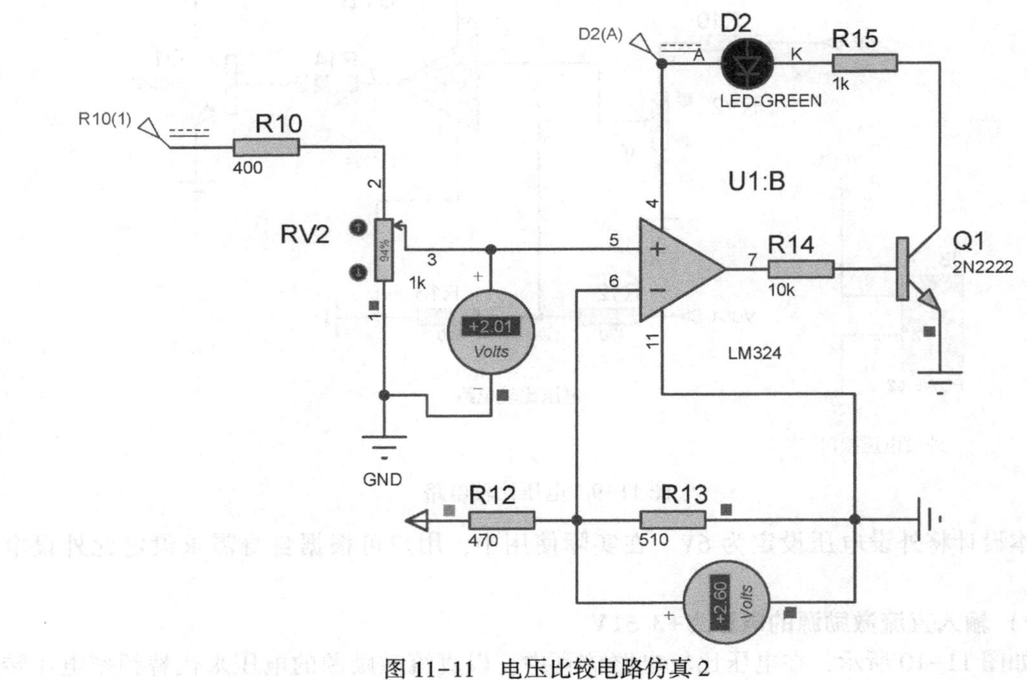

图 11-11　电压比较电路仿真 2

电路板布线图（见图 11-12）

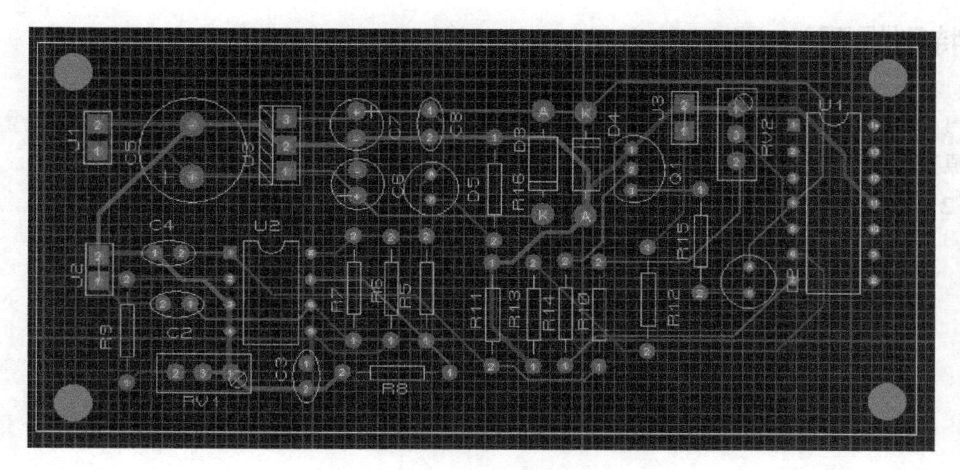

图 11-12　电路板布线图

实物照片（见图 11-13）

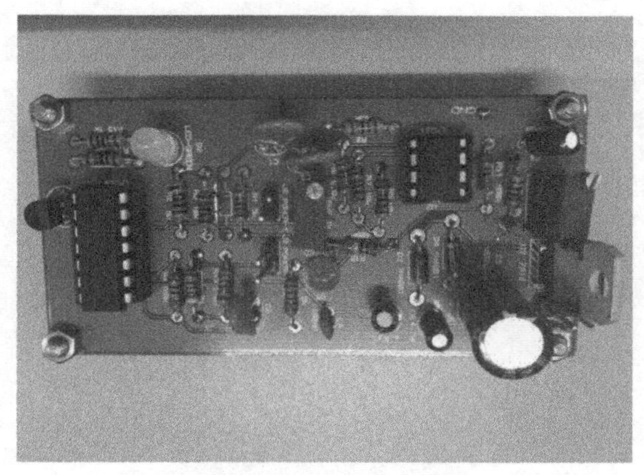

图 11-13　实物照片

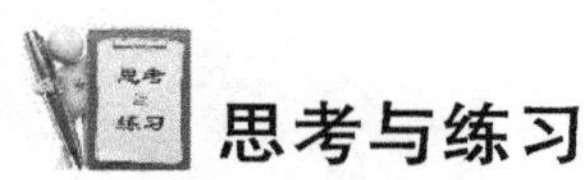

思考与练习

（1）可否在频率电压转换电路的脉冲信号输入端加一个起到缓冲作用的电压跟随器呢？为什么？

答：不可以。因为频率电压转换电路（LM331 芯片）为负脉冲触发电路，而经电压跟随器输出的脉冲信号只有正半部分，不能触发 LM331 芯片工作。

（2）LM331 芯片的 2 引脚的作用是什么？

答：通过调节 LM331 芯片的 2 引脚的外接电阻值，即可调节转换增益的大小。

特别提醒

（1）注意汽车超速报警电路与电源正、负极的正确连接。如果把汽车超速报警电路与电源正、负极接反，则会使电解电容爆炸。

（2）在绘制 PCB 时，要留出接地点，以便于后续测试。

项目 12　车速限制电路

设计任务

本设计是一个简单的车速限制电路。当车速达到一定值时，该电路发出警告，提醒驾驶人员减速。

基本要求

☺ 由与发动机转速成正比的脉冲信号频率模拟车速，即车速越快，脉冲信号频率越高。

☺ 当 7 个报警灯全亮时蜂鸣器响，即代表已超过设定的最高车速。

总体思路

本设计由与发动机转速成正比的脉冲信号频率模拟车速，并由频率电压转换电路将输入的脉冲信号频率转换为直流电压。此电压随着输入的脉冲信号频率的增大而增大。通过 7 级外设电压设定报警的 7 级临界车速。将这 7 级外设电压与直流电压进行比较，进而控制对应的报警灯的亮、灭，以提示驾驶员目前车速的范围，实现车速的 7 级报警功能。当 7 个报警灯全亮时，蜂鸣器响，代表已超过设定的最高车速。

此电路在视觉和听觉上提醒驾驶人员已经达到限定的车速，必须减速，从而达到限制车速的目的。

系统组成

车速限制电路主要分以下几个主要模块。

☺ 直流稳压电源电路：输出正、负 12V 两路直流电压。

☺ 频率电压转换电路：将与发动机转速成正比的脉冲信号频率转换为直流电压。

☺ 电压滤波反相电路：将频率电压转换电路输出的负电压转换为正电压，并进行滤波。

☺ 电压比较电路：将电压比较器的反相输入端电压与电压比较器的同相输入端电压

比较，以判断车速的范围。

☺ 三极管控制电路：LED 全亮后三极管导通，继电器闭合，蜂鸣器响，否则继电器不闭合。

车速限制电路系统框图如图 12-1 所示。

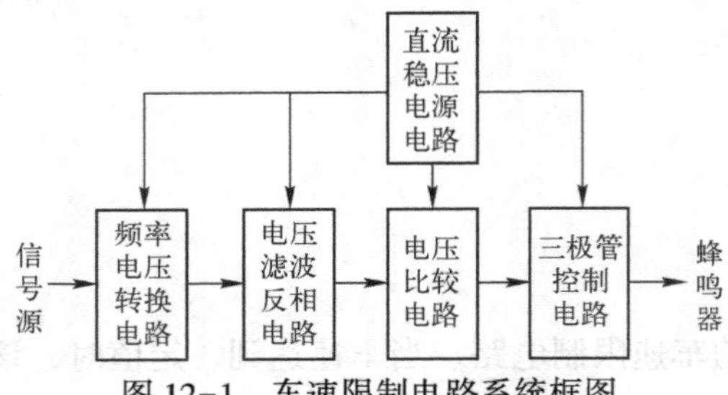

图 12-1 车速限制电路系统框图

模块详解

1. 直流稳压电源电路

本设计要求直流稳压电源电路同时输出正、负 12V 两路直流电压，最大输出电流为 1A，电压调整率≤0.2%，负载调整率≤1%，纹波电压（峰-峰值）≤5mV，并具有过电流及短路保护功能。

2. 频率电压转换电路

本设计采用 LM331 芯片构成频率电压转换电路。频率电压转换电路把输入的脉冲信号频率转换为直流电压。此电压与输入的脉冲信号频率的关系：

$$V_o = -2.09\frac{R_6}{R_{V1}+R_5}R_2C_2f_i \tag{12-1}$$

式中，f_i为输入的脉冲信号频率。频率电压转换电路如图 12-2所示。

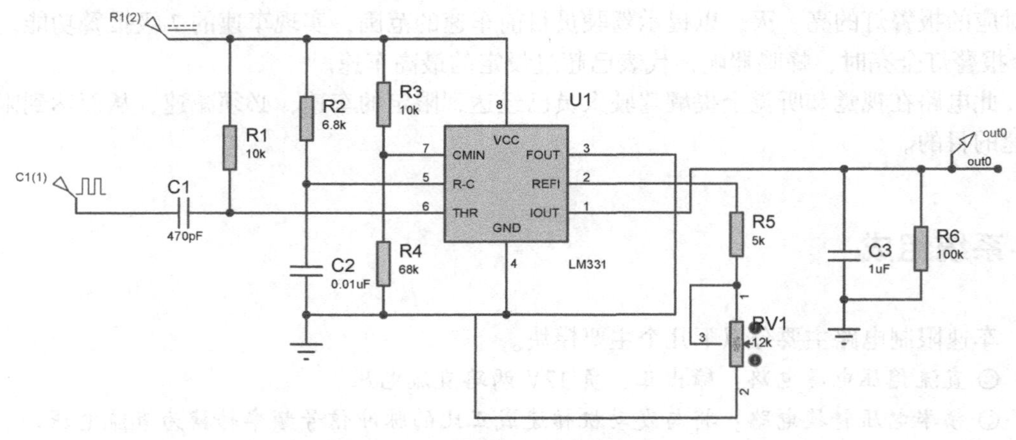

图 12-2 频率电压转换电路

在 Proteus 中，当输入的脉冲信号频率为 10kHz、30kHz 时，分别对频率电压转换电路进行仿真，并利用图表分析查看结果。

1）输入的脉冲信号频率为 10kHz

如图 12-3 所示，当输入的脉冲信号频率为 10kHz 时，频率电压转换电路的输出电压幅度为 1.20V。

2）输入的脉冲信号频率为 30kHz

如图 12-4 所示，当输入的脉冲信号频率为 30kHz 时，频率电压转换电路的输出电压幅度为 3.30V。

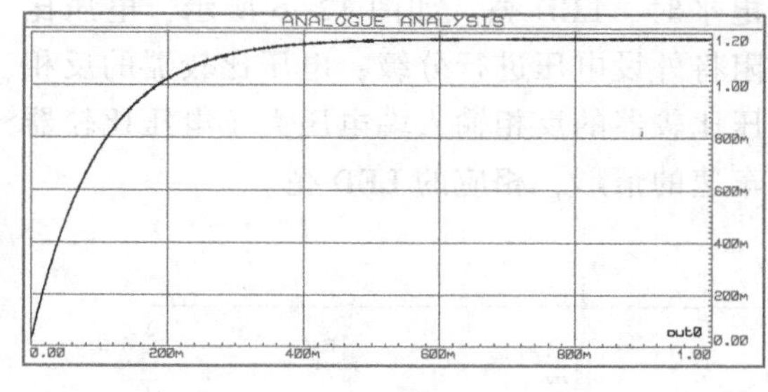

图 12-3　图表分析 1

图 12-4　图表分析 2

3. 电压滤波反相电路

电压滤波反相电路是由 LM358 芯片和其外围电阻、电容组成的，如图 12-5 所示。电压滤波反相电路的特点如下。

☺ 采用高增益内频补偿方式。

☺ 工作电压范围为 3 ～ 32V。

☺ 输出电压变化率为 0 ～ 1.5V。

☺ 采用双列直插 8 引脚塑料封装（DIP8）或微形的双列 8 引脚塑料封装（SOP8）形式。

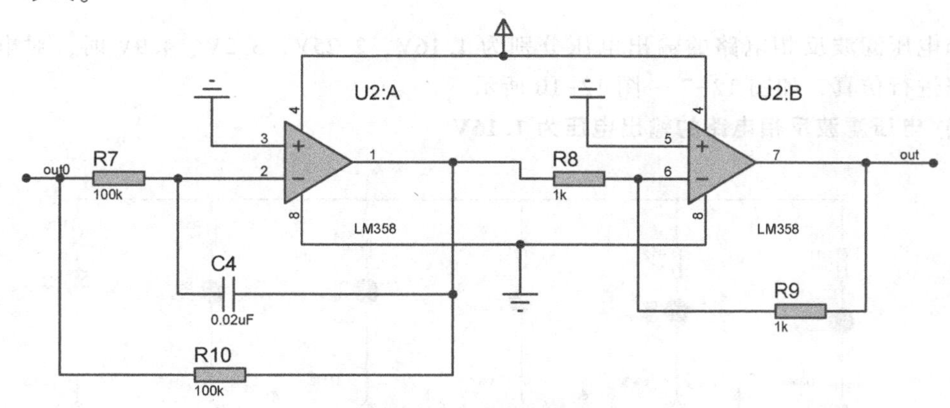

图 12-5　电压滤波反相电路

电压滤波反相电路的作用是将频率电压转换器的输出电压进行滤波并反相，其输出电压为

$$V'_{o}=-\frac{R_8}{R_{10}}V_{o} \tag{12-2}$$

将相应的参数值代入式（12-2），得

$$V'_o=-0.01V_o \tag{12-3}$$

4. 电压比较电路

LM339 芯片内部装有 4 个独立的电压比较器。这些电压比较器的特点如下。

☺ 失调电压小，典型值为 2mV。

☺ 共模电压范围很大，为 0 ～(V_{CC}-1.5)V_o。

☺ 差动输入电压范围较大。

在本设计中，当电压比较器的输出端为低电平时，LED 亮。如图 12-6 所示，电压比较器的同相输入端接外设电压，并通过分压电阻将外设电压进行分级；电压比较器的反相输入端接电压滤波反相电路的输出电压。当电压比较器的反相输入端电压大于电压比较器的同相输入端电压时，即模拟了车速超过设定车速的情形，相应的 LED 亮。

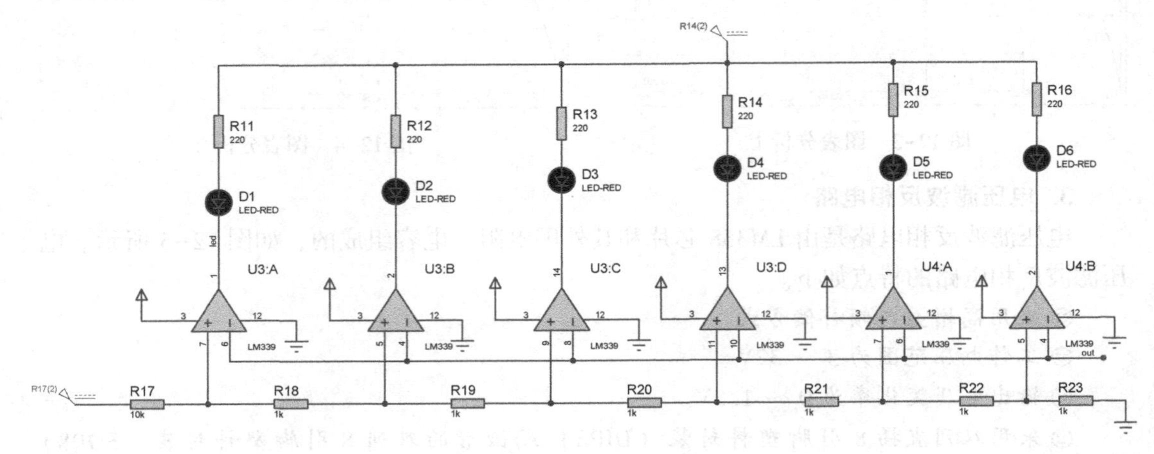

图 12-6　电压比较电路

当电压滤波反相电路的输出电压分别为 1.16V、2.25V、3.2V、4.9V 时，对电压比较电路进行仿真，如图 12-7 ～图 12-10 所示。

1）电压滤波反相电路的输出电压为 1.16V

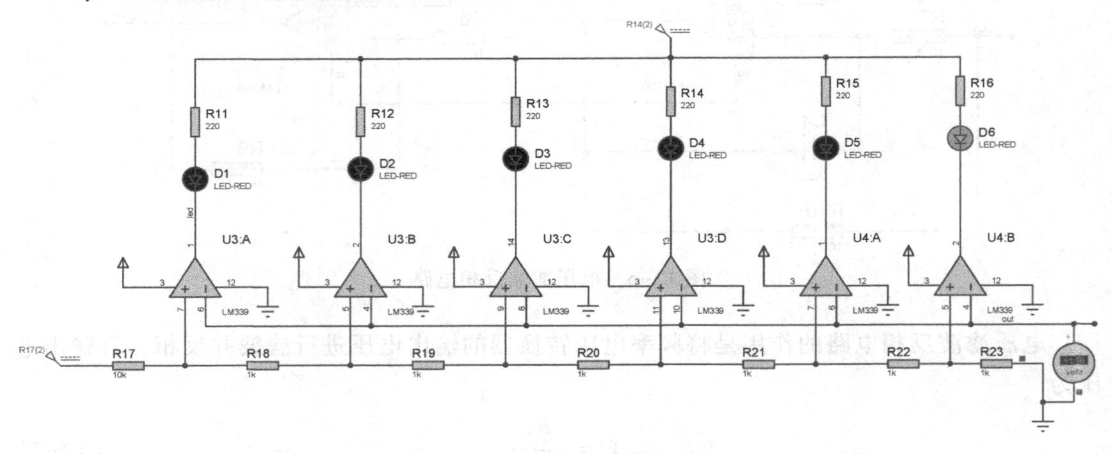

图 12-7　电压比较电路仿真 1

2）电源滤波反相电路的输出电压为 2.25V

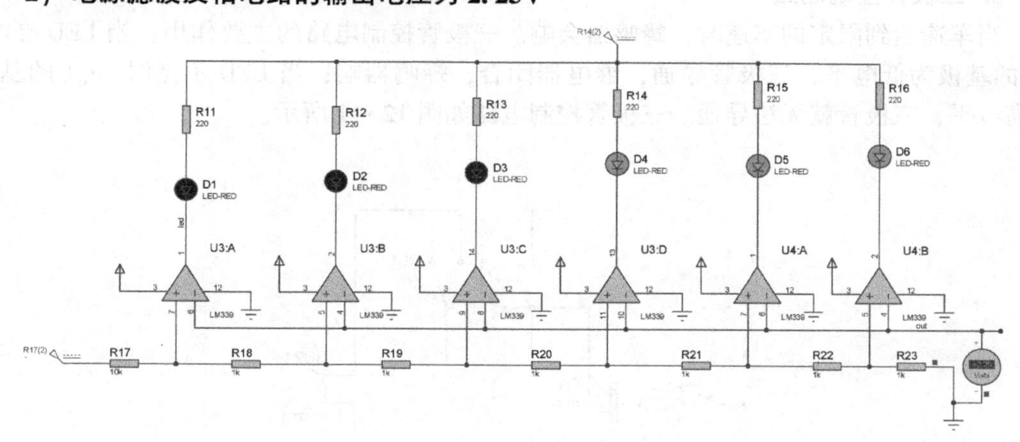

图 12-8　电压比较电路仿真 2

3）电源滤波反相电路的输出电压为 3.2V

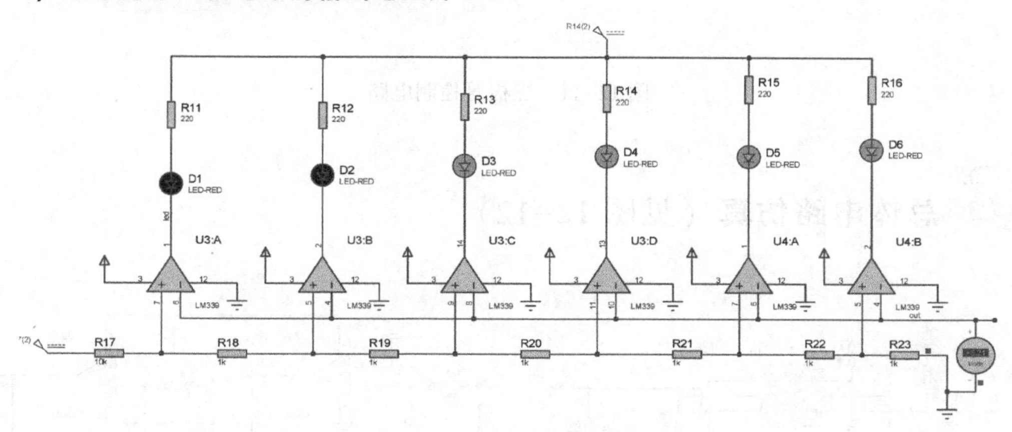

图 12-9　电压比较电路仿真 3

4）电源滤波反相电路的输出电压为 4.9V

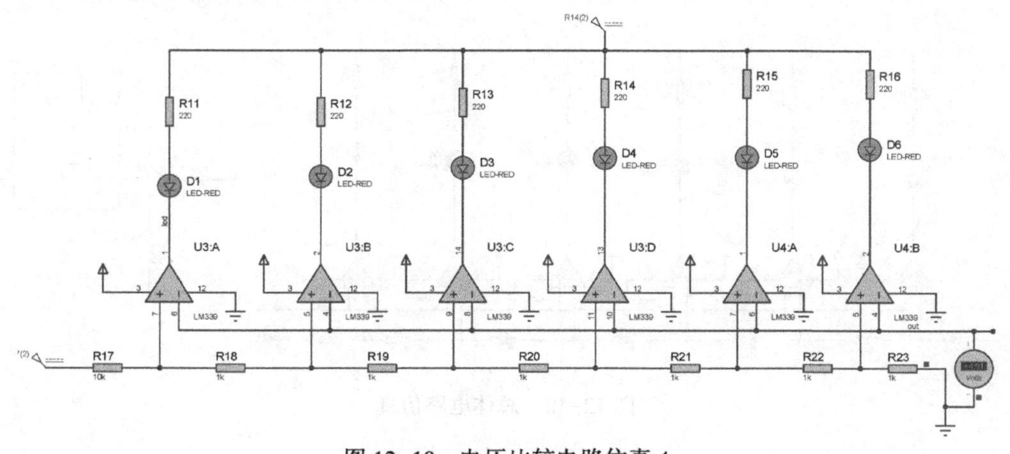

图 12-10　电压比较电路仿真 4

5. 三极管控制电路

当车速达到限定的车速时，蜂鸣器会响。三极管控制电路的主要作用：当 LED 亮时，Q1 的基极为低电平，三极管导通，继电器闭合，蜂鸣器响；当 LED 不亮时，Q1 的基极为高电平，三极管就无法导通。三极管控制电路如图 12-11 所示。

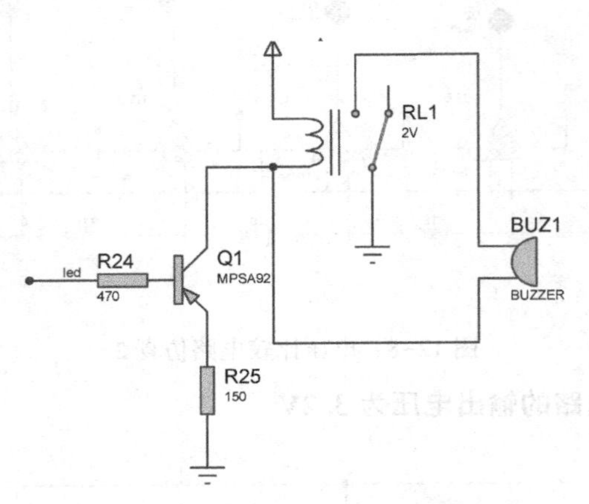

图 12-11　三极管控制电路

总体电路仿真（见图 12-12）

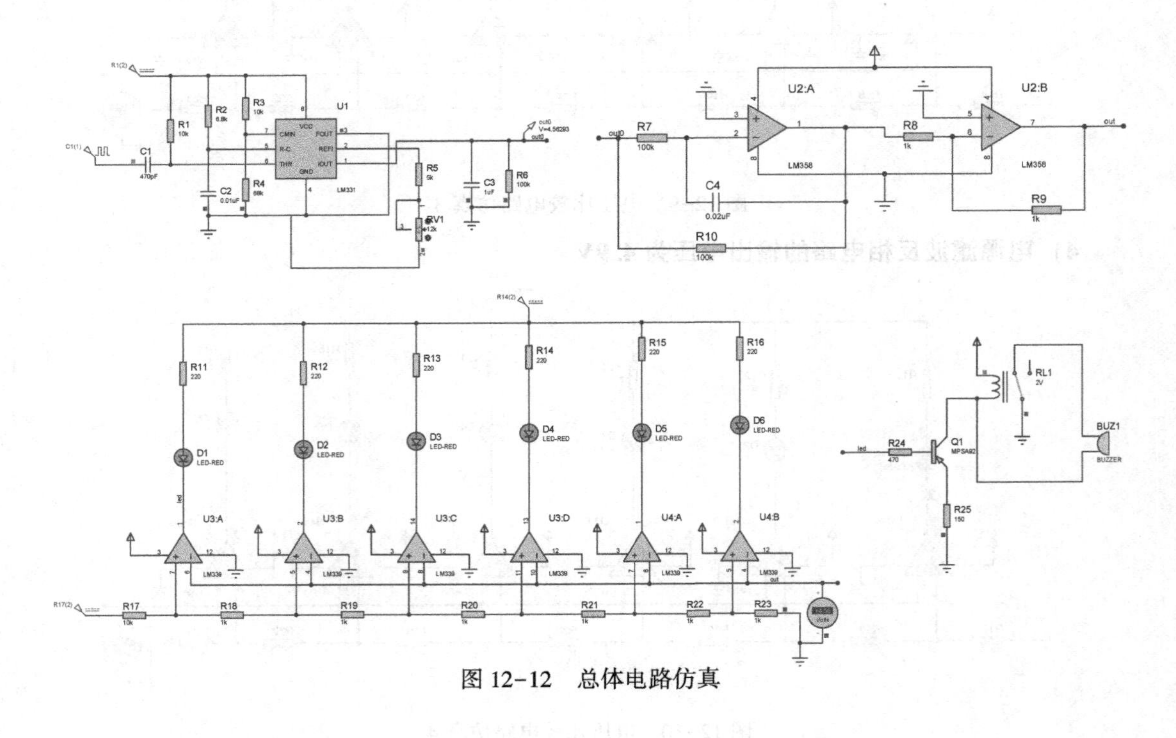

图 12-12　总体电路仿真

电路板布线图（见图 12-13）

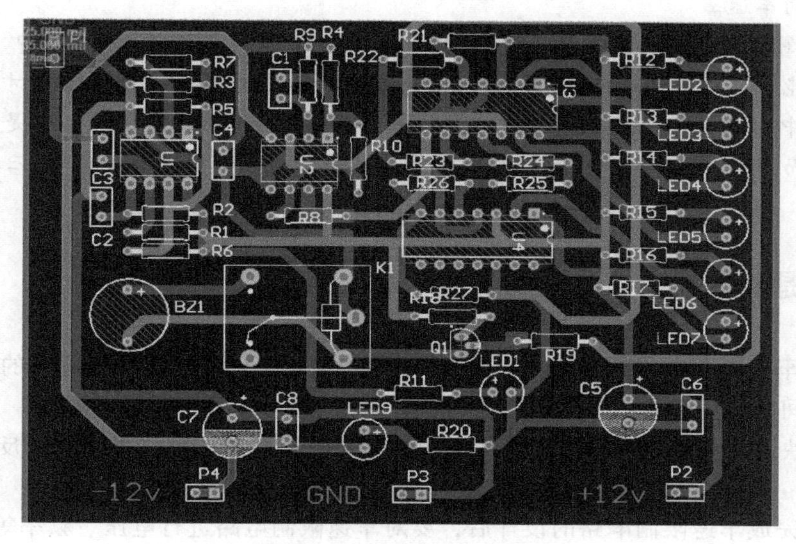

图 12-13　电路板布线图

实物照片（见图 12-14）

（a）车速限制电路板

（b）测试车速限制电路板

图 12-14　实物照片

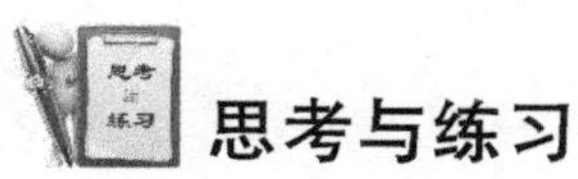

思考与练习

（1）在图 12-2 中，为什么不用 AD7740 芯片而用 LM331 芯片呢？

答：因为LM331芯片的外接电路简单，只要接入几个外部元器件就可以构成频率电压转换电路，并且容易保证频率电压转换电路的转换精度。

（2）在图12-6中，改变哪些元器件的参数值可以改变限定的车速？

答：适当的调整R17～R23的电阻值，从而改变电压比较器的同相输入端电压，继而改变限定的车速。

（3）在图12-11中，PNP型三极管能否被NPN型三极管代替？为什么？

答：不能。因为在图12-6中的电压比较器的输出端为低电平时，LED才会亮，所以在图12-11中的三极管必须是低电平触发的三极管。又因为NPN型三极管是高电平触发的三极管，而PNP型三极管是低电平触发的三极管，因此必须选用PNP型三极管。

特别提醒

（1）将车速限制电路的各模块设计完毕后，必须对这些模块进行适当的连接，并考虑元器件之间的相互影响。

这些模块的连接顺序为：直流稳压电源→频率电压转换电路→电压滤波反相电路→电压比较电路→三极管控制电路。

（2）在完成车速限制电路的设计后，要对车速限制电路进行电压、频率等测试分析。

项目 13　数字测速电路

设计任务

本设计是一个简单的数字测速电路，通过霍尔传感器实现数字测速，由 LCD 显示电动机的线速度。

总体思路

本设计由 AT89C51 单片机构成控制系统，将霍尔传感器感的输出信号经 LM393 芯片构成的施密特触发器送入 AT89C51 单片机并进行处理，最后通过 AT89C51 单片机驱动 LCD 显示电动机的线速度，由此实现数字测速的功能。

系统组成

数字测速电路主要由以下 4 个模块组成。

☺ 单片机控制电路：用于数据采样、驱动 LCD 显示、数据处理等。

☺ 霍尔传感器。

☺ 施密特触发器电路。

☺ LCD 显示电路：用于显示电动机的线速度。

模块详解

1. 单片机控制电路

本设计采用 AT89C51 单片机作为整个系统的控制单元，如图 13-1 所示。单片机控制电路包括 AT89C51 单片机晶振电路、复位电路等。AT89C51 单片机的 P0.0 ～ P0.7 及 P2.5 ～ P2.7 引脚用于驱动 LCD 显示。AT89C51 单片机的 P3.4 引脚与施密特触发器的输出端相连，以进行数据采样，并通过内部程序计算电动机的时速。RP1 为限流电阻，用于提高 LCD 的显示亮度。

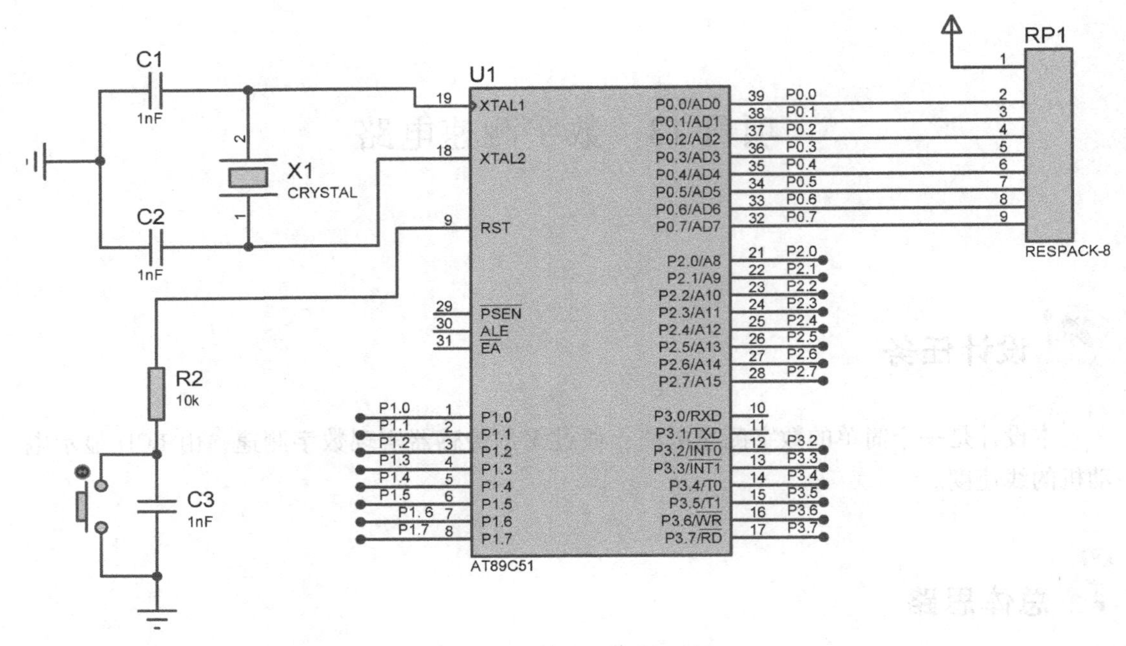

图 13-1　单片机控制电路

2. 霍尔传感器

本设计选用 A3144E 芯片构成霍尔传感器。霍尔传感器是通过霍尔效应实现电动机的转速测量的。当电流通过霍尔元件时，若在垂直于电流的方向施加磁场，则霍尔元件两侧面会出现横向电位差，这就是霍尔效应。由于磁场的变化，霍尔元件发出脉冲信号并传输给控制器处理，从而实现数字测速。

在本设计中，将磁铁固定在塑料片上，并将塑料片的中心固定在电动机轴上。这样当电动机旋转时，磁铁转到霍尔传感器放置的位置时，就会有磁场变化，从而霍尔传感器输出脉冲信号。

3. 施密特触发器电路

本设计选用 LM393 芯片构成施密特触发器电路，如图 13-2 所示。霍尔传感器的输出端与施密特触发器的输入端相连。施密特触发器对霍尔传感器输出的脉冲信号波形进行整

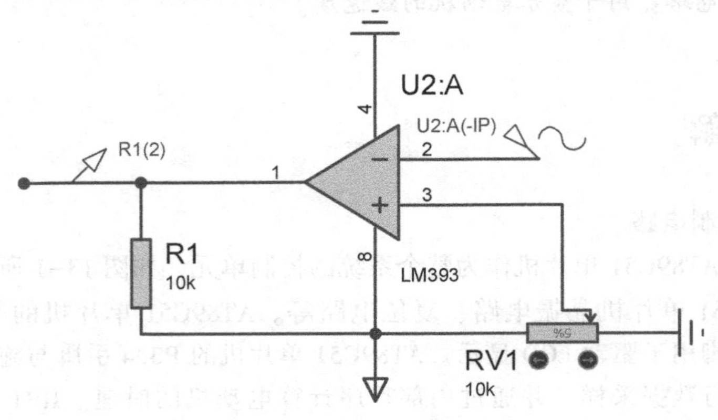

图 13-2　施密特触发器电路

形。AT89C51 单片机对施密特触发器的输出信号进行采样和计数。

在 Proteus 中，对施密特触发器电路进行仿真。为了体现施密特触发器的滤波整形功能的效果，在施密特触发器的输入端输入频率为 1Hz 的正弦信号，其仿真结果如图 13-3 所示。

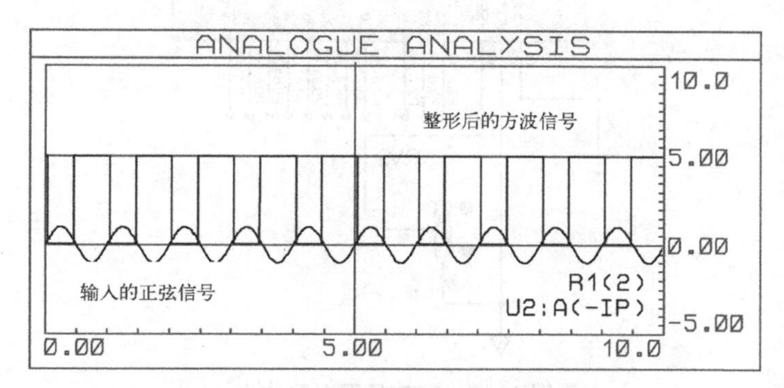

图 13-3　施密特触发器电路仿真结果

由图 13-3 可知，输入施密特触发器的正弦波信号被整形成了方波信号，基本实现了此电路的功能。

4. LCD 显示电路

本设计选用 1602 芯片构成的 LCD 显示电路，如图 13-4 所示。其中，1 引脚接地；2 引脚接电源；3 引脚接偏压信号，通过接入的滑动变阻器调节背光亮度；4 引脚为数据/命令选择端，接 AT89C51 单片机的 P2.5 引脚；5 引脚为读/写选择端，接 AT89C51 单片机的 P2.6 引脚；6 引脚为使能端，接 AT89C51 单片机的 P2.7 引脚；7 ～ 14 引脚为 I/O 端，接 AT89C51 单片机的 P0.0 ～ P0.7 引脚。

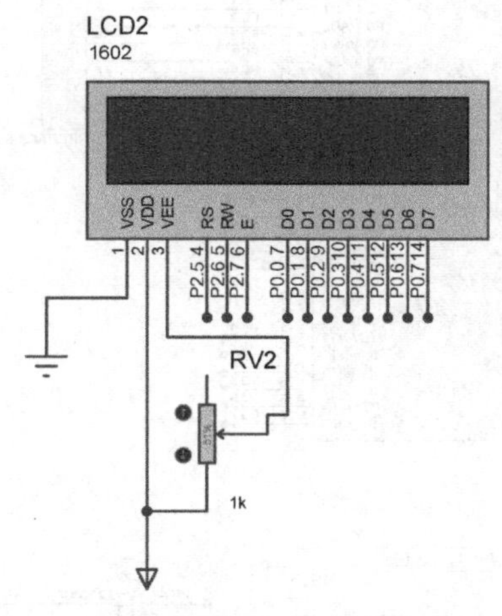

图 13-4　LCD 显示电路

在 Proteus 中，对 LCD 显示电路进行仿真，如图 13-5 所示。

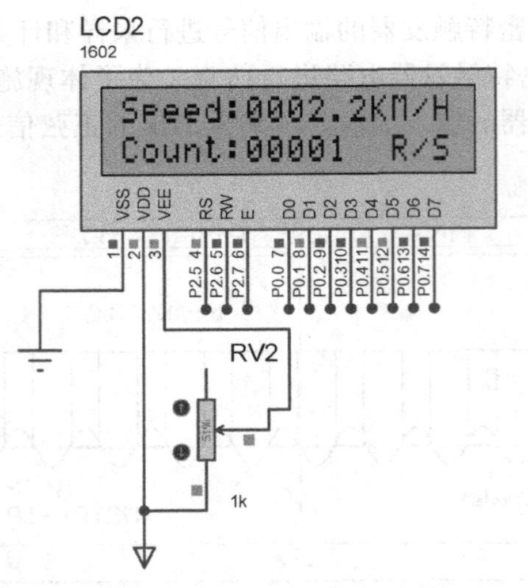

图 13-5　LCD 显示电路仿真

总体电路仿真（见图 13-6）

在三种情况下，对总体电路进行仿真。这三种情况即输入施密特触发器的正弦信号频率分别为 1Hz、50Hz、100Hz 的情况。在输入施密特触发器的正弦信号频率变化时，查看 LCD 显示情况，如图 13-6 ～图 13-8 所示。

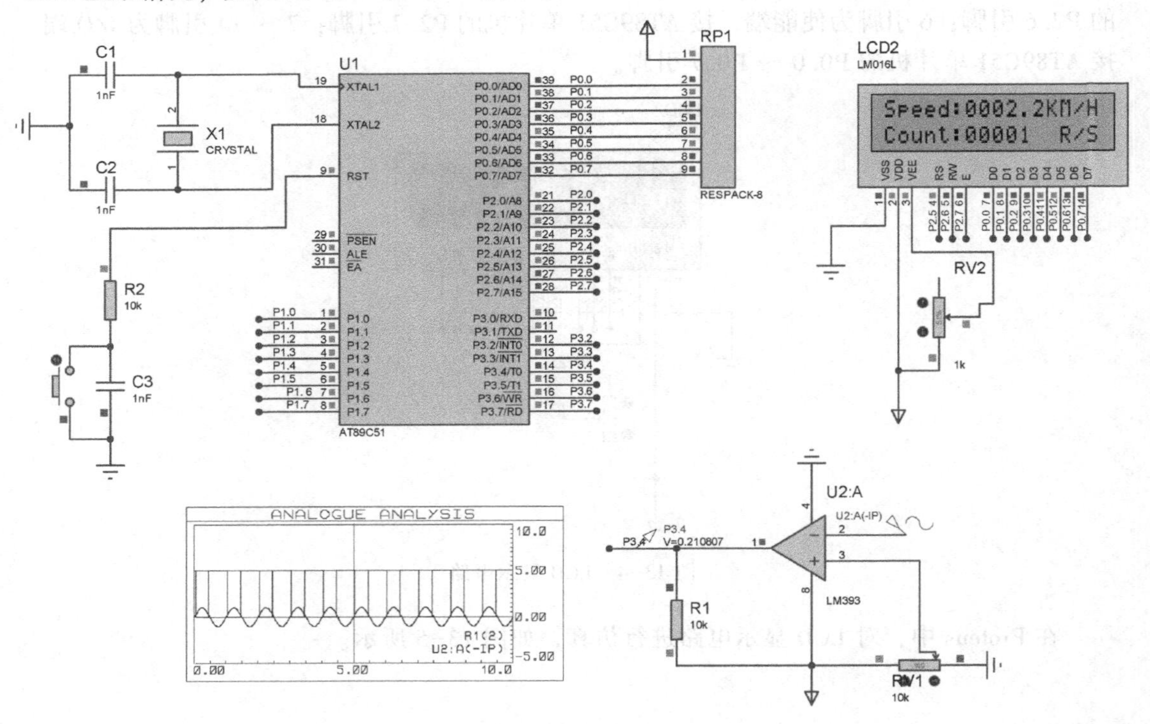

图 13-6　总体电路仿真 1

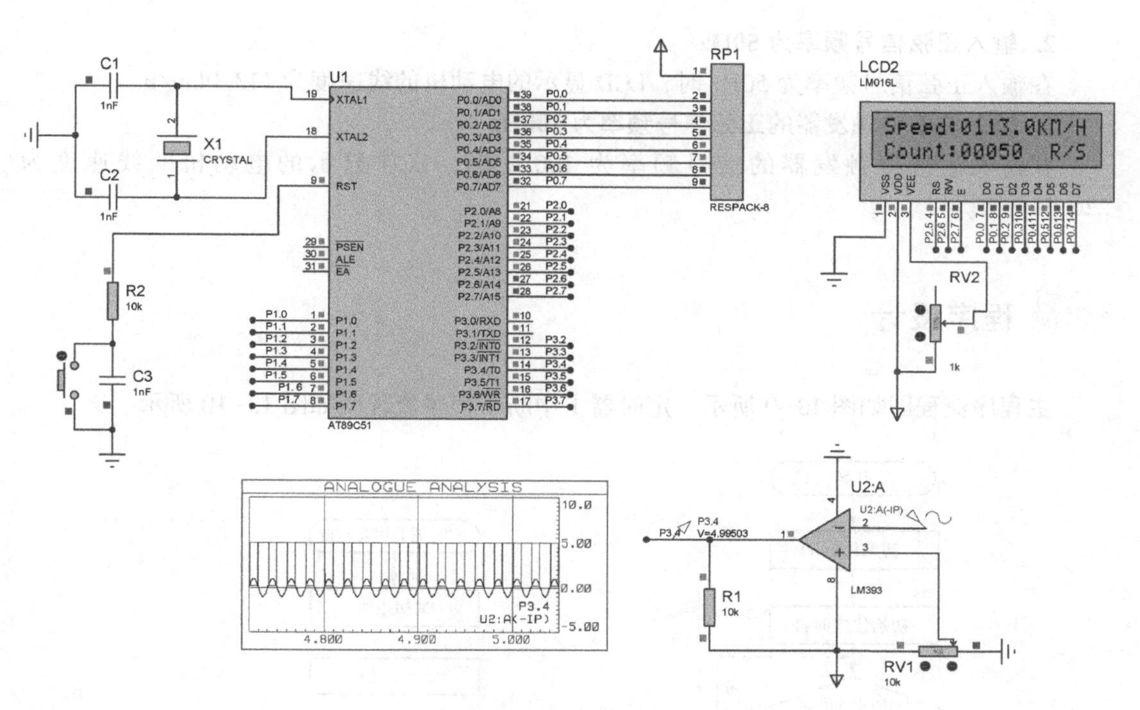

图 13-7　总体电路仿真 2

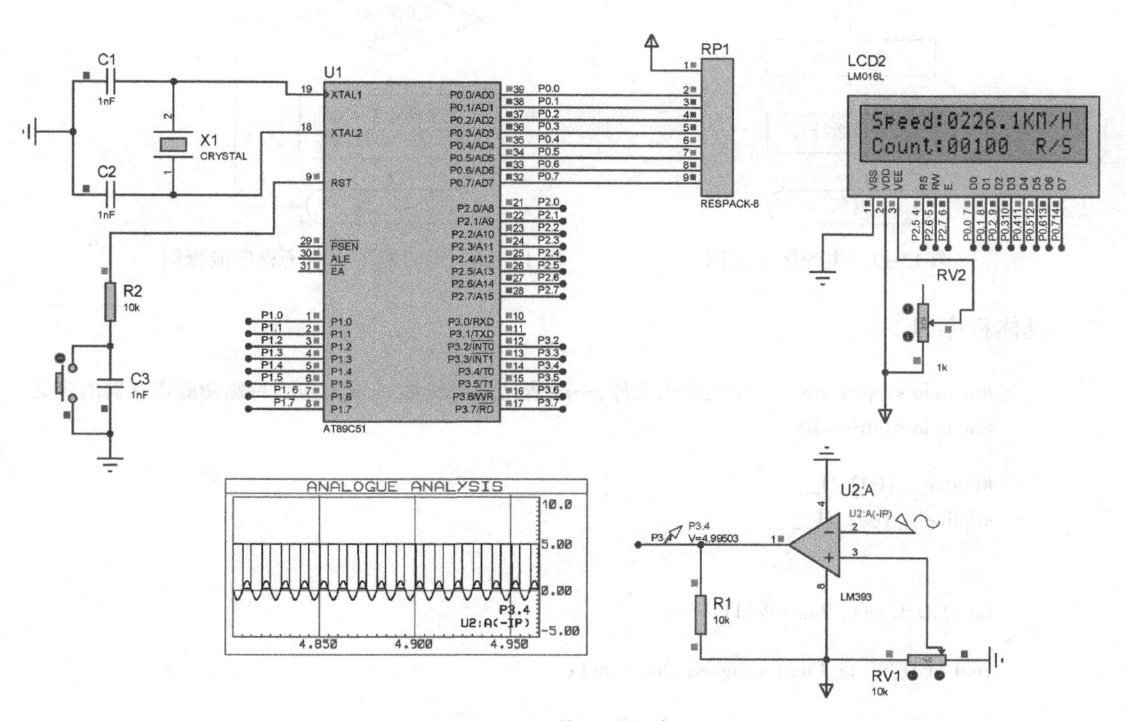

图 13-8　总体电路仿真 3

1. 输入施密特触发器的正弦信号频率为 1Hz

在输入施密特触发器的正弦信号频率为 1Hz 时，LCD 显示的电动机的线速度为 2.2km/h。

2. 输入正弦信号频率为 50Hz

在输入正弦信号频率为 50Hz 时，LCD 显示的电动机的线速度为 113.0km/h。

3. 输入施密特触发器的正弦信号频率为 100Hz

在输入施密特触发器的信号频率为 100Hz 时，LCD 显示的电动机的线速度为 226.1km/h。

程序设计

主程序流程图如图 13-9 所示。定时器 1 中断子程序流程图如图 13-10 所示。

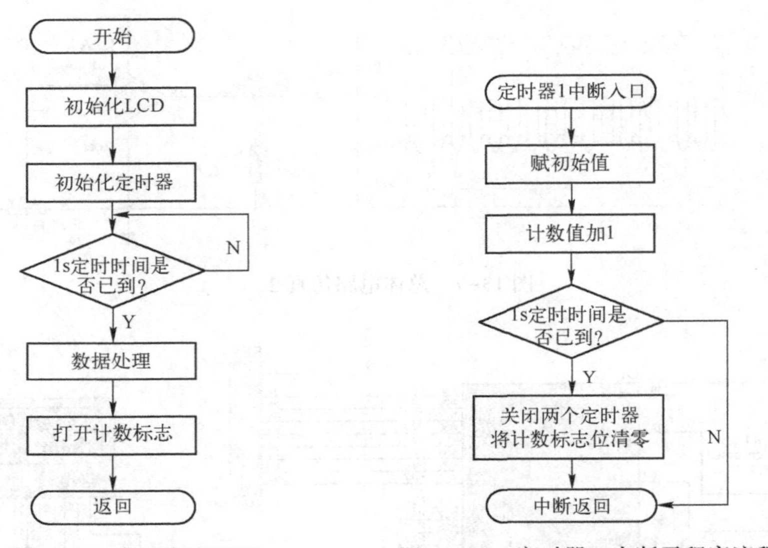

图 13-9　主程序流程图　　　　图 13-10　定时器 1 中断子程序流程图

具体程序如下：

```
#include <reg52.h>        //包含头文件,一般情况无须改动,头文件包含特殊功能寄存器的定义
#include <intrins.h>

#ifndef __1602_H__
#define __1602_H__


bit LCD_Check_Busy(void);

void LCD_Write_Com(unsigned char com);

void LCD_Write_Data(unsigned char Data);

void LCD_Clear(void);

void LCD_Write_String(unsigned char x,unsigned char y,unsigned char *s);
```

```
void LCD_Write_Char( unsigned char x,unsigned char y,unsigned char Data);

void LCD_Init( void);
void Ds1302_Write_Time_Dat( unsigned char * Dat);
void SHow_Num( unsigned char x,unsigned char y,unsigned int Data);

#endif


#include <reg52. h>
#include <stdio. h>
#include" 1602. h"
#include" delay. h"
#define HIGH (65536-10000)/256
#defineLOW   (65536-10000)%256
#define PI_Round   3. 141592

sbit LED=P1^2;             //定义 LED 端口
bit OVERFLOWFLAG;
bit TIMERFLAG;
/*--------------------------------------------------
定时器 0 初始化子程序
                本程序用于计数
--------------------------------------------------*/
void Init_Timer0( void)
{
 TMOD |=0x01 | 0x04; //使用模式 1,16 位计数器,使用"|"符号可以在使用多个定时器时
                     //不受影响
 TH0=0x00;           //赋初始值
 TL0=0x00;
 EA=1;               //打开总中断
 ET0=1;              //打开定时器 0 中断
 TR0=1;              //打开定时器 0 开关
}
/*--------------------------------------------------
定时器 1 初始化子程序
               本程序用于定时
--------------------------------------------------*/
void Init_Timer1( void)
{
 TMOD |=0x10;        //使用模式 1,16 位定时器,使用"|"符号可以在使用多个定时器时不
                     //受影响
 TH1=HIGH;           //赋初始值,这里从 0 开始计数,一直计数到 65 535 溢出
 TL1=LOW;
 EA=1;               //打开总中断
 ET1=1;              //打开定时器 1 中断
```

```
 TR1=1;                  //打开定时器 1 开关
}
//计算单位是 cm
//1000/3600
unsigned int  Get_Int_KM(unsigned int  uiCount,unsigned int uiRadius_Cycle)
{
    float fGet_Val=(float)uiRadius_Cycle;
    fGet_Val *=0.01;//
    fGet_Val *=2 * PI_Round;//
    fGet_Val *=uiCount;
    fGet_Val *=3.6;
    return (unsigned int)(fGet_Val * 10);
}

void Show_Km(unsigned char x,unsigned char y,unsigned int Data)
{
unsigned char ucDis[7]={0};
char    ucII=0;
ucDis[0]=Data/10000+0x30;
ucDis[1]=Data%10000/1000+0x30;
ucDis[2]=Data%10000%1000/100+0x30;
ucDis[3]=Data%10000%1000%100/10+0x30;
ucDis[4]='.';
ucDis[5]=Data%10+0x30;
  //////////////////
ucDis[6]='\0';
  LCD_Write_String(x,y,ucDis);
}

/*------------------------------------------------
主程序
------------------------------------------------*/
main()
{
unsigned  long int a;
 Init_Timer0();           //初始化定时器 0
 Init_Timer1();           //初始化定时器 1
 LCD_Init();              //初始化 LCD
 LCD_Clear();                                   //清屏
 LCD_Write_String(0,0,"Speed:KM/H");            //写入第一行信息,主循环中不再更改此信
                                                //息,所以在 while 语句之前写入此信息
 LCD_Write_String(0,1,"Count:        R/S");     //写入第二行信息,主循环中不再更改此信
                                                //息,所以在 while 语句之前写入此信息
while(1)
 {
  if(OVERFLOWFLAG)                   //检测溢出标志,如果溢出表明频率过高,显示溢出信息
```

```
    {
    OVERFLOWFLAG=0;                              //将溢出标志位清零
    //正常的话就不会进入这里
}
  if(TIMERFLAG)                                 //定时 100ms 时间到,做数据处理
    {
    a=TL0+TH0*256;                               //读取计数值
    a=a*10;                                      //扩大到实际值
    SHow_Num(6,1,a);
    a=Get_Int_KM(a,10);
    Show_Km(6,0,a);
    TR0=1;                                       //打开两个定时器
    TR1=1;
    TH0=0;                                       //保证计数初始值为 0
    TL0=0;
    TIMERFLAG=0;                                 //打开计数标志

    }
  }
}
/*------------------------------------------------
定时器 0 中断子程序
------------------------------------------------*/
void Timer0_isr(void) interrupt 1
{
 TH0=00;                                         //重新赋初始值
 TL0=00;

OVERFLOWFLAG=1;                                  //将溢出标志位置 1

}
/*------------------------------------------------
定时器 1 中断子程序
------------------------------------------------*/
void Timer1_isr(void) interrupt 3
{
static unsigned char i;
 TH1=HIGH;                                       //赋初始值
 TL1=LOW;

i++;
 if(i==100)                          //计数时间单位为 100ms
   {
   i=0;
```

```
    TR0=0;                                  //关闭两个定时器
    TR1=0;
    TIMERFLAG=1;                            //将计数标志位清零
    TH1=HIGH;                               //重新赋初始值
    TL1=LOW;
    }
}
#include "delay.h"
/*-------------------------------------------------------
 微秒延时函数,含有输入参数 unsigned char t,无返回值
 unsigned char 是无符号字符变量,其值的范围是 0～255,这里晶振频率为 12MHz
-------------------------------------------------------*/
void DelayUs2x(unsigned char t)
{
while(--t);
}
/*-------------------------------------------------------
 毫秒延时函数,含有输入参数 unsigned char t,无返回值
 unsigned char 是无符号字符变量,其值的范围是 0～255,这里晶振频率为 12MHz
-------------------------------------------------------*/
void DelayMs(unsigned char t)
{

while(t--)
 {
     //延时时间约为 1ms
DelayUs2x(245);
     DelayUs2x(245);
 }
}


                    #ifndef __DELAY_H__
#define __DELAY_H__
/*-------------------------------------------------------
 微秒延时函数,含有输入参数 unsigned char t,无返回值
 unsigned char 是无符号字符变量,其值的范围是 0～255,这里晶振频率为 12MHz
-------------------------------------------------------*/
void DelayUs2x(unsigned char t);
/*-------------------------------------------------------
 毫秒延时函数,含有输入参数 unsigned char t,无返回值
 unsigned char 是无符号字符变量,其值的范围是 0～255,这里晶振频率为 12MHz
-------------------------------------------------------*/
void DelayMs(unsigned char t);

#endif
```

```
#include "1602.h"
#include "delay.h"

sbit RS=P2^5;                              //定义端口
sbit RW=P2^6;
sbit EN=P2^7;

#define RS_CLR RS=0
#define RS_SET RS=1

#define RW_CLR RW=0
#define RW_SET RW=1

#define EN_CLR EN=0
#define EN_SET EN=1

#define DataPort P0

/*------------------------------------------------
判忙函数
------------------------------------------------*/
bit LCD_Check_Busy(void)
 {
     unsigned char ucDat=0;
      DataPort=0xFF;
      RS_CLR;
      RW_SET;
      EN_SET;
      _nop_();
     ucDat=DataPort;
      EN_CLR;
     return (bit)(ucDat & 0x80);
 }
/*------------------------------------------------
写入命令函数
------------------------------------------------*/
void LCD_Write_Com(unsigned char com)
{
      while(LCD_Check_Busy()); //忙则等待
      RS_CLR;
      RW_CLR;
      EN_CLR;
      _nop_();
      _nop_();
      _nop_();
      _nop_();
```

```
        DataPort=com;
        _nop_();
        _nop_();
        _nop_();
        _nop_();
        EN_SET;
        _nop_();
        _nop_();
        _nop_();
        _nop_();
         EN_CLR;
  }
/*-----------------------------------------------------
写入数据函数
-----------------------------------------------------*/
void LCD_Write_Data(unsigned char Data)
  {
         while(LCD_Check_Busy());      //忙则等待
         RS_SET;
         RW_CLR;
         EN_CLR;
         DataPort=Data;
        _nop_();
        _nop_();
        _nop_();
        _nop_();
         EN_SET;
        _nop_();
        _nop_();
        _nop_();
        _nop_();
         EN_CLR;
  }
/*-----------------------------------------------------
清屏函数
-----------------------------------------------------*/
void LCD_Clear(void)
  {
 LCD_Write_Com(0x01);
DelayMs(5);
  }
/*-----------------------------------------------------
写入字符串函数
-----------------------------------------------------*/
void LCD_Write_String(unsigned char x,unsigned char y,unsigned char *s)
```

```
  {
if (y==0)
        {
         LCD_Write_Com(0x80+x);         //表示第一行
        }
else
        {
        LCD_Write_Com(0xC0+x);          //表示第二行
        }
while ( *s)
        {
 LCD_Write_Data( *s);
s++;
        }
  }
/*--------------------------------------------------------
写入字符函数
--------------------------------------------------------*/
void LCD_Write_Char(unsigned char x,unsigned char y,unsigned char Data)
  {
if (y==0)
        {
        LCD_Write_Com(0x80+x);
        }
else
        {
        LCD_Write_Com(0xC0+x);
        }
 LCD_Write_Data(Data);
  }
/*--------------------------------------------------------
初始化函数
--------------------------------------------------------*/
void LCD_Init(void)
  {
   LCD_Write_Com(0x38);                 //显示模式设置
DelayMs(5);
   LCD_Write_Com(0x38);
DelayMs(5);
   LCD_Write_Com(0x38);
DelayMs(5);
   LCD_Write_Com(0x38);
   LCD_Write_Com(0x08);                 //将 LCD 关闭
   LCD_Write_Com(0x01);                 //将 LCD 清屏
   LCD_Write_Com(0x06);                 //设置光标
```

```
DelayMs(5);
    LCD_Write_Com(0x0C);                    //将 LCD 打开
    }

void SHow_Num(unsigned char x,unsigned char y,unsigned int Data)
{
unsigned char ucDis[6] ,ucII=0;
ucDis[0]=Data/10000;
ucDis[1]=Data%10000/1000;
ucDis[2]=Data%10000%1000/100;
ucDis[3]=Data%10000%1000%100/10;
ucDis[4]=Data%10;
ucDis[5]='\0';
for(ucII=0;ucII < 5;ucII++)
    {
ucDis[ucII]=ucDis[ucII]+0x30;
    }
    LCD_Write_String(x,y,ucDis);
}
```

电路板布线图（见图 13-11）

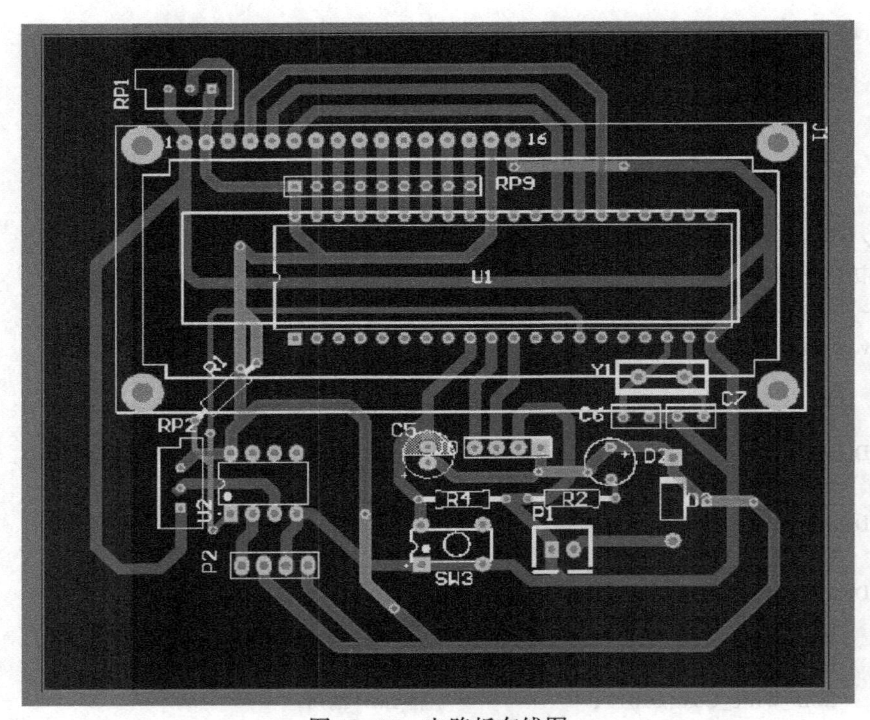

图 13-11　电路板布线图

实物照片（见图 13-12）

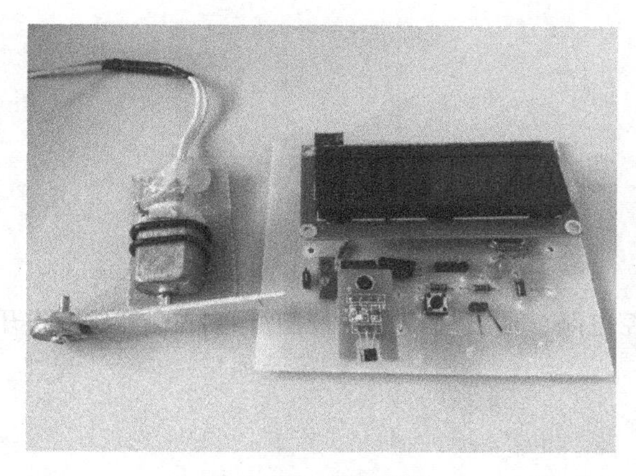

图 13-12　实物照片

思考与练习

（1）在导磁体接近和远离霍尔传感器时，霍尔传感器输出信号如何变化？

答：当导磁体接近霍尔传感器时，霍尔传感器输出高电平信号；当导磁体远离霍尔传感器时，霍尔传感器输出低电平信号。

（2）施密特触发器的作用是什么？

答：在本设计中，施密特触发器起到对波形进行整形的作用。

（3）简述霍尔传感器数字测速的工作原理。

答：霍尔传感器在感应带磁铁的电动机旋转后输出脉冲信号，然后该脉冲信号经施密特触发器整形后被送往单片机进行处理，再由 LCD 显示所测的速度。

特别提醒

（1）将数字测速电路各模块设计完毕后，必须对这些模块进行适当的连接和布局，并考虑元器件之间的相互影响。

（2）要对数字测速电路的顺序脉冲发生功能进行仿真，看是否存在明显设计缺陷，在该仿真完成后再进入 PCB 设计和制板阶段。

（3）在焊接数字测速电路时，应该注意输入/输出模块的引脚和导线不能产生交叉接触，否则不能实现 LCD 的正常显示。

项目 14　车门遥控电路

设计任务

设计一个车门遥控电路，通过遥控开关控制继电器的闭合与断开。

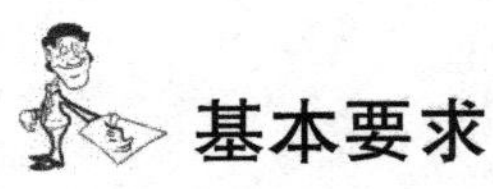

基本要求

☺ 发射频率：315MHz。
☺ 调制方式：ASK（Amplitude Shift Keying）。
☺ 传输距离：50 ～ 100m。
☺ 发射功率：80mW。
☺ 解码芯片：PT2272。

总体思路

车门遥控电路由发射电路和接收电路两大部分组成。接收电路以解码芯片 PT2272 为核心。发射电路以编码芯片 PT2262 为核心。PT2272 芯片的输出信号被放大后，便可驱动继电器，以对负载遥控开关进行操纵。

系统组成

车门遥控电路系统框图如图 14-1 所示。

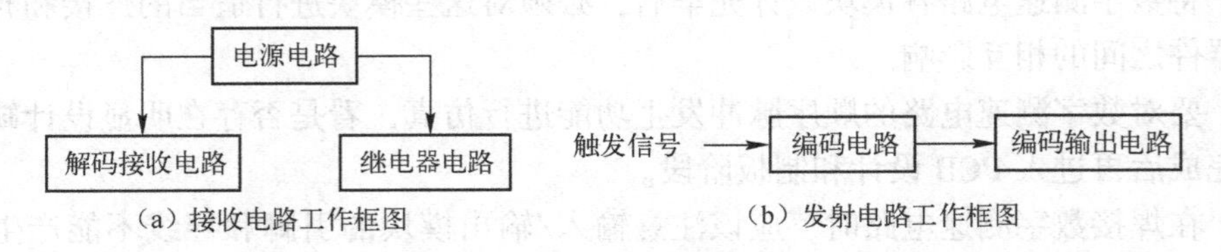

图 14-1　车门遥控电路系统框图

模块详解

车门遥控电路如图 14-2 所示。经过实物测试，按下遥控器的 A 按键，继电器 J1 动作，继电器 J1 指示灯亮；按下遥控器的 B 按键，继电器 J2 动作，继电器 J2 指示灯亮，继电器 J1 指示灯灭。

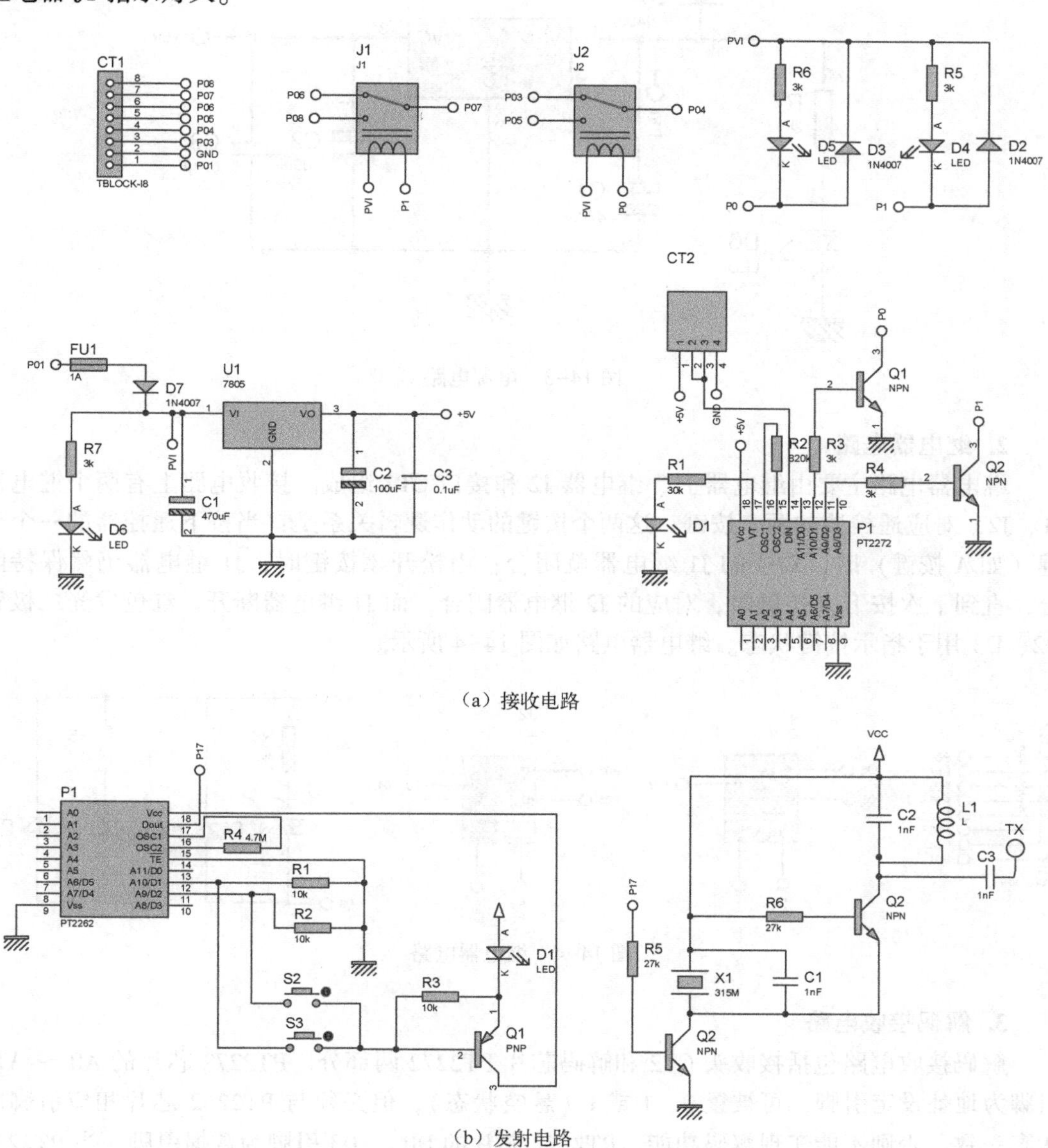

图 14-2　车门遥控电路

1. 电源电路

电源电路主要由三端稳压器、熔断器、电阻、电容、发光二极管组成。电源电路采用12V 直流电源供电。因为PT2272芯片的工作电压为5V（直流），所以要使用三端稳压器（7805芯片）进行稳压。电源电路如图14-3所示。

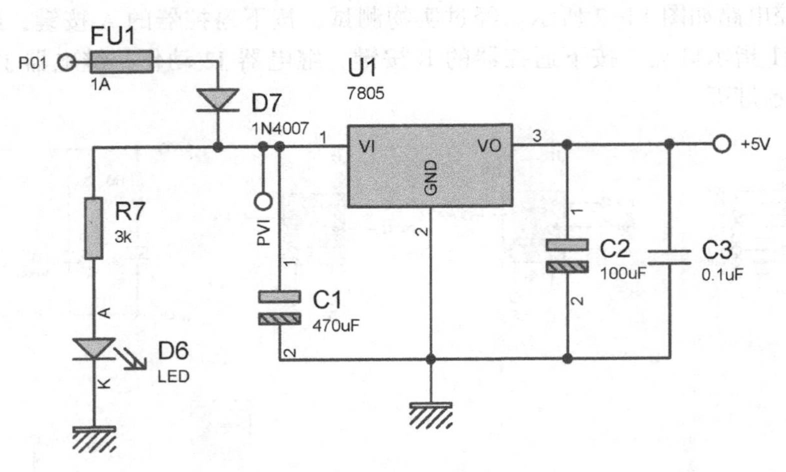

图14-3　电源电路

2. 继电器电路

继电器电路主要由继电器J1、继电器J2和接口CT1组成。接收电路上有两个继电器J1、J2，对应遥控器的两个按键。这两个按键的动作逻辑关系是：当按下遥控器的一个按键（如A按键）时，对应的J1继电器就闭合；当松开该按键时，J1继电器仍然保持闭合，直到下次按下B按键时，对应的J2继电器闭合，而J1继电器断开。红色发光二极管D2、D3用于指示按键状态。继电器电路如图14-4所示。

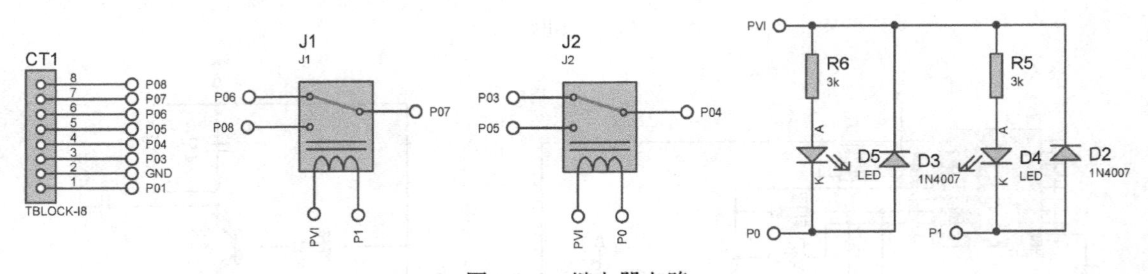

图14-4　继电器电路

3. 解码接收电路

解码接收电路包括接收头CT2和解码芯片PT2272两部分。PT2272芯片的A0～A11引脚为地址设定引脚，可被置0、1或f（悬空状态），但必须与PT2262芯片相应引脚的状态一致，否则不能实现解码功能。PT2272芯片的D0～D3引脚为数据引脚。当PT2272芯片的地址设定引脚上的地址码与PT2262芯片的一致时，PT2272芯片的数据引脚输出与PT2262芯片的数据引脚对应的电平，PT2272的地址设定引脚均被设置为悬空状态。接收头CT2将收到的信号输入PT2272芯片的DIN引脚，PT2272芯片再将这个收到的信号解码。当遥控器的某个按键被按下后，PT2272 芯片相应的数据引脚就输出高电平（5V），与 PT2262 芯片的数据引脚输出信号一一对应。PT2272 芯片的数据引脚加上一级放大器（C8050 芯片）就可以驱动继电器，以对负载遥控开关进行操纵。解码接收电路如图 14-5 所示。

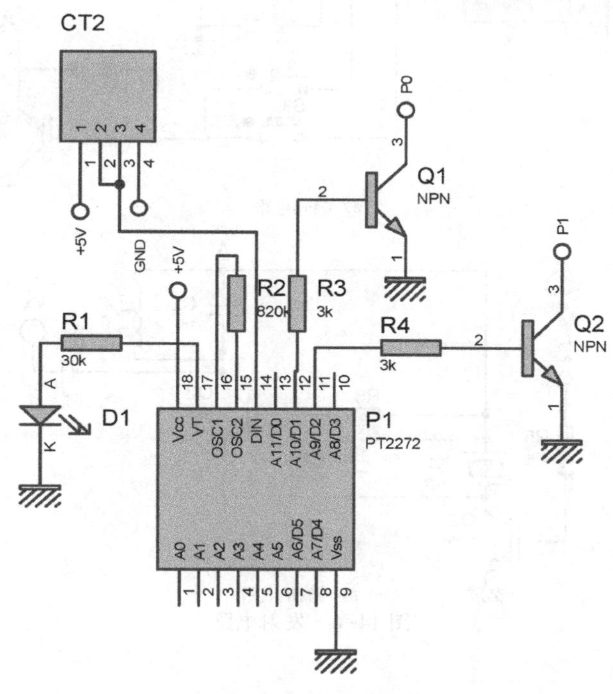

图 14-5 解码接收电路

4. 发射电路

PT2262 芯片将载波振荡器、编码器和发射单元集成于一身，使发射电路变得非常简单。PT2262 芯片的 A0 ～ A11 引脚为地址设定引脚，可被置 0、1 或 f（悬空状态）。PT2262 芯片的 D0 ～ D5 引脚为数据输入端，其中只要有一个引脚被置 1，即有编码发出，内部均有下拉电阻。PT2262 芯片的 $\overline{\text{TE}}$ 引脚为编码启动端，低电平有效。PT2262 芯片的 OSC1、OSC2 引脚分别为外接电阻的输入端和输出端。外接电阻决定振荡频率。设定的地址码和数据码从 PT2262 芯片的 Dout 引脚串行输出。本设计使用的地址设定引脚均被设置为悬空状态，与 PT2272 芯片相应引脚配对使用。

当发射电路没有按键被按下时，PT2262 芯片不接通电源，其 Dout 引脚为低电平，所以发射电路不工作；当发射电路有按键被按下时，PT2262 芯片上电工作，其 Dout 引脚输出经调制的串行数据信号。在发射电路 Dout 引脚为高电平期间，发射电路起振并发射等幅高频信号；在发射电路 Dout 引脚为低电平期间，发射电路停止工作。所以，发射电路完全受控于 PT2262 芯片的 Dout 引脚输出的数字信号。发射电路如图 14-6 所示。

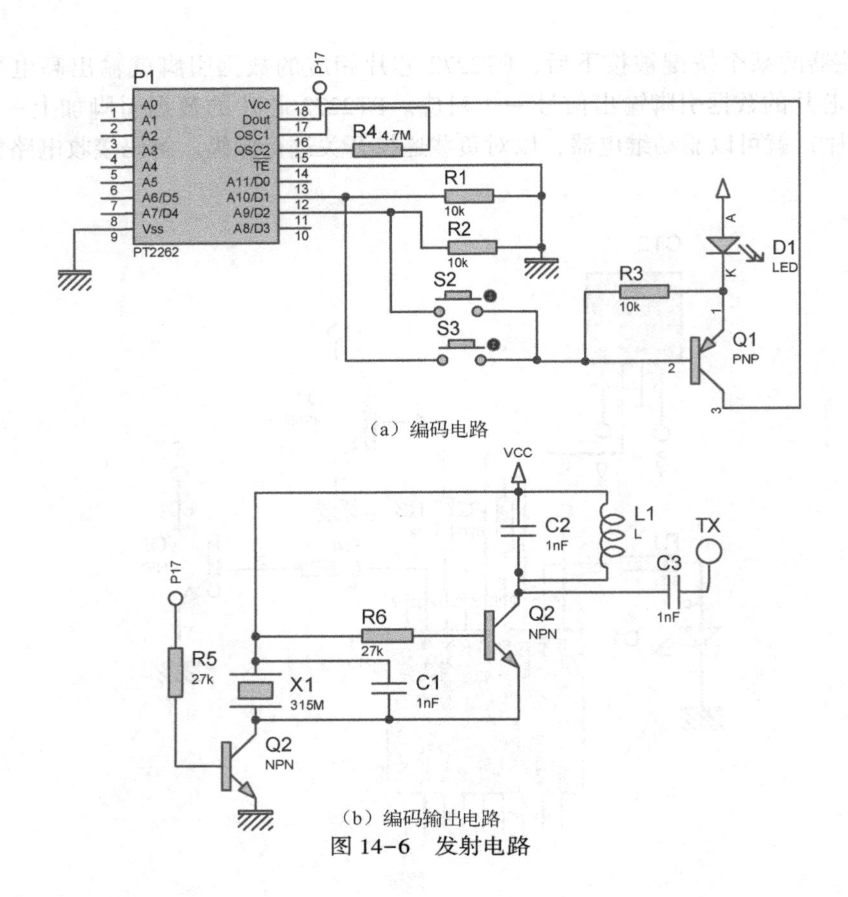

（a）编码电路

（b）编码输出电路

图 14-6　发射电路

电路板布线图（见图 14-7）

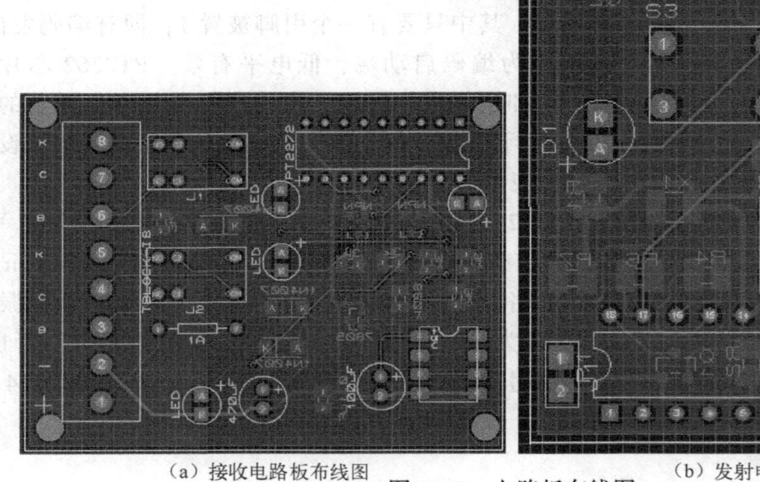

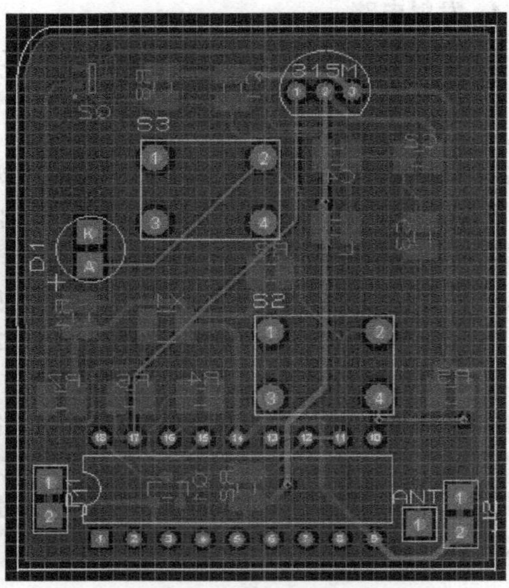

（a）接收电路板布线图　　　　（b）发射电路板布线图

图 14-7　电路板布线图

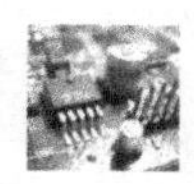

实物照片（见图 14-8）

（a）接收电路板

（b）发射电路板

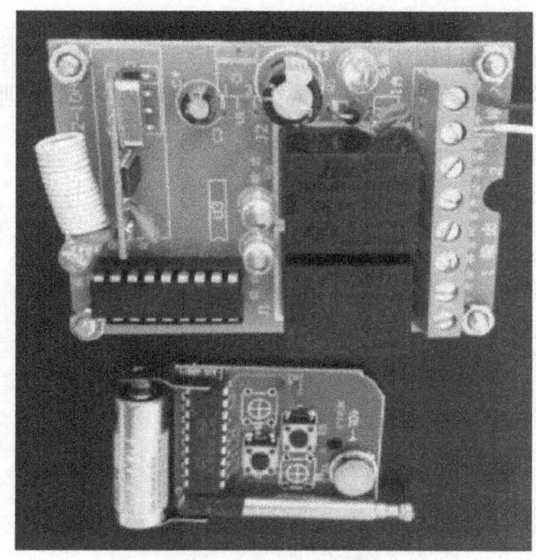

（c）整个车门遥控电路板

图 14-8　实物照片

思考与练习

（1）超再生式接收机和超外差式接收机具有什么特点？

答：超再生式接收机电路简单、成本低廉，所以被广泛采用。超外差式接收机价格较高、温度适应性强、接收灵敏度更高、工作稳定可靠、抗干扰能力强、产品的一致性好、本振辐射低、无二次辐射、性能指标好、容易通过 FCC 或 CE 等标准的检测、符合工业使用规范。

（2）发射电路的 PCB 线路应该如何排布？

答：必须提供 1 个低阻抗电源和最小噪声辐射的地线；要求使用双面 PCB，并把地线平面放在底层以减少无线电的辐射和串扰；旁路电容应尽量靠近每个电源引脚 VDD；千万不要把 PCB 通孔与复位地线相连；为减少电路中的分布电容，应避免平行线路的出现；线路应越短越好；为防止耦合，应独立其各组成部分；使用接地线使各信号隔离；发射天线可印制在 PCB 上。

（3）PT-2272 后缀表示什么？

答：解码芯片 PT2272 有不同的后缀，表示不同的功能。PT2272 芯片的后缀有 L4/M4/L6/M6 之分，其中 L 表示锁存输出引脚信号，即数据只要被成功接收，数据引脚就能一直保持对应的电平状态，直到下次数据发生变化时，此状态才被改变；M 表示非锁存输出引脚信号，即数据引脚输出的电平是瞬时的，可以用于类似点动的控制。

特别提醒

（1）车门遥控电路在使用过程中应尽可能避免与 USB 电源和电池共同使用。

（2）车门遥控电路的遥控距离在 8m 左右。当电池电性弱时，则会影响车门遥控电路的遥控距离。

项目 15　刮水器控制电路

设计任务

刮水器主要由直流电动机和一套传动机构组成。刮水器的驱动部件是直流电动机。直流电动机旋转后，经蜗轮、蜗杆减速及偏心传动，从而使连杆左右摇摆，进而带动左右刮臂。当刮臂停在挡风玻璃底部时，直流电动机反转，从而带动刮臂向反方向运动。刮水器就这样周而复始地运动。

本设计是一个简单的刮水器控制电路。本设计通过对 80C51 单片机编程，使其输出控制信号，从而实现对刮水器的控制。

基本要求

80C51 单片机正常工作后会输出 3 个有效信号。其中，两个有效信号控制直流电动机的正、反转；另一个有效信号（PWM 信号）用来控制直流电动机的转速。

总体思路

本设计将直流电动机转动分为快、中、慢和停止 4 种情况，并针对这 4 种情况进行编程，从而实现对直流电动机的不同转速的控制。在本设计中，直流电动机的正、反转时间分别设为 1s。

系统组成

刮水器控制电路主要分为以下 4 个模块。

☺ 直流稳压电源电路：为 80C51 单片机提供 4.75 ～ 5.25V 电压。

☺ 单片机最小系统：可以实现对 80C51 单片机复位功能和工作频率的设置。

☺ 电动机驱动电路：通过 L298 芯片控制 4 个二极管的导通和截止，从而实现对直流电动机转速和方向的控制。

☺ 按键及 LED 电路：对刮水器的功能进行划分，通过 LED 的亮、灭来判断刮水器的相应功能是否被实现。

刮水器控制电路系统框图如图 15-1 所示。

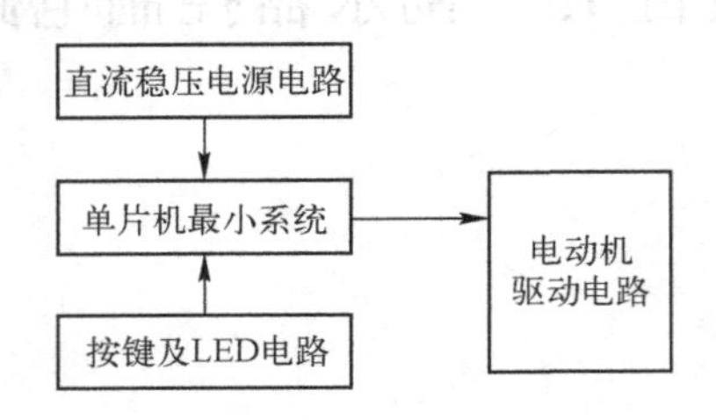

图 15-1　刮水器控制电路系统框图

模块详解

刮水器控制电路如图 15-2 所示。下面分别对刮水器控制电路的各主要模块进行详细介绍。

1. 直流稳压电源电路

对直流稳压电源电路的要求是输出 4.75 ～ 5.25V 电压，最大输出电流为 1.5A。直流稳压电源电路如图 15-3 所示。

在 Proteus 中，对直流稳压电源电路进行仿真，查看输出电压情况，如图 15-4 所示。

由图 15-4 可知，直流稳压电源电路的输出电压为+4.72V，没有明显波动情况，满足实际需求。

2. 单片机最小系统

单片机最小系统如图 15-5 所示。在复位单片机时，单片机的内部寄存器及存储器被装入厂商的一个预定值。

☺ 复位电路：80C51 单片机是通过高电平信号复位的。通常将 80C51 单片机的 RST 引脚通过一个电容连接到电源，再通过一个电阻连接到地，由此形成一个 RC 充/放电回路，从而保证了在上电时 80C51 单片机的 RST 引脚为高电平，以使 80C51 单片机复位，随后 RST 引脚电平回归到低电平，以使 80C51 单片机进入正常工作状态。

☺ 晶振电路：结合 80C51 单片机内部电路产生所需的时钟信号。晶振频率越高，80C51 单片机运行就越快。80C51 单片机一切指令的执行都是建立在晶振频率上的。通常一个系统共同使用一个晶振，便于各部分保持同步。虽然有些通信系统的基频和射频使用不同的晶振频率，但是这些系统会通过电子频率的的方法保持同步。80C51 单片机使用 12MHz 的晶振作为振荡源。由于 80C51 单片机内部带有振荡电路，所以外部只要连接一个晶振和两个电容即可，电容容量一般在 15 ～ 50pF 之间。

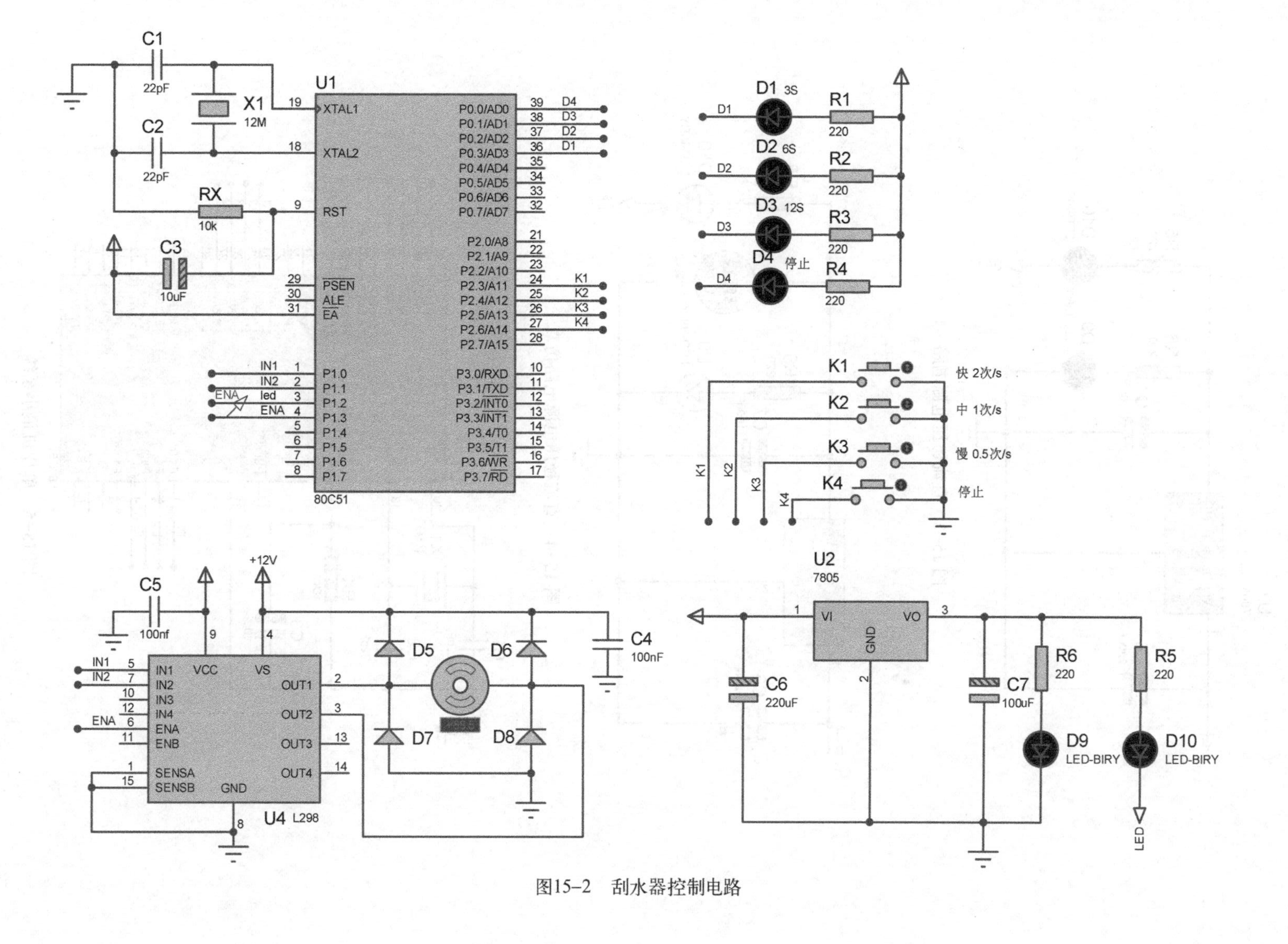

图15-2 刮水器控制电路

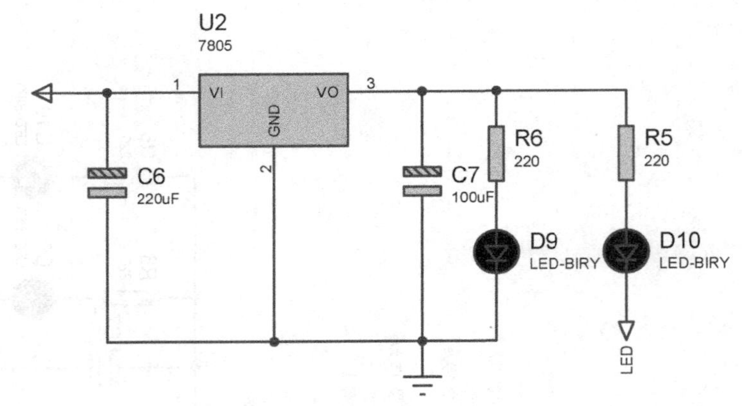

图 15-3　直流稳压电源电路

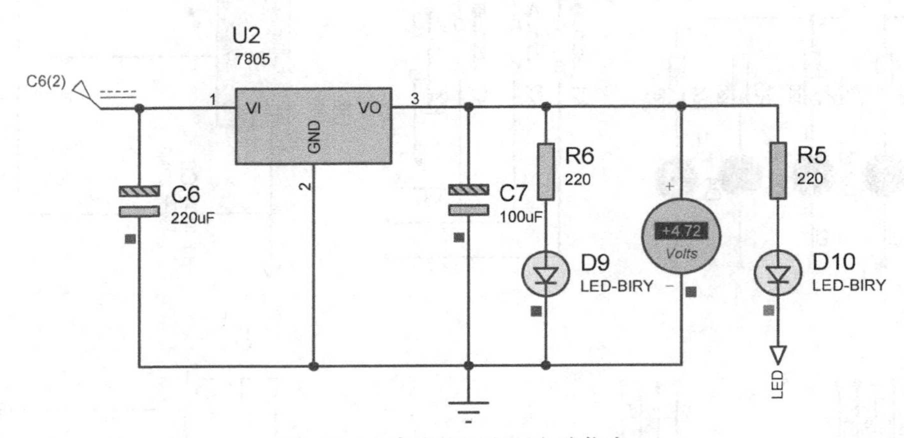

图 15-4　直流稳压电源电路仿真

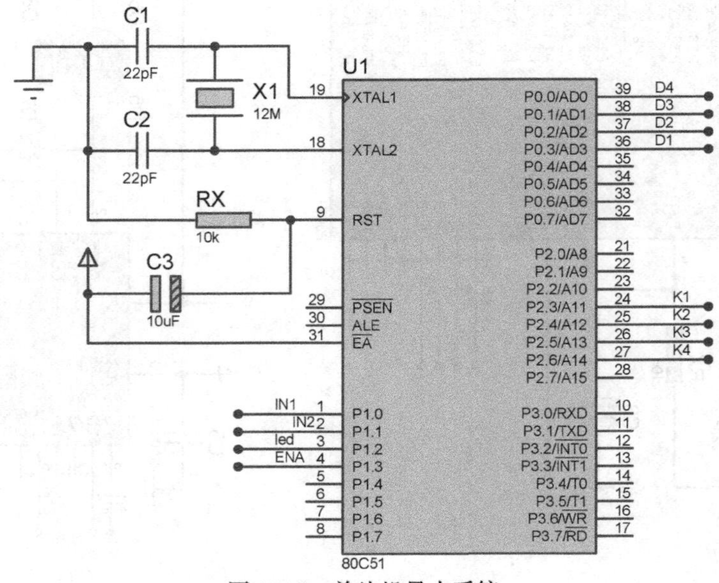

图 15-5　单片机最小系统

3. 电动机驱动电路

电动机驱动电路是通过 L298 芯片控制 4 个二极管的导通和截止，从而控制电动机的启动、停止和转速的。电动机驱动电路如图 15-6 所示。其中，L298 芯片的 5、7 引脚连接 80C51 单片机的 P1. 0、P1. 1 引脚；L298 芯片的 6 引脚连接 80C51 单片机的 P1. 3 引脚。80C51 单片机的 P1. 0 引脚和 P1. 1 引脚定时输出高/低电平信号。

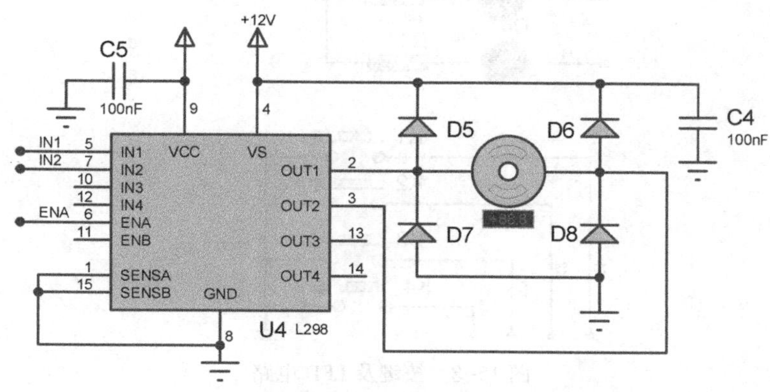

图 15-6　电动机驱动电路

对直流电动机转速的控制主要依靠 80C51 单片机的 P1. 3 引脚产生的 PWM 波。对电动机驱动电路进行仿真，利用图表分析来查看 PWM 波，如图 15-7 所示。

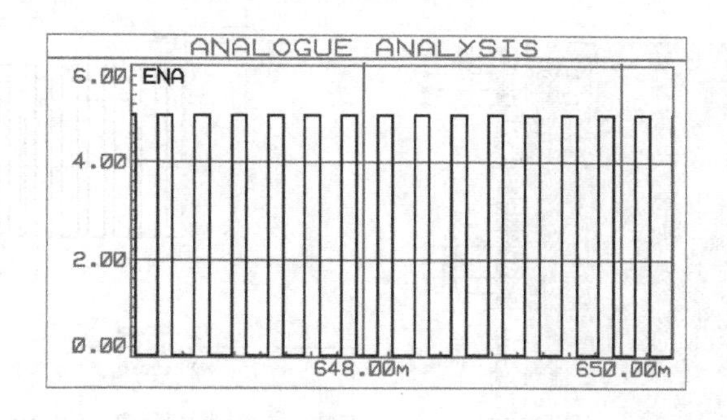

图 15-7　PWM 波图表分析

4. 按键及 LED 电路

按键的功能就是当按键被按下时会给 80C51 单片机相应的引脚输入低电平信号。80C51 单片机会分析是哪个按键被按下，从而去执行程序里面相应的程序，同时相应的 LED 会亮起，显示执行此功能。本设计按键有 4 个，分别用于选择直流电动机转动的 4 种情况（快、中、慢和停止），以实现对电动机转动的控制。按键及 LED 电路如图 15-8 所示。

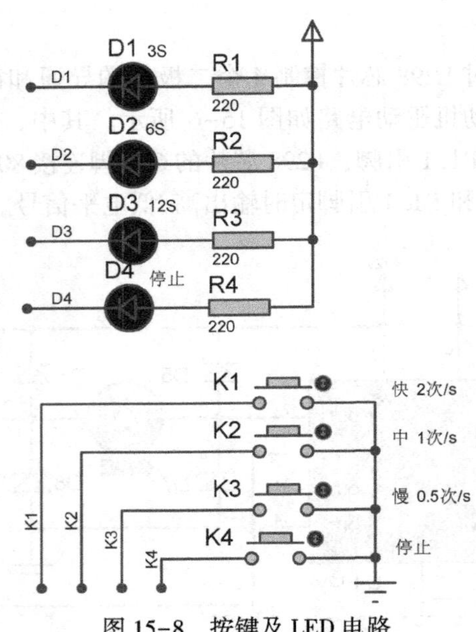

图 15-8　按键及 LED 电路

总体电路仿真（见图 15-9）

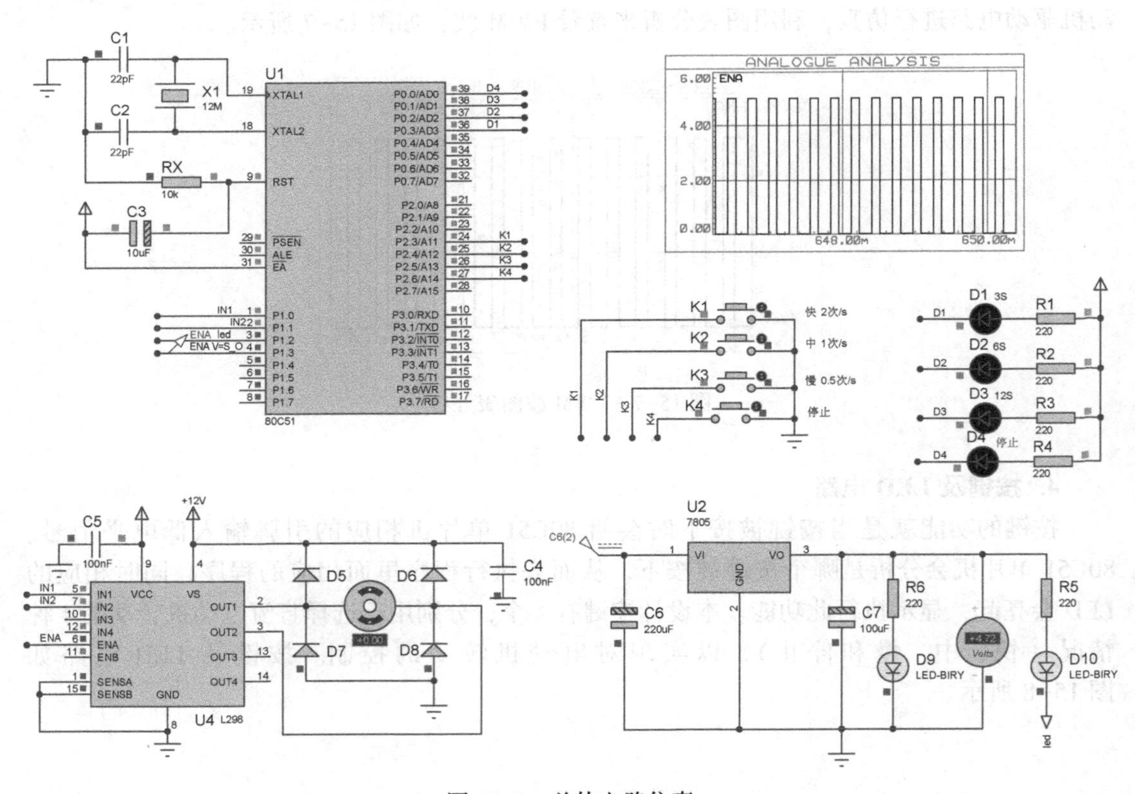

图 15-9　总体电路仿真

经过实物验证，刮水器控制电路可以控制不同的刮水器速度，满足刮水器的控制要求，基本满足设计要求。

程序设计

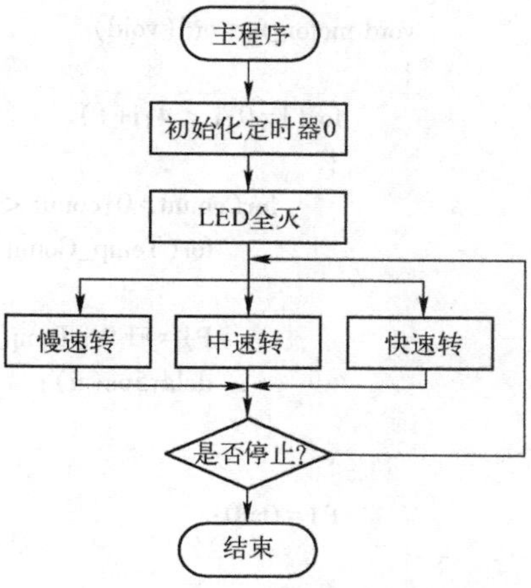

程序流程图如图 15-10 所示。

具体程序如下：

图 15-10　程序流程图

```
#include "reg51. h"
#include "intrins. h"

sbit K1=P1^5;
sbit K2=P1^6;
sbit K3=P1^7;
//sbit K4=P3^7;

#define uchar unsigned char
#defineuint   unsigned int
uchar code FFW[8]={0x01,0x03,0x02,0x06,0x04,0x0c,0x08,0x09};  //四相八拍正转编码
uchar code REV[8]={0x09,0x08,0x0c,0x04,0x06,0x02,0x03,0x01};  //四相八拍反转编码

uint count=0;
uint Temp_Count;
uint i;
uint n=0;

uchar K1_flag,K2_flag,K3_flag;

void delay(uint t)
{
uint k;
while(t--)
   {
for(k=0; k<125; k++)
      { }
   }
}

void delay5us(uint i)
{
      uint j;
      for(j=0;j < i;j++)
      {
     _nop_();
     _nop_();
```

```
    }}
}
/*实现直流电动机的正转*/
void motor_forword(void)
{
    for(i=0;i < 4;i++)
    {
        for(count=0;count < 64;count++)
            for(Temp_Count=0;Temp_Count < 8;Temp_Count++)
            {
            P1=FFW[Temp_Count];
            delay5us(n);
            }
    }
    P1=0xf0;
}

//实现直流电动机的反转
void motor_back(void)
{
    for(i=0;i < 4;i++)
    {
        for(count=0;count < 64;count++)
            for(Temp_Count=0;Temp_Count < 8;Temp_Count++)
            {
            P1=REV[Temp_Count];
            delay5us(n);
            }
    }
    P1=0xf0;
}

/*键盘的扫描*/
void Key_Scan(void)
{
    if(K1==0)
        {
            K1_flag=1;
            K2_flag=K3_flag=0;
            n=60;
        }
        if(K2==0)
        {
            K2_flag=1;
            K3_flag=K1_flag=0;
            n=100;
        }
```

```
            if(K3==0)
            {
                K3_flag=1;
                K2_flag=K1_flag=0;
                n=200;
            }
    }

/main/
void main()
{
        while(1)
        {
            Key_Scan();
            motor_forword();
            delay5us(1000);
            motor_back();
        }
}
```

电路板布线图（见图 15-11、图 15-12）

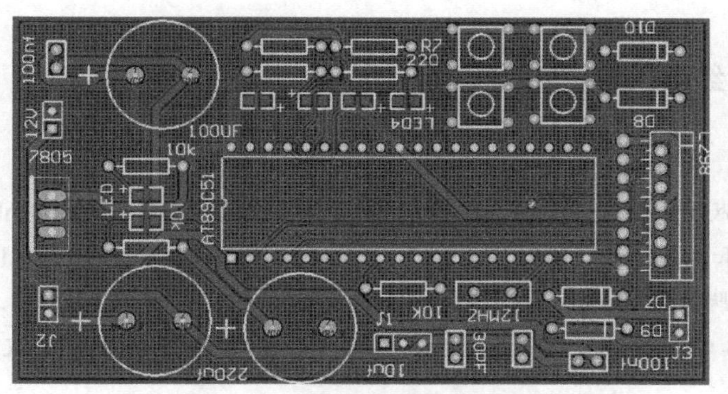

图 15-11　电路板布线图（正面）

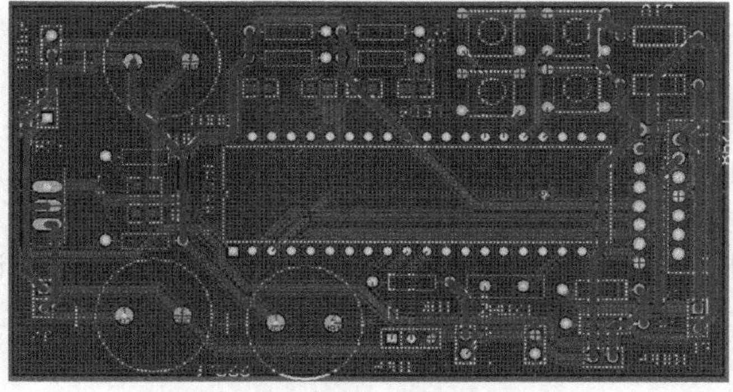

图 15-12　电路板布线图（反面）

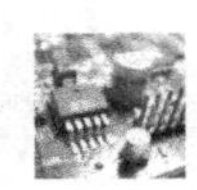

实物照片（见图 15-13）

（a）刮水器控制电路板

（b）测试刮水器控制电路板

图 15-13　实物照片

思考与练习

在本设计中，电动机驱动电路的工作过程是怎样的？

答：电动机驱动电路是通过 L298 芯片控制 4 个二极管的导通和截止，从而控制电动机的启动、停止和转速的。L298 芯片的 5、7 引脚连接 80C51 单片机的 P1.0、P1.1 引脚；L298 芯片的 6 引脚连接 80C51 单片机的 P1.3 引脚。80C51 单片机的 P1.0 引脚和 P1.1 引脚定时输出高/低电平信号。80C51 单片机的 P1.3 引脚提供 PWM 波来控制电动机的转速。

特别提醒

（1）当完成刮水器控制电路各模块的设计后，必须对这些模块进行适当连接，并考虑元器件之间的相互影响。

（2）在完成刮水器控制电路的设计后，要对刮水器控制电路进行调试，以便达到设计要求。

项目 16　车辆转弯信号发声电路

设计任务

设计一个简单的车辆转弯信号发声电路，使其在车辆转弯时能发出闪光和声音的提示信号。

基本要求

在 5V 电压下，车辆转弯信号发声电路应满足以下要求。

☺ NE555 芯片能发出方波信号。

☺ 通过三极管放大电路使 LED 发光。

☺ 扬声器能发出一个提示声音。

总体思路

由 NE555 芯片构成多谐振荡电路。通过多谐振荡电路发出一个方波信号，并将该信号分别输入声音提示电路和 LED 提示电路，使得 LED 闪亮、扬声器发声。

系统组成

车辆转弯信号发声电路主要分为以下 3 个模块。

☺ 多谐振荡电路：为后续电路提供输入信号。

☺ 声音提示电路：实现声音提示及方向判断。

☺ LED 提示电路：将输入其的小信号转化为大信号来驱动 LED 发光，并将方向的判断显示出来。

车辆转弯信号发生电路系统框图如图 16-1 所示。

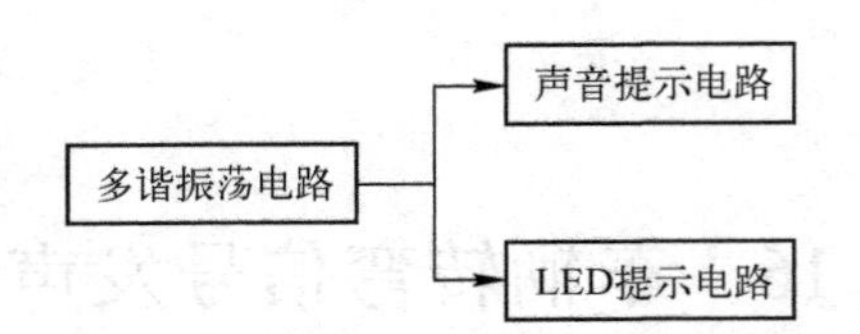

图 16-1　车辆转弯信号发生电路系统框图

模块详解

车辆转弯信号发声电路如图 16-2 所示。下面分别对车辆转弯信号发声电路的各主要模块进行详细介绍。

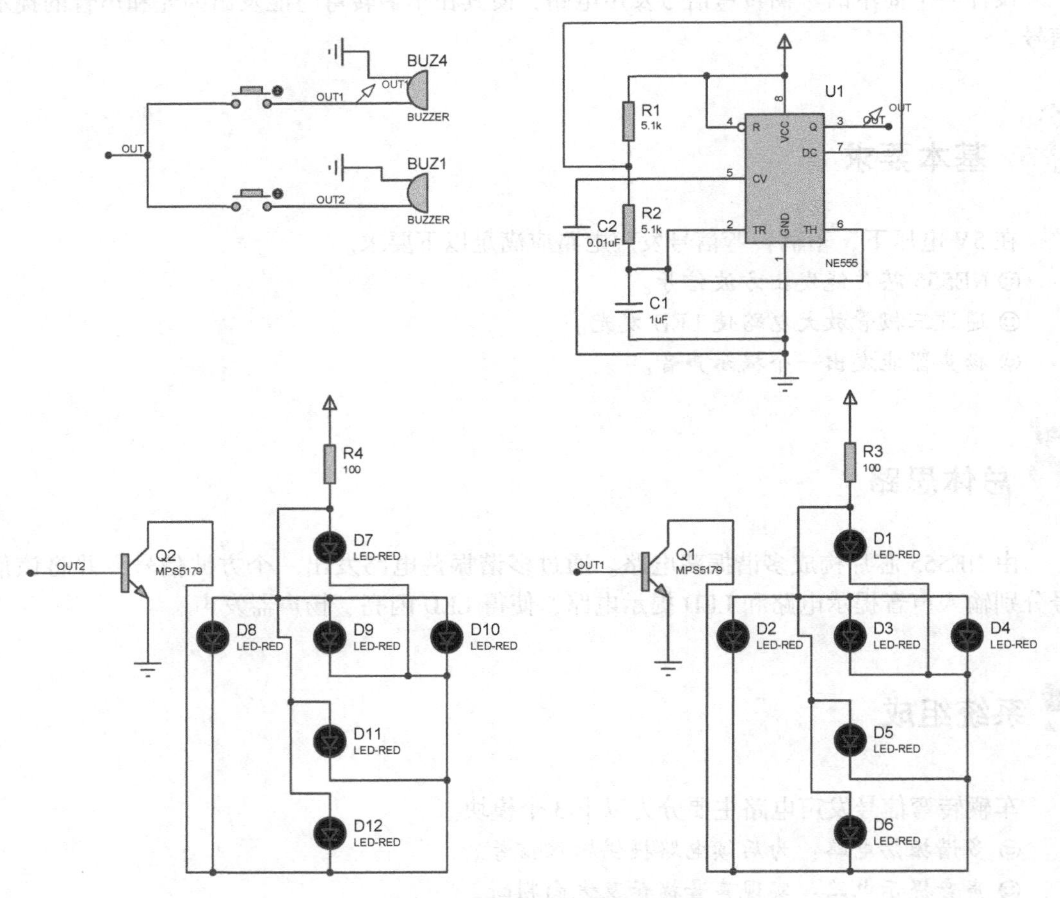

图 16-2　车辆转弯信号发声电路

1. 多谐振荡电路

多谐振荡电路是整个设计的核心，如图 16-3 所示。它主要由一个 NE555 芯片组成，电阻 R1、R2 和电容 C1 构成定时电路。电容 C1 上的电压作为 NE555 芯片的高电平触发端（TH 引脚）和低电平触发端（TR 引脚）的外触发电压。NE555 芯片的放电端（DC 引脚）接在 R1 和 R2 之间。NE555 芯片的电压控制端（CV 引脚）不外接控制电压而接入高频干扰旁路电容 C2 上的电压。让 NE555 芯片的复位端（R 引脚）为高电平，使 NE555 芯片处于非复位状态。

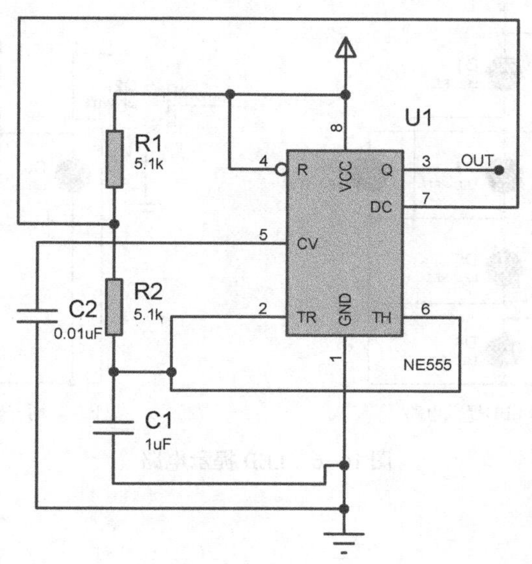

图 16-3　多谐振荡电路

多谐振荡电路的放电时间常数分别为

$$t_{PH} \approx 0.693(R_1+R_2)C_1;\quad t_{PL} \approx 0.693R_2C_1$$

振荡周期 T 和振荡频率 f 分别为

$$T=t_{PH}+t_{PL} \approx 0.693(R_1+2R_2)C_1;\quad f=1/T \approx 1/[0.693(R_1+2R_2)C_1]$$

在 Proteus 中，对多谐振荡电路进行仿真，并利用图表分析来查看多谐振荡电路的输出信号，如图 16-4 所示。

2. 声音提示电路

声音提示电路通过两个按钮开关感应车辆转弯时对其的触碰，并通过区别按钮开关的开、关状态分辨车辆转弯方向，同时使相应的电路接通以发出提示声音，从而实现设计要求。声音提示电路如图 16-5 所示。

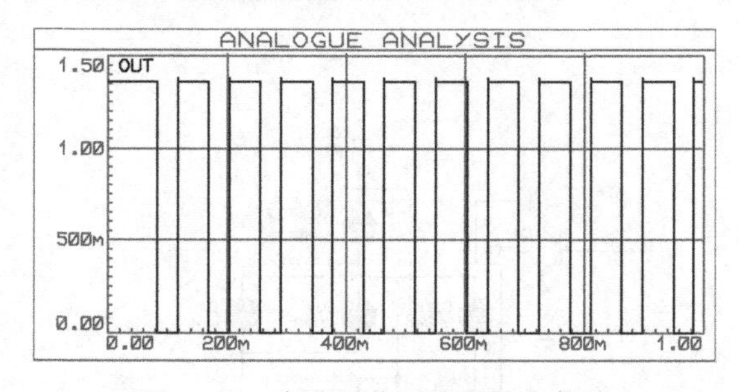

图 16-4　多谐振荡电路的输出信号

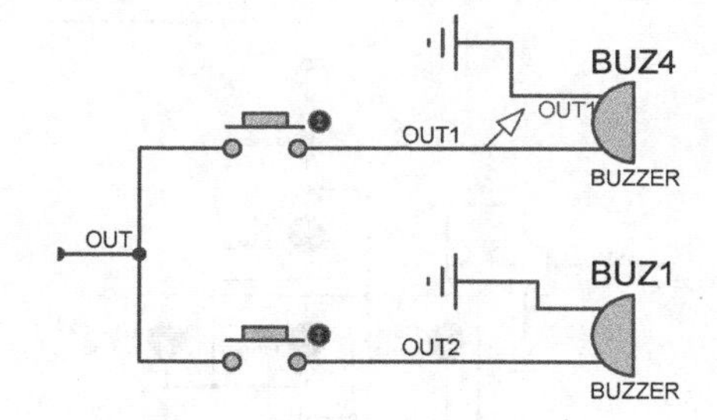

图 16-5　声音提示电路

3. LED 提示电路

LED 提示电路将 NE555 芯片发出的小信号通过三极管放大后，分别驱动 6 个 LED，同时以 LED 构成的箭头形状区分车辆转弯方向。LED 提示电路如图 16-6 所示。

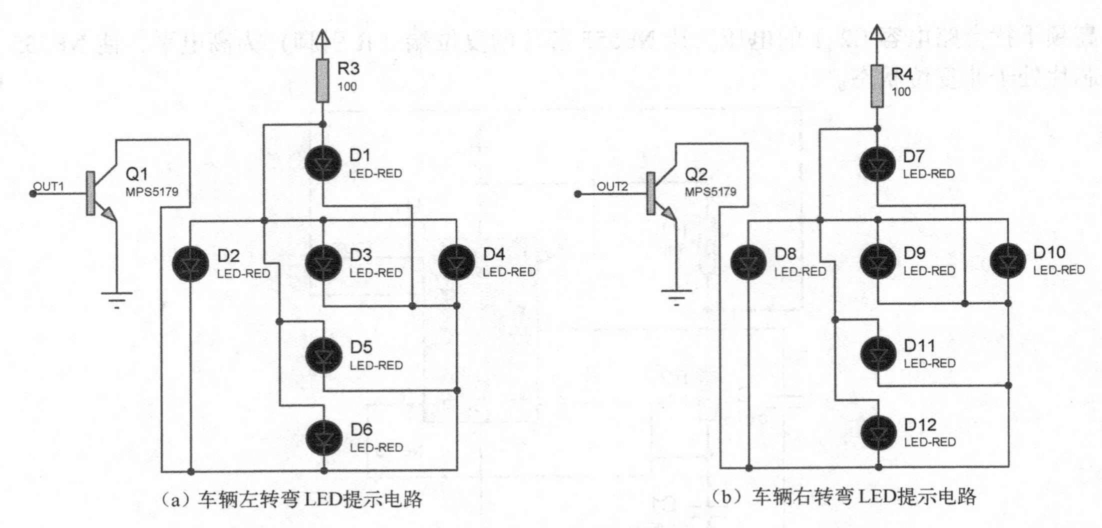

（a）车辆左转弯LED提示电路　　（b）车辆右转弯LED提示电路

图 16-6　LED 提示电路

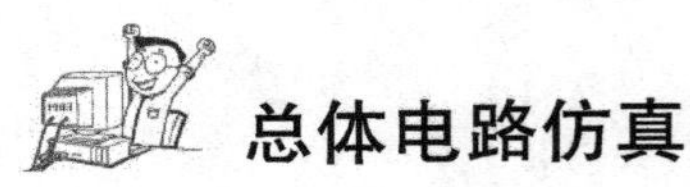

总体电路仿真

分别在两种情况下，对总体电路进行仿真。一种是在车辆左转弯时，按钮开关 S1 闭合的情况下，对总体电路进行仿真，如图 16-7 所示。另一种是在车辆右转弯时，按钮开关 S2 闭合的情况下，对总体电路进行仿真，如图 16-8 所示。

1. 在车辆左转弯时，开关 S1 闭合

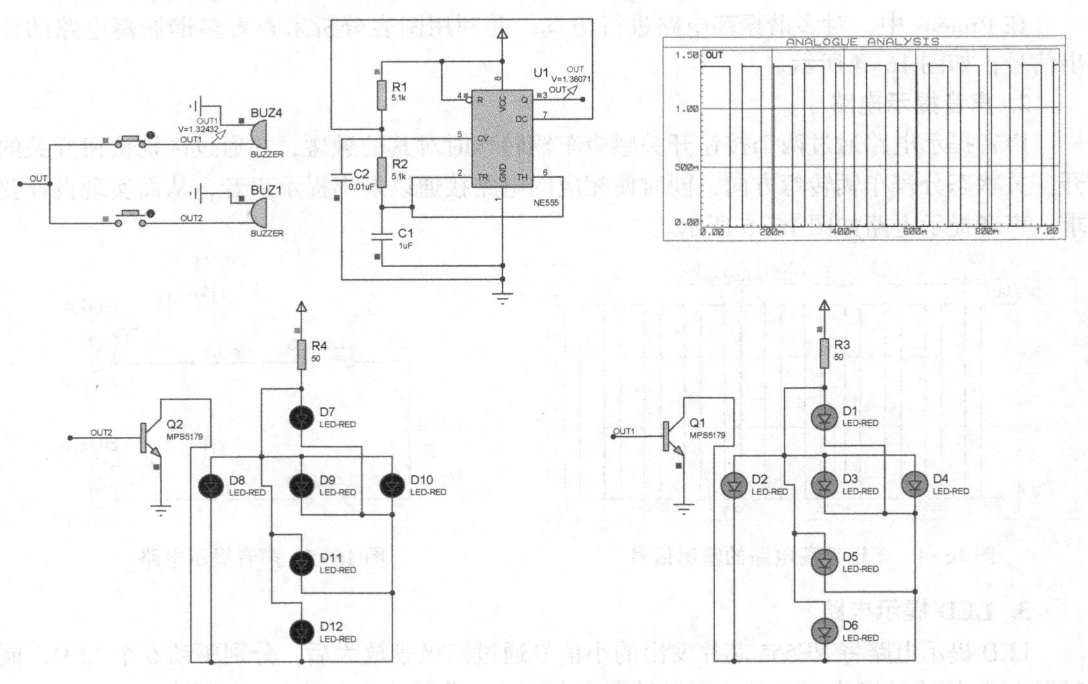

图 16-7　总体电路仿真 1

2. 在车辆右转弯时，开关 S2 闭合

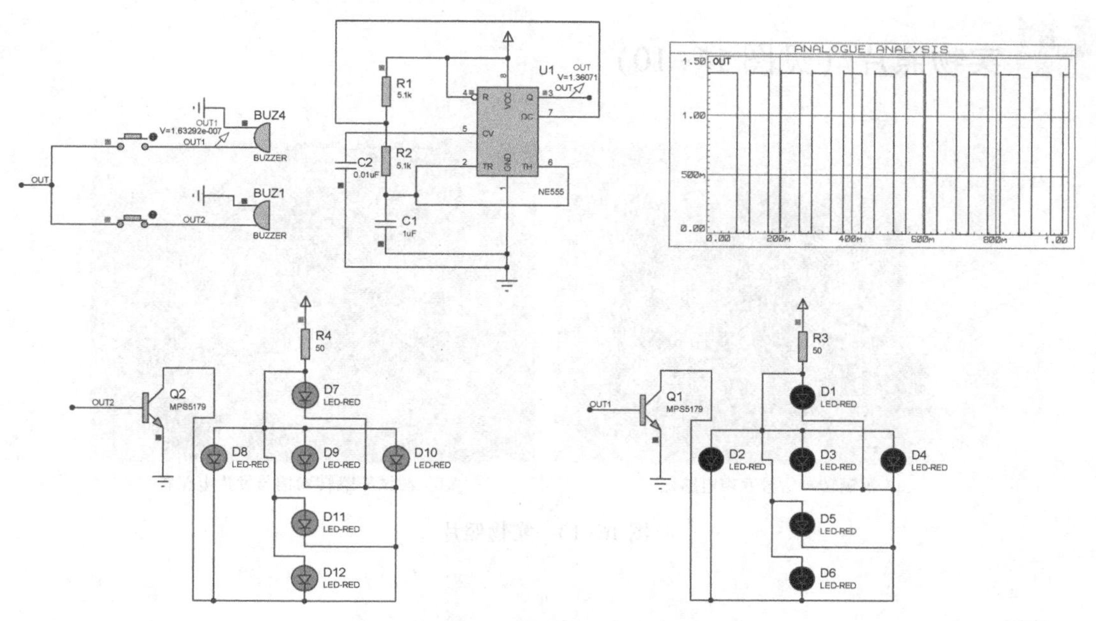

图 16-8　总体电路仿真 2

由总体电路仿真可知，在车辆左转弯时，按钮开关 S1 闭合，相应的 LED 闪亮，扬声器 BUZ4 发出声音；在车辆右转弯时，开关 S2 闭合，相应的 LED 闪亮，扬声器 BUZ1 发出声音。因此，所设计的车辆转弯信号发声电路基本实现设计要求。

电路板布线图（见图 16-9）

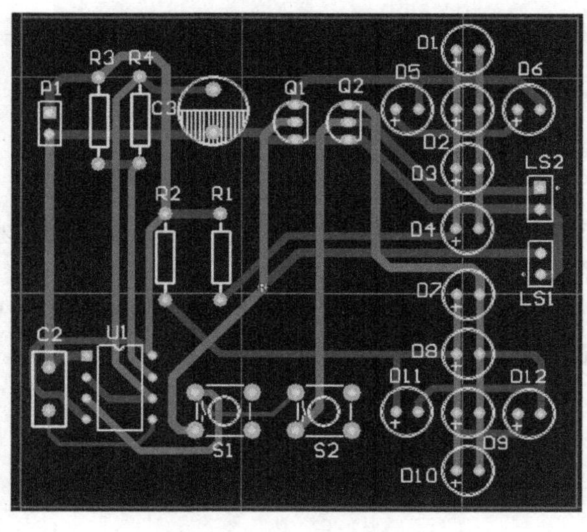

图 16-9　电路板布线图

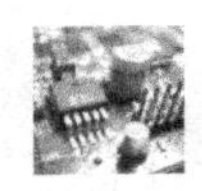

实物照片（见图 16-10）

（a）车辆转弯信号发声电路板

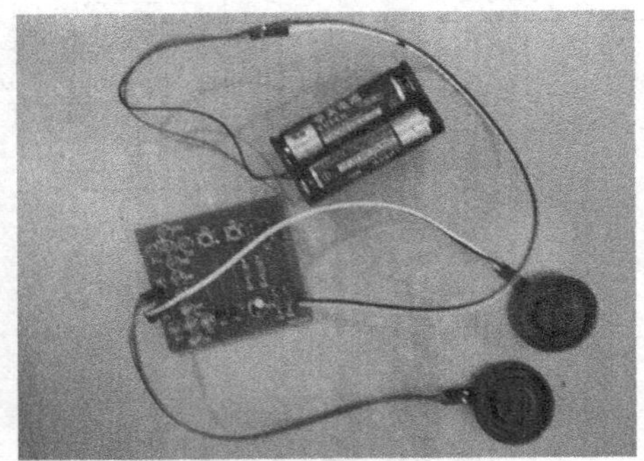

（b）测试车辆转弯信号发声电路板

图 16-10　实物照片

思考与练习

NE555 芯片的主要特点是什么？

答：只需简单的电阻器、电容器即可实现特定的振荡延时功能。其延时范围极广，可为几微秒至几小时。

NE555 芯片可与 TTL、CMOS 等逻辑电路配合，也就是它的输出电平及输入触发电平均能与这些系列逻辑电路的高、低电平匹配。

NE555 芯片输出的供给电流大，可直接驱动多种自动控制的负载。

另外，NE555 芯片还具有定时精度高、温度稳定度佳、价格便宜的特点。

特别提醒

（1）当完成车辆转弯信号发声电路各模块的设计后，必须对这些模块进行适当的连接，并考虑元器件之间的相互影响。

（2）在完成车辆转弯信号发声电路的设计后，要对车辆转弯信号发声电路进行噪声分析、频率分析等测试。

项目 17　冰冻和车灯报警电路

设计任务

冰冻和车灯报警电路用于告知司机车灯是否关闭，并且当车外温度接近 0℃时，LED 和蜂鸣器将向司机发出警告信号。

基本要求

冰冻和车灯报警电路通过光敏电阻和热敏电阻实现对车灯工作状态和车外温度的判断，通过三极管驱动 LED 和蜂鸣器以实现报警功能。

总体思路

在设计冰冻和车灯报警电路时，选取光敏电阻感应光照，选取热敏电阻感应温度。根据光敏电阻和热敏电阻的特性，两者在设计电路及仿真阶段均可用合适的滑动变阻器代替。

系统组成

冰冻和车灯报警电路主要由以下 3 个模块组成。

☺ 直流稳压电源电路：输出 12V 直流电压。

☺ 车灯报警电路：当车灯未关闭时，LED 发出警告信号。

☺ 冰冻报警电路：当室外温度接近 0℃时，LED 和蜂鸣器发出警告信号。

模块详解

冰冻和车灯报警电路如图 17-1 所示。下面分别对冰冻和车灯报警电路的各主要模块进行详细介绍。

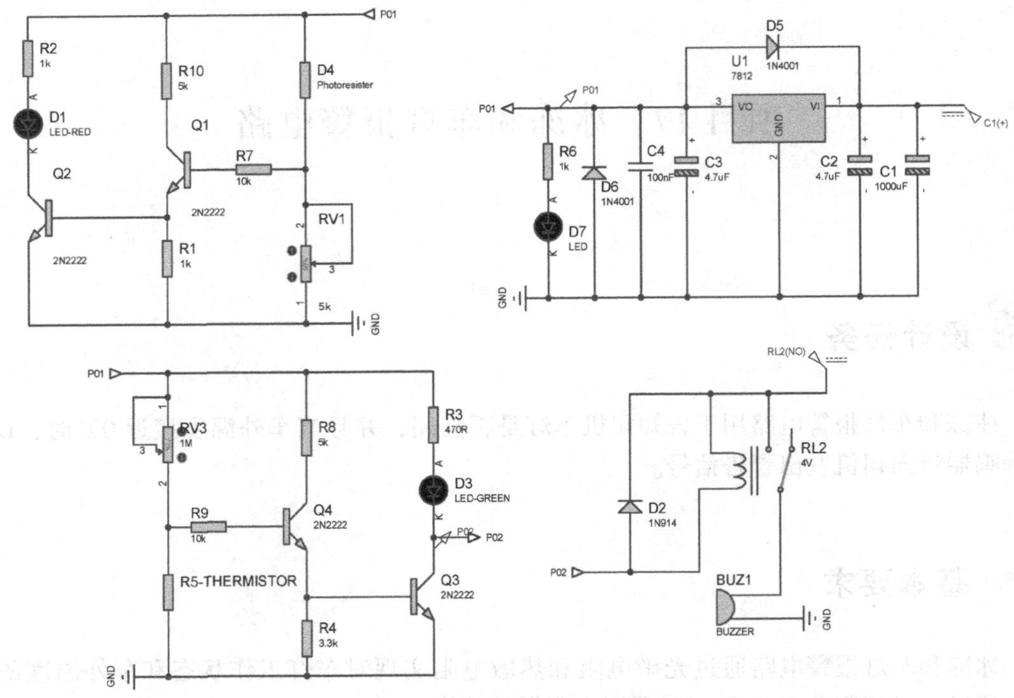

图 17-1　冰冻和车灯报警电路

1. 直流稳压电源电路

本设计要求直流稳压电源电路输出 12V 直流电压，输出电流为 10mA。为此，三端稳压器选择 7812 芯片。在三端稳压器输入端接入的电解电容 C1（1000μF）用于滤波。其后并入的电解电容 C2（4.7μF）用于进一步滤波。在三端稳压器输出端接入的电解电容 C3（4.7μF）用于减小纹波电压，而并入的瓷片电容 C4（100nF）用于改善负载的瞬态响应并抑制高频干扰（瓷片电容的电感效应很小，而电解电容的电感效应在高频段比较明显）。在三端稳压器输出端并联的整流二极管 D6 用于避免三端稳压器被反向感生电压击穿，同时并联的 D7 用于指示直流稳压电源电路工作状态。直流稳压电源源电路如图 17-2 所示。

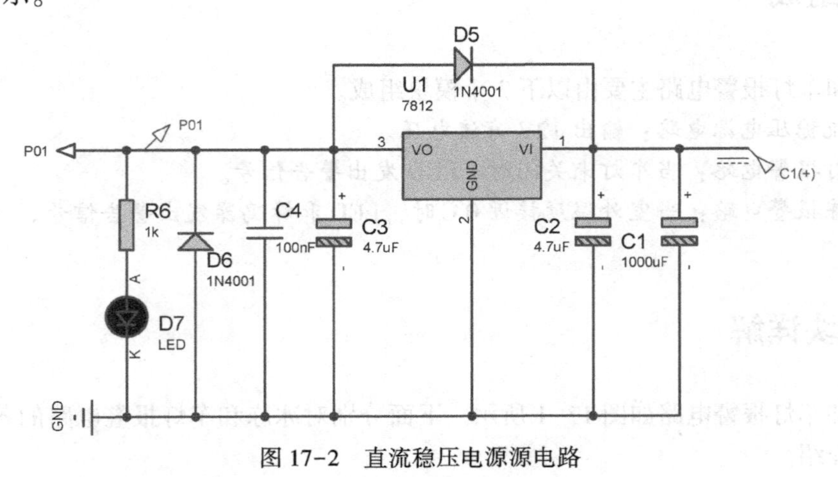

图 17-2　直流稳压电源源电路

在 Proteus 中，对直流稳压电源电路进行仿真，所加激励信号为 15V 直流电压，并利用直流电压表查看直流稳压电源电路的输出电压，如图 17-3 所示。

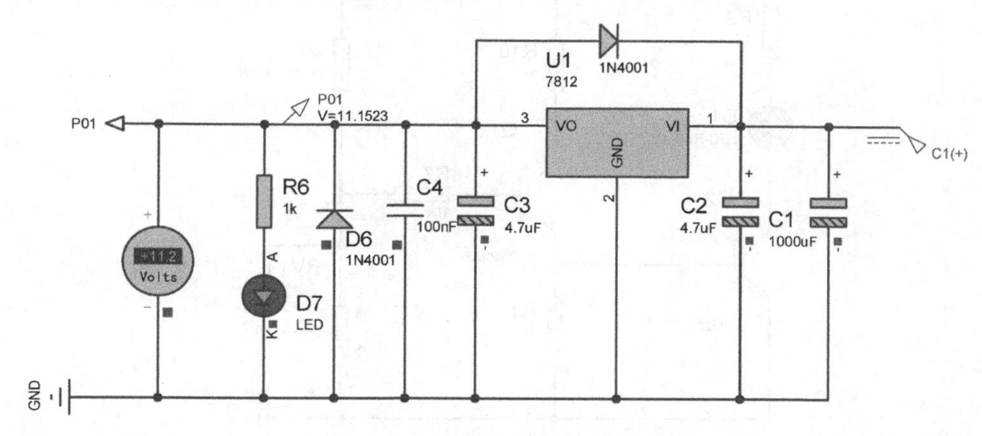

图 17-3　直流稳压电源源电路仿真

由图 17-3 可知，直流稳压电源电路的输出电压为+11.2V，没有明显波动的情况，符合此电路的设计要求。

2. 车灯报警电路

如图 17-4 所示，车灯报警电路由光敏电阻（D4）、滑动变阻器（RV1）、电阻（R1、R2、R7、R10）、NPN 三极管（Q1、Q2）和 LED（D1）组成。

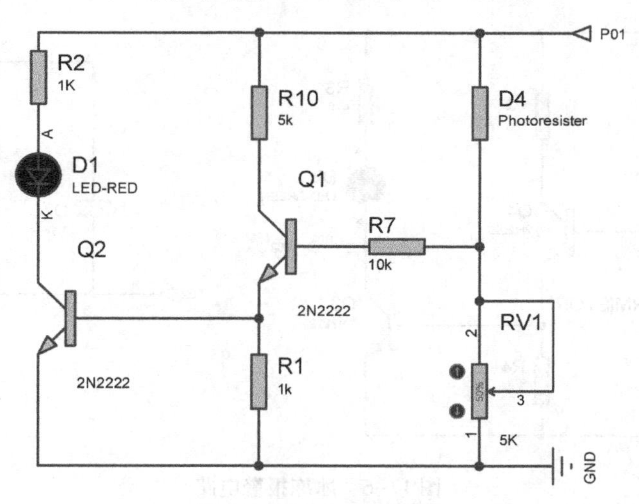

图 17-4　车灯报警电路

本设计选用的光敏电阻在有光照情况下的电阻值约为 30kΩ，在无光照情况下的电阻值迅速上升到 300kΩ 左右。由此，滑动变阻器两端电压随之改变。在有光照情况下，滑动变阻器两端电压可达 1.5V 以上（包括 1.5V），可以使 Q1、Q2 同时导通，从而 LED 亮，实现报警。在无光照情况下，滑动变阻器两端电压很小，不能使 Q1、Q2 同时导通，从而 D1 不亮。

在 Proteus 中，对车灯报警电路进行仿真，调节滑动变阻器的滑片位置，改变电路的分压情况，查看 LED 的亮、灭情况，如图 17-5 所示。

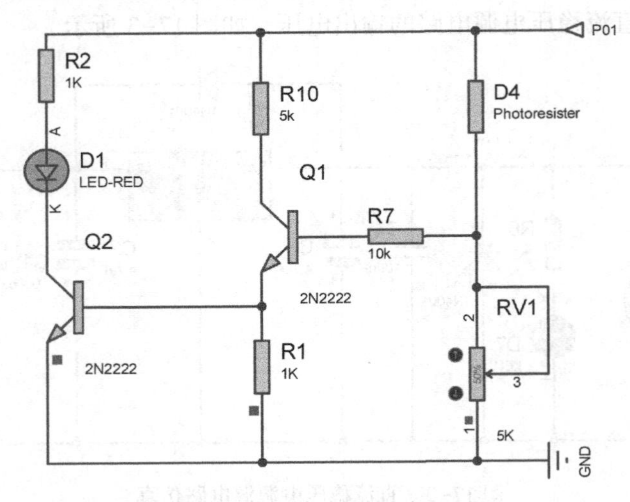

图 17-5　车灯报警电路仿真

3. 冰冻报警电路

冰冻报警电路如图 17-6 所示。冰冻报警电路的原理与车灯报警电路的原理基本相同，不同的只是要通过热敏电阻感应温度。热敏电阻的电阻值随温度的降低而增大，从而增大其两端的电压。

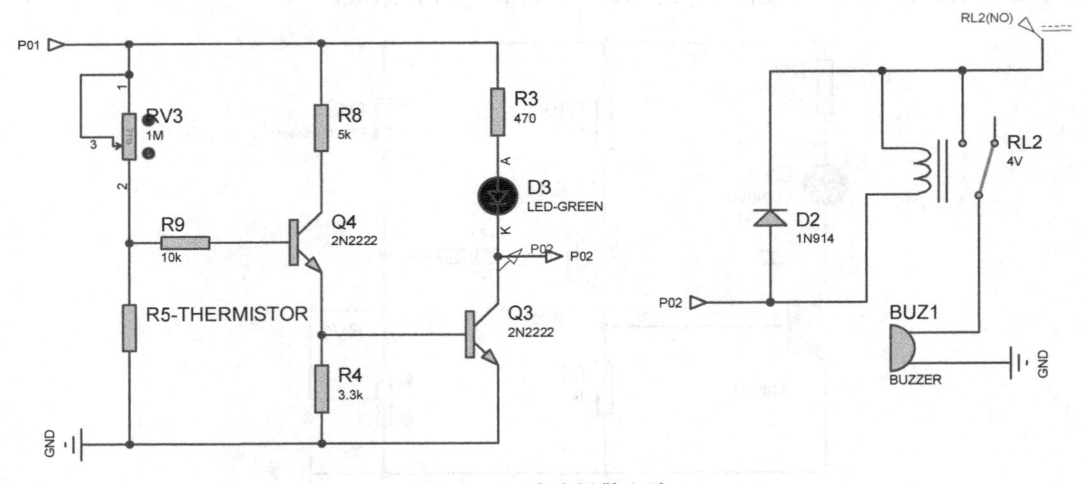

图 17-6　冰冻报警电路

经测试，本设计选取的热敏电阻在室温（30℃左右）下的电阻值约为 75kΩ，在 0℃时的电阻值增大到 90kΩ 左右。

本设计在冰冻报警电路中增加了蜂鸣器报警功能，即通过继电器的闭合控制蜂鸣器发声以实现报警功能。

调节热敏电阻的电阻值，改变电路的分压情况，使冰冻报警电路实现报警功能。冰冻报警电路仿真如图 17-7 所示。

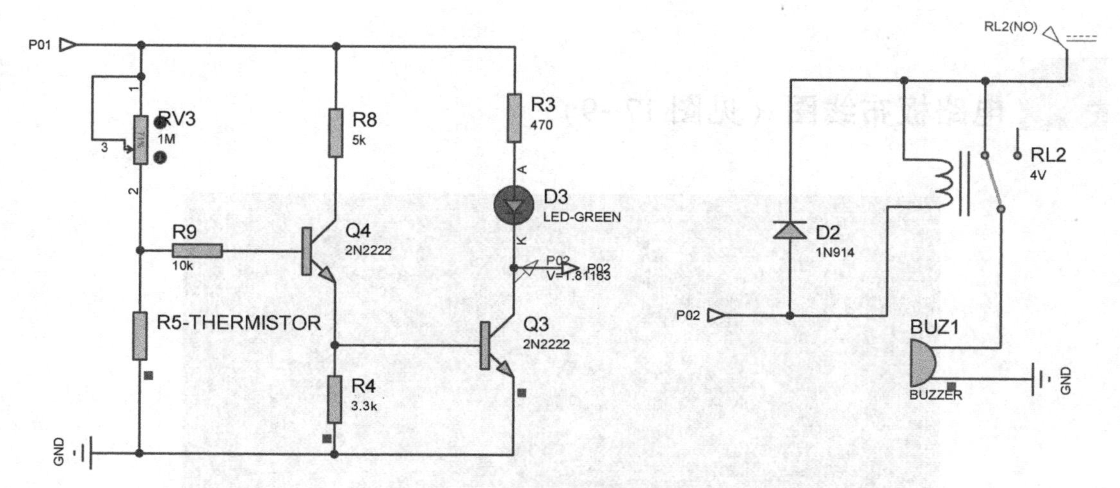

图 17-7　冰冻报警电路仿真

总体电路仿真（见图 17-8）

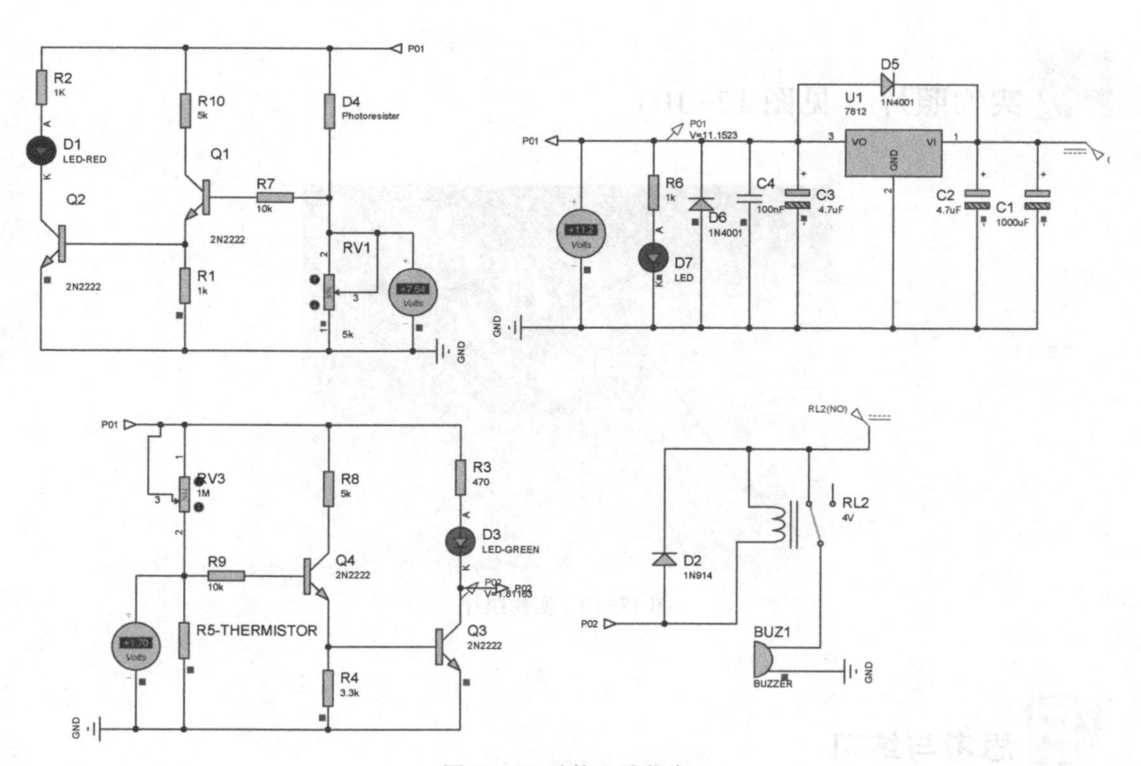

图 17-8　总体电路仿真

电路板布线图（见图 17-9）

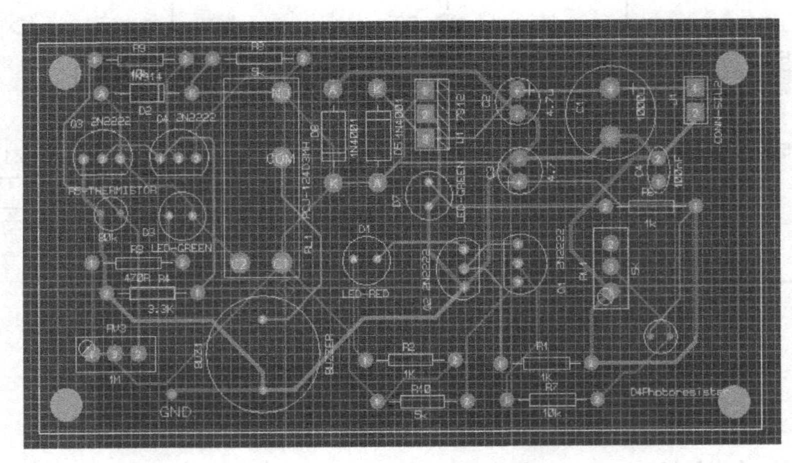

图 17-9　电路板布线图

实物照片（见图 17-10）

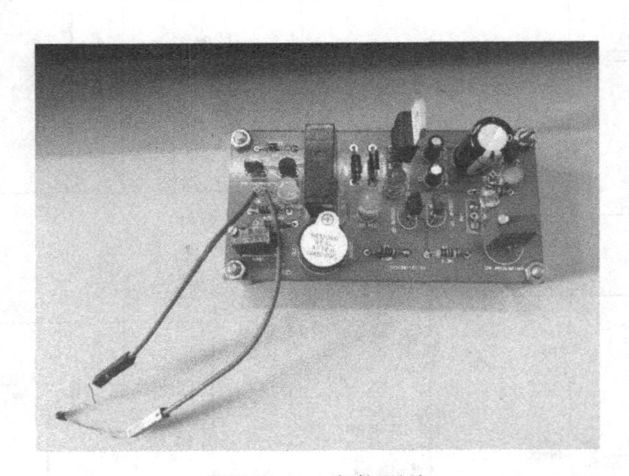

图 17-10　实物照片

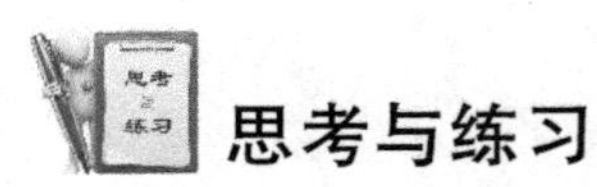

思考与练习

（1）在本设计中，仿真时可否用滑动变阻器代替光敏电阻或热敏电阻？为什么？

答：可以。因为光敏电阻或热敏电阻的电阻值会随着光照或温度的变化而改变，所以仿真时可通过调节滑动变阻器的滑片模拟这种电阻值的变化过程。

（2）在本设计中，电阻R7及R9的作用是什么？

答：电阻R7及R9起限流作用，以避免过大电流损坏三极管。

特别提醒

（1）注意冰冻和车灯报警电路与电源正、负极的正确连接。如果将冰冻和车灯报警电路与电源正、负极接反了，会使电解电容爆炸。

（2）在绘制PCB时，要留出接地点，以便对冰冻和车灯报警电路进行后续测试。

项目 18　声控娃娃电路

设计任务

设计一个简单的声控娃娃电路，使其实现通过声音控制娃娃眨眼的功能。

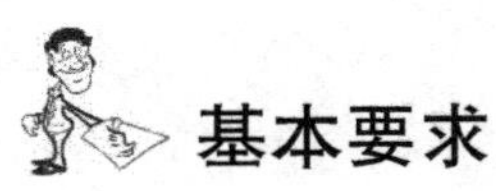

基本要求

☺ 本设计电路采用 5V 直流电压供电。
☺ 本设计电路频率响应限制在 3kHz 的范围内。
☺ 通过本设计电路实现对 LED 亮、灭的控制。

总体思路

声控娃娃电路是将驻极体话筒（受感器）接收到的微弱声音信号放大后触发双稳态触发电路，使 LED 亮起或熄灭，实现对娃娃眨眼的控制。

系统组成

声控娃娃电路主要有以下 3 个模块。

☺ 一级放大电路：将接收到的声音信号进行放大，并将该声音信号的频率响应限制在一定的频率范围内。
☺ 二级放大电路：将经一级放大电路后的声音信号滤波、放大。
☺ 双稳态触发电路：将由二级放大电路得到的方波信号微分处理后得到负尖脉冲信号，通过该负尖脉冲信号控制 LED 的亮、灭。

声控娃娃电路系统框图如图 18-1 所示。

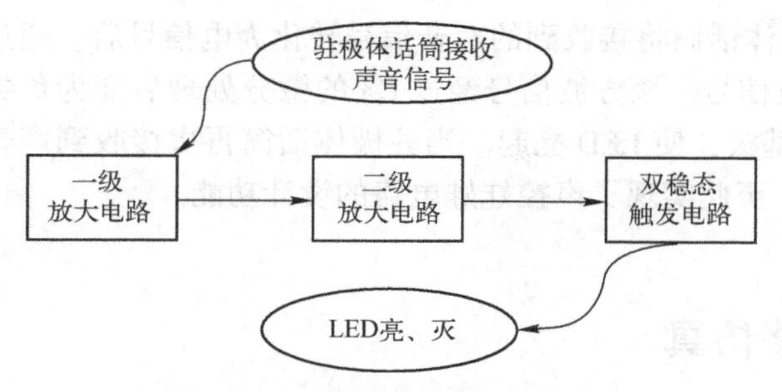

图 18-1　声控娃娃电路系统框图

模块详解

声控娃娃电路如图 18-2 所示。下面分别对声控娃娃电路的各主要模块进行详细介绍。

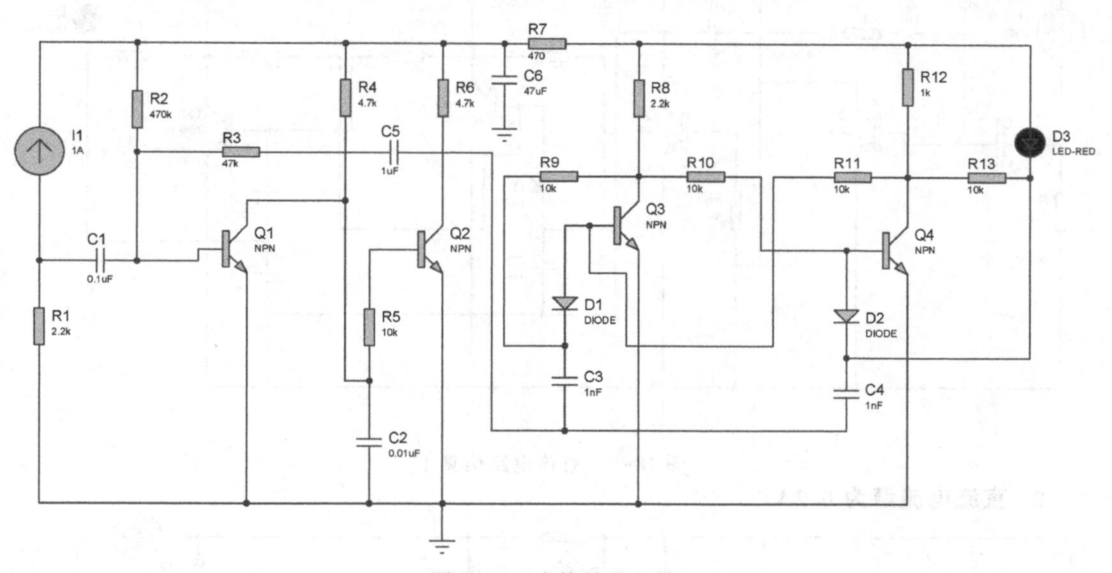

图 18-2　声控娃娃电路

1. 一级放大电路

大声说话或拍手的声音信号经驻极体话筒接收后转化为电流信号，再通过瓷片电容 C1 耦合至晶体管 Q1 的基极，放大后由 Q1 的集电极直接反馈至晶体管 Q2 的基极。C1 为 0. 1μF，R1 为 2. 2kΩ，R1 和 C1 将一级放大电路频率响应限制在 3kHz 范围内。

2. 二级放大电路

Q2 的基极接收来自 Q1 集电极放大的电流信号，并将该信号进一步放大。与此同时，电阻 R5、瓷片电容 C2 进一步限制二级放大电路频率响应。然后在 Q2 的集电极得到一个方波信号，再将该方波信号进行滤波，以尽可能减小脉动直流电压中的交流成分、保留其直流成分，使输出电压纹波系数降低、输出电压波形变得比较平滑。

3. 双稳态触发电路

当电源接通时，双稳态触发电路的状态是：晶体管 Q4 截止，晶体管 Q3 饱和，LED

（D3）不亮。当驻极体话筒将接收到的声音信号转化为电信号后，通过二级放大电路将该电信号变为一个方波信号。该方波信号经过 C3 的微分处理后变为负尖脉冲信号，再由二极管 D1 加至 Q3 的基极，使 LED 亮起。当驻极体话筒再次接收到声音信号时，重复上述过程后，LED 熄灭，至此实现了声控娃娃电路的设计功能。

总体电路仿真

在 Proteus 中，对声控娃娃电路进行仿真。在仿真时用直流电流源代替驻极体话筒，将声音信号转化为电流信号，如图 18-3 ～图 18-5 所示。

1. 直流电流源为 0. 05A

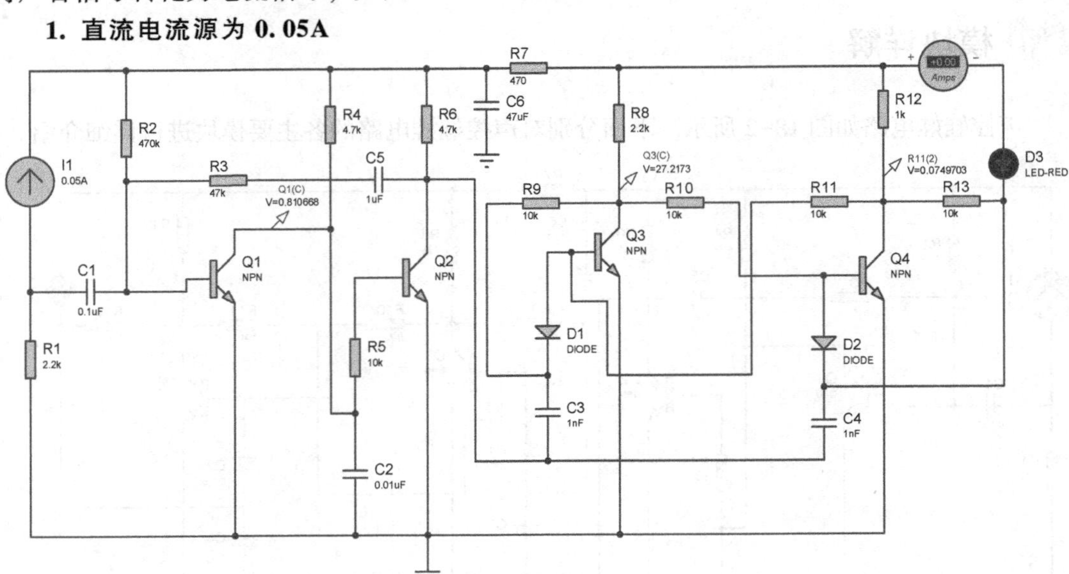

图 18-3　总体电路仿真 1

2. 直流电流源为 0. 2A

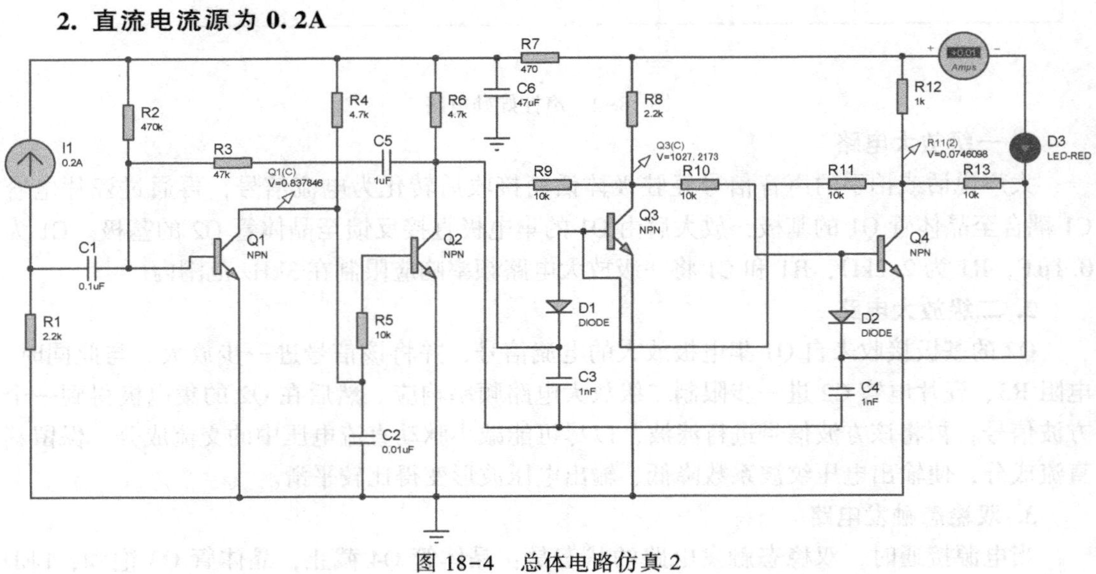

图 18-4　总体电路仿真 2

3. 直流电流源为 0.5A

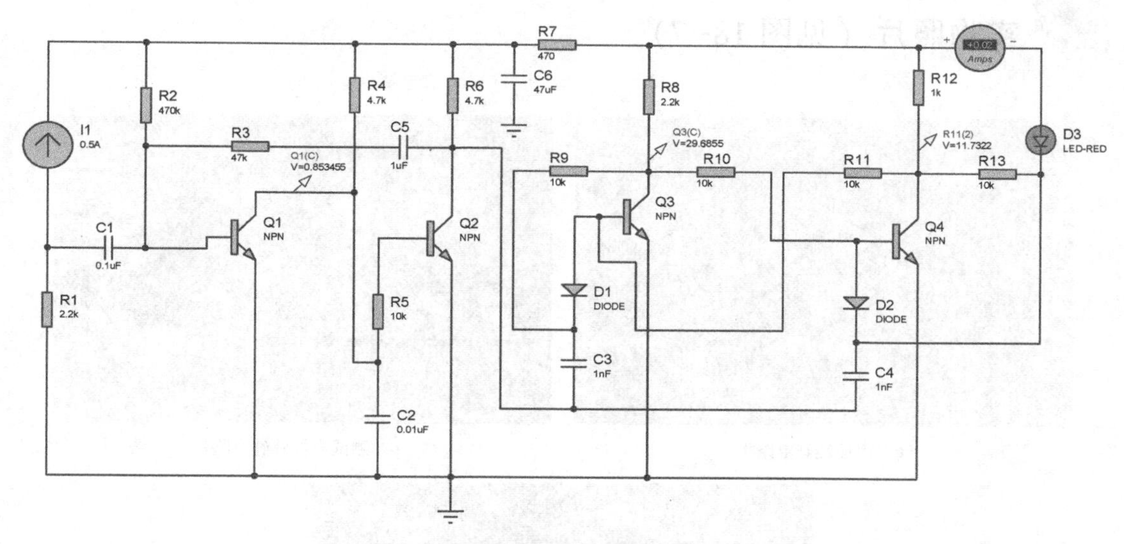

图 18-5　总体电路仿真 3

由上面的仿真结果可知，随着直流电流源输入的直流电流幅度的增大，在声控娃娃电路输出端利用直流电流表测量流过 LED 的电流，直流电流表显示的示数分别为“+0.00”“+0.01”“+0.02”。在直流电流源输入的直流电流幅度增大的同时，流过 LED 的电流幅度也会相应增大，LED 亮的程度也会不同。该仿真结果基本满足声控娃娃电路的设计要求。

电路板布线图（见图 18-6）

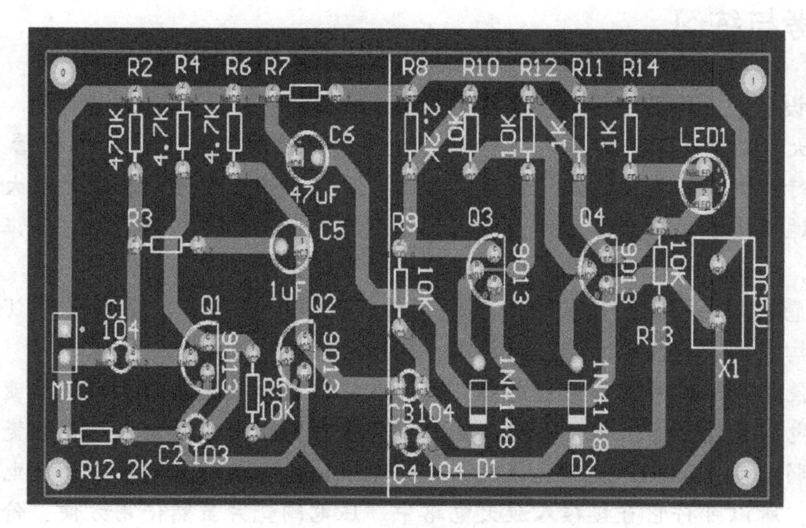

图 18-6　电路板布线图

实物照片（见图 18-7）

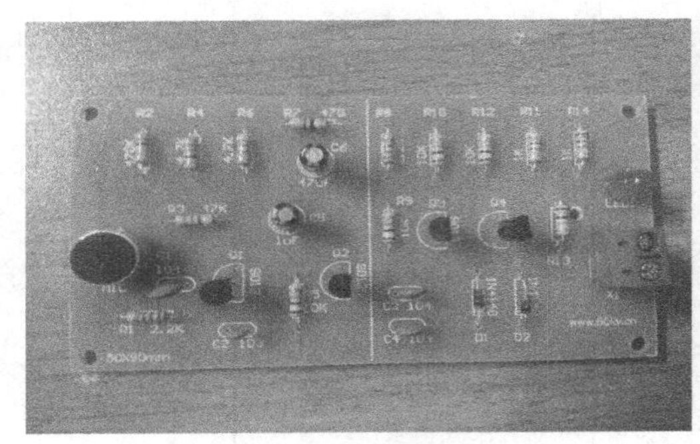

（a）声控娃娃电路板

（b）测试声控娃娃电路板

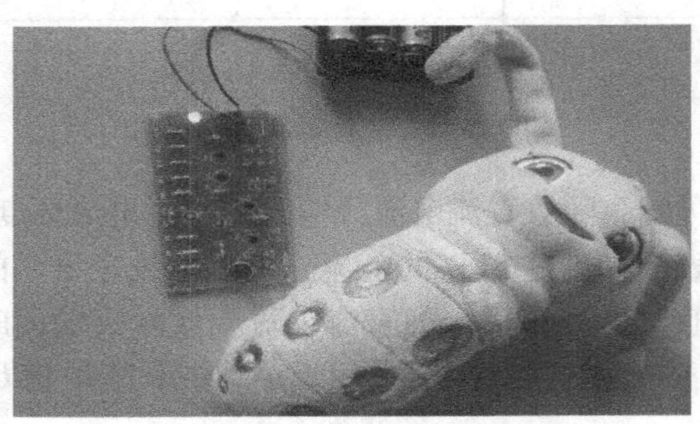

（c）声控娃娃电路板与玩偶

图 18-7　实物照片

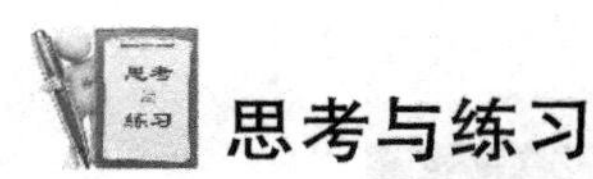

思考与练习

（1）在设计放大电路时，应注意哪些问题？

答：放大电路的本质是在输入信号的作用下，通过有源元件（如晶体管）对直流电源的能量进行控制和转换，进而得到比输入信号更大的输出信号。在设计放大电路时，应注意选取合适规格参数的有源元件，使其具有适宜本电路的静态工作点，保证有源元件工作在放大区，以确保所设计的放大电路的输出信号不失真。

（2）受感器是各种声控玩具中的换能元件。在声控玩具中，受感器可以使用高阻抗耳塞、压电陶瓷片等。在声控娃娃电路中，采用驻极体话筒有什么优点？

答：若使用高阻抗耳塞作为受感器，则要在输入端加接收器以进行阻抗变换，这样会使所设计的电路变复杂。若采用压电陶瓷片作为受感器，当声波传入压电陶瓷片时，会激起陶瓷片微弱振动，因此产生压电效应，从而把机械能转化为电能。由于压电陶瓷片的输入阻抗很大，所以可将它直接接入放大电路中。压电陶瓷片虽然使用方便、价格低廉，但是其灵敏度较低。在驻极体话筒中，使用振膜与底极材料储存永久性的电荷，这就类似于磁学中的永久磁铁。振膜与底极材料（如聚四氟乙烯塑料薄膜）是在高温条件下获取的。对聚四氟乙烯塑料薄膜施加很高的极化电压进行电晕放电或用电子轰击，使它保持永久电荷。显然，用这种材料做的振膜和底极可以省去一般电容传声器的极化电源，所以减少了电路体积与质量，也降低了造价，而且频率响应特性好、信噪比高，故本设计电路采用驻极体话筒作为受感器。

（3）本设计采用双稳态触发电路有什么优点？

答： 简单的声控玩具的控制灵敏度不高，有可能造成不必要的误动作。选频声控玩具虽然只受一种频率信号控制，可以克服这个缺点，但一般只能完成一种动作，而采用双稳态触发电路就可以避免上述弊端。

特别提醒

（1）当完成声控娃娃电路各模块的设计后，必须对声控娃娃电路的这些模块进行适当的连接，并考虑元器件之间的相互影响。

（2）声控娃娃电路各模块的连接顺序：驻极体话筒→一级放大电路→二级放大电路→双稳态触发电路→LED。

项目 19　电子贺卡电路

设计任务

设计一个基于单片机的可以实现歌曲的选择、暂停和播放功能的电子贺卡电路。

基本要求

☺ 使用 4.5V 直流电源。
☺ 电子贺卡中包含 4 首歌曲。
☺ 可以通过按键选择歌曲，并且能实现歌曲的暂停和播放。
☺ 选用一个 1 位共阴极数码管显示当前播放的是第几首歌曲。

总体思路

电子贺卡电路是由 AT89C51 单片机控制的，通过 1 位共阴极数码管显示当前播放的是第几首歌曲，并通过蜂鸣器播放音乐。

系统组成

电子贺卡电路主要分为单片机电路、显示电路、蜂鸣器电路、按键电路 4 个模块。

电子贺卡电路系统框图如图 19-1 所示。

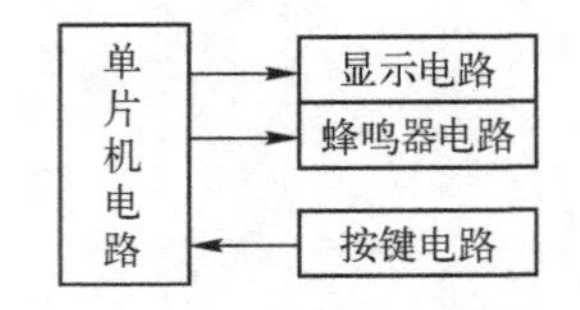

图 19-1　电子贺卡电路系统框图

模块详解

电子贺卡电路如图 19-2 所示。下面分别对电子贺卡电路的各主要模块进行详细介绍。

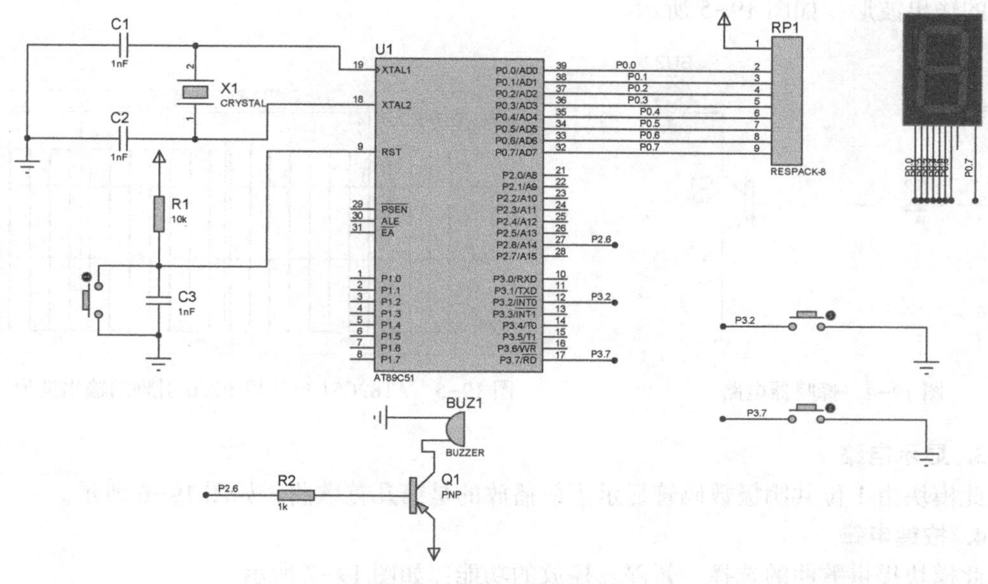

图 19-2　电子贺卡电路

1. 单片机电路

单片机电路如图 19-3 所示。其中，电容 C3、电阻 R1 及开关 S2 构成 AT89C51 单片

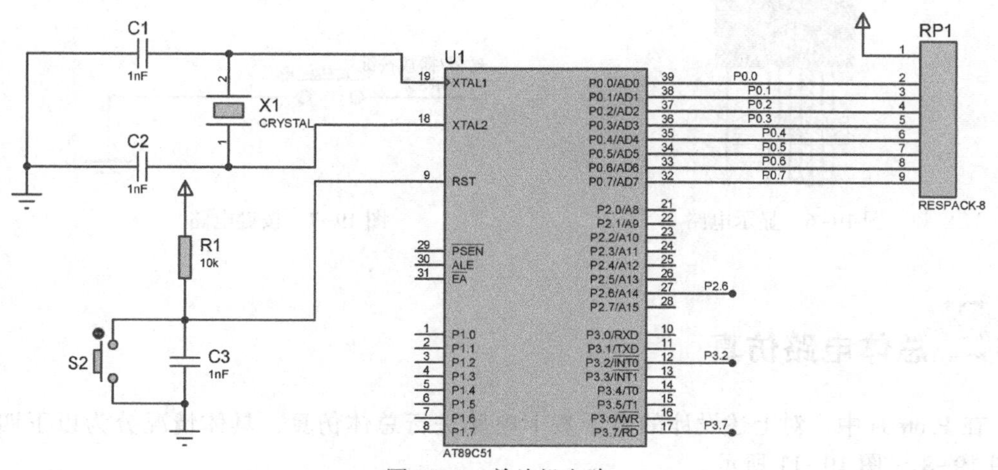

图 19-3　单片机电路

机的复位电路；X1、C1、C2 构成 AT89C51 单片机的晶振电路；AT89C51 单片机的 P0 接口接 1kΩ 的上拉电阻。

2. 蜂鸣器电路

蜂鸣器电路如图 19-4 所示。其中，三极管 Q1 工作在放大区，起到放大电流的作用。

由控制电路产生的信号控制蜂鸣器的发声。利用图表分析仿真 AT89C51 单片机 P2.6 引脚的输出波形，如图 19-5 所示。

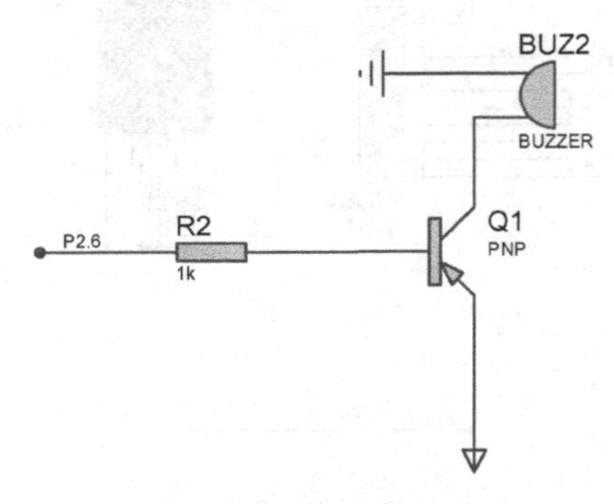

图 19-4　蜂鸣器电路

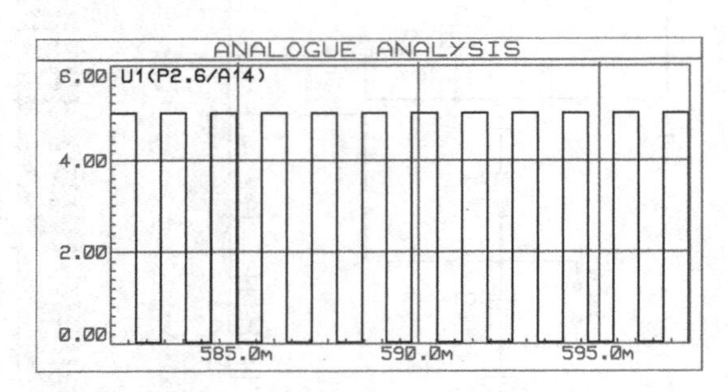

图 19-5　AT89C51 单片机 P2.6 引脚的输出波形

3. 显示电路

此模块由 1 位共阴极数码管显示当前播放的是第几首歌曲，如图 19-6 所示。

4. 按键电路

此模块提供歌曲的选择、暂停、播放的功能，如图 19-7 所示。

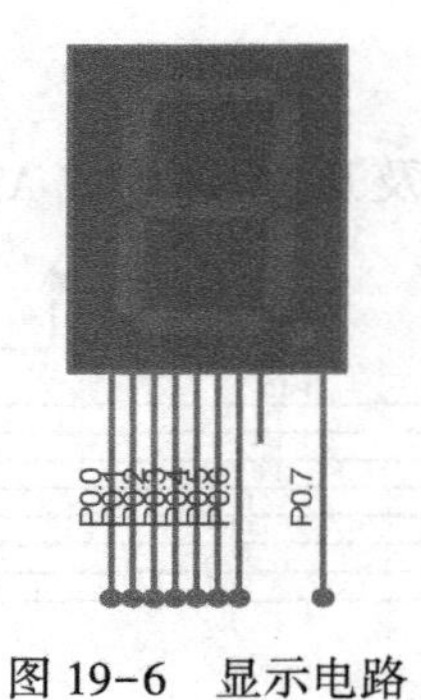

图 19-6　显示电路

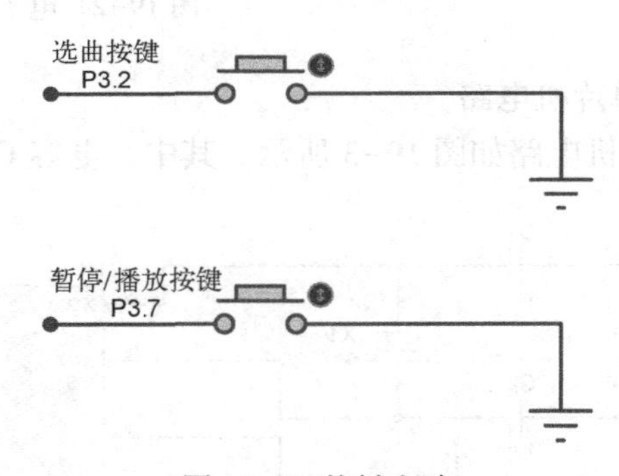

图 19-7　按键电路

总体电路仿真

在 Proteus 中，对上述设计的电子贺卡电路进行总体仿真，具体情况分为以下四种，如图 19-8 ～图 19-11 所示。

1. 选择歌曲 1

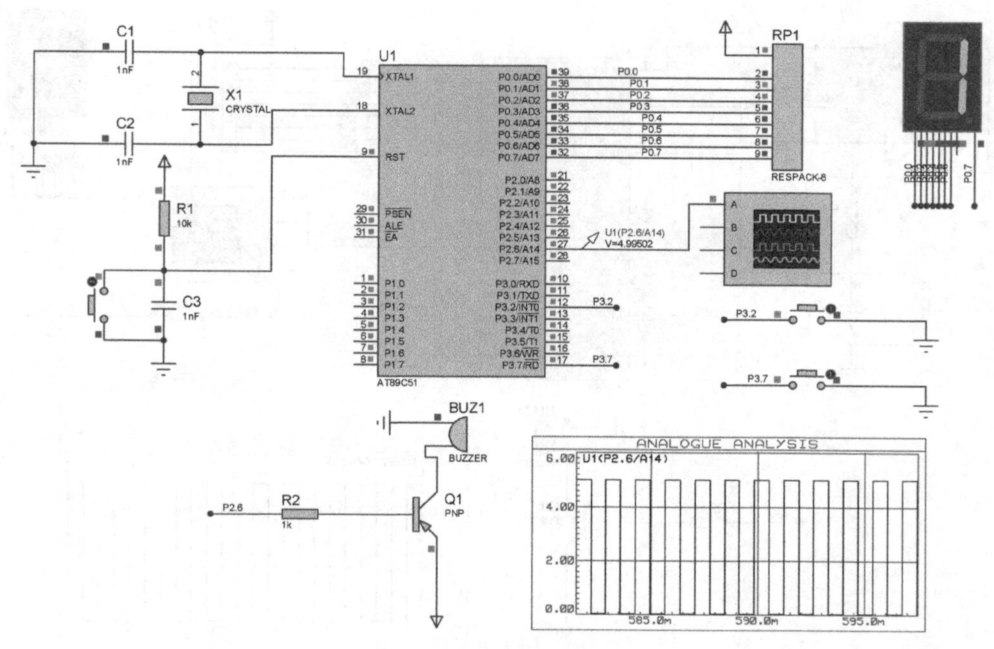

图 19-8　总体电路仿真 1

2. 选择歌曲 2

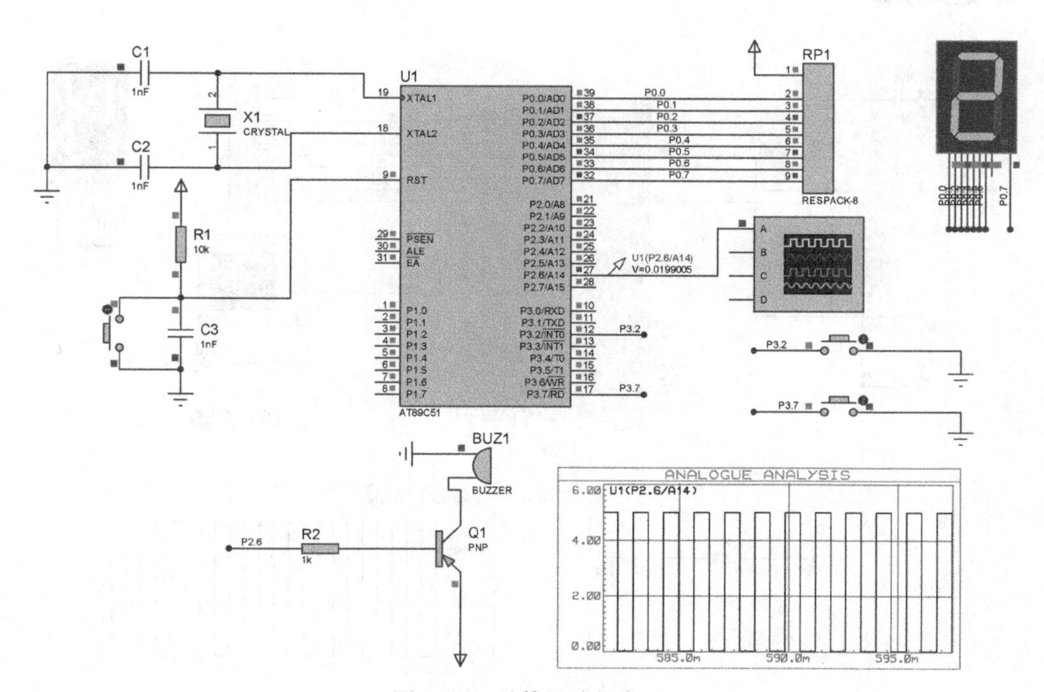

图 19-9　总体电路仿真 2

3. 选择歌曲 3

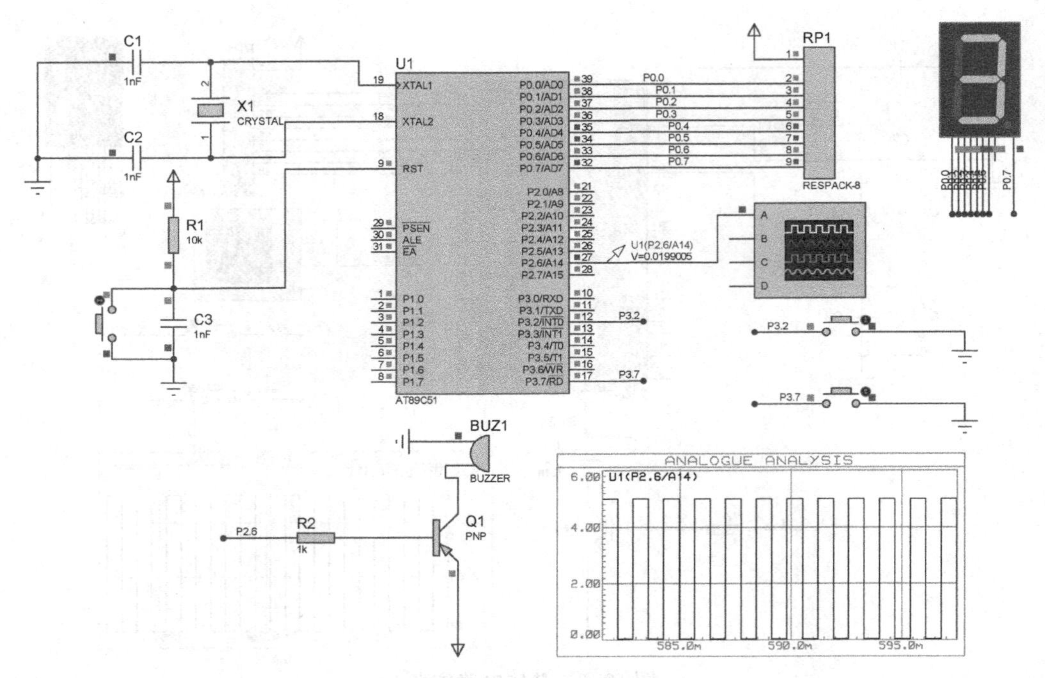

图 19-10　总体电路仿真 3

4. 选择歌曲 4

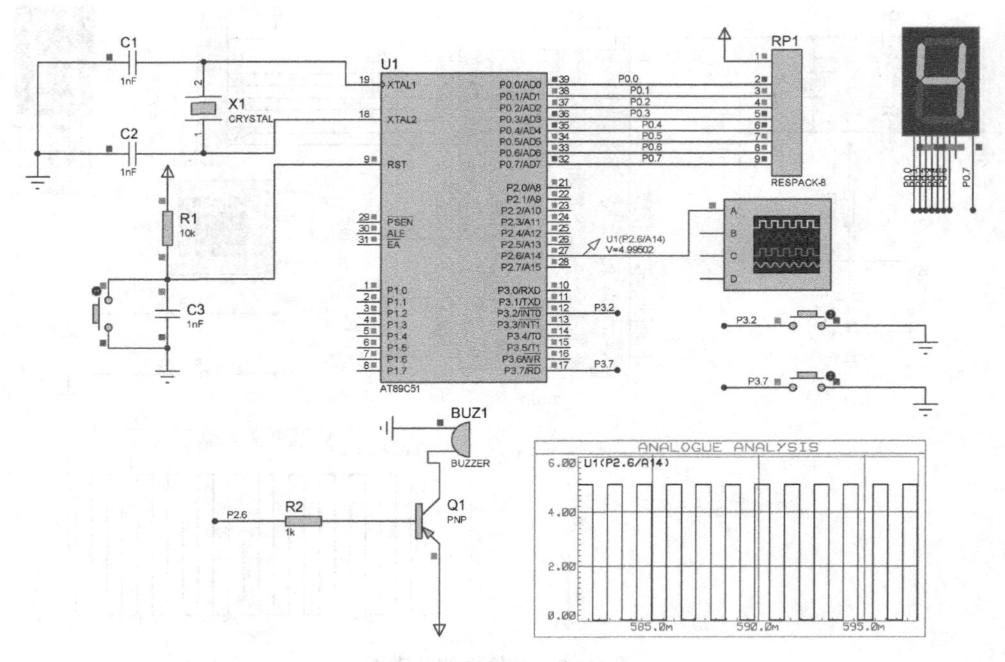

图 19-11　总体电路仿真 4

程序设计

程序流程图如图 19-12 所示。

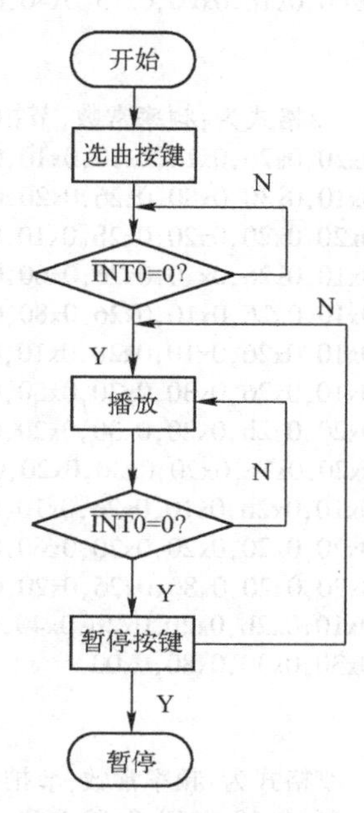

图 19-12　程序流程图

具体程序如下：

```
#include<reg51.h>
#include<intrins.h>
#define uchar unsigned char
#define uint unsigned int

sbit keyse=P3^7;            //播放和停止按键
sbit keys=P3^2;             //选曲按键
sbit Beep=P2^6;             //蜂鸣器
uchar num=1;                //当前音乐索引
//数码管段码表
uchar code DSY_CODE[]={0x06,0x5b,0x4f,0x66,0x6D,0x7D,0x07,0x7F,0x6F};
uchar n=0;                  //n 为节拍常数变量
uchar *music;
bit stopflag=0;
//八月桂花香
uchar code music1[]={       //格式为:频率常数,节拍常数,频率常数,节拍常数……
0x18,0x30,0x1C,0x10,0x20,0x40,0x1C,0x10,0x18,0x10,0x20,0x10,0x1C,0x10,0x18,0x40,
0x1C,0x20,0x20,0x20,0x1C,0x20,0x18,0x20,0x20,0x80,0xFF,0x20,0x30,0x1C,0x10,0x18,
0x20,0x15,0x20,0x1C,0x20,0x20,0x20,0x26,0x40,0x20,0x20,0x2B,0x20,0x26,0x20,0x20,
0x20,0x30,0x80,0xFF,0x20,0x20,0x1C,0x10,0x18,0x10,0x20,0x20,0x26,0x20,0x2B,0x20,
0x30,0x20,0x2B,0x40,0x20,0x20,0x1C,0x10,0x18,0x10,0x20,0x20,0x26,0x20,0x2B,0x20,
```

```
0x30,0x20,0x2B,0x40,0x20,0x30,0x1C,0x10,0x18,0x20,0x15,0x20,0x1C,0x20,0x20,0x20,
0x26,0x40,0x20,0x20,0x2B,0x20,0x26,0x20,0x20,0x20,0x30,0x80,0x20,0x30,0x1C,0x10,
0x20,0x10,0x1C,0x10,0x20,0x20,0x26,0x20,0x2B,0x20,0x30,0x20,0x2B,0x40,0x20,0x15,
0x1F,0x05,0x20,0x10,0x1C,0x10,0x20,0x20,0x26,0x20,0x2B,0x20,0x30,0x20,0x2B,0x40,
0x20,0x30,0x1C,0x10,0x18,0x20,0x15,0x20,0x1C,0x20,0x20,0x20,0x26,0x40,0x20,0x20,
0x2B,0x20,0x26,0x20,0x20,0x20,0x30,0x30,0x20,0x30,0x1C,0x10,0x18,0x40,0x1C,0x20,
0x20,0x20,0x26,0x40,0x13,0x60,0x18,0x20,0x15,0x40,0x13,0x40,0x18,0x80,0x00
};
//祝你平安
uchar code music2[]={          //格式为:频率常数,节拍常数,频率常数,节拍常数……
0x26,0x20,0x20,0x20,0x20,0x20,0x26,0x10,0x20,0x10,0x20,0x80,0x26,0x20,0x30,0x20,
0x30,0x20,0x39,0x10,0x30,0x10,0x30,0x80,0x26,0x20,0x20,0x20,0x20,0x20,0x1c,0x20,
0x20,0x80,0x2b,0x20,0x26,0x20,0x20,0x20,0x2b,0x10,0x26,0x10,0x2b,0x80,0x26,0x20,
0x30,0x20,0x30,0x20,0x39,0x10,0x26,0x10,0x26,0x60,0x40,0x10,0x39,0x10,0x26,0x20,
0x30,0x20,0x30,0x20,0x39,0x10,0x26,0x10,0x26,0x80,0x26,0x20,0x2b,0x10,0x2b,0x10,
0x2b,0x20,0x30,0x10,0x39,0x10,0x26,0x10,0x2b,0x10,0x2b,0x20,0x2b,0x40,0x40,0x20,
0x20,0x10,0x20,0x10,0x2b,0x10,0x26,0x30,0x30,0x80,0x18,0x20,0x18,0x20,0x26,0x20,
0x20,0x20,0x20,0x40,0x26,0x20,0x2b,0x20,0x30,0x20,0x30,0x20,0x1c,0x20,0x20,0x20,
0x20,0x80,0x1c,0x20,0x1c,0x20,0x1c,0x20,0x30,0x20,0x30,0x60,0x39,0x10,0x30,0x10,
0x20,0x20,0x2b,0x10,0x26,0x10,0x2b,0x10,0x26,0x10,0x26,0x10,0x2b,0x10,0x2b,0x80,
0x18,0x20,0x18,0x20,0x26,0x20,0x20,0x20,0x20,0x60,0x26,0x10,0x2b,0x20,0x30,0x20,
0x30,0x20,0x1c,0x20,0x20,0x20,0x20,0x80,0x26,0x20,0x30,0x10,0x30,0x10,0x30,0x20,
0x39,0x20,0x26,0x10,0x2b,0x10,0x2b,0x20,0x2b,0x40,0x40,0x10,0x40,0x10,0x20,0x10,
0x20,0x10,0x2b,0x10,0x26,0x30,0x30,0x80,0x00
};
//路边的野花不要采
uchar code music3[]={          //格式为:频率常数,节拍常数,频率常数,节拍常数……
0x30,0x1C,0x10,0x20,0x40,0x1C,0x10,0x18,0x10,0x20,0x10,0x1C,0x10,0x18,0x40,0x1C,
0x20,0x20,0x20,0x1C,0x20,0x18,0x20,0x20,0x80,0xFF,0x20,0x30,0x1C,0x10,0x18,0x20,
0x15,0x20,0x1C,0x20,0x20,0x20,0x26,0x40,0x20,0x20,0x2B,0x20,0x26,0x20,0x20,0x20,
0x30,0x80,0xFF,0x20,0x20,0x1C,0x10,0x18,0x10,0x20,0x20,0x26,0x20,0x2B,0x20,0x30,
0x20,0x2B,0x40,0x20,0x20,0x1C,0x10,0x18,0x10,0x20,0x20,0x26,0x20,0x2B,0x20,0x30,
0x20,0x2B,0x40,0x20,0x30,0x1C,0x10,0x18,0x20,0x15,0x20,0x1C,0x20,0x20,0x20,0x26,
0x40,0x20,0x20,0x2B,0x20,0x26,0x20,0x20,0x20,0x30,0x80,0x20,0x30,0x1C,0x10,0x20,
0x10,0x1C,0x10,0x20,0x20,0x26,0x20,0x2B,0x20,0x30,0x20,0x2B,0x40,0x20,0x15,0x1F,
0x05,0x20,0x10,0x1C,0x10,0x20,0x20,0x26,0x20,0x2B,0x20,0x30,0x20,0x2B,0x40,0x20,
0x30,0x1C,0x10,0x18,0x20,0x15,0x20,0x1C,0x20,0x20,0x20,0x26,0x40,0x20,0x20,0x2B,
0x20,0x26,0x20,0x20,0x20,0x30,0x30,0x20,0x30,0x1C,0x10,0x18,0x40,0x1C,0x20,0x20,
0x20,0x26,0x40,0x13,0x60,0x18,0x20,0x15,0x40,0x13,0x40,0x18,0x80,0x00
};
uchar code music4[]={          //格式为:频率常数,节拍常数,频率常数,节拍常数……
0x1c,0x30,0x19,0x30,0x18,0x40,0x19,0x30,0x18,0x30,0x13,0x30,0x19,0x80,
0x26,0x30,0x26,0x30,0x1c,0x40,0x20,0x30,0x1c,0x30,0x18,0x30,0x20,0x60,
0x26,0x30,0x26,0x30,0x24,0x40,0x26,0x30,0x24,0x30,0x18,0x40,0x26,0x60,
0x18,0x20,0x18,0x20,0x18,0x20,0x19,0x40,0x24,0x30,0x24,0x30,0x19,0x30,
0x19,0x60,0x1c,0x30,0x19,0x30,0x18,0x40,0x19,0x30,0x18,0x30,0x13,0x30,
0x19,0x60,0x26,0x30,0x26,0x30,0x1c,0x40,0x20,0x30,0x1c,0x30,0x18,0x30,
0x20,0x80,0x26,0x30,0x24,0x30,0x24,0x30,0x18,0x30,0x19,0x20,0x19,0x30,
0x18,0x30,0x15,0x20,0x15,0x20,0x13,0x20,0x18,0x40,0x18,0x30,0x19,0x30,
0x1c,0x20,0x1c,0x20,0x19,0x30,0x20,0x30,0x1c,0x60,0x18,0x30,0x15,0x30,
0x13,0x40,0x15,0x30,0x13,0x30,0x10,0x30,0x15,0x60,0x20,0x30,0x20,0x30,
0x18,0x30,0x19,0x30,0x18,0x30,0x13,0x30,0x13,0x60,0x1c,0x20,0x19,0x20,
```

```
0x18,0x30,0x19,0x30,0x15,0x20,0x15,0x20,0x18,0x40,0x20,0x30,0x20,0x30,
0x12,0x30,0x13,0x30,0x15,0x30,0x18,0x30,0x13,0xc0,0x13,0x80,0x13,0x30,
0x0e,0x80,0x10,0x30,0x10,0x30,0x13,0x20,0x15,0x20,0x18,0x40,0x18,0x30,
0x15,0x30,0x18,0x20,0x15,0x20,0x15,0x30,0x10,0x30,0x13,0x60,0x13,0x30,
0x0e,0x60,0x10,0x60,0x13,0x20,0x15,0x20,0x18,0x40,0x18,0x30,0x15,0x30,
0x15,0x20,0x18,0x20,0x15,0x30,0x19,0x30,0x1c,0x60,0x1c,0x30,0x19,0x30,
0x1c,0xc0,0x00
};

void delay (uchar m)                          //控制延时
{
unsigned i=3 * m;
while(--i);
}
void delayms(uchar a)                         //毫秒级延时子程序
{
while(--a);
}
//功能:按键扫描
void keyscan()
{
if(keys==0)
{
    delayms(5);
    if(keys==0)
    {
        num++;
        if(num>4)    num=1;
        if(num==1)   music=music1;
        if(num==2)   music=music2;
        if(num==3)   music=music3;
        if(num==4)   music=music4;
        P0=DSY_CODE[num-1];
        while(!keys);
    }
}

if(keyse==0)
  {
    delayms(5);
    if(keyse==0)
    {
        stopflag=1;
        while(!keyse);
    }
    while(stopflag){
        if(keyse==0)
        {
            delayms(5);
            if(keyse==0)
            {
                stopflag=0;
```

```
                while(! keyse);
            }
        }
    }
  }
}
//主程序
void main()
{
uchar p,m;                  //m 为频率常数变量
TMOD&=0x0f;
TMOD |=0x01;
TH0=0xd8;TL0=0xef;
IE=0x82;
music=music1;
P0=DSY_CODE[num-1];
play:
while(1)
    {
a:  p= * music;
    if(p==0x00)
    {
        if(num==1)   music=music1;
        if(num==2)   music=music2;
        if(num==3)   music=music3;
        if(num==4)   music=music4;
        delayms(1000);
        goto play; //如果碰到结束符,延时 1s,回到开始再来一遍
    }
    else
        if(p==0xff)
        {
            music++;delayms(100),TR0=0; goto a;  //若碰到休止符,延时 100ms,继续取
                                                  //下一音符
        }
        else
        {
            m= * music++,n= * music++; //取频率常数和节拍常数
        }
            TR0=1;                     //开定时器 0
        while(n!=0)                    //等待节拍完成,输出音频
        {
            Beep=!Beep;
            delay(m);
        }
        TR0=0;                         //关定时器 0
        keyscan();
        }
    }
    void int0() interrupt 1            //通过中断定时器 0 控制节拍
    {
    TH0=0xd8; //12MHz 晶振频率;若 TH0=0xec 为 6MHz 晶振频率;若 TH0=0xf2 为 4MHz 晶振频率
```

```
    TL0=0xef; //12MHz 晶振频率;若 TL0=0x77 为 6MHz 晶振频率;若 TL0=0xfa 为 4MHz 晶振频率
    n--;
}
```

电路板布线图（见图 19-13）

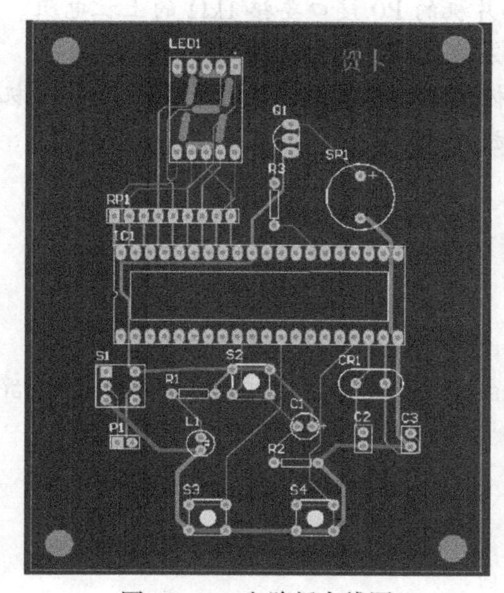

图 19-13　电路板布线图

实物照片（见图 19-14）

（a）电子贺卡电路板

（b）测试电子贺卡电路板

图 19-14　实物照片

思考与练习

（1）如何驱动数码管来显示呢？

答：数码管通过 AT89C51 单片机的 P0 接口输入的高、低电平信号控制每个 LED 的亮、灭，而且 AT89C51 单片机的 P0 接口要接 1kΩ 的上拉电阻。

（2）怎样实现蜂鸣器发声的？

答：蜂鸣器连接的三极管工作在放大区。从 AT89C51 单片机的 P2.6 引脚输出不断变化的脉冲信号经过三极管放大后，引起蜂鸣器发声。

特别提醒

（1）在测试电子贺卡电路板时，要注意各个开关的功能。

（2）注意在电子贺卡电路片中 1 位共阴极数码管的放置方向。

项目 20　遥控小车电路

设计任务

设计一个简单的遥控小车电路，使其能通过遥控器控制小车实现前进、后退、停止、左转、右转等动作。

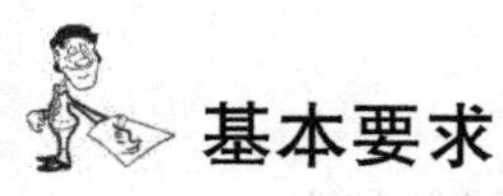

基本要求

☺ 打开开关后，电源指示灯亮，遥控指示灯闪烁。
☺ 按下遥控器的前进按键，小车向前行驶，两个车前灯亮。
☺ 按下遥控器的停止按键，小车停止前进，两个车前灯保持上一个状态。
☺ 按下遥控器的后退按键，小车向后倒退，两个车前灯灭。
☺ 按下遥控器的左转按键，小车向左转，同时左车前灯亮、右车前灯灭。
☺ 按下遥控器的右转按键，小车向右转，同时右车前灯亮、左车前灯灭。

总体思路

本设计通过红外线接收器接收遥控器发出的红外线信号，再通过 AT89C52 单片机对该信号进行解码，以实现遥控器控制小车的功能。在小车前方放置 LED，以模拟车前灯功能。使用电动机驱动芯片 L293D 控制电动机的运行。

系统组成

遥控小车电路主要分为单片机电路、红外线接收电路、模拟车前灯电路、电动机驱动电路、电源电路 5 个模块。

模块详解

遥控小车电路如图 20-1 所示。经过实物测试，在按下遥控器的前进按键时，小车前进，车前灯全部亮；在按下遥控器的后退按键时，小车后退，车前灯全部灭；在按下遥控器的停止按键时，小车停止运行；在按下遥控器的左转按键时，小车左转，左车前灯亮；在按下遥控器的右转按键时，小车右转，右车前灯亮。因此，所设计的电路基本满足了设计要求，使用遥控器可以对小车进行简单控制。下面分别对遥控小车电路的各主要模块进行详细介绍。

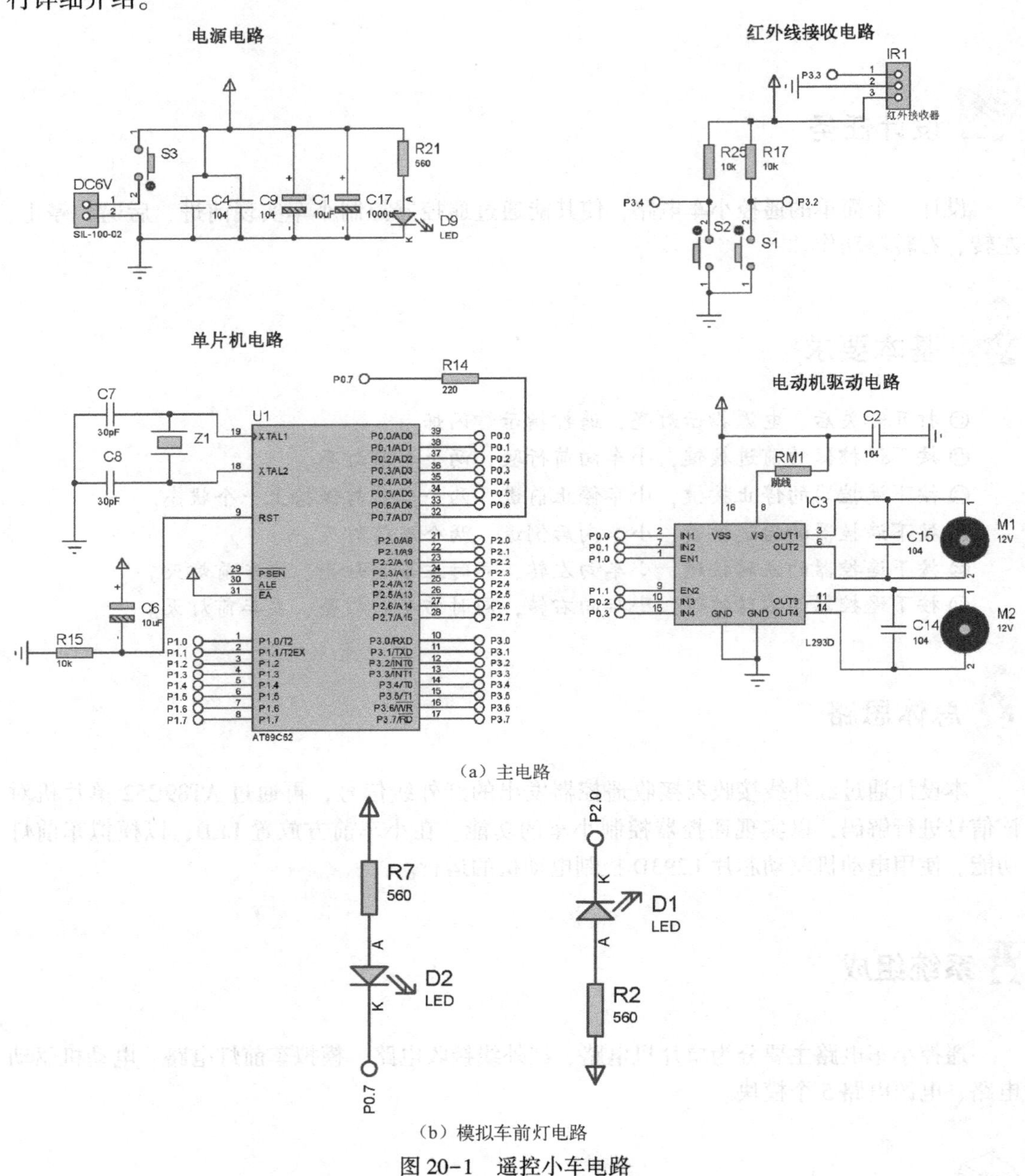

（a）主电路

（b）模拟车前灯电路

图 20-1　遥控小车电路

1. 单片机电路

单片机电路采用 AT89C52 单片机。AT89C52 单片机是一种低功耗、高性能的微控制器，具有 8KB 在系统可编程 Flash 存储器。AT89C52 使用传统 51 系列单片机的内核，但具有传统 51 系列单片机不具备的功能。单片机电路如图 20-2 所示。

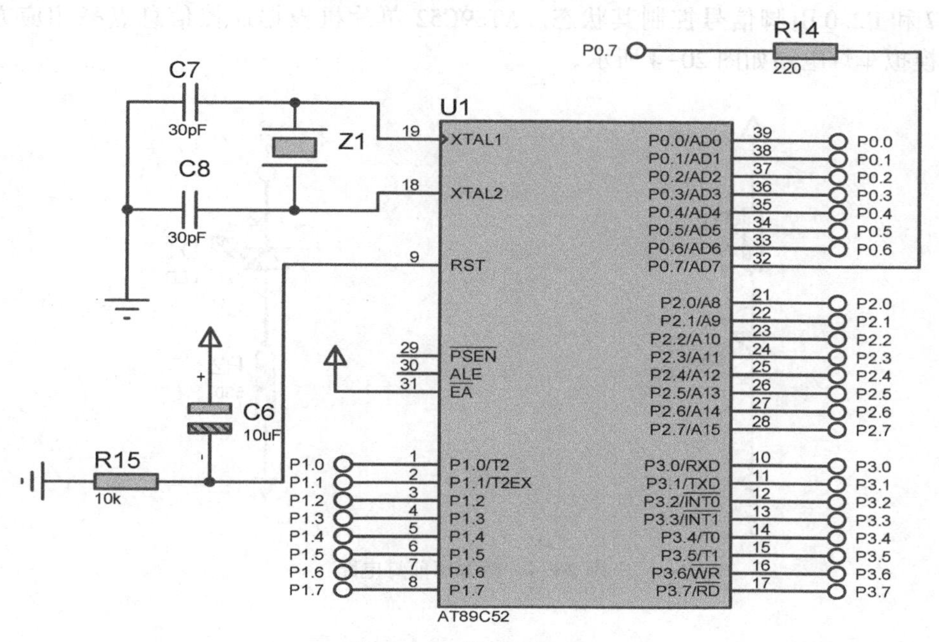

图 20-2　单片机电路

2. 红外线接收电路

红外线接收电路采用红外线接收器接收遥控器发出的红外线信号，并将红外线信号通过 AT89C52 单片机的 P3.3 引脚送入 AT89C52 单片机。AT89C52 单片机对该红外线信号解密后以不同的方式对小车进行控制。

红外线接收电路如图 20-3 所示。

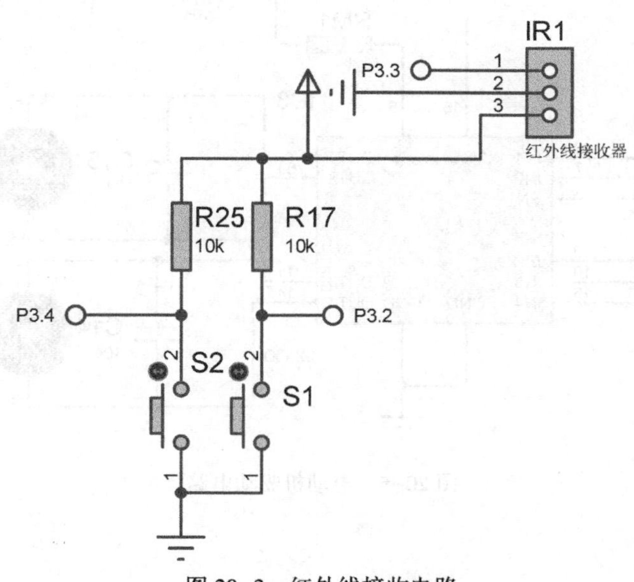

图 20-3　红外线接收电路

3. 模拟车前灯电路

模拟车前灯电路采用两个LED模拟车前灯，并将其置于车头处，以AT89C52单片机的P0.7和P2.0引脚信号控制其状态。AT89C52单片机根据遥控信息点亮相应方向的LED。模拟车灯电路如图20-4所示。

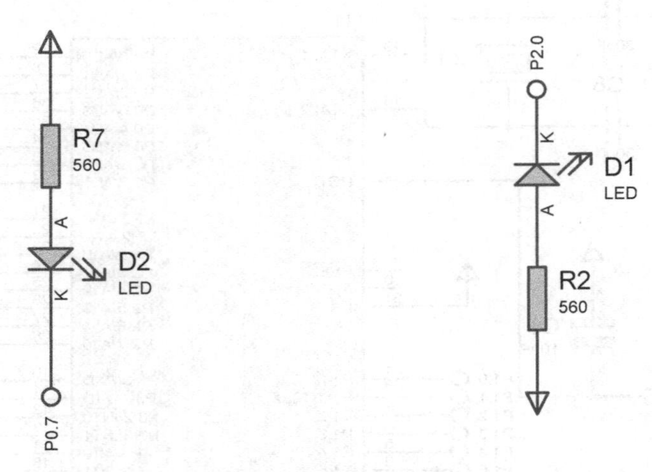

图20-4 模拟车前灯电路

4. 电动机驱动电路

电动机驱动电路采用驱动芯片L293D。L293D芯片实际为H桥驱动电路。电动机驱动电路如图20-5所示。

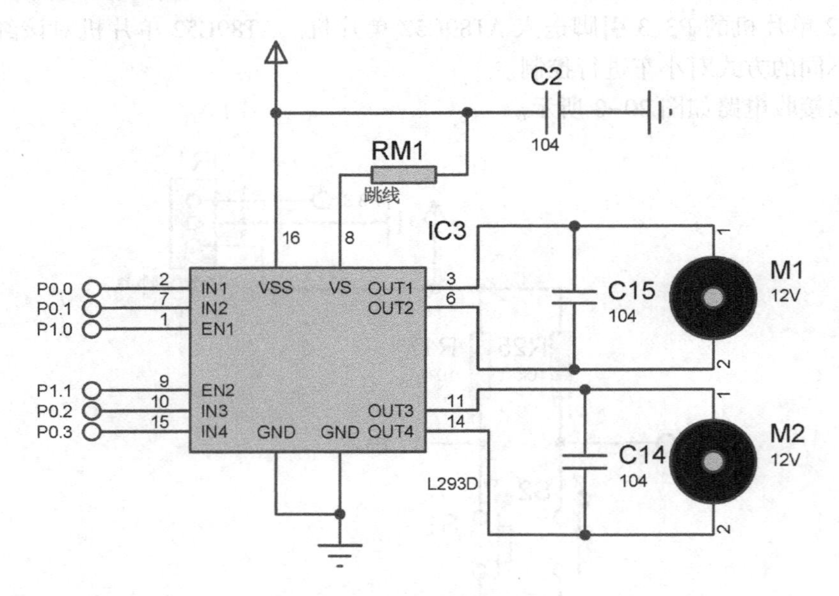

图20-5 电动机驱动电路

5. 电源电路

电源电路如图 20-6 所示。其中，C17 为滤波电容，滤除电源电压中的杂波和交流成分，平滑脉动直流电压，储存电能；C1 为高频去耦电容，用来滤除电源电压中的高频杂波，以免产生电路自激振荡现象，稳定电路工作状态；C4、C9 为退耦电容，用于补偿滤波电容的高频损耗，同时降低电源的高频内阻，使电源电压的线性更好。

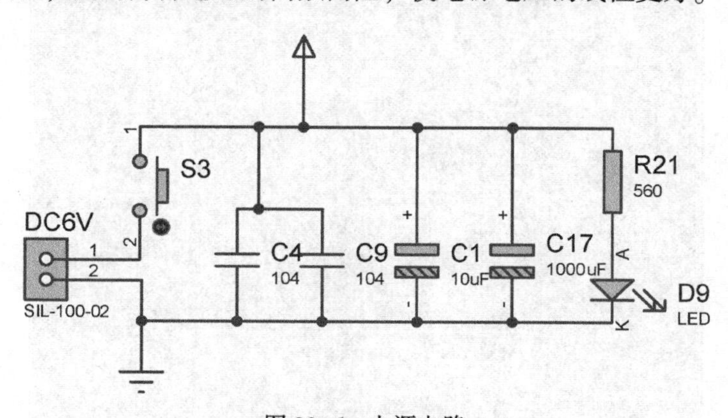

图 20-6　电源电路

程序设计

程序流程图如图 20-7 所示。

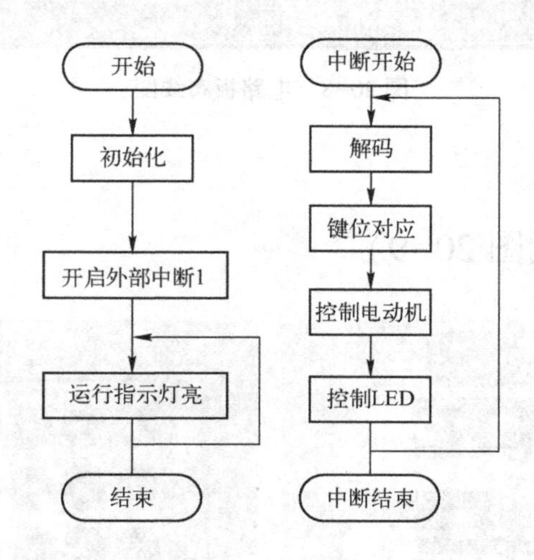

图 20-7　程序流程图

电路板布线图（见图 20-8）

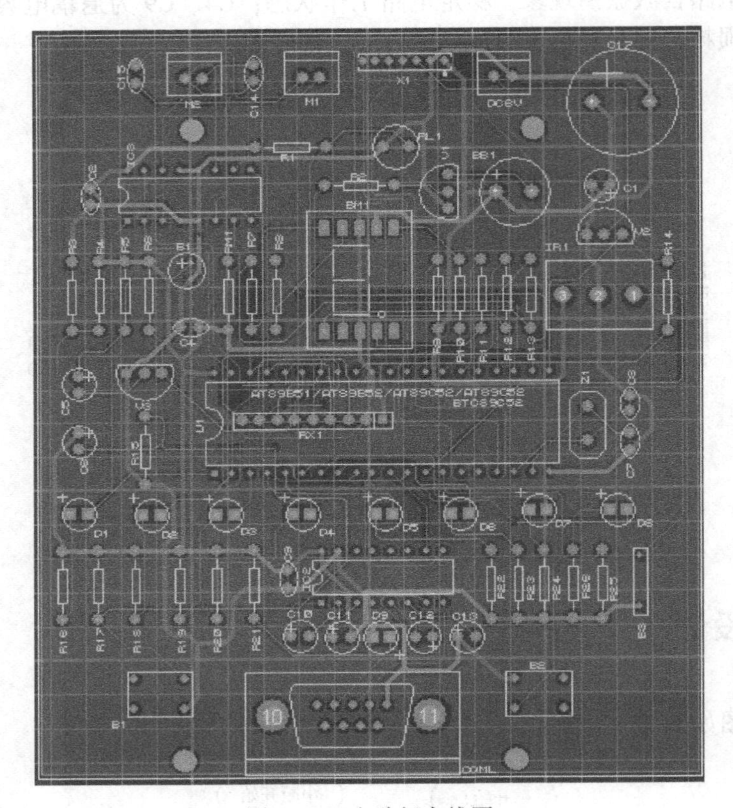

图 20-8　电路板布线图

实物照片（见图 20-9）

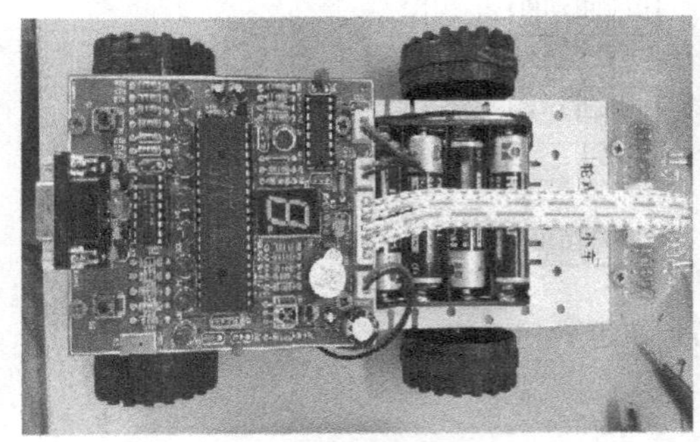

（a）遥控小车电路板

（b）遥控器

图 20-9　实物照片

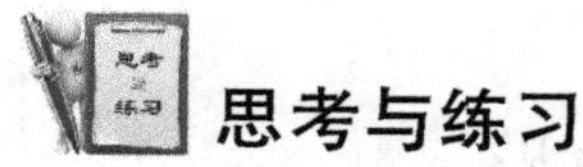

思考与练习

（1）本设计利用什么实现遥控功能？

答：本设计利用常用的M50462芯片作为遥控器进行遥控，利用AT89C52单片机，对红外线接收器接收的信息进行解码，从而识别遥控信息，对电动机及指示灯进行控制。本设计的难点在于软件解码。

（2）本设计是怎样模拟车前灯的？

答：AT89C52单片机采集遥控信息并进行分析后发出电动机控制指令，同时相应地点亮左、右车前灯，以实现小车前进时两个车前灯亮、小车后退时两个车前灯灭、小车左转时左车前灯亮、小车右转时右车前灯亮等功能。如果本设计再复杂点，还可以设置小车后退时两个车前灯闪烁、小车左转时左车前灯闪烁、小车右转时右车前灯闪烁。

特别提醒

小车组装较麻烦，必须对其进行精密调整、仔细拼装。

项目 21　四旋翼飞行器飞控板电路

设计任务

设计一个四旋翼飞行器飞控板电路，以控制四旋翼飞行器的飞行。

基本要求

☺ 设计一个单片机最小系统，并在此基础上编写程序进行系统的开发。
☺ 完成四旋翼飞行器的制作。
☺ 实现四旋翼飞行器的基本功能。

总体思路

本设计的四旋翼飞行器是以 32 位微处理器 STM32F103VET6 芯片为核心控制单元，惯性传感器 MPU6050 芯片与地磁传感器 HMC5883L 芯片为检测机构，电子调速器、无刷电动机为驱动模块的惯性导航硬件系统。四旋翼飞行器在飞行过程中通过 MPU6050 芯片与 HMC5883L 芯片检测自身各方向的加速度与角速度，并通过 STM32F103VET6 芯片对 MPU6050 芯片检测回的数据进行滤波、校正并计算得出四旋翼飞行器的空间姿态信息，再调节无刷电动机的转速，以达到目标姿态。

系统组成

四旋翼飞行器飞控板电路主要分为主控电路、电源电路、惯性传感器电路、地磁传感器电路、驱动模块 5 个模块。

模块详解

1. 主控电路

主控电路采用 STM32F103VET6 芯片作为主控芯片。该芯片采用基于 ARMv7 架构的

32 位 Cortex-M3 微控制器内核的 MCU，工作频率可达 72MHz，含有高达 512KB 的闪存与 64KB 的 SRAM，两条高速外围总线搭载所有外设。该芯片外设包含 3 个 12 位 ADC、4 个通用 16 位定时器、2 个 PWM 定时器、2 个 I^2C 接口、3 个 SPI 接口、5 个串行接口等。该芯片采用 LQFPF 封装，具有 100 个引脚。主控电路如图 21-1 所示。为提高主控芯片工作的稳定性与效率，主控电路采用外接晶振的方式。

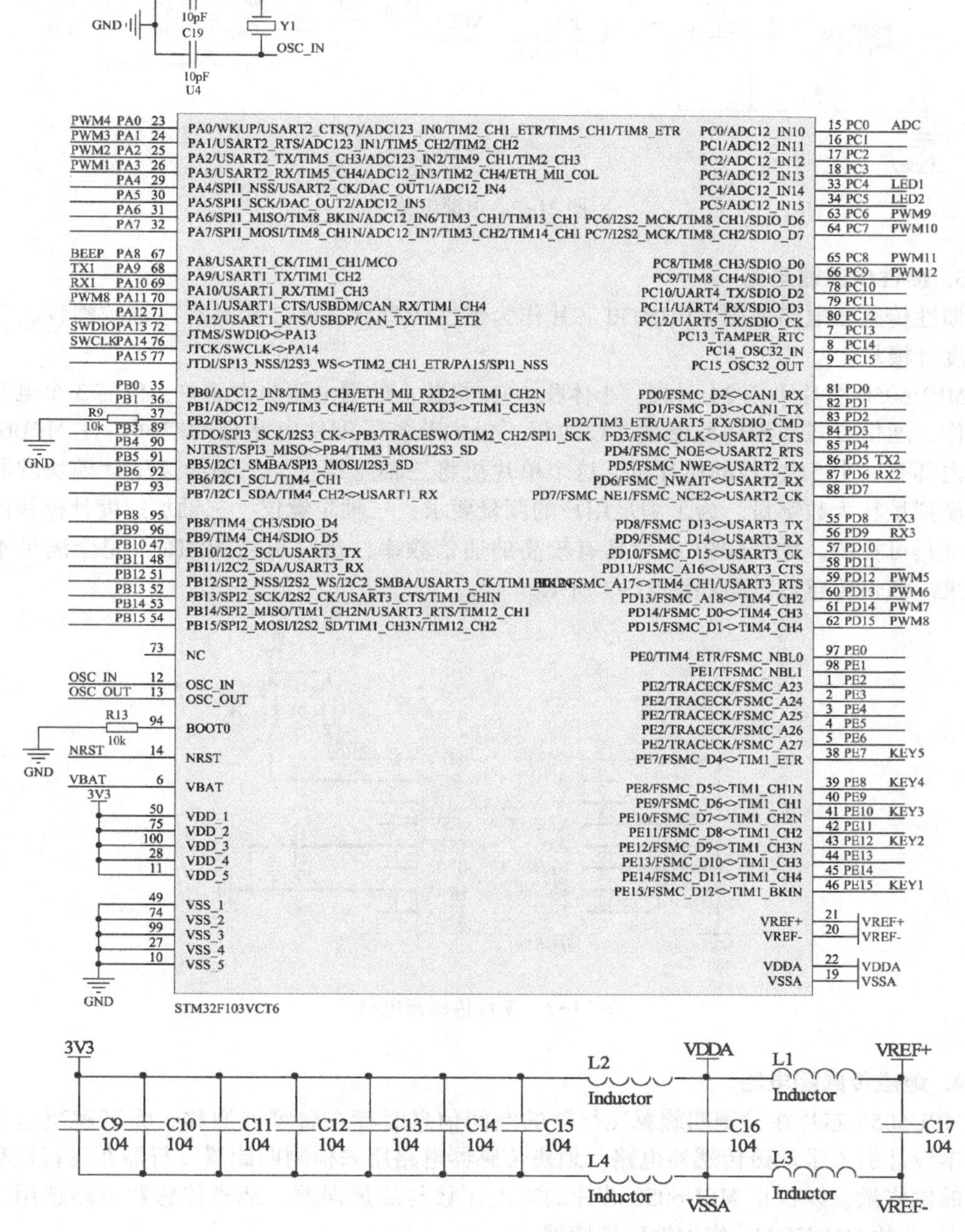

图 21-1　主控电路

2. 电源电路

电源电路如图 21-2 所示。由于主控电路采用 5V 供电，而主控芯片的工作电压为 3.3V，所以利用稳压芯片 LM117 将 5V 电压转换为 3.3V 电压。电源电路为整个系统供电。

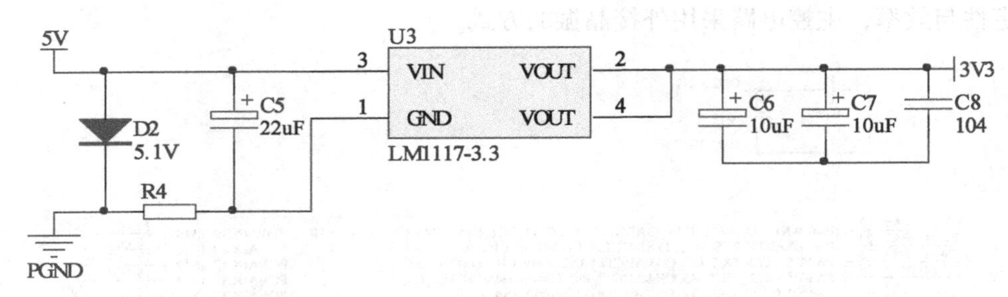

图 21-2　电源电路

3. 惯性传感器电路

惯性传感器电路采用 MPU6050 芯片作为惯性传感器。该芯片具有三轴陀螺仪、三轴加速度计模块。

MPU6050 芯片采用 24 引脚、小体积 QFN 封装，外围电路非常简单，仅需 3 个电容即可工作，通信方式采用两线制的 I^2C 协议，极大节省了硬件电路板的空间。在 MPU6050 芯片内部有一个 51 内核的单片机。这个单片机将三轴陀螺仪、三轴加速度计模块的测量值由模拟量转为数字量。为了满足用户的测量要求，三轴陀螺仪、三轴加速度计模块的测量精度是可控的。MPU6050 芯片具有较高的通信频率，最高可达 400Hz，完全满足本设计要求。惯性传感器电路如图 21-3 所示。

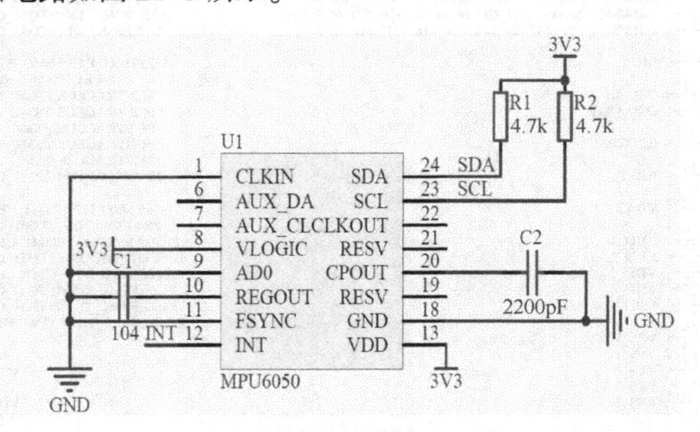

图 21-3　惯性传感器电路

4. 地磁传感器电路

MPU6050 芯片在检测四旋翼飞行器的空间信息时存在着零点漂移。为了解决这个问题，本设计引入了地磁传感器电路。地磁传感器电路用来检测四旋翼飞行器在飞行过程中航向的偏移量，以校正 MPU6050 芯片的零点漂移与测量误差。地磁传感器电路选用三轴数字 IC 芯片 HMC5883L 作为地磁传感器。

HMC5883L 芯片采用 16 引脚 QFN 封装，尺寸为 3.0mm×3.0mm×0.9mm，分辨率为

2mmGs，检测的磁场范围为-8 ～ 8Gs，通信方式采用两线制的 I^2C 协议。HMC5883L 芯片的特点完全满足本设计要求。地磁传感器电路如图 21-4 所示。

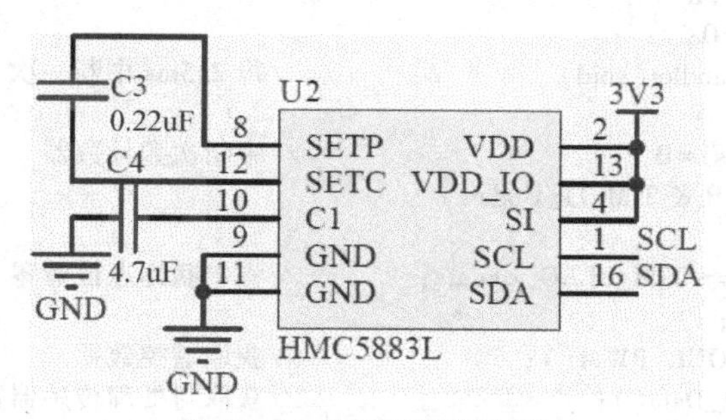

图 21-4　地磁传感器电路

5. 驱动模块

四旋翼飞行器的数学模型为一个典型的非线性系统。为了节约成本与缩短开发时间等，本设计选用了市场比较成熟的电子调速器（俗称电调）。

考虑四旋翼飞行器尺寸搭载负载的能力，最终选择了好盈天行者 30A 电调和朗宇天使 980K 无刷电动机。两者共同构成了四旋翼飞行器的驱动模块。该驱动模块具有了较强的驱动能力。

程序设计

具体程序如下：

```
#include "include.h"
extern u8 sentDateFlag;
int main(void)
{
        IAC_Init();                     //各模块初始化
    Sensor_Init();                      //传感器初始化
  paramLoad();
    State_Display();                    //LED 数据显示
    ALGH_set();                         //设置电调油门行程
    EnTIM3();                           //开定时器
while(1)
    {
        if(sentDateFlag)                //每 10ms 向上位机发送一次数据
        {
            sentDateFlag=0;
        Data_Send_Senser();
            Data_Send_Status();
        }
        BATTDispaly();                  //电压与遥控器各通道数据显示
    }
}
```

中断程序

```
#include "stm32f10x_it.h"
#include "include.h"
u8 sentDateFlag=0;
void TIM3_IRQHandler(void)                    //每 2.5ms 中断一次
{
    static u16 ms1=0;                         //中断次数计数器
    if(TIM3->SR & TIM_IT_Update)
    {
    TIM3->SR=~TIM_FLAG_Update;                //将中断标志位清零
        ms1++;
        GET_FOUR_PWM();                       //获取遥控数据
        Prepare_Data();                       //获取与处理传感器数据
        Get_Attitude();                       //姿态信息解算
        CONTROL(angle.pitch,angle.roll,0);    //电动机的控制
        if(ms1==8)
        {
    ms1=0;
        //  Get_High();
            Deblocking();                     //上锁与解锁
            if(ARMED)    LED_Sailing(5);
            sentDateFlag=1;
        }
        }
}
#include "include.h"
struct_ctrl ctrl;
u8 ARMED=0;
vs16 Moto_duty[4];
/**************************************************************/
void CONTROL(float rol,float pit,float yaw)
{
    static float roll_old,pitch_old;
    if(ctrl.ctrlRate>=2)                      //内环 PD 控制程序执行两次,外环 PID 控制程
                                              //序执行一次
    {
/********************外环 PID 控制程序**************************/
        pit=pit-(Rc_Data.PITCH-Rc_Data.pitch_offset)/15;
        ctrl.pitch.shell.increment+=pit;
        if(ctrl.pitch.shell.increment>ctrl.pitch.shell.increment_max)
                ctrl.pitch.shell.increment=ctrl.pitch.shell.increment_max;
        else if(ctrl.pitch.shell.increment<-ctrl.pitch.shell.increment_max)
                ctrl.pitch.shell.increment=-ctrl.pitch.shell.increment_max;
        ctrl.pitch.shell.pid_out=ctrl.pitch.shell.kp*pit+ctrl.pitch.shell.ki*ctrl.pitch.shell.
increment+ctrl.pitch.shell.kd*(pit-pitch_old);
        pitch_old=pit;
        rol=rol-(Rc_Data.ROLL-Rc_Data.roll_offset)/15;
        ctrl.roll.shell.increment+=rol;
        if(ctrl.roll.shell.increment>ctrl.roll.shell.increment_max)
                ctrl.roll.shell.increment=ctrl.roll.shell.increment_max;
        else if(ctrl.roll.shell.increment<-ctrl.roll.shell.increment_max)
                ctrl.roll.shell.increment=-ctrl.roll.shell.increment_max;
```

```
        ctrl. roll. shell. pid _ out = ctrl. roll. shell. kp * rol + ctrl. roll. shell. ki * ctrl. roll. shell.
increment+ctrl. roll. shell. kd * (rol-roll_old);
        roll_old=rol;
    ctrl. yaw. shell. pid _ out = ctrl. yaw. shell. kp * ( Rc _ Data. YAW - Rc _ Data. yaw _ offset )/5 +
ctrl. yaw. shell. kd * sensor. gyro. origin. z;
        ctrl. ctrlRate=0;
    }
    ctrl. ctrlRate++;
  /******************内环PD控制程序****************************/
    ctrl. roll. core. kp _ out = ctrl. roll. core. kp * ( ctrl. roll. shell. pid _ out + sensor. gyro. radian. y *
RtA);
    ctrl. roll. core. kd_out=ctrl. roll. core. kd * (sensor. gyro. origin. y-sensor. gyro. histor. y);
    ctrl. pitch. core. kp_out=ctrl. pitch. core. kp * (ctrl. pitch. shell. pid_out+sensor. gyro. radian. x *
RtA);
    ctrl. pitch. core. kd_out=ctrl. pitch. core. kd * (sensor. gyro. origin. x-sensor. gyro. histor. x);
    ctrl. yaw. core. kp _ out = ctrl. yaw. core. kp * ( ctrl. yaw. shell. pid _ out + sensor. gyro. radian. z *
RtA);
    ctrl. yaw. core. kd_out=ctrl. yaw. core. kd * (sensor. gyro. origin. z-sensor. gyro. histor. z);
    ctrl. roll. core. pid_out=ctrl. roll. core. kp_out+ctrl. roll. core. kd_out;
    ctrl. pitch. core. pid_out=ctrl. pitch. core. kp_out+ctrl. pitch. core. kd_out;
    ctrl. yaw. core. pid_out=ctrl. yaw. core. kp_out+ctrl. yaw. core. kd_out;
    sensor. gyro. histor. x=sensor. gyro. origin. x;
    sensor. gyro. histor. y=sensor. gyro. origin. y;
  sensor. gyro. histor. z=sensor. gyro. origin. z;
    if(Rc_Data. THROTTLE>1100)
    {
        int date_THROTTLE=Rc_Data. THROTTLE;
        Moto_duty[0]=date_THROTTLE-1000-ctrl. roll. core. pid_out-ctrl. pitch. core. pid_out-
ctrl. yaw. core. pid_out;
        Moto_duty[1]=date_THROTTLE-1000-ctrl. roll. core. pid_out+ctrl. pitch. core. pid_out+
ctrl. yaw. core. pid_out;
        Moto_duty[2]=date_THROTTLE-1000+ctrl. roll. core. pid_out+ctrl. pitch. core. pid_out-
ctrl. yaw. core. pid_out;
        Moto_duty[3]=date_THROTTLE-1000+ctrl. roll. core. pid_out-ctrl. pitch. core. pid_out+
ctrl. yaw. core. pid_out;
        if(Moto_duty[0]<=0)Moto_duty[0]=0;
        if(Moto_duty[1]<=0)Moto_duty[1]=0;
        if(Moto_duty[2]<=0)Moto_duty[2]=0;
        if(Moto_duty[3]<=0)Moto_duty[3]=0;
    }
    else
    {
        Moto_duty[0]=Moto_duty[1]=Moto_duty[2]=Moto_duty[3]=0;
        ctrl. pitch. shell. increment=0;
        ctrl. roll. shell. increment=0;
    }
    if(ARMED)Moto_PwmRflash(Moto_duty[0],Moto_duty[1],Moto_duty[2],Moto_duty[3]);
    else      Moto_PwmRflash(0,0,0,0);
}
```

电路板布线图（见图 21-5）

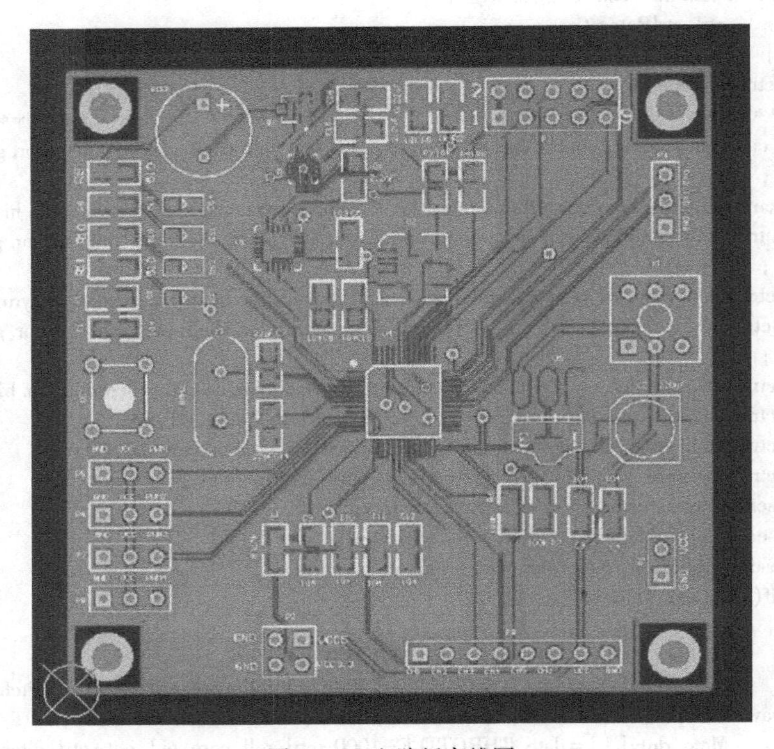

图 21-5　电路板布线图

实物照片（见图 21-6）

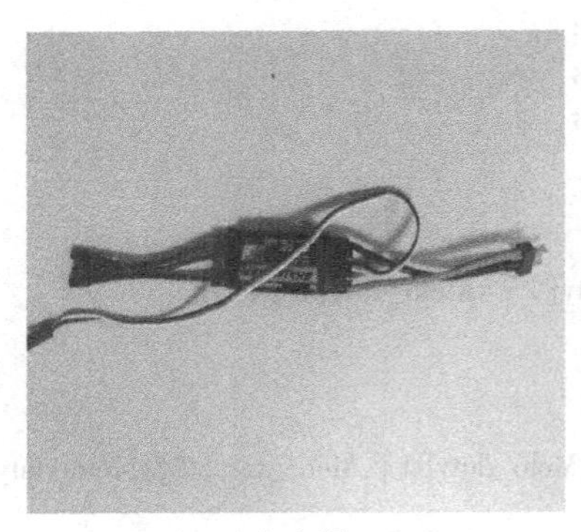

（a）电调

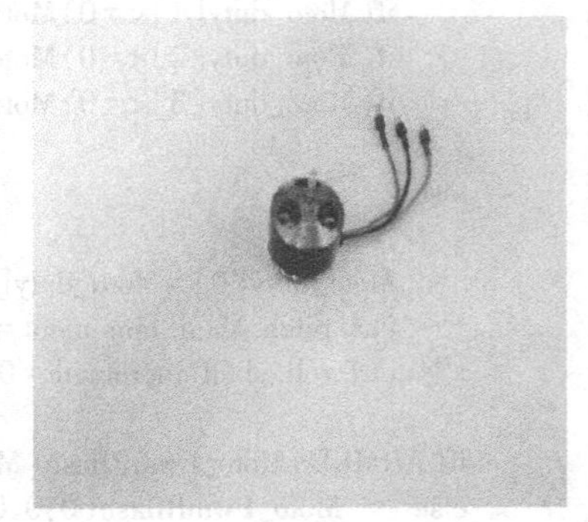

（b）电动机

图 21-6　实物照片

（c）四旋翼飞行器的总体装配

（d）四旋翼飞行器的调试

图 21-6　实物照片（续）

思考与练习

（1）简述 STM32 系列芯片的复位形式。

答：STM32 系列芯片支持三种复位形式，分别为系统复位、电源复位和备份区域复位。

（2）地磁传感器的工作原理是什么？

答：当被测物体在地磁场中运动时，地磁传感器能够感应地磁场的分布变化，从而指示被测物体的姿态和运动角度等信息。

特别提醒

（1）请务必检查各部件是否完好，如发现有老化或损坏的，请不要使四旋翼飞行器飞行。

（2）确保遥控器、电池及所有部件供电量充足后，再使四旋翼飞行器飞行。

项目 22　电动狗电路

设计任务

基于单片机设计一个能模拟狗叫声的电路，并且能驱动电动机模拟狗行走，通过两个挡位模拟狗行走的两种速度。

基本要求

本设计采用 5V 电源供电。当按下相应开关时，音乐芯片电路能发出狗叫声，同时实现电动机两种速度的转动。

总体思路

电动狗电路由 STC12C5A60S2 单片机控制音乐芯片发出狗叫声，并驱动电动机模拟狗行走。

系统组成

电动狗电路主要分为电源及指示灯电路、按键电路、音乐芯片电路、单片机电路、电动机驱动电路 5 个模块。

模块详解

电动狗电路如图 22-1 所示。经过测试，电动狗电路能够实现电动机两种速度的转动，同时发出狗叫声，满足本设计要求。下面分别对电动狗电路的各主要模块进行详细介绍。

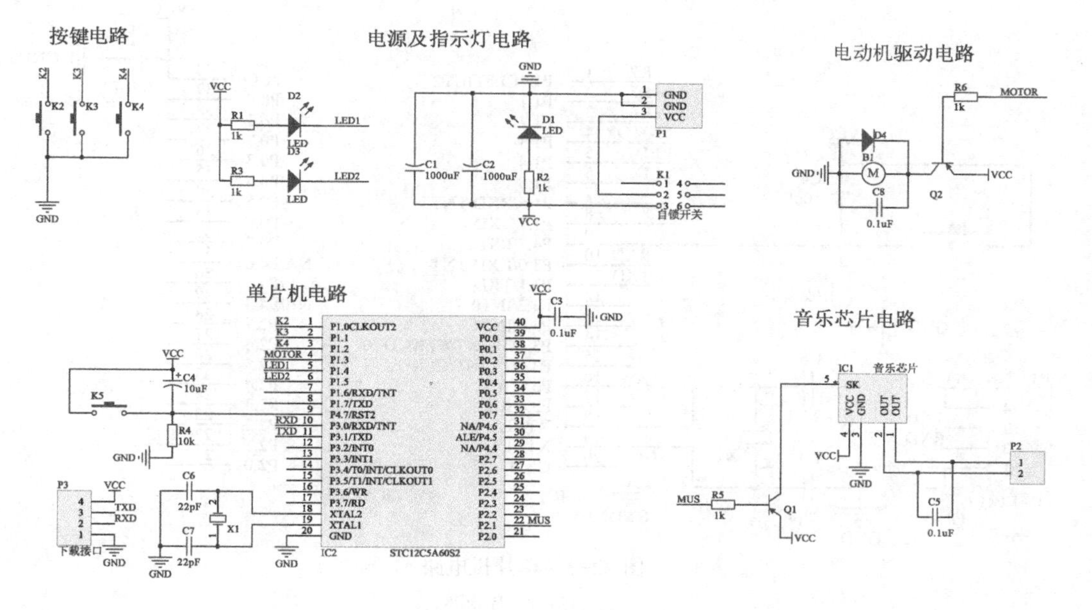

图 22-1　电动狗电路

1. 电源及指示灯电路

本设计需要 5V 供电电源。电源及指示灯电路如图 22-2 所示。其中，D1 为电源指示灯，D2 和 D3 为电动机两种速度的指示灯。

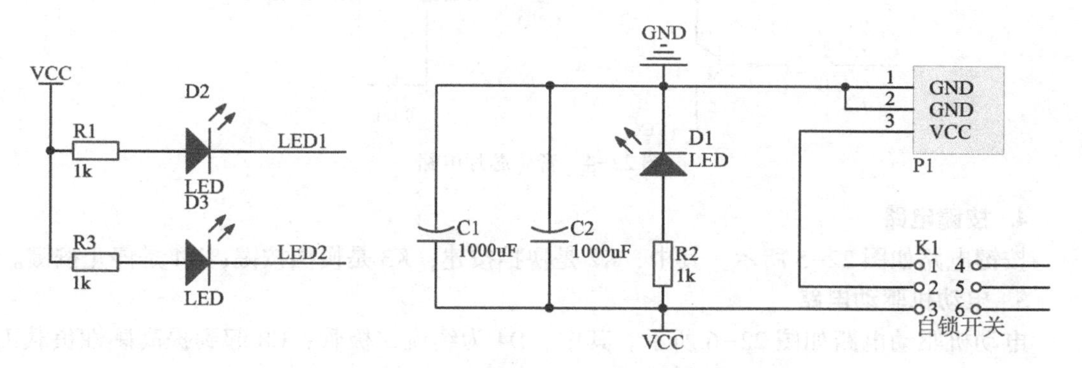

图 22-2　电源及指示灯电路

2. 单片机电路

单片机电路如图 22-3 所示。单片机电路选用 STC12C5A60S2 单片机。STC12C5A60S2 单片机的 P1. 3 引脚信号控制电动机运转；STC12C5A60S2 单片机的 P2. 1 引脚信号控制音乐芯片发声；C3 为去耦电容。

3. 音乐芯片电路

音乐芯片电路如图 22-4 所示。其中，R5 起到限流作用；Q1 用于驱动音乐芯片；C5 可以提高感性负载工作效率；P2 用于外接一个扬声器。

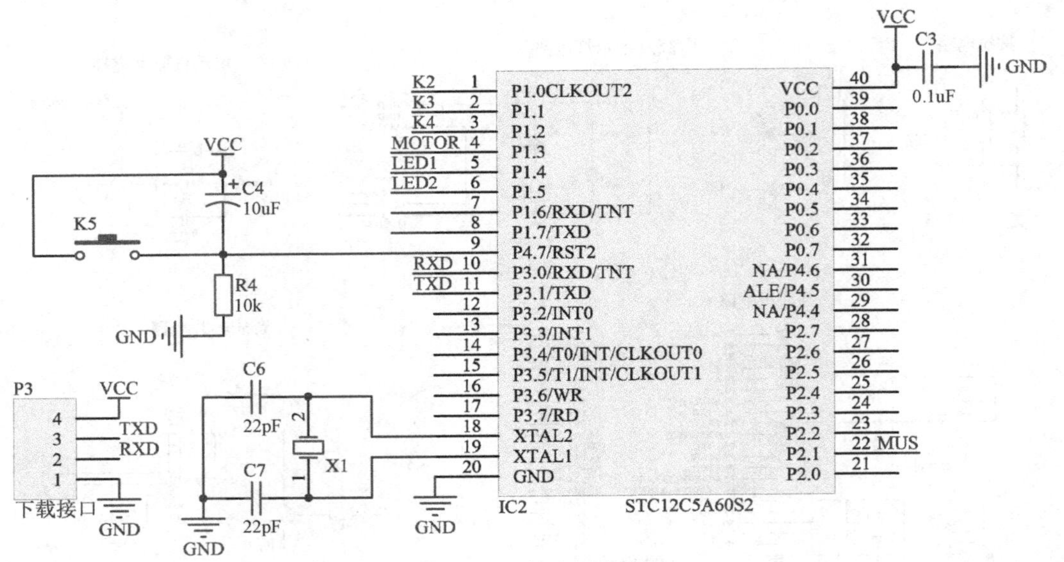

图 22-3　单片机电路

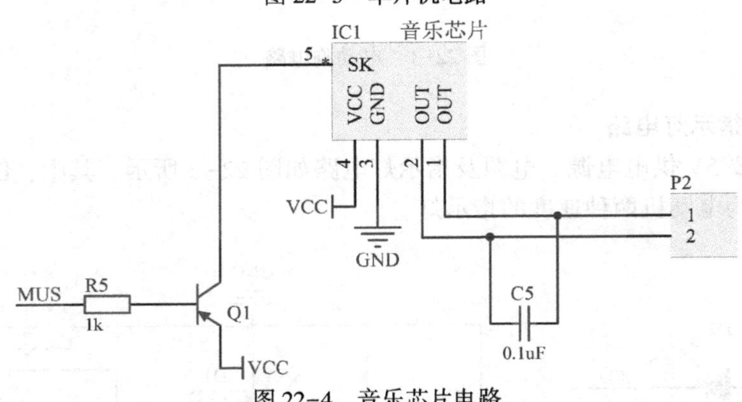

图 22-4　音乐芯片电路

4. 按键电路

按键电路如图 22-5 所示。其中，K2 是快挡按键；K3 是慢挡按键；K4 是停止按键。

5. 电动机驱动电路

电动机驱动电路如图 22-6 所示。其中，D4 为续流二极管；C8 起到提高感性负载工作效率的作用；Q2 用于驱动电动机。

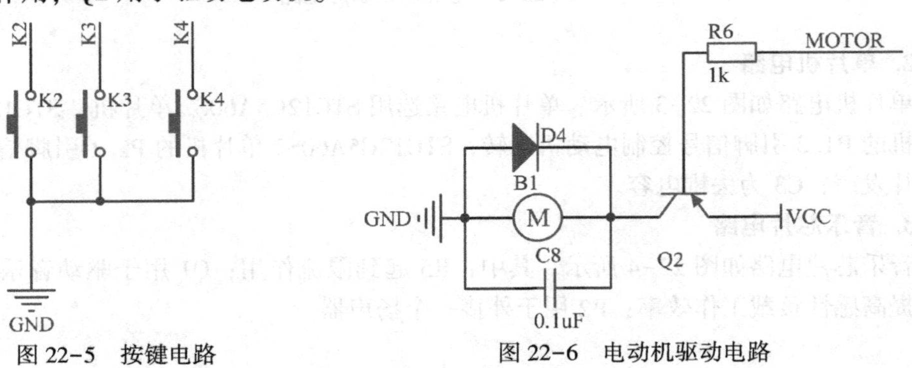

图 22-5　按键电路

图 22-6　电动机驱动电路

程序设计

程序流程图如图 22-7 所示。

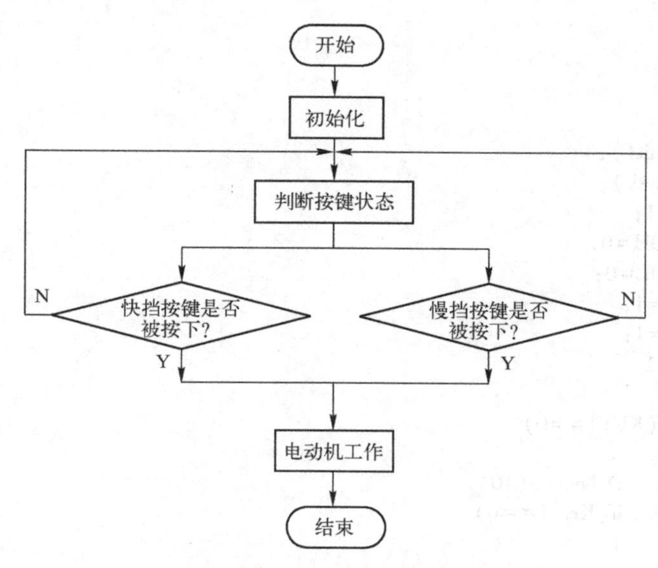

图 22-7　程序流程图

具体程序如下：

```
#include "STC12C5A60S2. H"
#include "Delay. h"

sbit    KEY1=P1^0;
sbit    KEY2=P1^1;
sbit    KEY3=P1^2;
sbit    LED1 =P1^4;
sbit    LED2 =P1^5;
sbit    OUT  =P2^1;
unsigned char Time0mark=0;
unsigned int Time0count=0;

void InterrInit();
void PCA_set()
{

    CCON=0;
    CL=0;
    CH=0;
    CMOD=0x00;
    CCAPM0=0x42;
    CCAP0H=0x00;
    CCAP0L=0x00;
```

```
    CCAP1H=0x80;
    CCAP1L=0x80;

    PCA_PWM0=0x03;
    CCAPM0=0x42;

    CR=1;

}
void main()
{
    InterrInit();
    PCA_set();
    OUT=1;
    CCAP0H=0;
    CCAP0L=0;
    LED1=1;
    LED2=1;
    while(1)
    {
        if(KEY1==0)
        {
            DelayNms(10);
            if(KEY1==0)
            {

                OUT=0;
                Time0mark=1;
                Time0count=0;
                CCAP0H=255;
                CCAP0L=255;
                LED1=0;
                LED2=1;
                do{
                    do{
                        ;
                    }while(KEY1==0);
                    DelayNms(10);
                }while(KEY1==0);
            }
        }
        if(KEY2==0)
        {
            DelayNms(10);
            if(KEY2==0)
            {

                OUT=0;
                Time0mark=1;
                Time0count=0;
                CCAP0H=150;
                CCAP0L=150;
```

```
                    LED1=1;
                    LED2=0;
                    do{
                         do{
                              ;
                         }while(KEY2==0);
                         DelayNms(10);
                    }while(KEY2==0);
               }
          }
          if(KEY3==0)
          {
               DelayNms(10);
               if(KEY3==0)
               {

                    OUT=1;
                    Time0mark=0;
                    Time0count=0;
                    CCAP0H=0;
                    CCAP0L=0;
                    LED1=1;
                    LED2=1;
                    do{
                         do{
                              ;
                         }while(KEY3==0);
                         DelayNms(10);
                    }while(KEY3==0);
               }
          }
     }
}

void InterrInit()
{

     TMOD=0X01;              //定时器1为16位计数器模式,定时器0为16位定时器模式
     TH0=(65536-50000)/256;
     TL0=(65536-50000)%256;
     ET0=1;                  //开T0中断
     EA=1;                   //开总中断
     TR0=1;                  //启动定时器0
}

void Time0()interrupt 1
{
     TH0=(65536-50000)/256;
     TL0=(65536-50000)%256;
     if(Time0mark==1)
     {
          Time0count++;
```

```
        if(Time0count>20)
        {
            OUT=!OUT;
            Motor=!Motor;
            Time0count=0;
        }
    }
}
```

电路板布线图（见图 22-8）

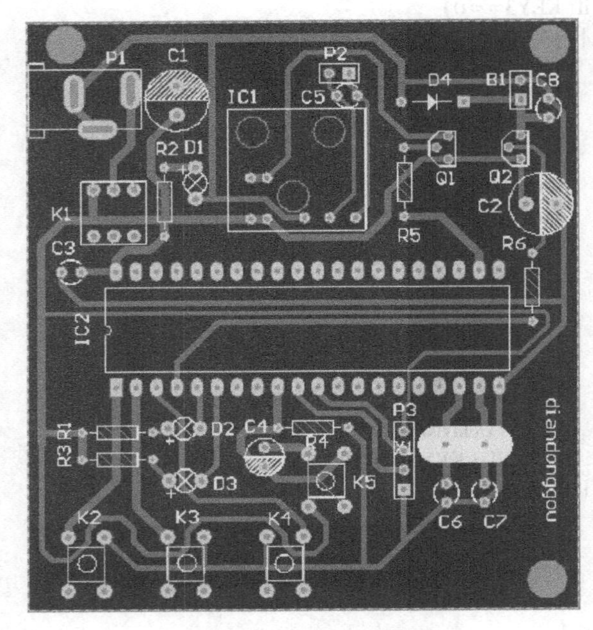

图 22-8 电路板布线图

实物照片（见图 22-9）

（a）电动狗电路板

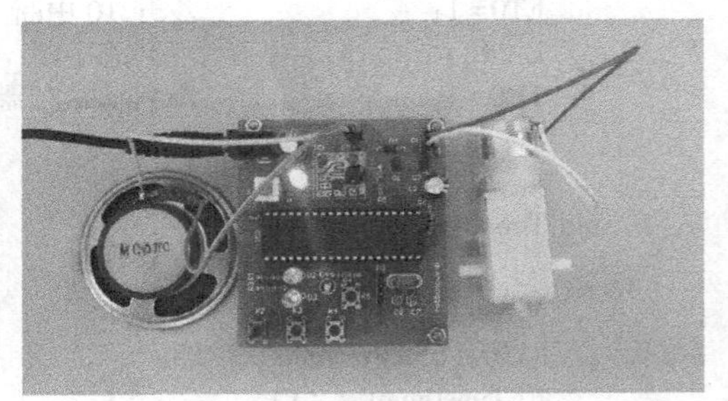

（b）测试电动狗电路板

图 22-9 实物照片

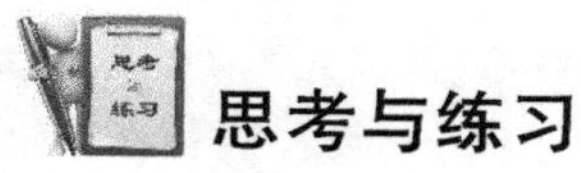

思考与练习

（1）在电动机驱动电路中，二极管 D4 的作用是什么？

答：二极管 D4 起到续流的作用。当电动机的供电停止时，电动机驱动电路会有一个反向电流，此时二极管 D4 起到续流的作用，从而保护了电动机。

（2）在本设计中，电容 C5 和 C8 的作用是什么？

答：电容 C5 和 C8 选用 0.1μF 电容，起到提高感性负载工作效率的作用。在感性负载两端并联电容可以补偿感性负载的无功功率，从而减少甚至消除感性负载与电源之间原有的能量交换，所以可以视为电容起到提高负载功率因数的作用。

（3）在电源及指示灯电路中，电容 C1 和 C2 为什么选用 1000μF 电容？

答：由于电源电路要给电动机供电，而电动机的启动电流非常大，电源电压会被拉得很低，使电源电路工作状态非常不稳定，所以要选用大电容来稳定电源电路工作状态。

特别提醒

（1）在封装音乐芯片时，要注意过孔的位置和尺寸。

（2）注意各个按键的功能及快慢两个挡位的选择。

项目 23　超声波测距电路

设计任务

利用单片机设计一个超声波测距电路，并通过数码管把测出的距离显示出来。

基本要求

距离显示：用三位一体数码管进行显示（单位是 cm）。
测距范围：25 ～ 400cm。

总体思路

本设计采用 AT89C2051 单片机，并由该单片机的 P3.5 引脚信号驱动超声波发射电路发射超声波。该超声波经反射后由超声波接收电路接收、放大、整形，然后被输入 AT89C2051 单片机，经程序计算后，将相应的计算结果送至数码管显示。

系统组成

限制超声波系统最大可测距离的 4 个因素是超声波的幅度、反射物的质地、反射超声波和入射超声波之间的夹角、接收换能器的灵敏度。接收换能器对超声波的直接接收能力决定了最小可测距离。

按照本设计要求，初步确定超声波测距电路主要由单片机电路、显示电路、超声波发射电路、超声波接收电路 4 个模块组成。超声波测距电路系统框图如图 23-1 所示。

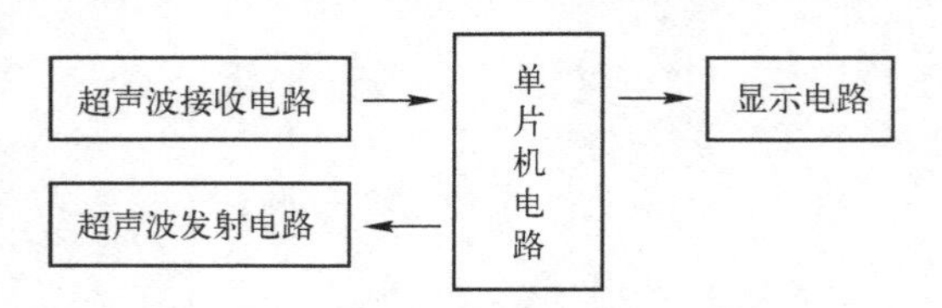

图 23-1　超声波测距电路系统框图

模块详解

1. 单片机电路

单片机电路由 AT89C2051 单片机、晶振电路、复位电路组成，如图 23-2 所示。AT89C2051 单片机工作性能稳定。

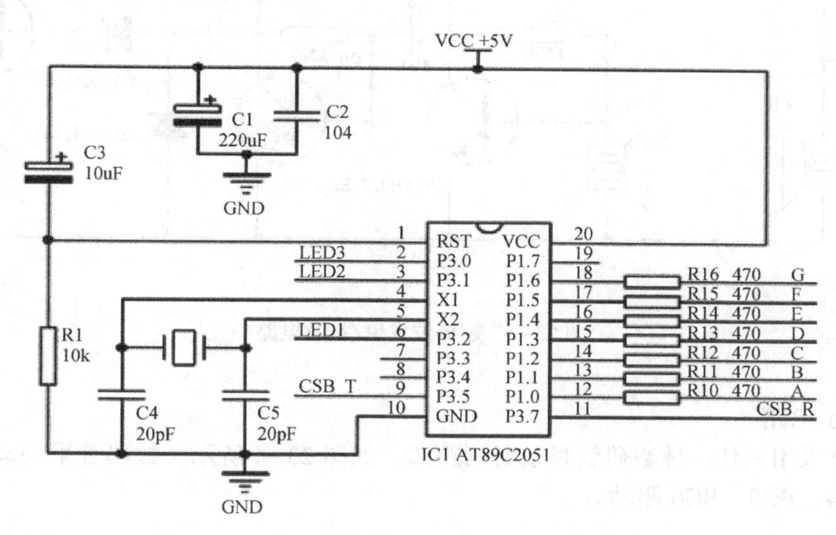

图 23-2　单片机电路

2. 超声波发射/接收电路

超声波发射/接收电路如图 23-3 所示。其中，由电阻 R2 及超声波发射头 T40 组成超声波发射电路；由 BG1、BG2 组成两级放大电路；由 C7、D1、D2 及 BG3 组成检波电路、比较整形电路。超声波接收电路就是由超声波接收头、两级放大电路、检波电路及比较整形电路组成的。由 AT89C2051 单片机的 P3.5 引脚信号驱动超声波发射头发射超声波，经反射后由超声波接收头接收到 40kHz 的超声波。由于超声波在空气中传播时会被衰减，所以接收到的超声波幅值较低。接收到的超声波经放大、整形后，成为一个负跳变信号，并被输入 AT89C2051 单片机的 P3.7 引脚。

由 AT89C2051 单片机的 P3.5 引脚发出的方波信号周期为 1/40ms，即 25μs，半周期为 12.5μs。每隔半周期，将 AT89C2051 单片机的 P3.5 引脚信号取反，便可产生 40kHz 方波信号。由于单片机电路的晶振频率为 12MHz，因而 AT89C2051 单片机的时间分辨率是 1μs，所以只能产生半周期为 12μs 或 13μs 的方波信号，其频率分别为 41.67kHz 和 38.46kHz。本设计在编程时选用了后者，让 AT89C2051 单片机产生 38.46kHz 的方波信号。

由于反射回来的超声波非常微弱，所以超声波接收电路必须将其进行放大。将超声波接收头接收到的超声波加到 BG1、BG2 组成的两级放大电路上进行放大。每级放大电路的放大倍数为70。放大后的信号通过检波电路得到解调后的信号，即把多个脉冲波解调成多个大脉冲波。

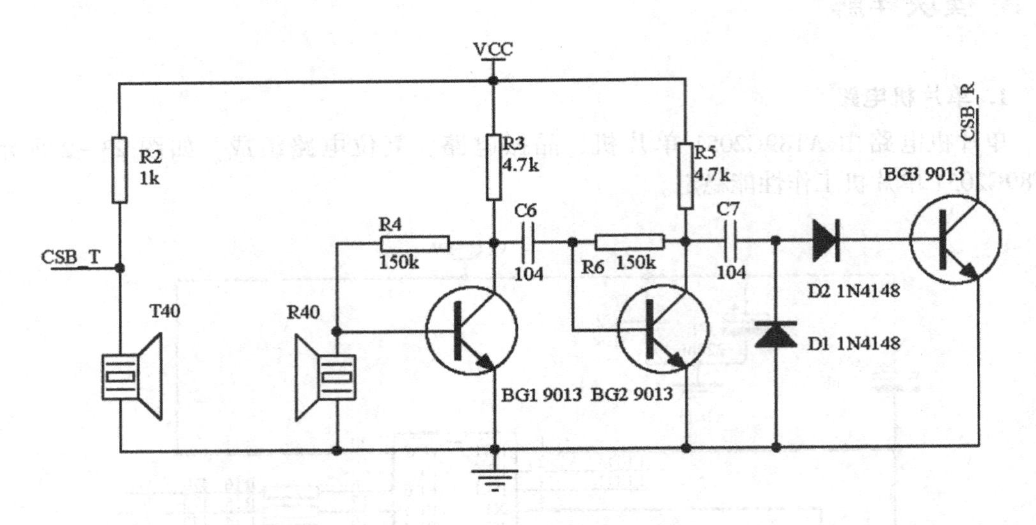

图 23-3　超声波发射/接收电路

3. 显示电路

本设计采用三位一体数码管显示所测距离，如图 23-4 所示。数码管采用动态扫描方式，由 BG4、BG5、BG6 驱动。

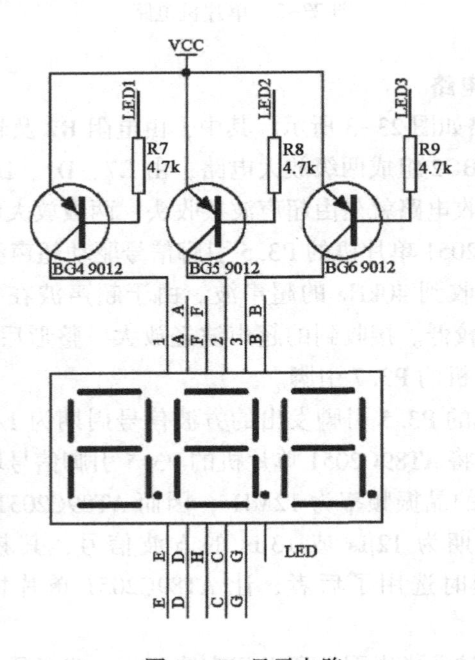

图 23-4　显示电路

总体电路仿真（见图 23-5）

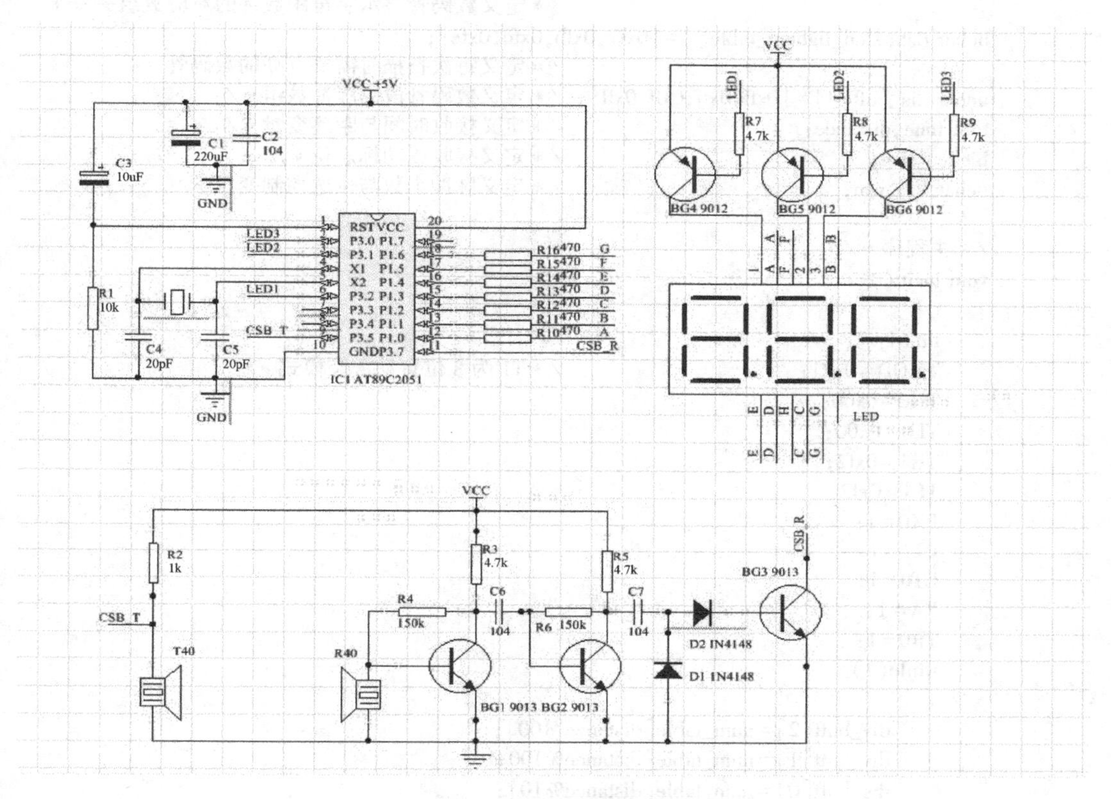

图 23-5　总体电路仿真

程序设计

具体程序如下：

```
/*****************************************************************
Directions：经实践表明，当测距范围在 0.21 ～ 2m 时，测距误差不超过 0.5cm；
当测距范围大于 2m 时，测距误差不超过 1.5cm。
*****************************************************************/
#include<reg51.h>                          /*头文件*/
#include<intrins.h>
#define uchar unsigned char                /*缩定义*/
#define uint unsigned int
#define nop() _nop_()                      /*定义空操作指令*/
#define sled_dm_port P0                    /*定义数码管段码控制端口*/
#define sled_wm_port P1                    /*定义数码管位码控制端口*/
sbit vout=P1^6;                            /*声明 40kHz 脉冲信号输出端口*/
sbit fm=P1^7;                              /*声明蜂鸣器使能引脚*/
```

```
void delay_1ms(uchar x);                    /*以 1ms 为单位的延时程序 */
void display();                             /*显示子程序*/
uchar code num_table[13] =
{0xc0,0xf9,0xa4,0xb0,0x99,0x92,0x82,0xf8,0x80,0x90,0xbf,0xff,0x7f};
                                            /*定义数码管显示字符跟数字的对应数组关系*/
uchar data sled_lighten_table[] = {0xf7,0xfb,0xfd,0xfe};
                                            /*定义每次扫描时需要点亮的数码管*/
uchar dis_buff[4] = {0xff,0xff,0xff,0xff};  /*定义数码管段码缓冲数组*/
uint time,distance;                         /*定义接收时间与距离变量*/
bit rec_flag;                               /*定义接收成功标志位*/
uchar k,j,wm;                               /*定义脉冲个数与位选控制变量*/

/*主程序*/
void main()
{
    uint i;
    TMOD=0x21;                              /*T1 为 8 位自动重装模式*/
    TH0=0x00;
    TL0=0x00;
    TH1=0xf2;
    TL1=0xf2;
    PX0=1;
    PT1=1;
    ET0=1;
    EA=1;
    TR0=1;
    while(1)
    {
        dis_buff[2]=num_table[distance/100];
        dis_buff[1]=num_table[distance%100/10];
        dis_buff[0]=num_table[distance%10];
        display();
        if(rec_flag)
        {
            rec_flag=0;
            for(i=400;i>0;i--)              /*测量间隔控制(约为 400ms)*/
                display();
            EA=1;
            TR0=1;
        }
    }
}
/*显示子程序*/
void display()
{
    sled_wm_port=0xff;
    if(wm==3)
        sled_dm_port=0xff;
    if(wm==2)
    {
        if(dis_buff[2]==0xc0)
            sled_dm_port=0xff;
```

```
            else
                sled_dm_port=dis_buff[2];
        }
        else
            sled_dm_port=dis_buff[wm];
        sled_wm_port=sled_lighten_table[wm];
        wm++;
        if(wm==4)
            wm=0;
        delay_1ms(1);
}                                           /*定时器T0中断程序*/
void TIMER0() interrupt 1
{
    EA=0;
    TH0=0x00;
    TL0=0x00;
    ET1=1;
    EA=1;
    TR1=1;
    TR0=1;
}
/*定时器T1中断程序*/
void TIMER1() interrupt 3
{
    vout=!vout;
    k++;
    if(k>=4)                                /*控制超声波脉冲个数(为赋值的一半)*/
    {
        k=0;
        TR1=0;
        ET1=0;
        for(j=200;j>0;j--);                 /*1ms延时避开盲区*/
        for(j=200;j>0;j--);
        for(j=200;j>0;j--);
        EX0=1;                              /*开启外部中断0*/
    }
}                                           /*外部中断0程序*/
void PINT0() interrupt 0
{
    TR0=0;
    TR1=0;
    ET1=0;
    EA=0;
    EX0=0;
    rec_flag=1;                             /*接收成功标志位置1*/
    time=TH0;
    time=time*256+TL0;
    time=time-120;                          /*补偿软件或硬件带来的误差*/
    distance=time*0.017;
}                                           /*以1ms为单位的延时程序*/
void delay_1ms(uchar x)
{
```

```
    uchar i;
    while(x--)
        for(i=0;i<100;i++);
}
```

电路板布线图（见图 23-6）

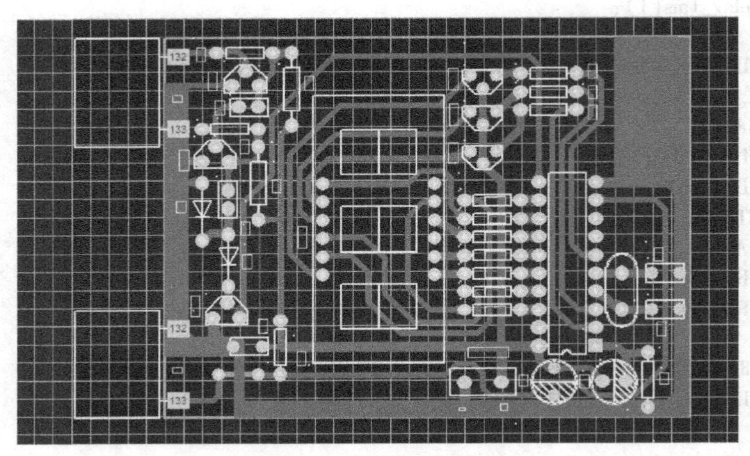

图 23-6　电路板布线图

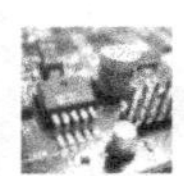

实物照片（见图 23-7）

图 23-7　实物照片

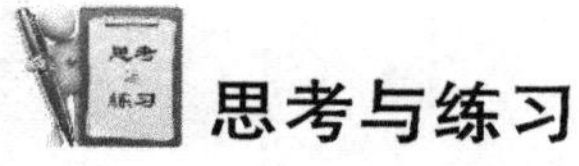

思考与练习

（1）测量结果会受到温度的影响而产生误差，在试验中如何减小这种误差？

答：可以在超声波测距电路中设计温度补偿电路，以校正测量结果。

（2）最小可测距离由什么决定？

答：接收换能器对超声波的直接接收能力决定了最小可测距离。

（3）晶振在单片机电路中起到了什么作用？

答：为单片机提供基本的时钟信号。

注意事项

总体来说，本设计基本上达到了要求。理想上超声波测量距离能达到 5 ～ 7m，而本设计所能实现的最大测量距离只有 4.00m，测量结果受环境温度影响，分析其原因如下。

（1）为了简化电路，超声波发射电路没有设置专门的超声波驱动电路，而是在 AT89C2051 单片机的 P3.5 引脚上加了一个上拉电阻后，就用这个引脚信号直接驱动超声波发射头发射超声波了。理论上，这时的驱电电压只有 5V。

（2）本设计没有设计温度补偿电路来校正测量结果。

项目 24　倒车提示电路

设计任务

利用单片机设计一个倒车提示电路，并应用于汽车的倒车雷达，以保障倒车时车辆与人员的安全。

基本要求

本设计测量范围应在 40cm ～ 699cm，误差为 1cm，测量时环境温度在 20℃左右。

总体思路

通过超声波发射电路向某一个方向发射超声波，同时单片机在超声波发射时刻开始定时。超声波在空气中传播，途中碰到障碍物就立即反射回来。当超声波接收电路接收到反射的超声波时，单片机就立即停止定时。超声波在空气中的传播速度为 v，根据单片机定时的时间 t 就可以计算出超声波发射点与障碍物之间的距离。

本设计利用单片机控制超声波的发射和对超声波自发射至接收的定时。本设计在启动超声波发射电路的同时，启动单片机内部定时器，利用定时器的计数功能记录超声波发射的时间和接收到反射的超声波的时间。当接收到反射的超声波时，超声波接收电路输出端产生一个负跳变信号。当单片机检测到这个负跳变信号后，停止内部定时器定时，读取时间，计算超声波发射点与障碍物之间的距离，并将测量结果输出给 LED 显示。

系统组成

倒车提示电路主要分为单片机电路、超声波发射电路、超声波接收电路、显示电路、供电电路、报警输出电路 6 个模块。

模块详解

倒车提示电路如图 24-1 所示。

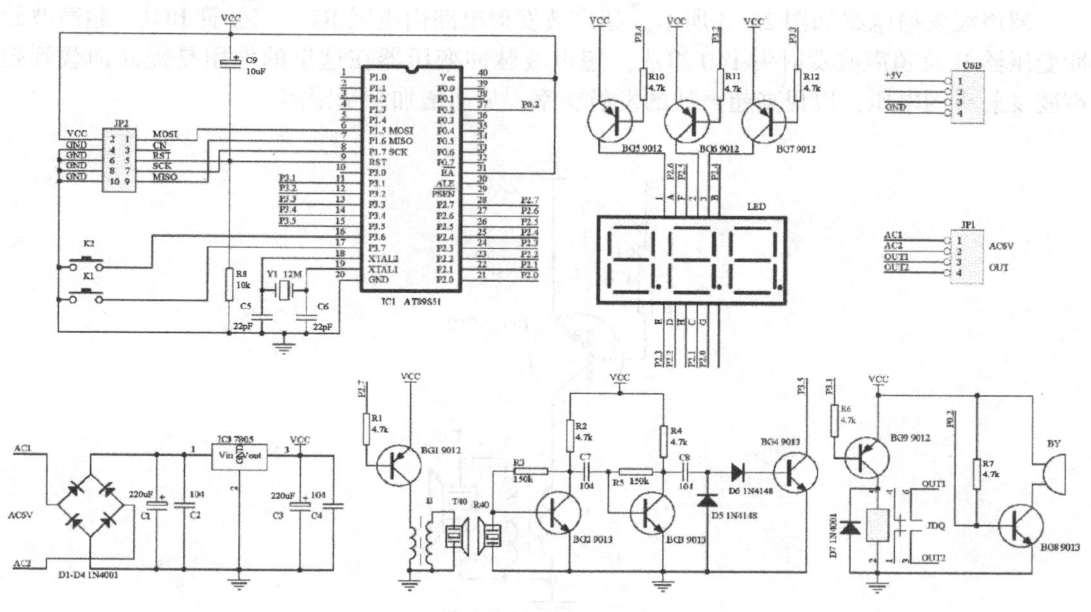

图 24-1　倒车提示电路

1. 单片机电路

如图 24-2 所示，单片机电路主要由 AT89S51 单片机、晶振电路、复位电路、电源滤

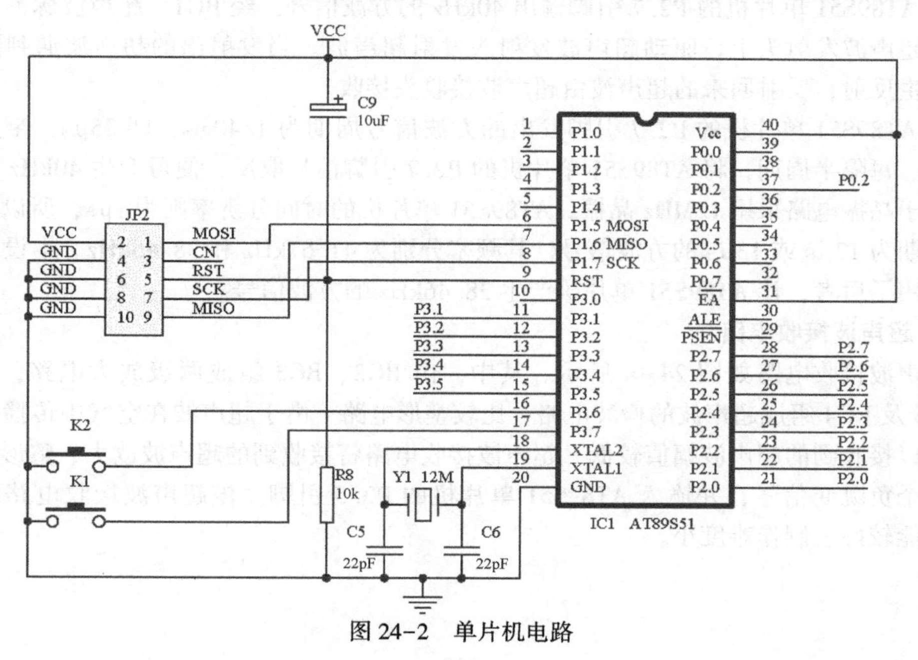

图 24-2　单片机电路

波电路组成。其中，K1 和 K2 用于设定超声波测距报警值。单片机电路采用 12MHz 高精度的晶振，以获得较稳定时钟频率，减小测量误差。AT89S51 单片机的 P2.7 引脚输出超声波换能器所需的 40kHz 的方波信号。AT89S51 单片机的 P3.5 引脚接收超声波接收电路输出的信号。

2. 超声波发射电路

超声波发射电路如图 23-3 所示。超声波发射电路由电阻 R1、三极管 BG1、超声波脉冲变压器 B 及超声波发射头 T40 组成。超声波脉冲变压器在这里的作用是提高加载到超声波发射头的电压，以提高超声波的发射功率，从而增加测量距离。

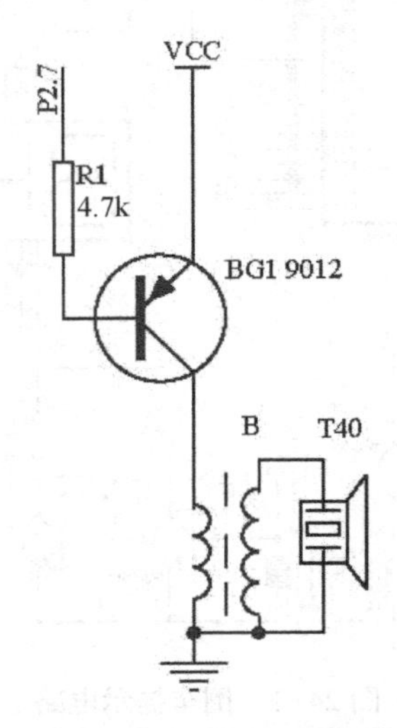

图 24-3　超声波发射电路

由 AT89S51 单片机的 P2.7 引脚输出 40kHz 的方波信号，经 BG1、超声波脉冲变压器加载到超声波发射头上，驱动超声波发射头发射超声波。当发射出的超声波遇到障碍物后，发生反射，反射回来的超声波由超声波接收头接收。

由 AT89S51 单片机的 P2.7 引脚发出的方波信号周期为 1/40ms，即 25μs，半周期为 12.5μs。每隔半周期，将 AT89S51 单片机的 P2.7 引脚信号取反，便可产生 40kHz 方波信号。由于晶振电路采用 12MHz 晶振，AT89S51 单片机的时间分辨率则为 1μs，所以只能产生半周期为 12μs 或 13μs 的方波信号，其频率分别为 41.67kHz 和 38.46kHz。本设计在编程时选用了后者，让 AT89S51 单片机产生 38.46kHz 的方波信号。

3. 超声波接收电路

超声波接收电路如图 24-4 所示。其中，由 BG2、BG3 组成两级放大电路，由 C8、D5、D6 及 BG4 组成超声波的检波电路、比较整形电路。由于超声波在空气中传播时被衰减，所以接收到的超声波幅值较低。超声波接收电路将接收到的超声波放大、整形，最后输出一个负跳变信号，并输入 AT89S51 单片机的 P3.5 引脚。该超声波接收电路结构简单、性能较好、制作难度小。

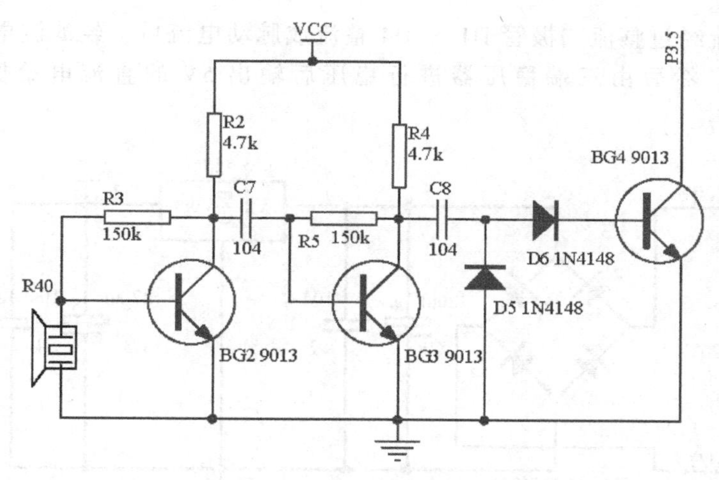

图 24-4　超声波接收电路

4. 显示电路

本设计采用三位一体数码管显示所测距离，如图 24-5 所示。数码管采用动态扫描方式进行显示。AT89S51 单片机的 P2.0 ～ P2.6 引脚为段码输出端口。AT89S51 单片机的 P3.2 ～ P3.4 引脚为位码输出端口。PNP 型三极管驱动数码管位。

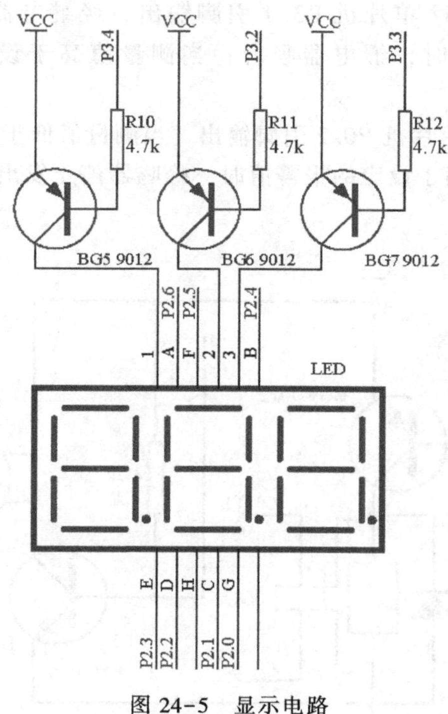

图 24-5　显示电路

5. 供电电路

为保证倒车提示电路可靠工作，其供电电压为交流 6 ～ 9V。供电电路如图 24-6

所示。交流电流经过整流二极管 D1 ～ D4 整流成脉动电流后，经滤波电容 C1 滤波后形成直流电流，然后由三端稳压器进行稳压后输出 5V 的直流电给倒车提示电路供电。

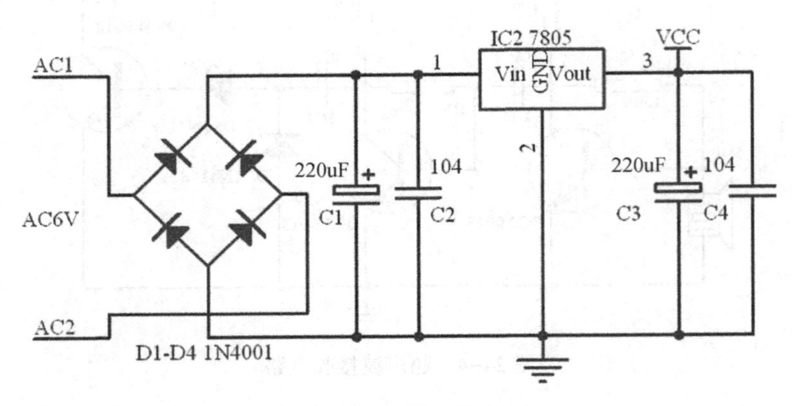

图 24-6　供电电路

6. 报警输出电路

为提高倒车提示电路的实用性，本设计提供开关量信号及声响信号两种报警信号。

开关量信号由 AT89S51 单片机 P3.1 引脚输出，经继电器可驱动较大的负载。当测量值低于设定的报警值时，继电器吸合；当测量值高于设定的报警值时，继电器断开。

声响信号由 AT89S51 单片机 P0.2 引脚输出。当测量值低于设定的报警值时，蜂鸣器发出报警声响；当测量值高于设定的报警值时，蜂鸣器停止发出报警声响。报警输出电路如图 24-7 所示。

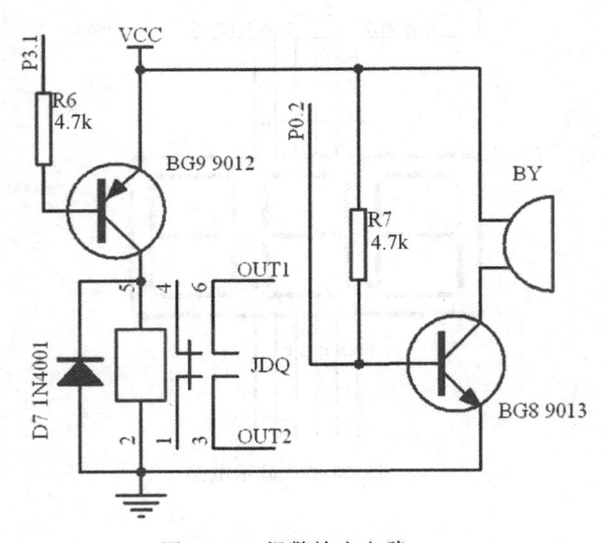

图 24-7　报警输出电路

程序设计

具体程序如下：

```
#include <REGX51. H>
#include <intrins. h>

#define uchar unsigned char
#define uint unsigned int

#define k1 P3_7
#define k2 P3_6
#define bjh P3_1
#define sx P0_2
#define csbout P2_7             //定义超声波发送端口
#define csbint P3_5             //定义超声波接收端口
uchar ec,cls;cs;xl,mq,xm0,xm1,xm2,sec20,sec,sec1,buffer[3],BitCounter,temp;
uchar temp1,convert[10]={0x81,0xED,0xA2,0xA8,0xCC,0x98,0x90,0xAD,0x80,0x88};
                                //0～9 段码
uint zzz,dz,zzbl,i,jsz,yzsj,kk,s;
static uchar bdata ke,kw;       //可位寻址的状态寄存器
float csbc,wdz;
sbit LED1 = P3^4;               //数码管位驱动
sbit LED2 = P3^2;               //数码管位驱动
sbit LED3 = P3^3;               //数码管位驱动
sbit k11=ke^0;
sbit k12=ke^1;
sbit k22=ke^2;
sbit k21=ke^3;
sbit b=ke^4;
sbit c=ke^5;
sbit d=ke^6;
sbit e=ke^7;
sbit w=kw^0;
sbit zj1=kw^1;
sbit zj2=kw^2;
void delay(i);                  //延时函数
void scanLED();                 //显示函数
void timeToBuffer();            //显示转换函数
void time();
void jpcl();
void jy();
void wdzh();
void bgcl();
void jpzcx();
void mqjs();
void csbfs();
void csbsc();
void clcs();
```

```
void offmsd();
void main()
{
    EA=1;                       //开中断
    TMOD=0x11;                  //设定时器0为计数功能,定时器1为定时功能
    ET0=1;                      //定时器0中断允许
    TH0=0xD8;
    TL0=0xF0;                   //设定时值为20 000μs(20ms)
    TR0=1;
    csbout=1;
    d=0;
    TR1=0;
    temp1=20;
    zzz=699;
    mq=40;
    dz=50;
    cls=2;
    xl=temp1;
    csbsc();
    mqjs();                     //盲区设定
    k12=1;
    k1=1;
    k2=1;
    k22=1;
    bjh=1;
    d=1;
    sx=0;
    clcs();                     //测量次数
    while(1)
    {
        if (ec==1)
        {
            ec=0;
            wdzh();             //调用超声波测量程序
        }
        bgcl();                 //调用报警处理程序
        timeToBuffer();         //调用转换段码功能模块
        offmsd();               //调用显示转换程序
        scanLED();              //调用显示函数
        if(jsz<dz)              //判断是否达到报警值
        {
            if(e==1)
            {
                sx=1;           //发出报警声响
            }
            else sx=0;
        }
        else  {sx=0;}
        jpcl();                 //调用按键处理程序
    }
}
void delay(i)                   //延时子程序
```

```
{
    while(--i);
}
void scanLED()                  //显示功能模块
{
    P2=buffer[2];
    LED1=0;
    delay(2);
    LED1=1;
    delay(50);
    P2=buffer[1];
    LED2=0;
    delay(2);
    LED2=1;
    delay(50);
    P2=buffer[0];
    LED3=0;
    delay(2);
    LED3=1;
    delay(50);
}
void timeToBuffer()             //转换段码功能模块
{
    if (jsz>zzz)
    {
        buffer[0]=0x93;
        buffer[1]=0x93;
        buffer[2]=0x93;
    }
    else if (jsz<mq)
    {
        buffer[0]=0xFE;
        buffer[1]=0xFE;
        buffer[2]=0xFE;
    }
    else
    {
        xm0=jsz/100;
        xm1=(jsz-xm0 * 100)/10;
        xm2=jsz-xm0 * 100-xm1 * 10;
        buffer[0]=convert[xm2];
        buffer[1]=convert[xm1];
        buffer[2]=convert[xm0];
        if (buffer[2]==0x81)
        {
            buffer[2]=0xFF;
        }
    }
}

void KeyAndDis_Time0(void) interrupt 1 using 1   //定时器0中断处理,键扫描和显示
{
```

```
    TR0=0;
    TH0=0xD8;
    TL0=0xF0;
    TR0=1;
    time();
}

void time ()                        //定时处理模块
{
    sec20++;
    if (sec20>=cs)                  // 50×10ms = 0.5s
    {
        sec20=0;
        ec++;
        e=~e;
        if (ec>3)
        {
            ec=0;
        }
    }
    sec1++;
    if (sec1>100)
    {
        sec1=0;
        sec++;                      //秒定时
        if (sec>=3)
        {
            sec=0;
        }
    }
}

void jpcl()                         //按键处理程序
{
    k11=k1;
    if(!k12&&k11)
    {
        b=1;
    }
    k12=k11;
    k11=k1;
    k21=k2;
    if (b==1)
    {
        sx=0;
        while(b)
        {
            buffer[0]=0x84;
            buffer[1]=0x84;
            buffer[2]=0x84;
            sec=0;
            c=0;
```

```
            while(!c)
            {
                if (sec>=2)
                c=1;
                scanLED();
            }
            c=0;
            zzbl=jsz;
            jsz=dz;
            timeToBuffer();
            jpzcx();
            dz=kk;
            if (dz>699)
            dz=200;
            if (dz<40)
            dz=40;
            jsz=zzbl;
        }
    }
}

void jpzcx()                    //按键子程序
{
    while(!c)
    {
        k11=k1;
        scanLED();
        if (!k12&&k11)
        c=1;
        k12=k11;
    }
    c=0;
    while(!c)
    {
        k11=k1;
        k21=k2;
        if (!k22&k21)
        {
            xm0++;
            if (xm0>6)
            xm0=0;
        }
        if (e==1)
        buffer[2]=0xFF;
        else buffer[2]=convert[xm0];
        scanLED();
        if (!k12&&k11)
        c=1;
        k22=k21;
        k12=k11;
    }
    buffer[2]=convert[xm0];
```

```
        c=0;
        while( !c)
        {
            k11=k1;
            k21=k2;
            if ( !k22&k21)
            {
                xm1++;
                if (xm1>9)
                xm1=0;
            }
            if (e==1)
            buffer[1]=0xFF;
            else buffer[1]=convert[xm1];
            scanLED();
            if ( !k12&&k11)
            c=1;
            k22=k21;
            k12=k11;
        }
        buffer[1]=convert[xm1];
        c=0;
        while( !c)
        {
            k11=k1;
            k21=k2;
            if ( !k22&k21)
            {
                xm2++;
                if (xm2>9)
                xm2=0;
            }
            if (e==1)
            buffer[0]=0xFF;
            else buffer[0]=convert[xm2];
            scanLED();
            if ( !k12&&k11)
            {
                c=1;
                b=0;
                kk=xm0 * 100+xm1 * 10+xm2;
            }
            k22=k21;
            k12=k11;
        }
}
void wdzh()
{
    TR0=0;
    TH1=0x00;
    TL1=0x00;
    csbint=1;
```

```
        sx=0;
        delay(3000);
        csbfs();
        csbout=1;
        TR1=1;
        i=yzsj;
        while(i--)
        {
        }
        i=0;
        while(csbint)                //判断超声波接收电路是否接收到反射的超声波
        {
            i++;
            if(i>=3300)
            csbint=0;
        }
        TR1=0;
        s=TH1;
        s=s*256+TL1;
        TR0=1;
        csbint=1;
        jsz=s*csbc;                  //计算测量结果
        jsz=jsz/2;
}
void bgcl()
{
        if (jsz<dz)
        {
            bjh=0;
        }
        else
        {
            bjh=1;
        }
}
void mqjs()
{
        yzsj=250;
}
void csbsc()
{
        csbc=0.034;
}
void clcs()
{
    cs=100/4;                        //测量2次/秒
}
void offmsd()                        //百位数为0判断模块
{
        if (buffer[2]==0x81)   //如果百位数为0,则不显示百位数
        buffer[2] = 0xff;
}
```

电路板布线图（见图 24-8）

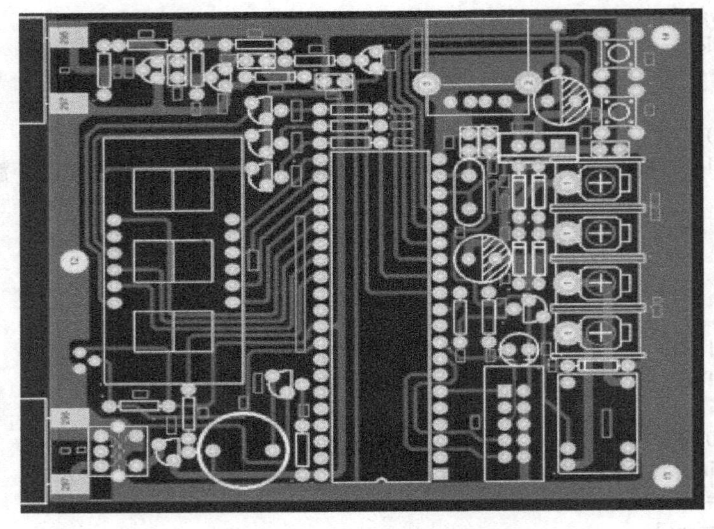

图 24-8　电路板布线图

实物照片（见图 24-9）

（a）倒车提示电路板

（b）测试倒车提示电路板

图 24-9　实物照片

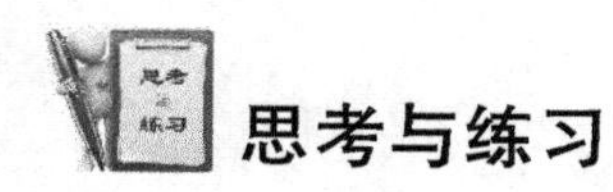

思考与练习

限制超声波系统最大可测距离超声波因素有哪些?

答: *超声波的幅度、反射物的质地、反射超声波和入射超声波之间的夹角及接收换能器的灵敏度。*

特别提醒

(1) 本设计主要是根据超声波测距原理实现的，而声音在空气的传播速度又和温度又较大的关系，所以在不同温度下，测量的精度会发生改变。为了避免温度带来的误差，可以在设计中加入温度补偿装置器件。本设计尚未加入温度补偿装置，但是在 PCB 上预留了温度补偿装置的位置。

(2) 本设计完成后要对倒车提示电路进行温度影响、角度影响等测试。

项目 25　刮水器定时电路

设计任务

设计一个基于单片机的刮水器定时电路。

基本要求

本设计使用的是 5V 直流电源，电动机的正、反转分别模拟刮水器的左、右刮洗。本设计的一次刮洗时间为 4s，即左摆或右摆刮洗一次的时间是 4s。刮水器包含两种刮洗模式：标准刮洗模式为电动机正转 4s、停止 1s、反转 4s、停止 1s；慢速刮洗模式为电动机正转 4s、停止 3s、反转 4s、停止 3s。可以通过按键实现刮洗模式的切换及定时功能，用一个两位一体的共阳极数码管显示定时时间。

总体思路

本设计采用 89C51 单片机，并由 89C51 单片机、晶振电路和复位电路组成单片机最小系统，两位一体的共阳极数码管显示定时时间，89C51 单片机控制电动机的运转。

系统组成

刮水器定时电路主要分为单片机电路、蜂鸣器电路、显示电路、按键电路、电动机驱动电路 6 个模块。

刮水器定时电路系统框图如图 25-1 所示。

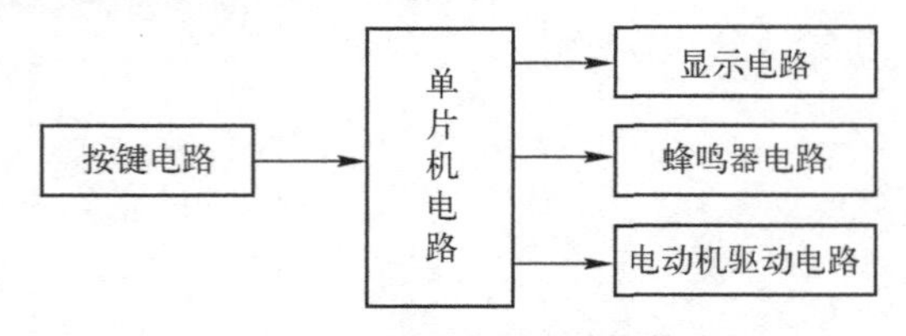

图 25-1　刮水器定时电路系统框图

模块详解

刮水器定时电路如图 25-2 所示。下面分别对刮水器定时电路的各主要模块进行详细介绍。

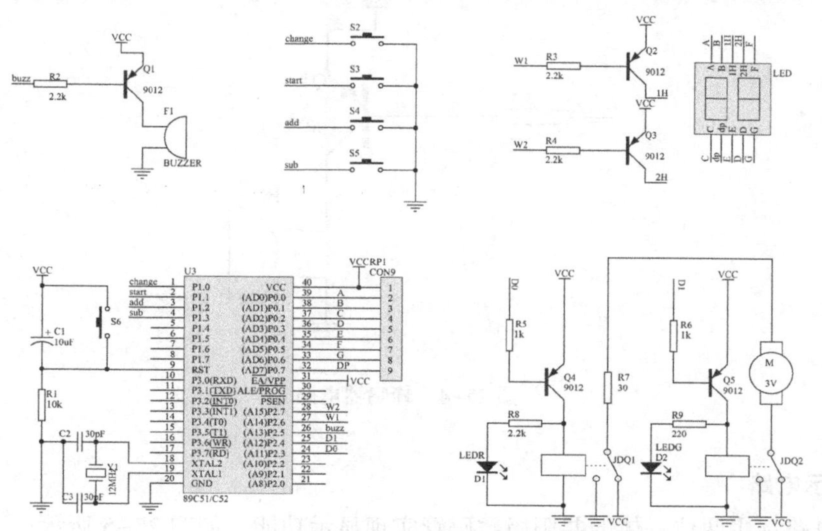

图 25-2　刮水器定时电路

1. 单片机电路

单片机电路由 89C51 单片机、晶振电路、复位电路等组成，如图 25-3 所示。其中，由电容 C1、电阻 R1、开关 S6 构成复位电路；由 Y1、C2、C3 构成晶振电路。89C51 单片机的 P1.0 ～ P1.3 引脚连接的是按键；89C51 单片机的 P2.6 和 P2.7 引脚控制数码管的显示；89C51 单片机的 P2.3 和 P2.4 引脚控制电动机的运转。

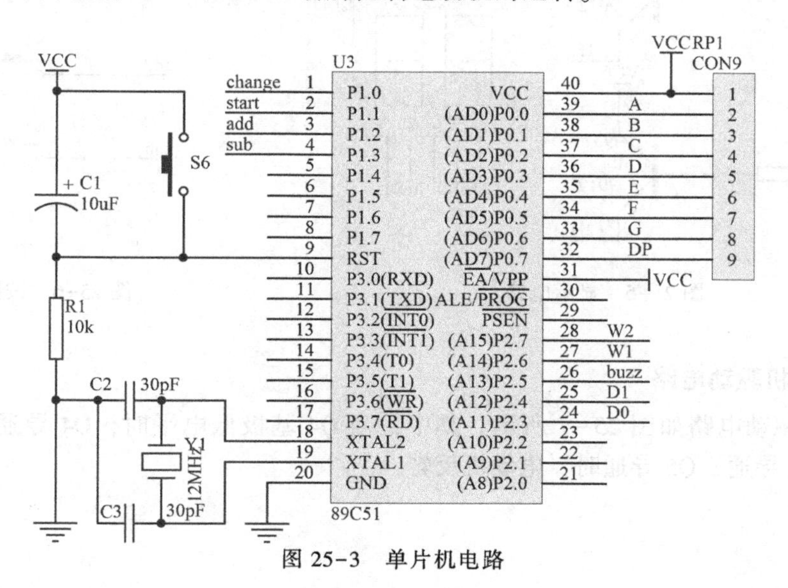

图 25-3　单片机电路

2. 蜂鸣器电路

蜂鸣器电路如图 25-4 所示。其中，三极管 Q1 工作在放大区，起到放大电流的作用；R2 起到限流的作用。

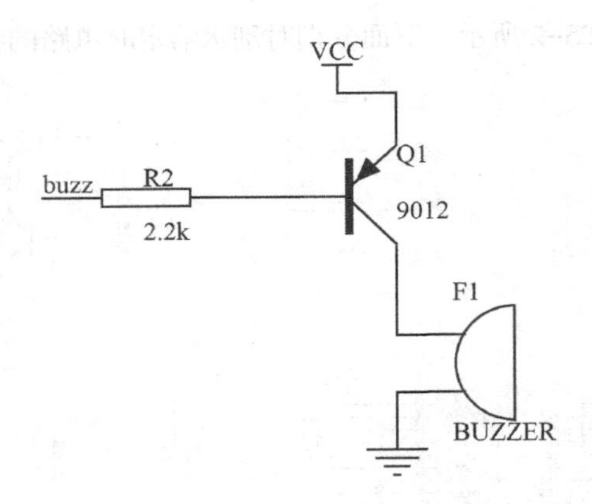

图 25-4　蜂鸣器电路

3. 显示电路

显示电路选用两位一体的共阳极数码管实现显示功能，如图 25-5 所示。

4. 按键电路

按键电路可以实现切换刮洗模式、增减定时时间的功能，如图 25-6 所示。

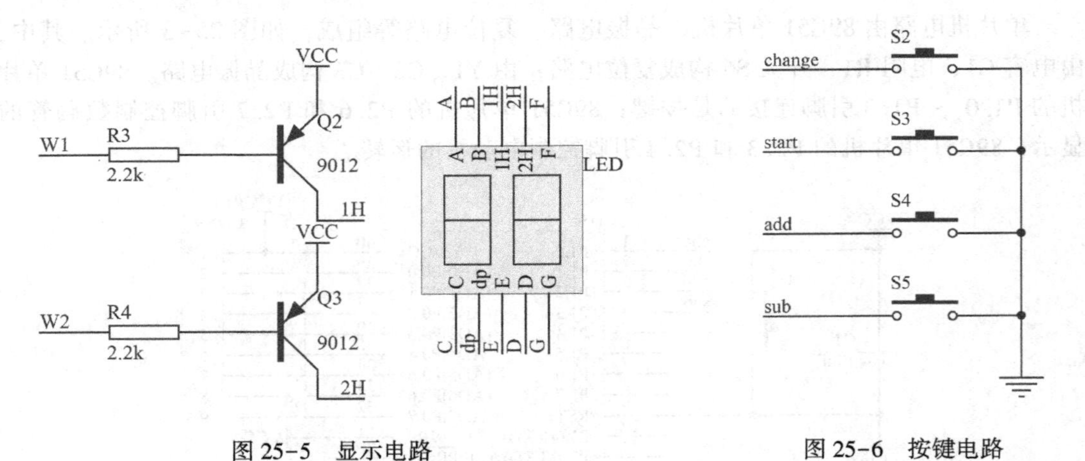

图 25-5　显示电路　　　　图 25-6　按键电路

5. 电动机驱动电路

电动机驱动电路如图 25-7 所示。其中，当 Q4 基极低电平时，Q4 导通，电动机正转；当 Q4 不导通、Q5 导通时，电动机反转。

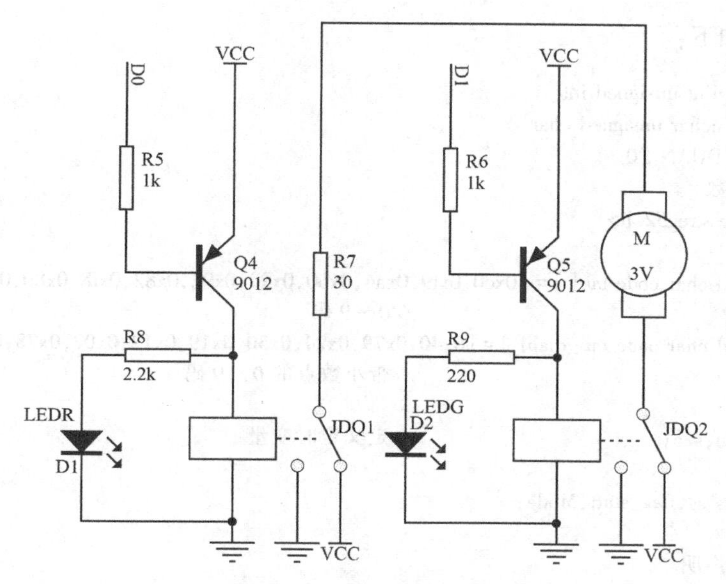

图 25-7　电动机驱动电路

程序设计

程序流程图如图 25-8 所示。

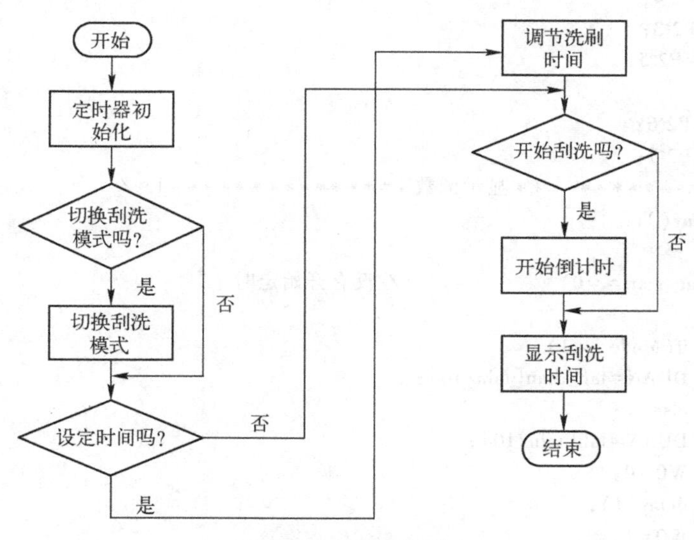

图 25-8　程序流程图

具体程序如下：

```
#define uint unsigned int
#define uchar unsigned char
#define DUAN P0
//头函数
#include <reg52.h>

unsigned char code tab[] = {0xc0,0xf9,0xa4,0xb0,0x99,0x92,0x82,0xf8,0x80,0x90,0xff};
                                           //0～9码
unsigned char code tab_dian[] = {0x40,0x79,0x24,0x30,0x19,0x12,0x02,0x78,0x00,0x10,0x7f};
                                           //带小数点的0～9码

char min,sec;                              //定义定时变量

bit bdata ss,flag_start,Mode;

//函数声明
void delay(uchar i);

//引脚声明

sbit change= P1^0;
sbit start = P1^1;
sbit add = P1^2;
sbit sub = P1^3;
sbit D0=P2^4;
sbit D1=P2^3;
sbit buzz=P2^5;

sbit W0=P2^6;
sbit W1=P2^7;
/*****************显示函数*****************/
void display()
{
    if(flag_start==0)                      //没有开始定时
    {
        if(Mode==1)
        DUAN=tab_dian[min/10];
        else
        DUAN=tab[min/10];
        W0=0;
        delay(1);
        W0=1;
        DUAN=tab[min%10];
        W1=0;
        delay(1);
        W1=1;
    }
    else if(flag_start==1)                 //开始定时
```

```
    {
        if(ss==0)                       //秒灯闪烁
        {
            if(Mode==1)             //当前模式
            DUAN=tab_dian[(min+1)/10];
            else
            DUAN=tab[(min+1)/10];
            W0=0;
            delay(1);
            W0=1;
            DUAN=tab[(min+1)%10];
            W1=0;
            delay(1);
            W1=1;
        }
        else
        {
            if(Mode==1)
            DUAN=tab_dian[(min+1)/10];
            else
            DUAN=tab[(min+1)/10];
            W0=0;
            delay(1);
            W0=1;
            DUAN=tab_dian[(min+1)%10];
            W1=0;
            delay(1);
            W1=1;
        }
    }
}
/****************** 按键函数 ******************/
void KEY()
{
    uchar time_start;
    if(change==0&&flag_start==0) //没有定时时才可以切换刮洗模式
    {
        delay(10);
        if(change==0&&flag_start==0)
        {
            buzz=0;
            Mode=!Mode;             //切换刮洗模式
        }
        while(!change) display();buzz=1;
    }
    if(start==0&&time_start!=0)     //定时时间不为0时才可开始定时
    {
        delay(10);
        if(start==0&&time_start!=0)
        {
```

```
            buzz=0;
            flag_start=!flag_start;
            if(flag_start==0)
            {
                D0=1;
                D1=1;
                sec=0;
            }
            else
            min=time_start;
        }
        while(!start) display();buzz=1;
    }
    if(flag_start==0)
    {
        if(add==0)                    //没有开始定时时才可设置定时时间
        {
            delay(10);
            if(add==0)
            {
                buzz=0;
                min++;
                if(min>=20)
                min=20;
                time_start=min;

            }
            while(!add) display(); buzz=1;
        }
        if(sub==0)
        {
            delay(10);
            if(sub==0)
            {
                buzz=0;
                min--;
                if(min<0)
                min=0;
                time_start=min;
            }
            while(!sub) display(); buzz=1;
        }
    }
}
/************定时器初始化函数************/
void init()
{
    TMOD=0x11;                    //工作方式
    TH1=0x3c;
    TL1=0xb0;                     //赋初始值
```

```
    ET1=1;                          //打开中断允许开关
    EA=1;                           //打开中断总开关
    TR1=1;                          //打开定时器开关
}

/******************** 主函数 *************************/
void main()
{
    init();
    while(1)
    {
        KEY();
        display();
    }
}
/************ 延时函数 ***********************/
void delay(uchar i)
{
  uchar j,k;
  for(j=i;j>0;j--)
    for(k=125;k>0;k--);
}
/********************** 定时器服务函数 **************************/
void time1() interrupt 3
{
    uchar m;
    uchar flag_BJ=0;
    TH1=0x3c;
    TL1=0xb0;
    m++;
    if((m==10||m==20)&&flag_start==1)  //定时开始后秒灯闪烁
    {
        ss=!ss;
    }
    if(m==20)
    {
        m=0;
        if(Mode==0&&flag_start==1)          //标准刮洗模式:电动机正转 4s、停止 1s、反转
                                              4s、停止 1s
        {
            if(sec==0||sec==50||sec==40||sec==30||sec==20||sec==10)
            {
                D0=0;
                D1=1;
            }
            else if(sec==56||sec==51||sec==46||sec==41||sec==36||sec==31||sec=
=26||sec==21||sec==16||sec==11||sec==6||sec==1)
            {
                D0=1;
                D1=1;
```

```
            }
            else if(sec==55||sec==49||sec==45||sec==35||sec==25||sec==15||sec==5)
            {
                D0=1;
                D1=0;
            }
        }
        else if(Mode==1&&flag_start==1)        //慢速刮洗模式:电动机正转 4s、停止 3s、反转
                                               //4s、停止 3s
        {
            if(sec==0||sec==46||sec==32||sec==18||sec==4)
            {
                D0=0;
                D1=1;
            }
            else if(sec==56||sec==49||sec==42||sec==35||sec==28||sec==21||sec
==14||sec==7)
            {
                D0=1;
                D1=1;
            }
            else if(sec==53||sec==39||sec==25||sec==11)
            {
                D0=1;
                D1=0;
            }
        }
        if(flag_start==1&&((min+sec)!=0)) //开始倒计时
        {
            sec--;
            if(sec<0)
            {
                sec=59;
                min--;
            }
            if(min<=0&&sec==0)
            {
                min=0;
                sec=0;
                flag_start=0;
                buzz=0;                        //蜂鸣器响一声提示
            }
        }
        else buzz=1;                           //1s 后关闭蜂鸣器
    }
}
```

电路板布线图（见图 25-9）

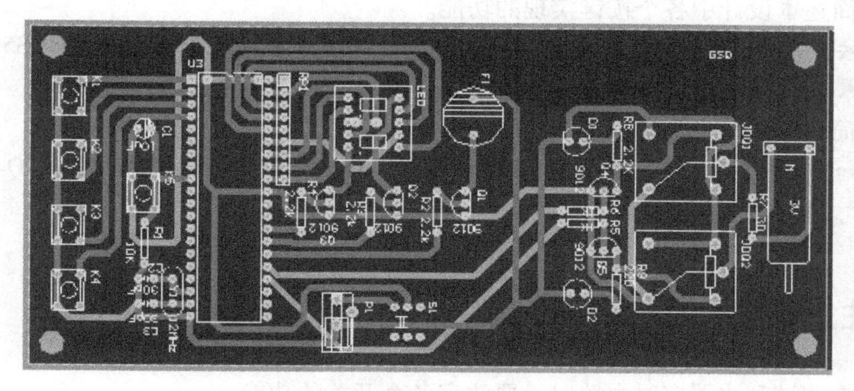

图 25-9　电路板布线图

实物照片（见图 25-10）

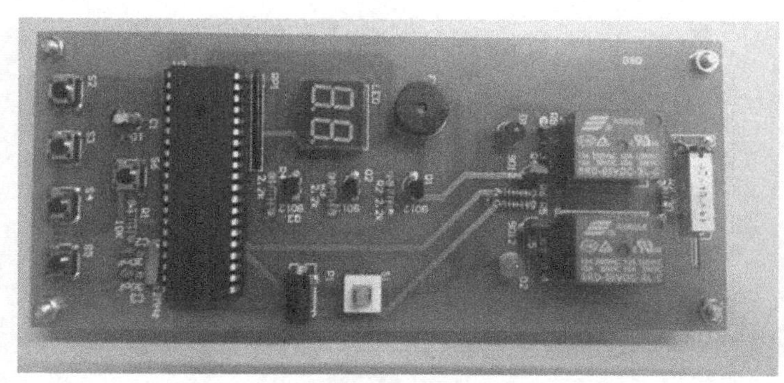

（a）刮水器定时电路板

（b）测试刮水器定时电路板

图 25-10　实物照片

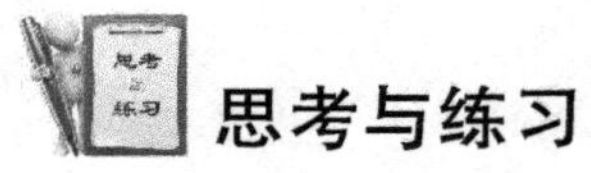

思考与练习

（1）简述本设计中各个按键实现的功能。

答：按键S2用于切换刮洗模式，按键S3和S4用于减增定时时间，按键S5用于将定时时间清零。

（2）简述本设计中电动机正、反转的实现。

答：如图25-7所示，当Q4基极低电平时，Q4导通，电动机正转；当Q4不导通、Q5导通时，电动机反转。

注意事项

（1）在测试刮水器定时电路时，要注意各个开关的功能。

（2）注意对电动机的固定及焊接。

项目 26　音乐发光电路

设计任务

设计一个音乐发光电路，使其在按下开关时可以播放生日歌音乐并发出红光。

基本要求

本设计使用 4.5V 直流电源供电，选用 CL9300 音乐芯片播放音乐，使用红色发光二极管发光。

总体思路

选择合适的音乐芯片，计算出合适的电流值以保证发光二极管的发光亮度。

系统组成

音乐发光电路主要分为电源电路、音乐芯片电路、发光电路 3 个模块。

音乐发光电路系统框图如图 26-1 所示。

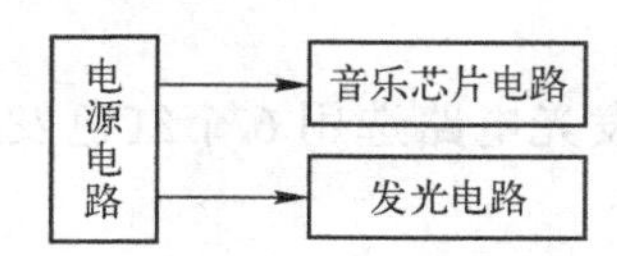

图 26-1　音乐发光电路系统框图

模块详解

音乐发光电路如图 26-2 所示。下面分别对音乐发光电路的各主要模块进行详细介绍。

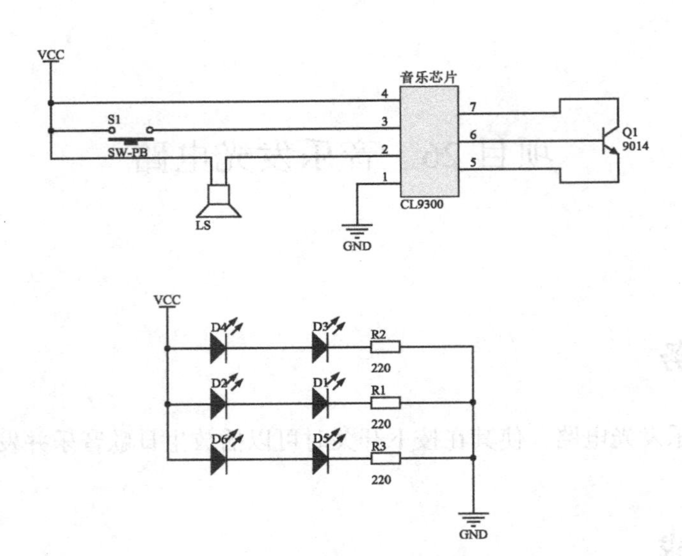

图 26-2　音乐发光电路

1. 电源电路

电源电路为整个系统提供 4.5V 直流电压，如图 26-3 所示。

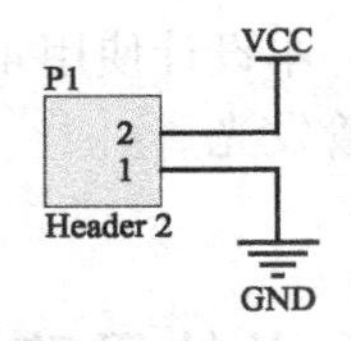

图 26-3　电源电路

2. 音乐芯片电路

音乐芯片电路如图 26-4 所示。音乐芯片电路选用 CL9300 音乐芯片。CL9300 音乐芯片的 5、6 和 7 引脚连接一个三极管 Q1。Q1 起到放大电流的作用。

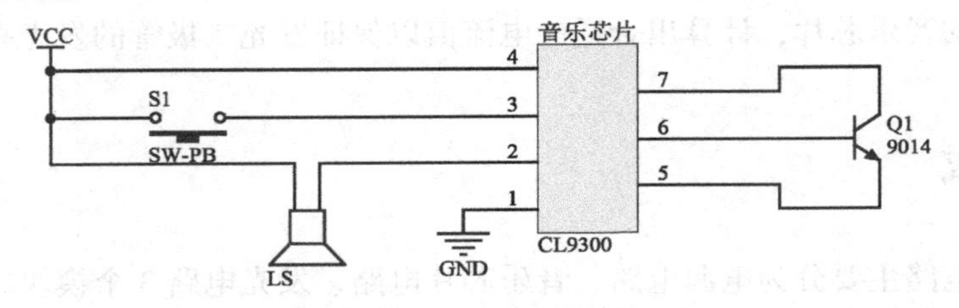

图 26-4　音乐芯片电路

3. 发光电路

发光电路如图 26-5 所示。发光电路选用 6 个红色发光二极管，220Ω 的电阻起到限流的作用。

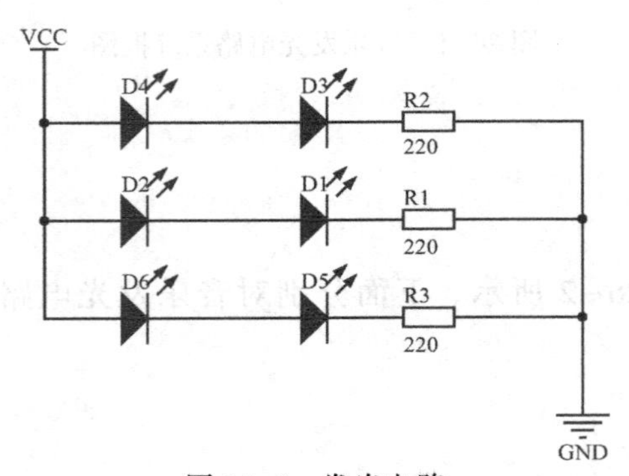

图 26-5　发光电路

电路板布线图（见图26-6）

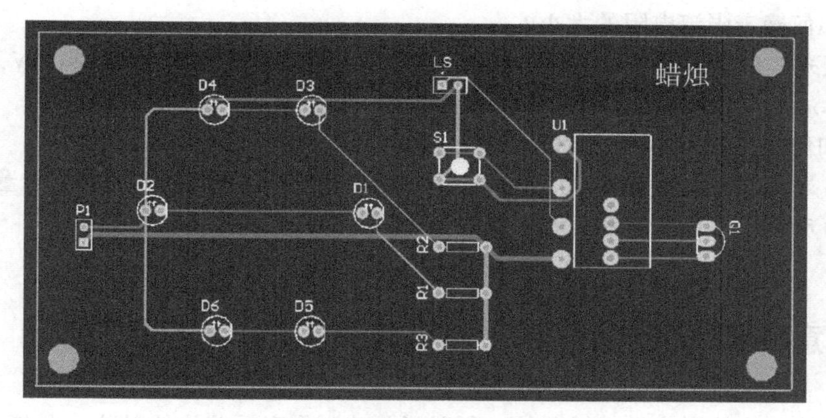

图26-6　电路板布线图

实物照片（见图26-7）

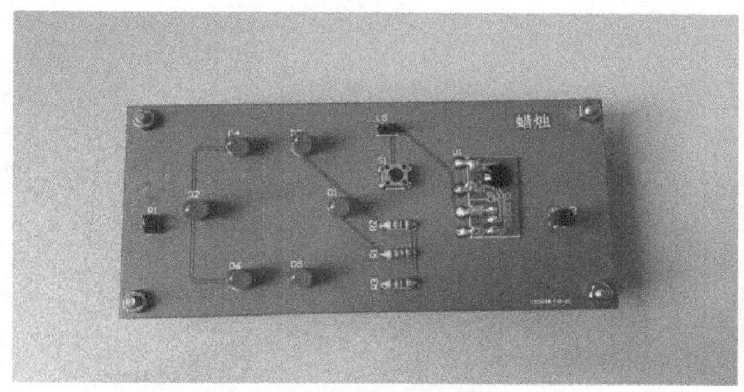

（a）音乐发光电路板

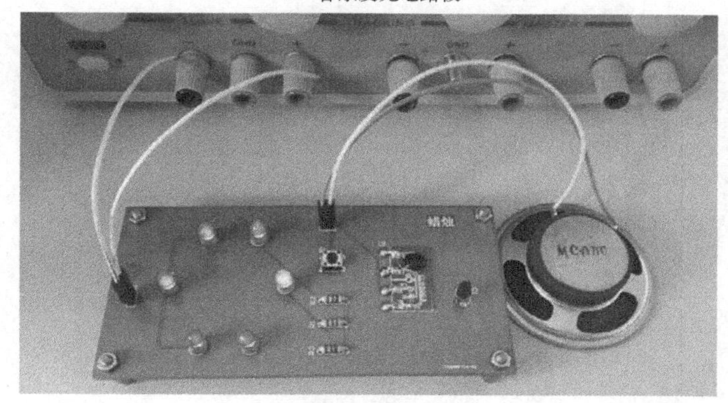

（b）测试音乐发光电路板

图26-7　实物照片

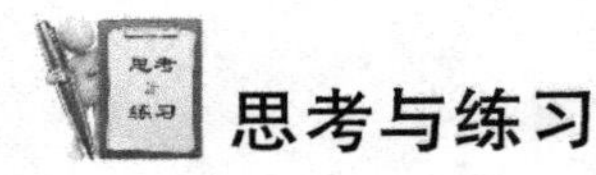

思考与练习

（1）如何确定限流电阻的大小？

答：发光二极管工作电流是20mA，而音乐发光电路所用电源电压为4.5V，通过计算可以得出限流电阻的电阻值约为220Ω。

（2）如何制作音乐芯片的封装？

答：因为没有现成的CL9300音乐芯片封装，所以要单独制作其封装。测量好CL9300音乐芯片的尺寸，然后在测量好的位置放置焊盘。

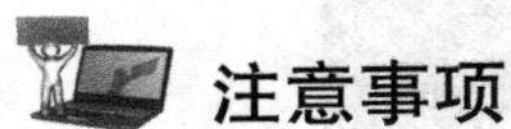

注意事项

由于音乐芯片的形状是不规则的，所以要单独制作音乐芯片的封装，尤其注意焊盘之间的距离。

项目 27　电子骰子电路

设计任务

设计一个模拟骰子的电子骰子电路，使其在按下开关时随机显示 1 ～ 6 的点数，并用发光的 LED 个数来代表 1 ～ 6 的点数。

基本要求

本设计采用 4.5V 电源供电，当按下开关后，随机产生 1 ～ 6 的点数，关键的是要保证随机性。

总体思路

电子骰子电路主要由 NE555 芯片构成的脉冲发生电路、CD4017 芯片构成的计数电路及显示电路组成。CD4017 芯片的 Q0 ～ Q5 引脚轮流输出高电平。其中，当 Q0 引脚输出高电平时，显示 5 点；当 Q1 引脚输出高电平时，显示 2 点；当 Q2 引脚输出高电平时，显示 3 点；当 Q3 引脚输出高电平时，显示 4 点；当 Q4 引脚输出高电平时，显示 6 点；当 Q5 引脚输出高电平时，显示 1 点。

系统组成

电子骰子电路主要分为脉冲发生电路、计数电路、显示电路 3 个模块。

电子骰子电路系统框图如图 27-1 所示。

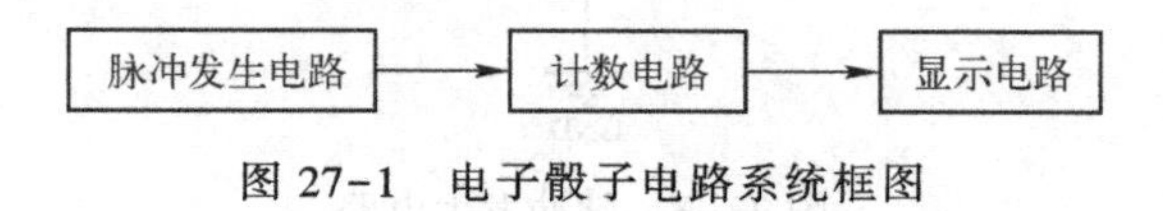

图 27-1　电子骰子电路系统框图

模块详解

电子骰子电路如图 27－2 所示。下面分别对电子骰子电路的各主要模块进行详细介绍。

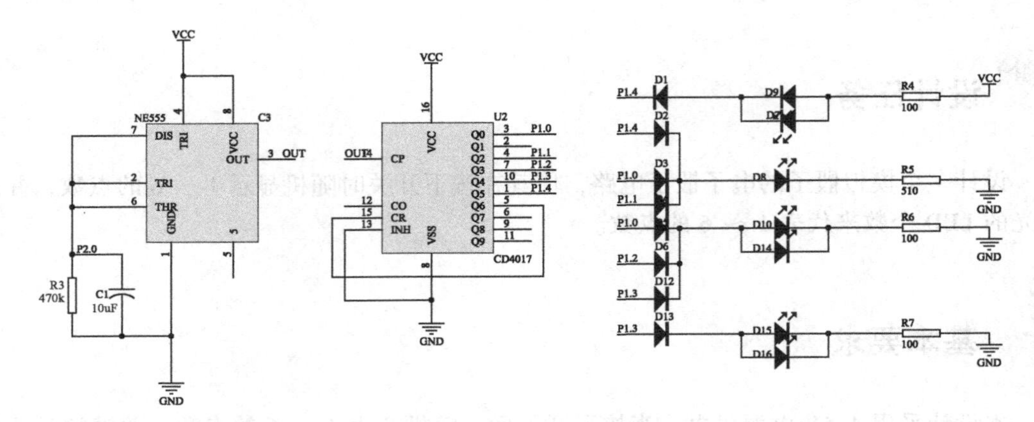

图 27-2　电子骰子电路

1. 脉冲发生电路

如图 27-3 所示，由 NE555 芯片及外围元器件构成脉冲发生电路。

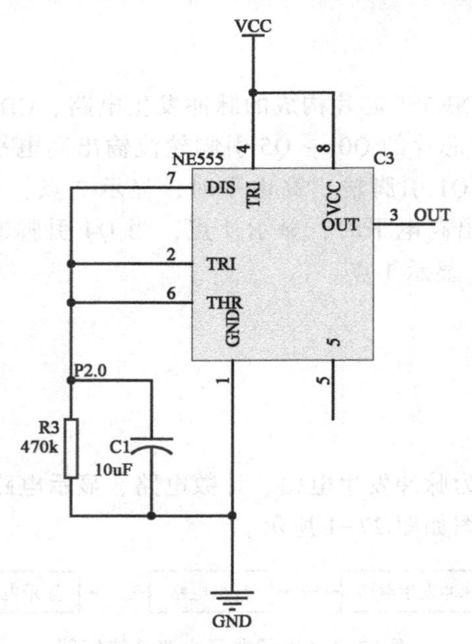

图 27-3　脉冲发生电路

2. 计数电路

计数电路如图 27-4 所示。CD4017 芯片的 6 个输出引脚轮流输出高电平。

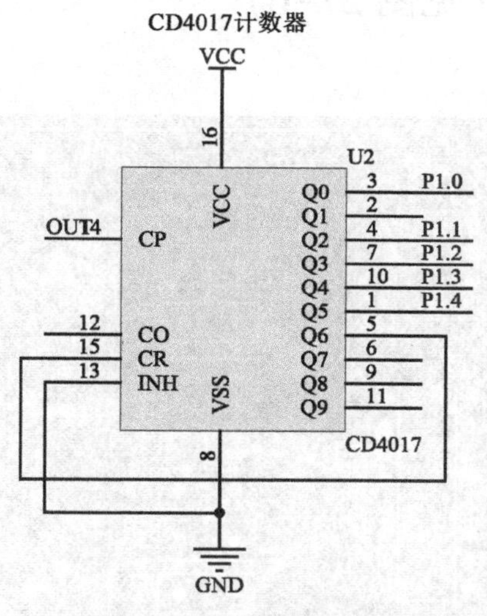

图 27-4　计数器电路

3. 显示电路

显示电路如图 27-5 所示。显示电路由 7 个 LED 组成，由此来模拟 1 ～ 6 的点数。

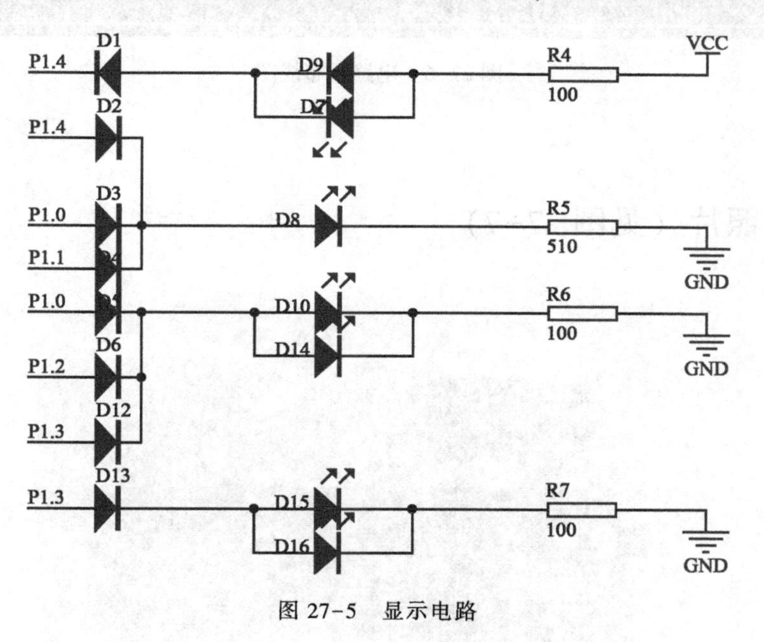

图 27-5　显示电路

电路板布线图（见图 27-6）

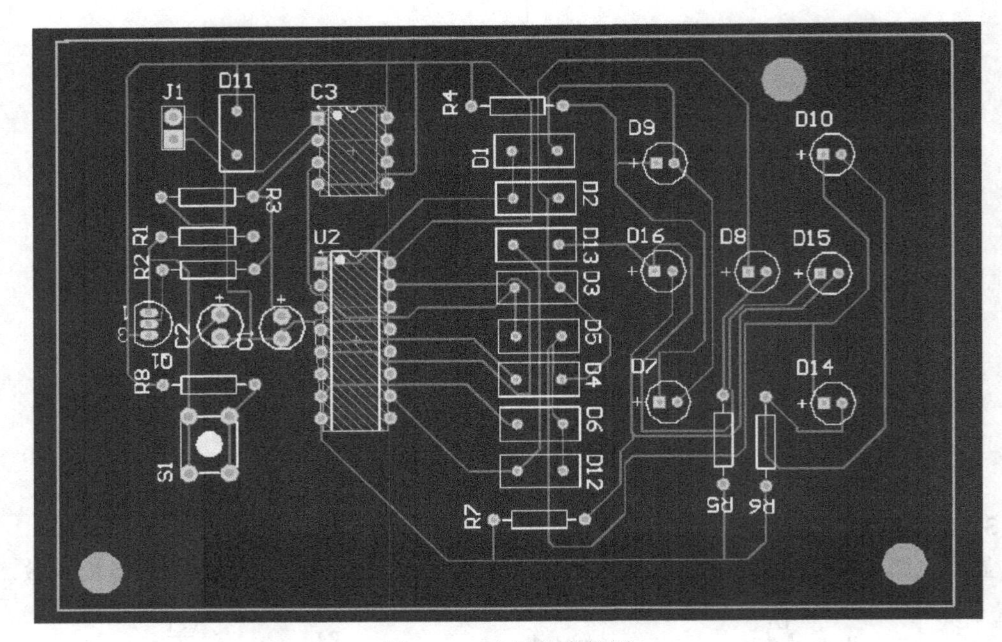

图 27-6　电路板布线图

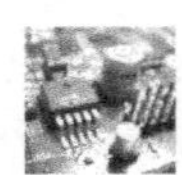

实物照片（见图 27-7）

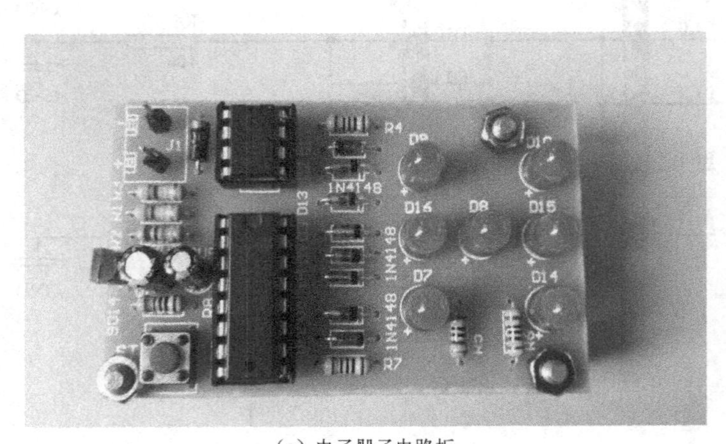

（a）电子骰子电路板

图 27-7　实物照片

（b）测试电子骰子电路板

图 27-7　实物照片（续）

思考与练习

（1）电子骰子电路如何随机产生点数？

答： 由 CD4017 芯片的 6 个输出引脚轮流输出高电平来驱动 LED 发光，发光的 LED 个数代表点数。

（2）简述 NE555 芯片的优点及应用。

答： NE555 芯片成本低、性能可靠，只要外接几个电阻、电容就可以构成多谐振荡器。NE555 芯片的应用范围很广，一般多应用于单稳态多谐振荡器及无稳态多谐振荡器。

注意事项

本设计选用的 LED 较多，在放置 LED 时要注意 LED 的方向。

项目 28　声光玩具枪电路

设计任务

设计一个可以发出枪声并且伴随变化灯光的声光玩具枪电路。

基本要求

本设计能发出多种枪声和闪光，而且所有的枪声和闪光由一个开关（即扳机）来选择。本设计由 5V 电源供电，且语音芯片播放的枪声应该清晰。

总体思路

通过一块 74LS163 芯片和一块 74LS138 芯片组成一个顺序脉冲发生电路，再通过顺序脉冲发生电路控制语音输出电路发出枪声、LED 闪光电路发出闪光。

系统组成

声光玩具枪电路主要分为去抖动开关电路、顺序脉冲发生电路、计数清零电路、语音输出电路、LED 闪光电路 5 个模块。

声光玩具枪电路系统框图如图 28-1 所示。

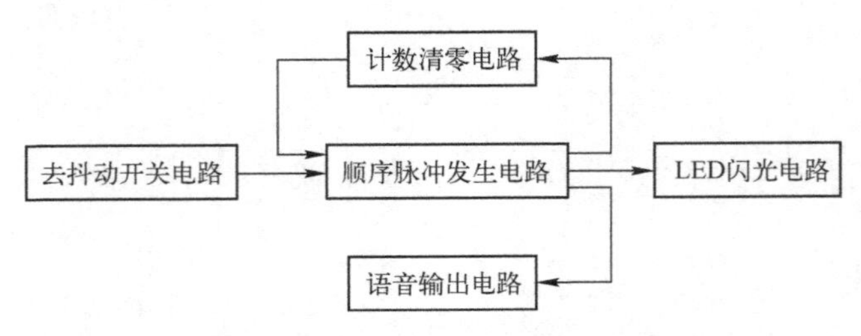

图 28-1　声光玩具枪电路系统框图

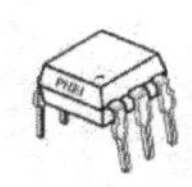

模块详解

声光玩具枪电路如图 28-2 所示。下面分别对声光玩具枪电路的各主要模块进行详细介绍。

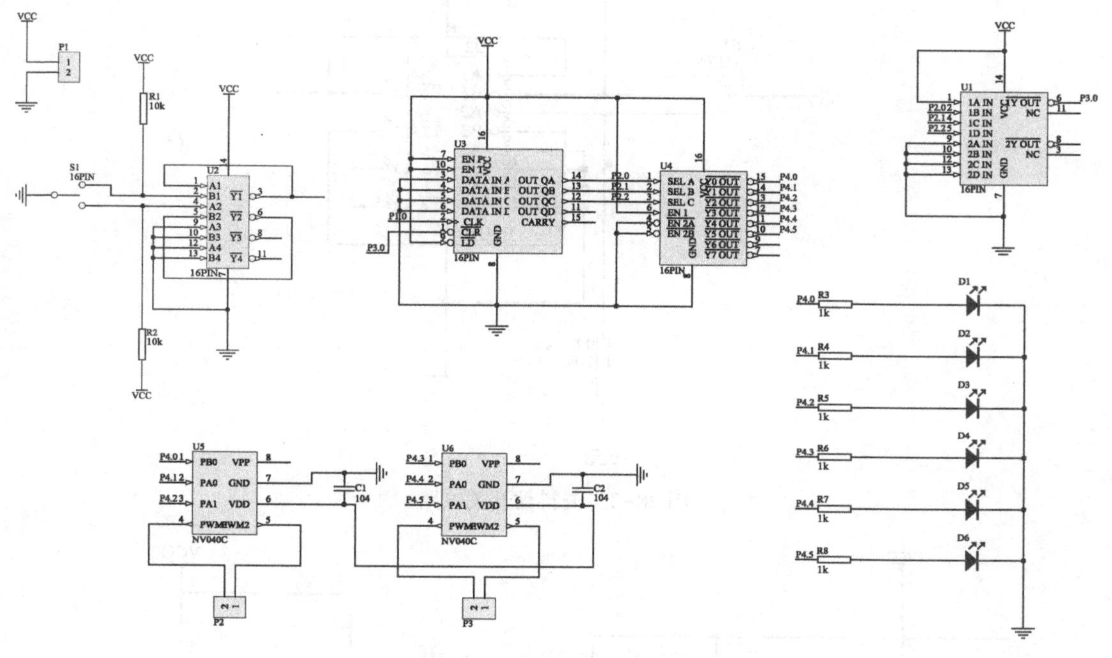

图 28-2　声光玩具枪电路

1. 去抖动开关电路

去抖动开关电路如图 28-3 所示，由两个与非门组成简单的 SR 锁存器以达到开关防抖的目的。

2. 顺序脉冲发生电路

顺序脉冲发生电路如图 28-4 所示。其中，74LS163 芯片（U3）的 9、7、10 引脚均接高电平信号，使 74LS163 芯片处于计数状态；74LS163 芯片的 3、4、5、6 引脚均接地；74LS163 芯片的 3 个输出引脚 14、13、12 接 74LS138 芯片（U4）的 3 个输入引脚 1、2、3；74LS138 芯片的 6 引脚接高电平信号，使 74LS138 芯片处于译码状态；将上升沿信号输入 74LS163 芯片的 2 引脚，使 74LS163 芯片输出计数信号，再由 74LS138 芯片译码后输出选择信号。

3. 计数清零电路

计数清零电路如图 28-5 所示。74LS20 芯片（U1）是双四输入与非门。本设计只用 74LS20 芯片中的第一个与非门。74LS20 芯片的 1 引脚接高电平信号，74LS20 芯片的 2、4、5 引脚接 74LS163 芯片的 14、13、12 引脚。只有当计数信号为 111 时，这个与非门才会输出低电平信号到 74LS163 芯片的清零端（1 引脚）。74LS20 芯片的其他输入引脚全部接地。

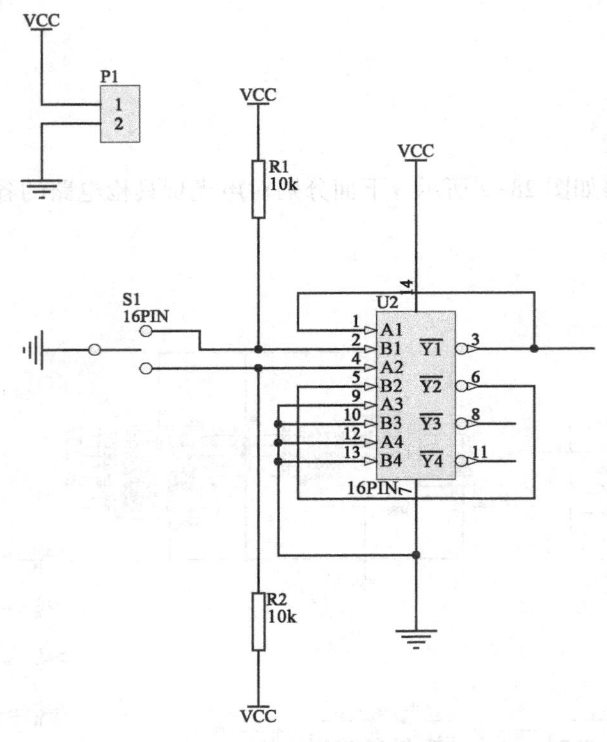

图 28-3　去抖动开关电路

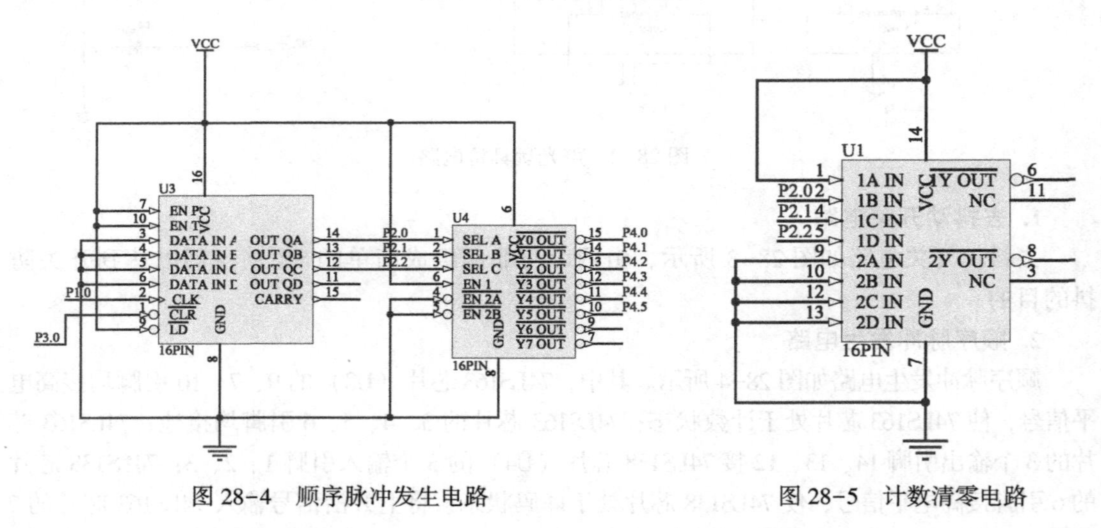

图 28-4　顺序脉冲发生电路

图 28-5　计数清零电路

4. 语音输出电路

语音输出电路如图 28-6 所示。语音输出电路由两个 NV040C 芯片和扬声器组成，并可通过顺序脉冲发生电路选择并播放 6 种声音。

5. LED 闪光电路

LED 闪光电路如图 28-7 所示。LED 闪光电路由 6 个 LED 组成。每个 LED 由 74LS138 芯片相应引脚驱动，并通过一个 1kΩ 电阻限流。

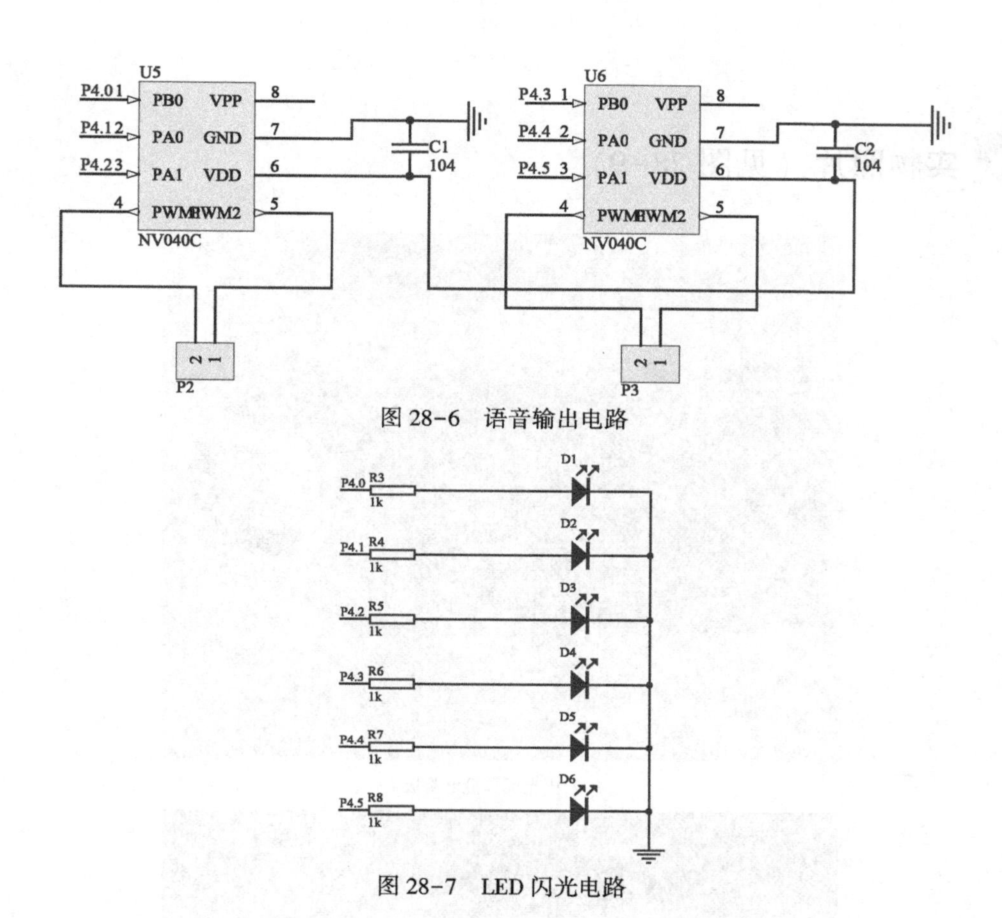

图 28-6　语音输出电路

图 28-7　LED 闪光电路

电路板布线图（见图 28-8）

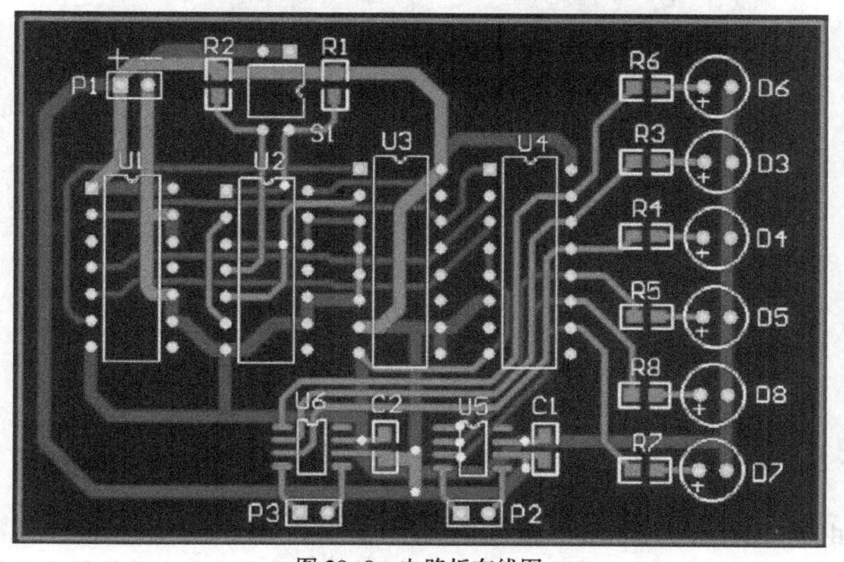

图 28-8　电路板布线图

实物照片（见图 28-9）

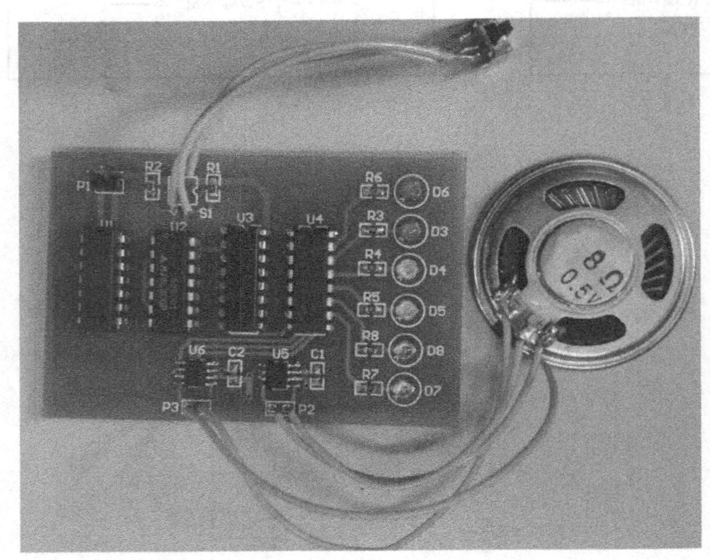

（a）声光玩具枪电路板

（b）测试声光玩具枪电路板

图 28-9　实物照片

思考与练习

（1）由 74LS163 芯片和 74LS138 芯片组合设计的顺序脉冲发生电路有什么缺陷？

答：由于 74LS163 芯片的清零端输入低电平信号后需要一个上升沿触发信号才能实现

清零，故该电路重新开始计数时会出现清零延迟，这就要多拨动一次开关。

（2）如何简化声光玩具枪电路以减少芯片数量？

答：可以将去抖动开关电路改成人工弹簧片接触触发的形式，并且不会产生机械抖动。

（3）如何测试并确定声光玩具枪电路是否可以正常工作？

答：接通电源后，确定LED正常发光，然后拨动开关，观察LED的发光顺序是否正确，枪声的发声是否清晰，枪声的选择功能是否正常。

注意事项

（1）在完成声光玩具枪电路的设计后，要对顺序脉冲发生电路的功能进行仿真，看顺序脉冲发生电路是否存在明显缺陷。在完成顺序脉冲发生电路仿真后，再进入PCB设计和制板阶段。

（2）在焊接声光玩具枪电路时，应该注意语音输出电路中NV040C芯片的引脚和导线不能产生交叉接触，否则会使语音输出电路不能正常发声。

项目 29　玩具对讲机电路

设计任务

玩具对讲机电路可以作为双向移动通信工具，在没有任何网络支持的情况下，就可以实现在一定范围内通话的功能，而且没有话费产生。

基本要求

☺ 玩具对讲机电路的通话距离可以在 10m 之外。
☺ 玩具对讲机电路的电源采用 9V 的叠层电池。
☺ 玩具对讲机电路的发射频率为 49.8MHz。

总体思路

本设计由扬声器将声音信号变成电信号后，经低频放大电路、调制电路，将已调制信号从天线发送出去；然后采用直接接收的方式，经 LC 振荡电路检波，检波后的信号由低频放大器放大，再驱动扬声器发声。

系统组成

玩具对讲机电路主要分为声音信号放大电路、发射电路、接收电路、电信号放大电路 4 个模块。

玩具对讲机电路系统框图如图 29-1 所示。

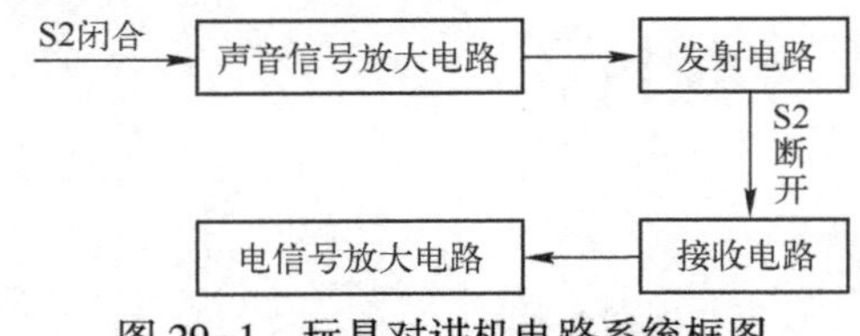

图 29-1　玩具对讲机电路系统框图

模块详解

玩具对讲机电路如图 29-2 所示。下面分别对对讲机电路的各主要模块进行详细介绍。

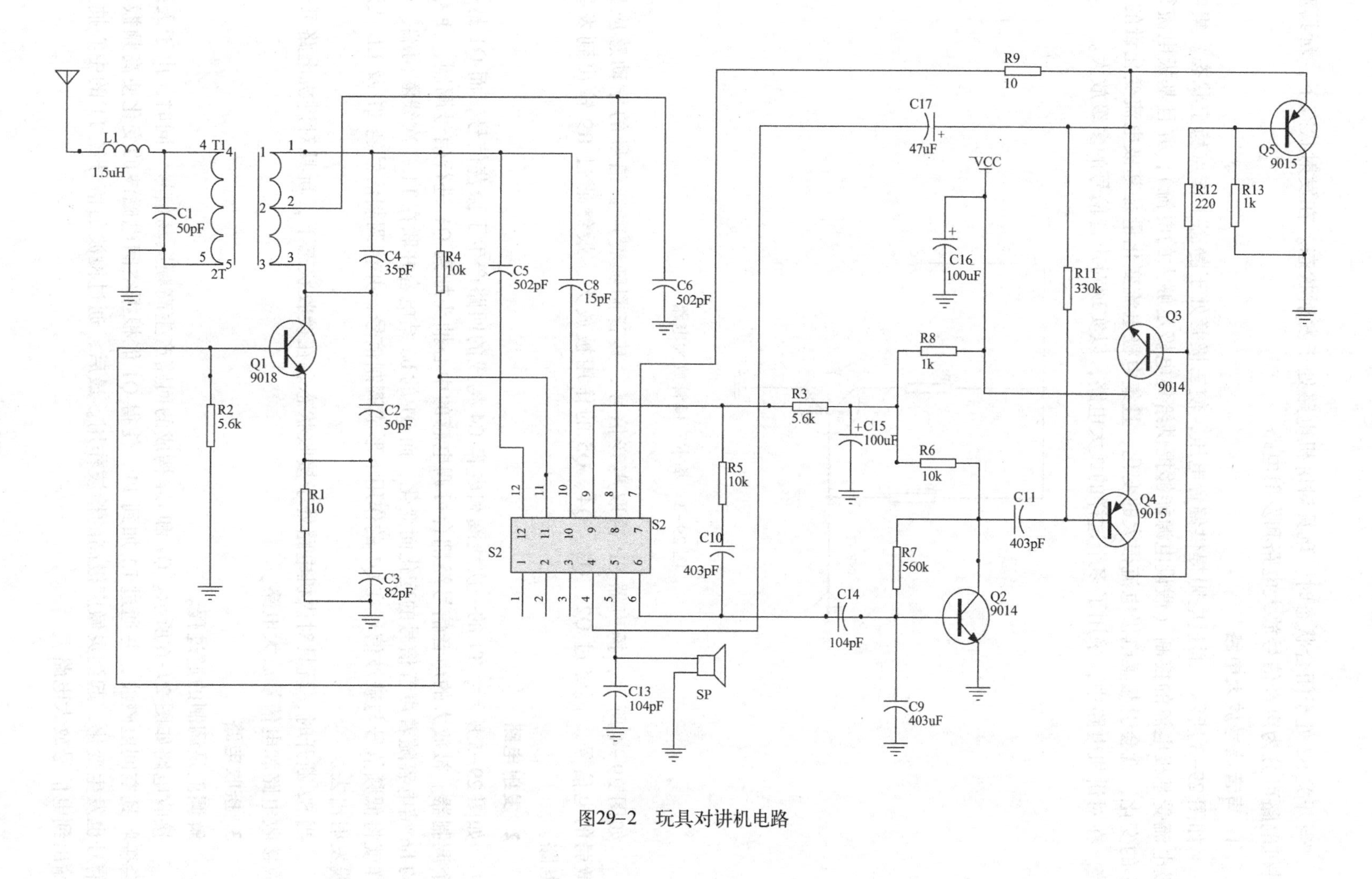

图29-2 玩具对讲机电路

当开关 S2 处于闭合状态时，玩具对讲机电路处于发射状态。在发射状态下，玩具对讲机电路可分为声音信号放大电路和发射电路。

1. 声音信号放大电路

如图 29-3 所示，通过电阻提供偏置电压，使三极管处于静态工作点稳定状态。集电极电流受基极电流的控制（假设电源能够提供给集电极足够大的电流），并且基极电流很小的变化，就会引起集电极电流很大的变化，且集电极电流变化量是基极电流变化量的 β 倍。在对讲机电路中，采用了多个这样的放大电路，以实现对声音信号的多级放大。

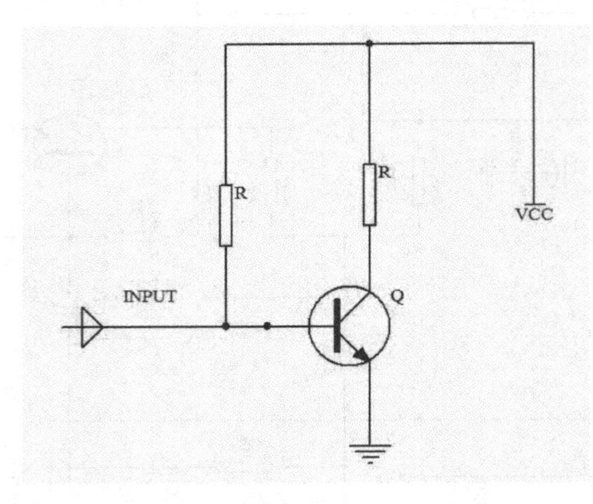

图 29-3　基本三极管放大电路

如图 29-4 所示，扬声器 SP 拾取声音信号，其音圈随着声音信号的振动感应出微弱的电信号，再经过 Q2、Q3、Q4、Q5 的作用被放大，最终通过 R9 输出到发射电路。

2. 发射电路

如图 29-5 所示，T1 的一次线圈和电容 C4 构成的回路产生了振荡信号，而 Q1 是一个调制器。被放大的声音信号经耦合可调电感的中心抽头加到 Q1 进行信号调制，使 Q1 的 bc 结电容随着声音信号的变化而变化，而 Q1 的 bc 结电容并联在 T1 一次线圈两端，这样就将低频信号与载波信号在 Q1 的作用下形成调制信号，并将调制信号经 T1 及 L1 从天线发射出去。

当 S2 断开时，玩具对讲机电路处于接收状态。在接收状态下，玩具对讲机电路可分成接收电路和电信号放大电路。

3. 接收电路

解调就是调制的逆过程。

接收电路如图 29-6 所示。Q1 和 C4 构成的回路产生高频振荡信号。同时，由于天线会接收到空间电磁波，并通过 L1 加到 T1，使得 Q1 能根据空间电磁波的变化使高频振荡信号也发生变化，起到灵敏度极高的检波作用。最后，通过检波的信号经 T1 的中心抽头输出到电信号放大电路。

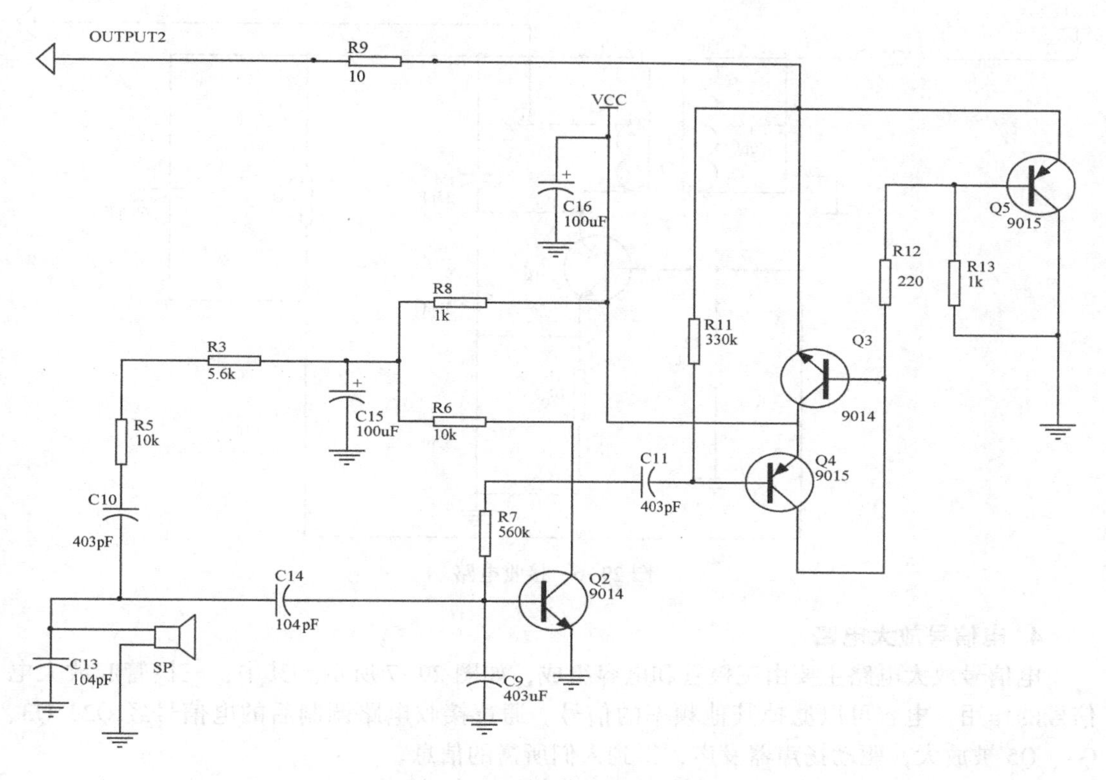

图 29-4　声音信号放大电路

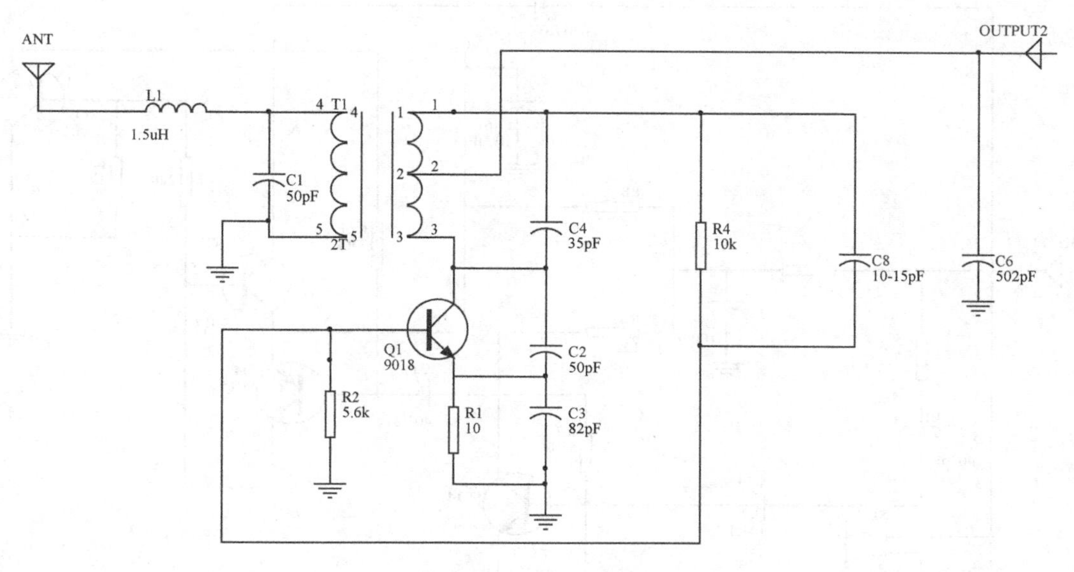

图 29-5　发射电路

注：图 29-5 中“uH”为软件生成，即为“μH”，全书下同。

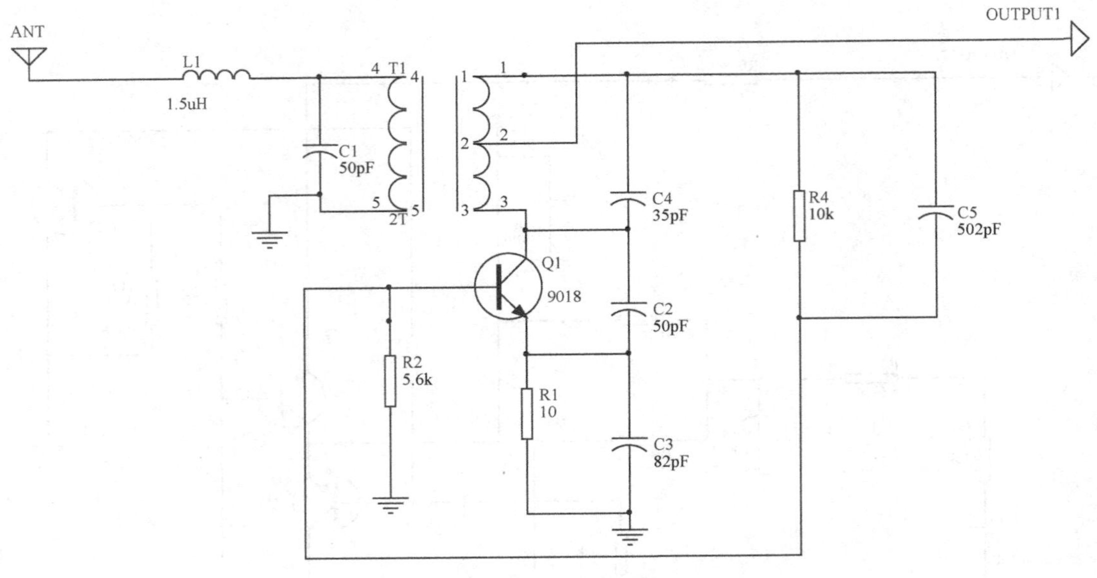

图 29-6　接收电路

4. 电信号放大电路

电信号放大电路主要由三极管和电容组成，如图 29-7 所示。其中，三极管起放大电信号的作用，电容可以滤掉其他频率的信号。通过接收电路调制后的电信号经 Q2、Q3、Q4、Q5 被放大，驱动扬声器发声，得到人们所需的信息。

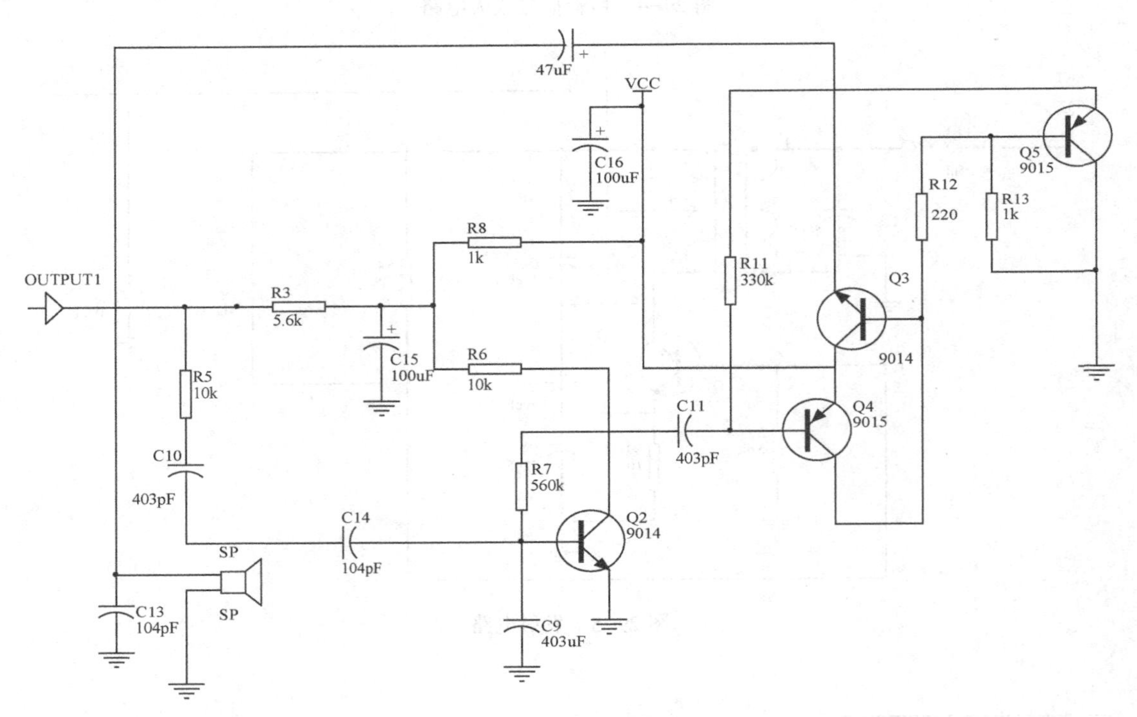

图 29-7　电信号放大电路

电路板布线图（见图 29-8）

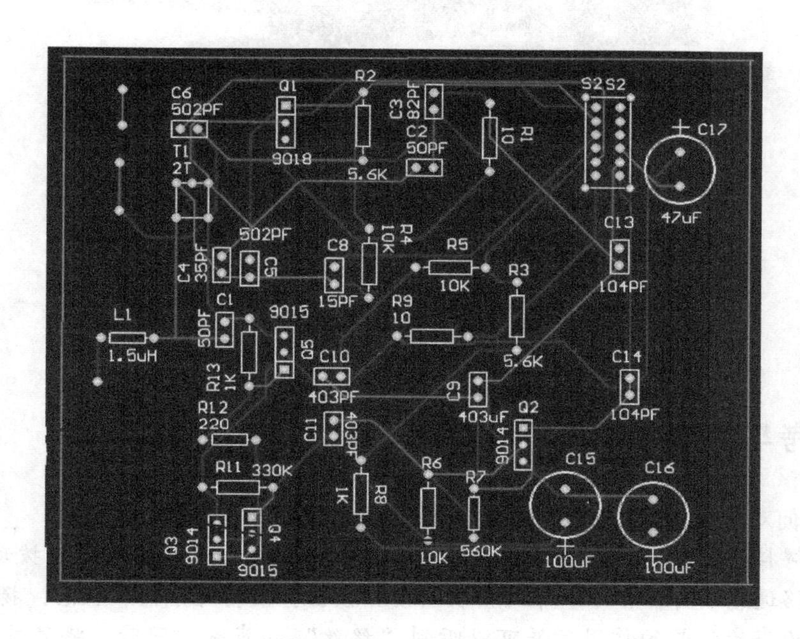

图 29-8　电路板布线图

实物照片（见图 29-9）

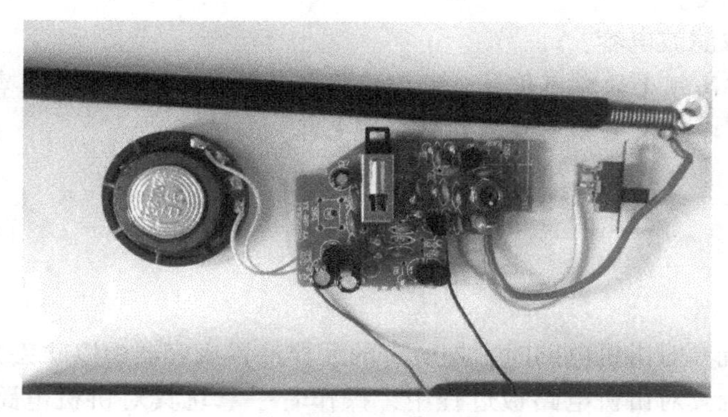

（a）玩具对讲机电路板

图 29-9　实物照片

（b）组装玩具对讲机电路板

图 29-9　实物照片（续）

思考与练习

（1）如何对焊接完成后的玩具对讲机电路进行调试？

答：将焊接完成后的玩具对讲机电路接入 9V 的叠层电池，然后旋转拨动开关按钮，可以使该电路通电工作。按下一个对讲机的复位按钮，使其处于接收状态，扬声器起到将电信号转化为声音信号的作用，并可以听到“丝丝”的声响。同时，将另外一个对讲机的复位按钮按下，使其处于发射状态下，这时扬声器起到将声音信号转化为电信号的作用。将两个对讲机的天线平行靠近，用无感螺钉旋具轻轻微调可调电感器 T1 的磁芯，使处于接收状态的对讲机的“嘟嘟”声最大，即两个对讲机的发射、接收频率一致。

（2）焊接玩具对讲机电路元器件的合理顺序是什么？

答：焊接玩具对讲机电路元器件的合理顺序：电阻→电容→三极管→电位器→跳线→复位开关和拨动开关。

（3）如何选取滤波电容？

答：为了滤掉高频率的噪声信号，可以使用电容量稍微小的滤波电容；为了滤掉低频率的噪声信号，可以使用电容量稍微大的滤波电容。

特别提醒

（1）在制作玩具对讲机电路时，把所有的元器件置入容器中以防丢失。

（2）在安装玩具对讲机电路板过程中，操作者手拿玩具对讲机电路板的边，而不要拿玩具对讲机电路板的面，以防氧化玩具对讲机电路板。

项目30　自动寻迹玩具车电路

设计任务

设计一个简单的自动寻迹玩具车电路，使其通过接收、解码遥控器的信号控制玩具车的方向和速度。

基本要求

☺ 具有简单可靠的主控芯片。

总体思路

本设计以C8051F310单片机作为主控芯片，以实现对玩具车的方向和速度的控制。

系统组成

自动寻迹玩具车电路主要分为电源电路、单片机电路、通信电路3个模块。

模块详解

自动寻迹玩具车电路如图30-1所示。下面分别对自动寻迹玩具车电路的各主要模块进行详细介绍。

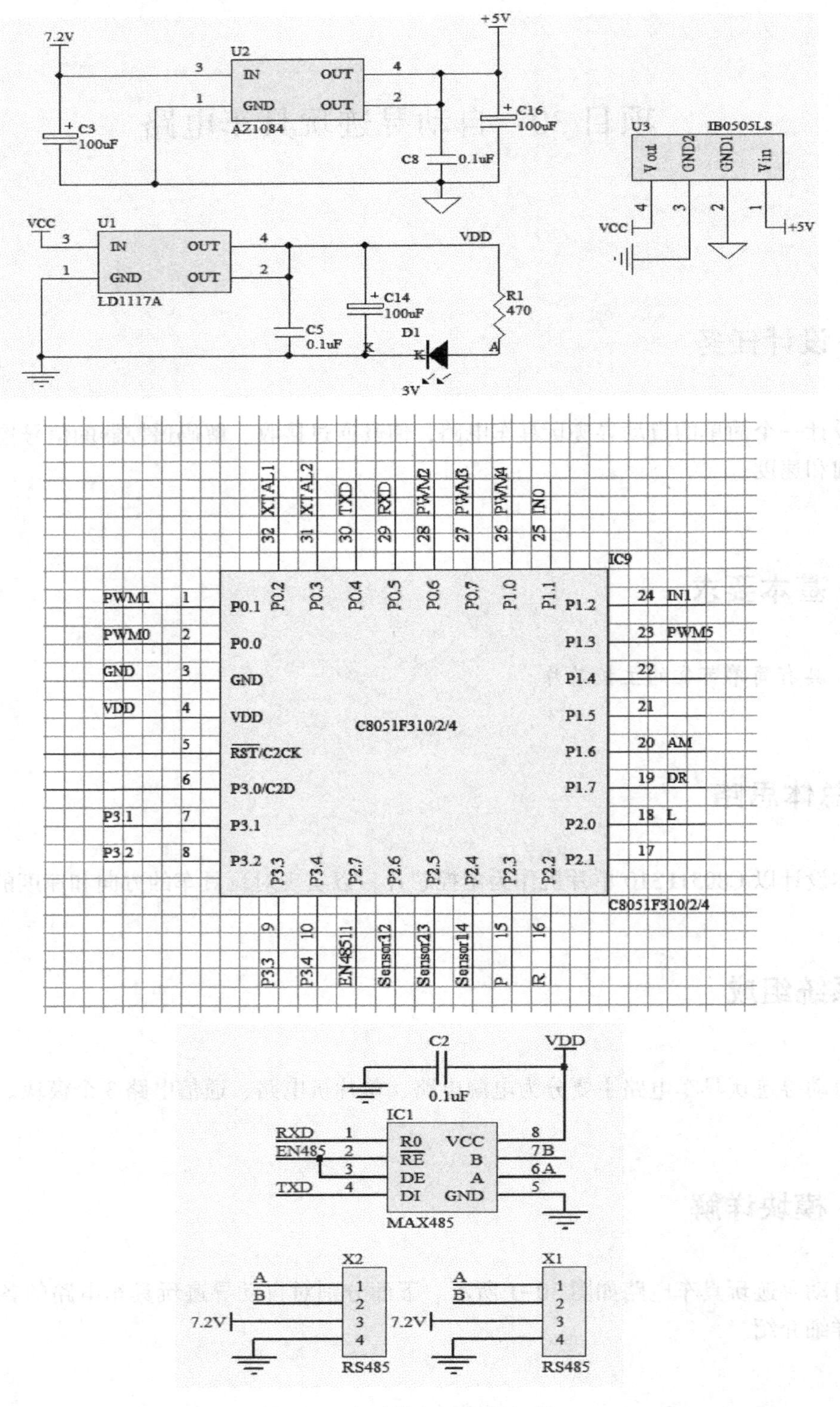

图 30-1　自动寻迹玩具车电路

1. 电源电路

电源电路用于给其他模块供电，如图30-2所示。

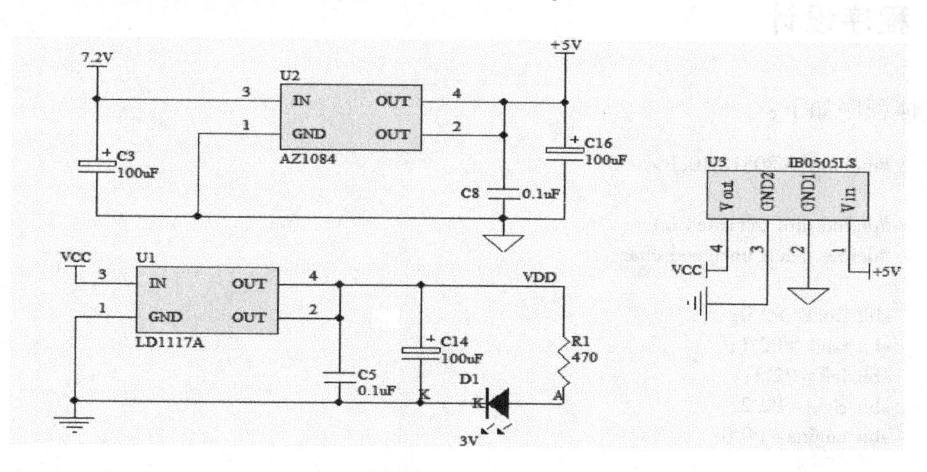

图30-2 电源电路

2. 单片机电路

单片机电路采用C8051F310单片机。C8051F310单片机具有片内上电复位功能，并具有电源监视器、看门狗定时器、时钟振荡器等。C8051F310单片机的引脚如图30-3所示。

3. 通信电路

由于TTL电平与RS485电平之间存在不匹配的问题，故必须通过电平转换器件（MAX485芯片）解决这个问题。通信电路如图30-4所示。

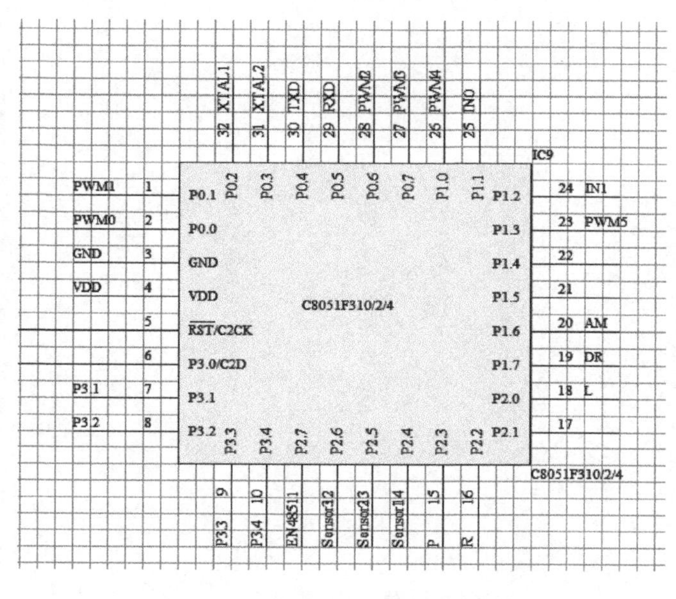

图30-3 C8051F310单片机的引脚

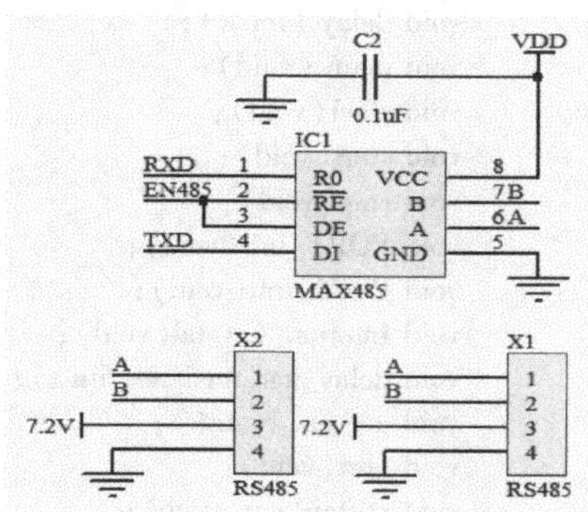

图30-4 通信电路

程序设计

具体程序如下：

```
#include <c8051f310. h>

#define uint unsigned int
#define uchar unsigned char

sbit front=P2^0;
sbit back=P2^1;
sbit left=P2^3;
sbit right=P2^2;
sbit engine=P0^0;

sbit right_L=P3^1;
sbit left_L=P3^3;
sbit stop_L=P3^2;

sbit right_1=P2^7;
sbit right_2=P3^4;
sbit left_1=P3^3;
sbit left_2=P3^2;
sbit left_1=P3^4;

int q;
int PWM;
uchar car_state;
uchar car_last_state;
unsigned int port_1;
unsigned int port_2;
unsigned int port_3;
unsigned int port_4;

void delay (int w);
void main (void);
void steer(void);
void start(void);
void stop(void);
void PORT_Init(void);
void PWM_Init(void);
void Internal_Crystal(void);
void delay_ms(unsigned int t);
void get_car_state();
void port(void);
void switch(car_state);

void main (void)
  {
```

```
 Internal_Crystal( );
 PORT_Init( );

 while (1)
 {
get_car_state( );
switch( car_state)
 {
   case 0x0f:
        {
        front = 1; back = 0; PWM = 100;
        left = 0; right = 0;
        right_L = 0; left_L = 1;

        car_last_state = 0;

        break;
        }

   case 0x0e:
        {
        front = 1; back = 0; PWM = 120;
        left = 0; right = 1;
        engine = 0;
        break;
        }

   case 0x0d:
        {
        front = 1; back = 0; PWM = 120;
        engine = 0; left = 0; right = 1;
        break;
        }

   case 0x0b:
        {
        front = 1; back = 0; PWM = 120;
        left = 1; right = 0;
        break;
        }

   case 0x07:
        {
        front = 1; back = 0; PWM = 120;
        left = 1; right = 0;
        engine = 0;
        break;
        }

   case 0x0c:
        {
        front = 1; back = 0; PWM = 120;
```

```
        left=0;right=1;

        break;
        }

case 0x09:
        {
        front=1;back=0;PWM=120;
        left=0;right=0;

        break;
        }

case 0x38:
        {
        front=1;back=0;PWM=120;
        left=1;right=0;
        car_last_state=1;

        break;
        }
case 0x03:
        {
        front=1;back=0;PWM=100;
        left=1;right=0;
        left_L=0;right_L=1;

        break;
        }

case 0x00:
        {
        front=1;back=0;PWM=100;
        left=0;right=0;

        break;
        }
case 0xff:
        {
if(car_last_state==0)
        {
          left=1;right=0;
          front=1;back=0;PWM=120;
          }
        else //if(car_last_state==1)
            {
          left=0;right=1;
          front=1;back=0;PWM=120;
          }
        }
break;
} */
```

```
        PWM_Init( ) ;
      }
   }
void get_car_state( )
{
     port_1 = P2&0xf0;
     port_2 = port_1>>1;
     port_3 = P3&0x10;
     port_4 = port_3<<3;
     car_state = port_2 | port_4;
}
void get_car_state( )
{
   P3 = P3>>1;
   port_1 = P3&0x0F;
   port_2 = P2&0x80;
   port_3 = port_2>>7;
   car_state = port_1 | port_3;
}
void get_car_state( )
{
   if( (left_1 = = 1 | | left_2 = = 1) ) {
     left = 0; right = 1; front = 0; back = 1; PWM = 100;
     }
    if( (right_1 = = 1 | | right_2 = = 1) ) {
     left = 1; right = 0; front = 0; back = 1; PWM = 100;
     }
     else{
     left = 0; right = 0; front = 0; back = 1; PWM = 100;
     }
}

void PORT_Init( void)
   {

     P0MDIN = 0xff;
          P0MDOUT = 0xff;
     P0SKIP  =  0x01;

     P1MDIN = 0xff;
          P1MDOUT = 0xff;
     P1SKIP  =  0x01;

     P2MDIN = 0xff;
          P2MDOUT = 0x0f;
     P2SKIP  =  0xf0;

     P3MDIN = 0xff;
     P3MDOUT = 0x07;

   }
```

```
void PWM_Init(void)
   {
         XBR0 = 0x01;
      XBR1 = 0x042;



      PCA0MD = 0x02;
      PCA0CPL0 = 200;
      PCA0CPH0 = 200;

      PCA0CPL1 = PWM;
      PCA0CPH1 = PWM;

      PCA0CPM0 = 0x42;
      PCA0CPM1 = 0x42;

      PCA0CN = 0x40;
      }

void Internal_Crystal(void)
   {
         OSCICN=0x83;
      CLKSEL=0x00;
    }

void steer(void)
   {
         engine=0;
      left=1;
      right=0;
      delay_ms(1000);
      left=0;
         right=0;
         delay_ms(1000);
      left=0;
         right=1;
         delay_ms(1000);
      engine=1;
      left=1;
         right=1;

    }

void start(void)
   {
      for(PWM=0;PWM<200;PWM++)
         {
         PWM_Init();
      front=1;back=0;
      delay_ms(10);
         }
```

```
    }

    void stop(void)
    {

      for(PWM=200;PWM>0;PWM--)
        {
          PWM_Init();
      front=1;back=0;
      delay_ms(10);
        }

    }

void delay_ms(unsigned int t)
{
    unsigned int i;
    while (t--)
    {
        for (i=0;i<125;i++)
        {}
    }
}
```

电路板布线图（见图 30-6）

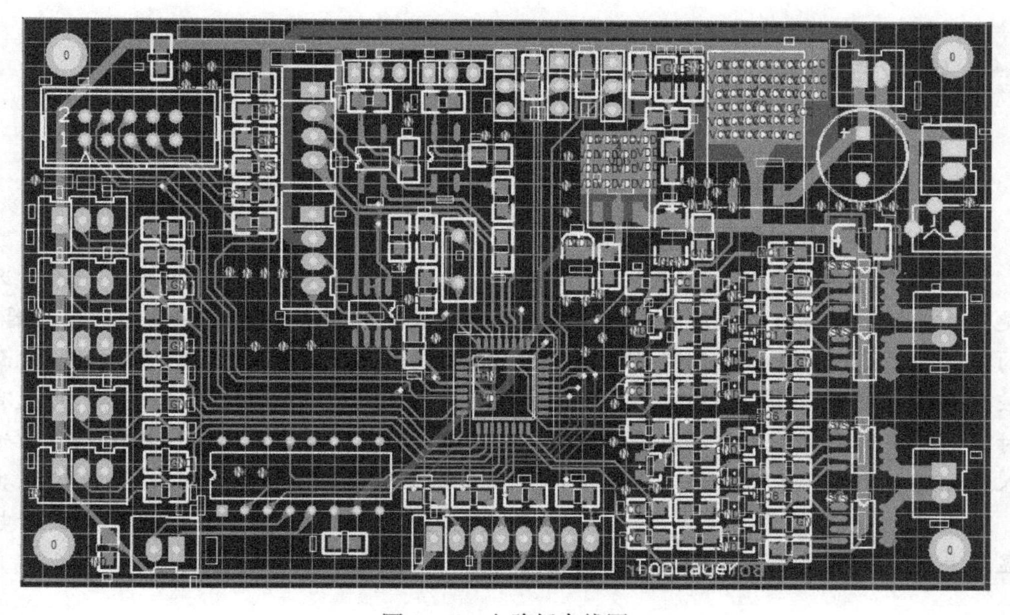

图 30-6　电路板布线图

实物照片（见图 30-7）

图 30-7　实物照片

思考与练习

（1）试对比开关型稳压芯片与线性稳压芯片的不同点？

答：线性稳压芯片工作于线性状态，而开关型稳压芯片工作于开关状态。

（2）试说明红外线接收管的原理。

答：红外线接收管是专门用来接收和感应红外线发射管发出的红外线的，一般情况下都是与红外线发射管成套使用的。红外线接收管是将光信号转变成电信号的半导体器件，它的核心部件是一个特殊材料的 PN 结。和普通二极管相比，红外线接收管的 PN 结面积比较大，以便接收更多的红外线。红外线接收管是在反向电压作用之下工作的。当没有光照时，红外线接收管的反向电流很小（一般小于 0.1μA）。当有光照时，携带能量的光子进入红外线接收管的 PN 结后，把能量传给共价键上的束缚电子，使部分电子挣脱共价键，从而产生电子–空穴对。电子–空穴对在反向电压作用下参加漂移运动，使反向电流明显变大。光的强度越大，反向电流也越大。

项目31　消防灭火小车电路

设计任务

设计一个消防灭火小车电路，使其能准确检测到火源的位置，并驱动小车到达火源位置进行灭火。

总体思路

本设计通过火焰传感器实时监测周围火情，将实时数据以模拟信号送入单片机最小系统进行数据处理，以确定火源位置，然后通过单片机最小系统发出控制信号，以驱动消防灭火小车向火源移动，再通过红外传感器确定合理的停车灭火位置，最后单片机最小系统启动灭火程序。

系统组成

消防灭火小车电路主要分为电源电路、单片机最小系统、舵机驱动电路3个模块。

消防灭火小车电路系统框图如图31-1所示。

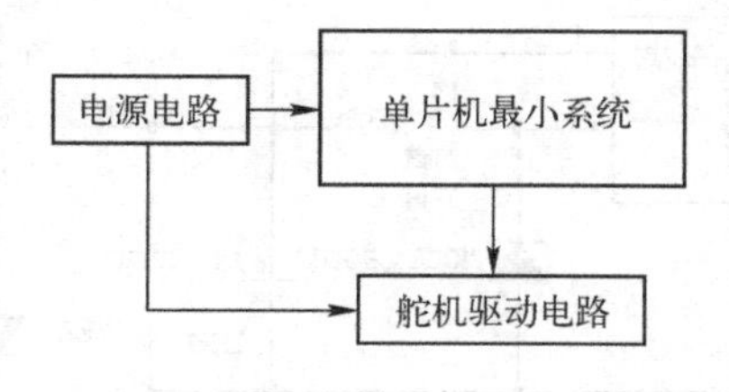

图31-1　消防灭火小车电路系统框图

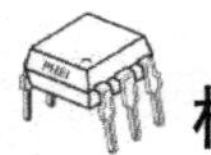

模块详解

1. 电源电路

电源电路供电的稳定性直接关系到消防灭火小车的稳定运行。电池电压会因放电而下降，而且电池在充满电时电压约为 8V，而单片机及传感器所需的工作电压为 5V，所以就要把电池电压稳定在 5V。

为了提高电池的利用效率及电压稳定性，将电池电压先升压、再稳压，以便为各个模块提供所需的电压，满足消防灭火小车的正常运行。

XL6009E1 芯片可将电源电压升为 9V。9V 升压电路如图 31-2 所示。

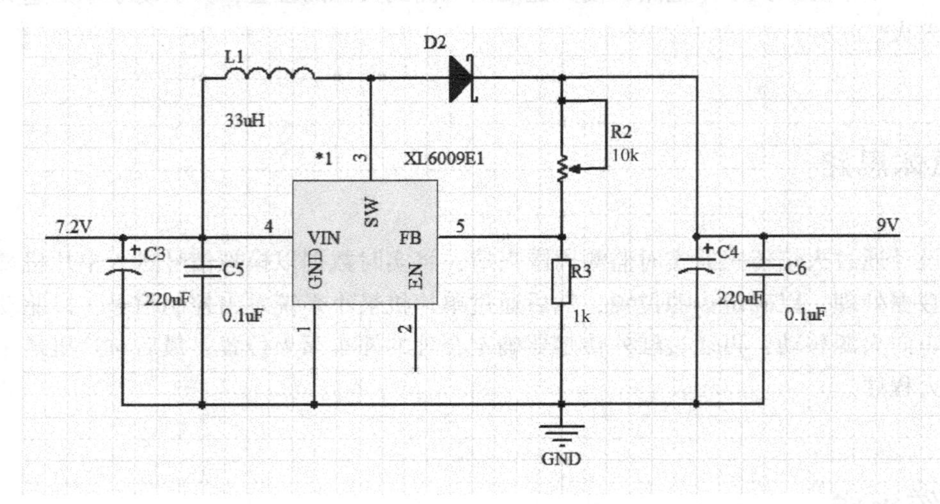

图 31-2　9V 升压电路

稳压芯片采用 LM2596 芯片。由于该芯片只需 4 个外接元器件，并可使用通用的标准电感，极大地简化了电源电路的设计。

5V 稳压电路如图 31-3 所示。

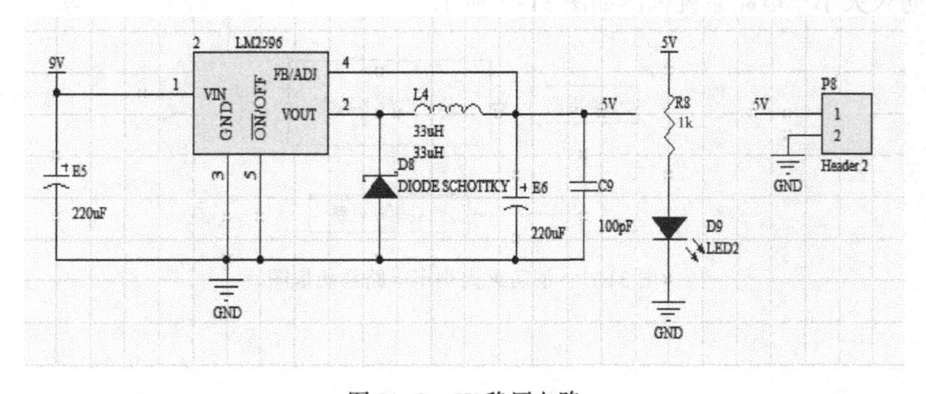

图 31-3　5V 稳压电路

2. 单片机最小系统

本设计使用 MC9S12XS128 单片机作为主控芯片。为了使本设计更加模块化，将主控芯片制成单片机最小系统，将 MC9S12XS128 单片机的全部引脚引出，并设计了过电流、过电压保护功能。

MC9S12XS128 单片机如图 31-4 所示。单片机最小系统实物照片如图 31-5 所示。

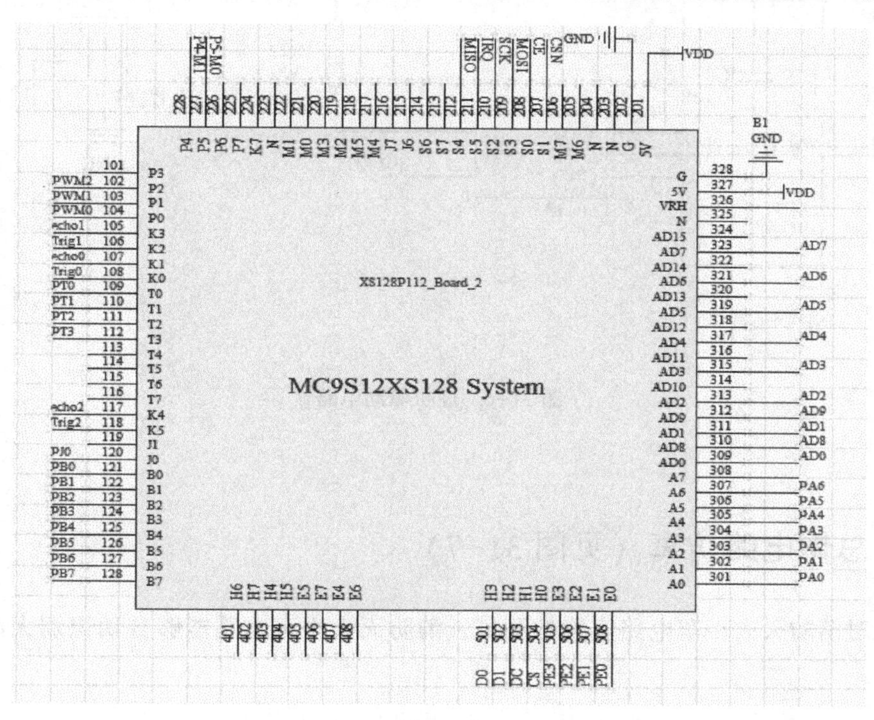

图 31-4　MC9S12XS128 单片机

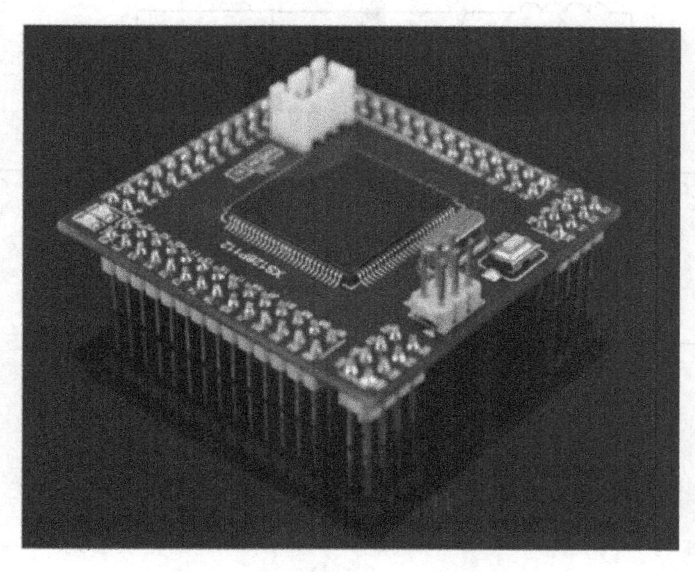

图 31-5　单片机最小系统实物照片

3. 舵机驱动电路

舵机驱动电路如图 31-6 所示。其中，TLP113 芯片为驱动芯片，工作电压为 5V。

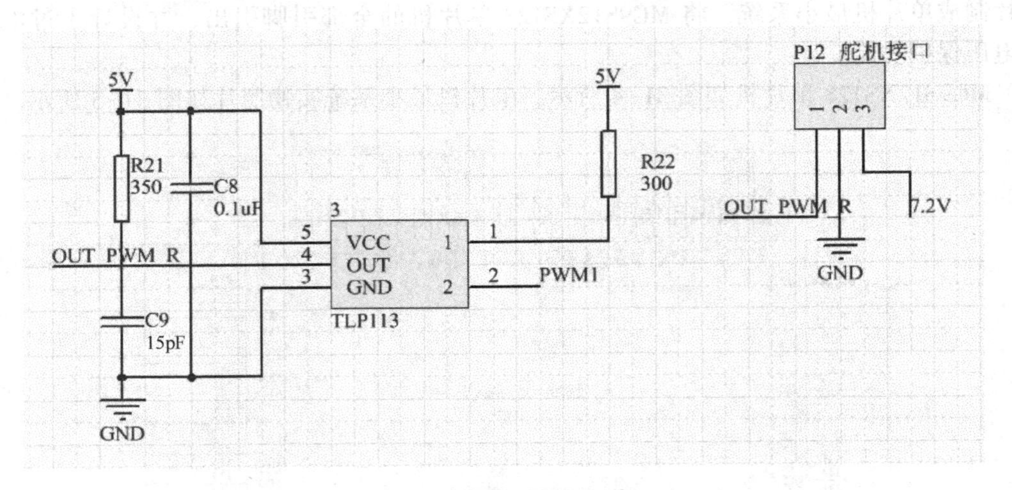

图 31-6　舵机驱动电路

总体电路仿真（见图 31-7）

经过对消防灭火小车电路实物的测试，消防灭火小车电路能够自动识别火源并进行灭火。

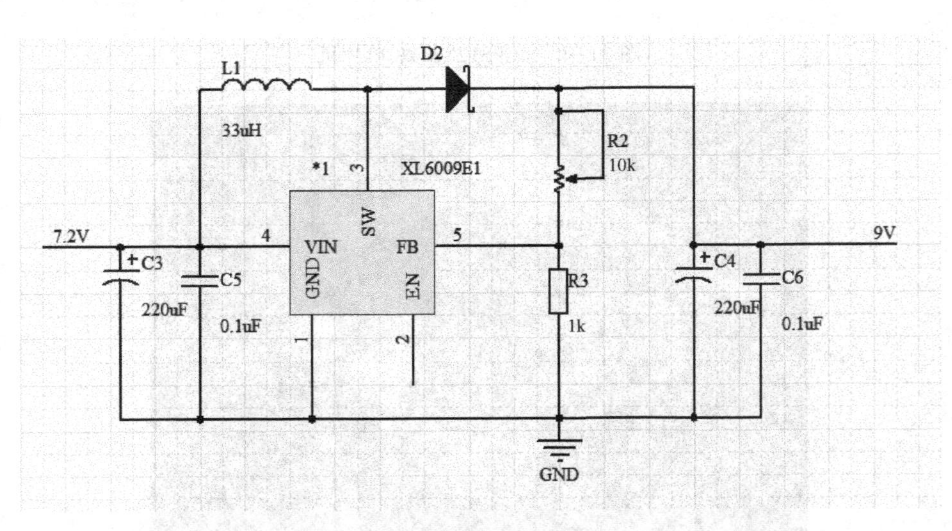

图 31-7　总体电路仿真

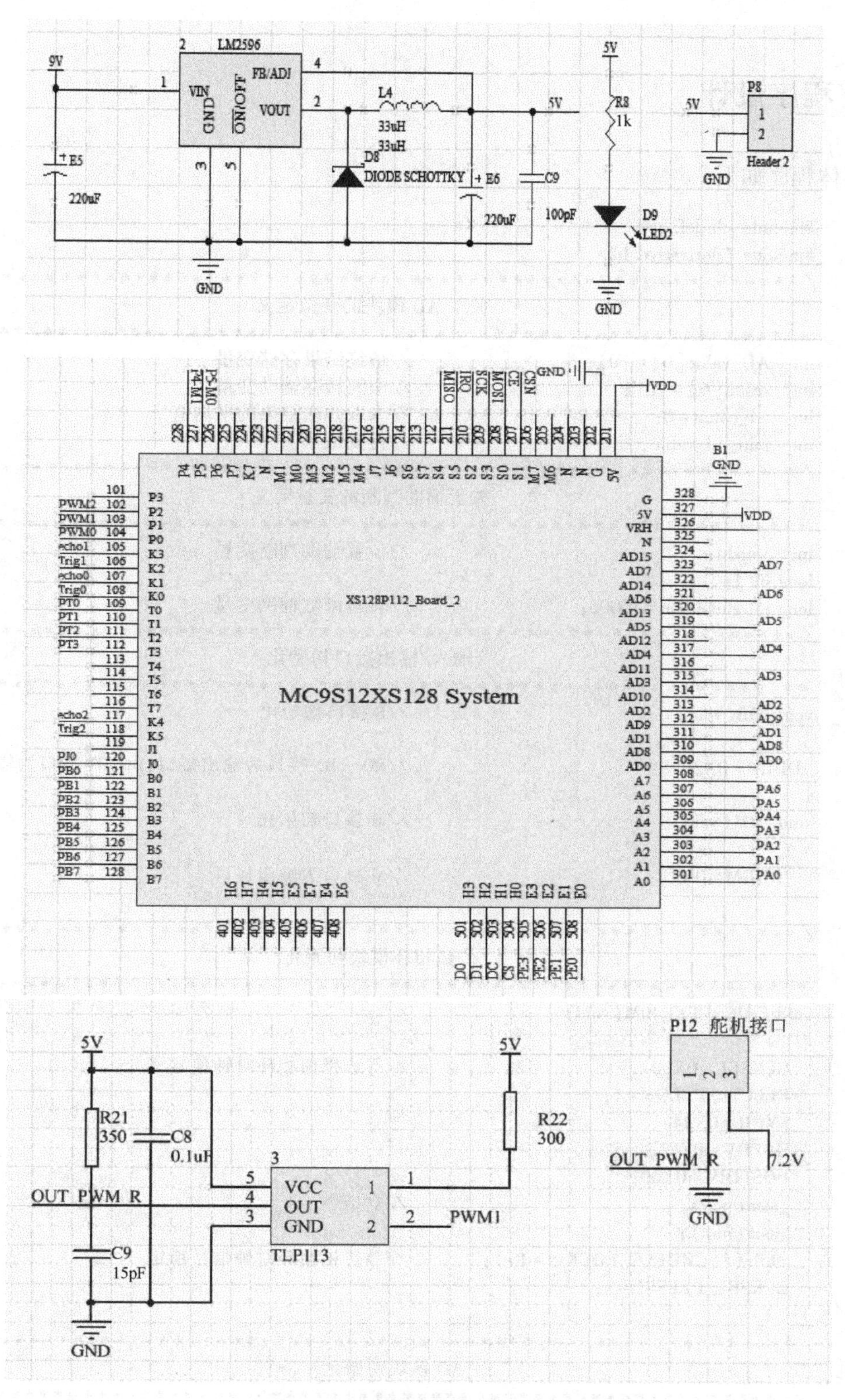

图 31-7　总体电路仿真（续）

程序设计

具体程序如下：

```
#include <hidef. h>
#include "derivative. h"
/ **************************************************************
                          关于 AD 模块的变量定义
**************************************************************/
int  AD_value[6]={0};                 //最终结果存储变量
int  result[6]={0};                   //中间转存辅助变量
int  ad_count=0;                      //求取几次结果的平均值
int  min_ad_value;                    //得到最小值
/ **************************************************************
                          关于辅助判断的变量定义
**************************************************************/
int  weizhi;                          //位置辅助判断变量
long int j;
long int zhuanjiao=50000;             //转角度数辅助变量
/ **************************************************************
                          输入/输出接口初始化
**************************************************************/
void IOB(void)                        //B 接口初始化
{
 DDRB=0X3F;                           //B0～B5 接口为输出接口,B6、B7 接口为输入接口
}
void IOM(void)                        //M 接口初始化
  {
   DDRM=0XFF;                         //M 接口为输出接口
  }
/ **************************************************************
                          锁相环模块初始化
**************************************************************/
void SetBusCLK_40M(void)
{
  CLKSEL=0X00;                        //不选择锁相环时钟信号
  PLLCTL_PLLON=1;
  SYNR=0X44;
  REFDV=0X81;
  POSTDIV=0X00;
  _asm(nop);                          //空指令
  _asm(nop);
  while(!(CRGFLG_LOCK==1));           //等待锁相环时钟信号稳定
  CLKSEL_PLLSEL=1;
}
/ **************************************************************
                          AD 模块初始化    *
**************************************************************/
 void AD_init(void)
```

```
  {
    ATD0CTL0=0X05;
    ATD0CTL1=0X10;
    ATD0CTL2=0X40;
    ATD0CTL3=0XB0;
    ATD0CTL4=0X21;
    ATD0CTL5=0X10;
  }
/*********************************************************
                         PWM 信号初始化
*********************************************************/
void Init_PWM(void)
{
    PWME=0X00;                          //初始化前,禁止各路 PWM 信号输出
    PWMPRCLK=0X00;
    PWMSCLA=8;
    PWMCLK_PCLK1=1;                     //通道 1 选择 SA 时钟信号
    PWMCLK_PCLK3=0;                     //通道 3 选择 B 时钟信号
    PWMCLK_PCLK5=0;                     //通道 5 选择 A 时钟信号
    PWMPOL=0XFF;                        //各通道先输出高电平
    PWMCAE=0X00;
    PWMCTL_CON01=1;
    PWMCTL_CON23=1;
    PWMCTL_CON45=1;
    PWMPER01=25000;                     //控制舵机
    PWMPER23=8000;                      //控制电动机
    PWMPER45=8000;
    PWMDTY01=0;                         //设置 PWM 信号的占空比为 0
    PWMDTY23=5500;                      //控制左电动机
    PWMDTY45=5500;                      //控制右电动机
    PWME_PWME1=1;
    PWME_PWME3=1;
    PWME_PWME5=1;
    PTM_PTM4=0;
    PTM_PTM5=0;
}
/*************************************************************
                         采集 AD 模块的输出值
*************************************************************/
void AD_get(void)
{
    ATD0CTL5=0X10;
    while(ATD0STAT0_SCF!=1);
    result[0]+=ATD0DR0L;
    result[1]+=ATD0DR1L;
    result[2]+=ATD0DR2L;
    result[3]+=ATD0DR3L;
    result[4]+=ATD0DR4L;
    result[5]+=ATD0DR5L;
    ad_count++;
    if(ad_count==5)                     //采集 5 次 AD 模块的输出值,求取平均值
    {
```

```
    ad_count=0;
    AD_value[0]=result[0]/5;
    result[0]=0;
    AD_value[1]=result[1]/5;
    result[1]=0;
    AD_value[2]=result[2]/5;
    result[2]=0;
    AD_value[3]=result[3]/5;
    result[3]=0;
    AD_value[4]=result[4]/5;
    result[4]=0;
    AD_value[5]=result[5]/5;
    result[5]=0;
  }
}
/*************************************************************
                通过AD模块的输出值判断火焰位置
*************************************************************/
void judge_position(void)
{
  if((AD_value[0]-AD_value[1])>=0)
  {
    min_ad_value=AD_value[1];
    weizhi=1;
  }
    else
  {
    min_ad_value=AD_value[0];
    weizhi=0;
  }
  if((min_ad_value-AD_value[2])>=0)
  {
    min_ad_value=AD_value[2];
    weizhi=2;
  }
    else
  {
    min_ad_value=min_ad_value;
    weizhi=weizhi;
  }
  if((min_ad_value-AD_value[3])>=0)
  {
    min_ad_value=AD_value[3];
    weizhi=3;
  }
    else
  {
    min_ad_value=min_ad_value;
    weizhi=weizhi;
  }
  if((min_ad_value-AD_value[4])>=0)
  {
```

```
    min_ad_value=AD_value[4];
    weizhi=4;
  }
    else
  {
    min_ad_value=min_ad_value;
    weizhi=weizhi;
  }
  if((min_ad_value-AD_value[5])>=0)
  {
    min_ad_value=AD_value[5];
    weizhi=5;
  }
    else
  {
    min_ad_value=min_ad_value;
    weizhi=weizhi;
  }
}
/*************************************************************
                         几种执行动作
*************************************************************/
void zhixing(void)                       //直行
  {
    for(j=0;j<=zhuanjiao;j++)
    {
    PTM=0X0A;
    }
  }
  void zuozhuan(void)                    //左转
  {
    for(j=0;j<=zhuanjiao;j++)
    {
    PTM=0X06;
  }
 }
void youzhuan(void)                      //右转
 {
 for(j=0;j<=zhuanjiao;j++)
 {
   PTM=0X09;
 }
}
void tingche(void)                       //停车
{
 for(j=0;j<=zhuanjiao;j++)
 {
   PTM=0X00;
 }
}
void daoche(void)                        //倒车
{
```

```
  for(j=0;j<=zhuanjiao;j++)
   {
     PTM=0X05;
   }
 }
void miehuo(void)
 {
  if(PORTB_PB6==0|PORTB_PB7==0)
   {
    PWMDTY01=24900;
    PTM_PTM4=1;
    PTM_PTM5=0;
    PWMDTY23=0;
    PWMDTY45=0;
    }
   }
  else
   {
     dongzuo();
   }
  }
/****************************************************************
                    确定火焰位置执行相应动作
****************************************************************/
int dongzuo(void)
{
 switch(weizhi)
  {
   case 0: {youzhuan();delay();};break;
   case 1: {youzhuan();delay();}break;
   case 2: {zhixing();}break;
   case 3: {zhixing();delay();}break;
   case 4: {zuozhuan();delay();}break;
   case 5: {zuozhuan();delay();}break;
  }
}
/****************************************************************
                          延时函数
****************************************************************/
int delay(void)
{
   long int i;
   for(i=0;i<=10000;i++);
}


void main(void) {
   SetBusCLK_40M();
   AD_init();
   Init_PWM();
   IOB();
   IOM();
```

```
    EnableInterrupts;
  for(;;) {
  PORTB_PB5 = 1;
  AD_get();
  judge_position();
  miehuo();
    _FEED_COP();
  }
}
```

电路板布线图（见图 31-8）

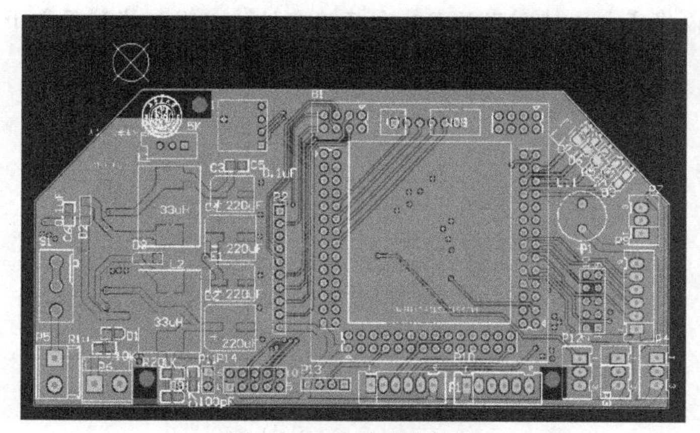

图 31-8　电路板布线图

实物照片（见图 31-9）

图 31-9　实物照片

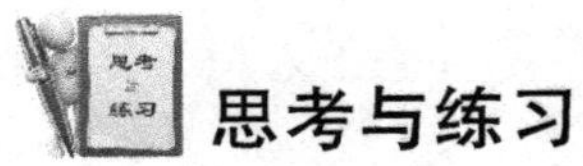

思考与练习

（1）与串联调整型稳压电源相比，开关型稳压电源的特点是什么？

答：与串联调整型稳压电源相比，开关型稳压电源的特点如下。

① 输出电压可调范围宽。

② 通过一个开关便可获得不同电压等级的电源。

③ 功耗小、效率高。

④ 体积小、质量小。

（2）为什么在电源电路中将电池电压先升压再稳压呢？

答：这样可以提高电池的利用效率及电压稳定性，以保证消防灭火小车的稳定运行。

项目 32　舞蹈机器人电路

设计任务

设计一个舞蹈机器人电路，使其能驱动多路舵机以实现机器人舞蹈动作。

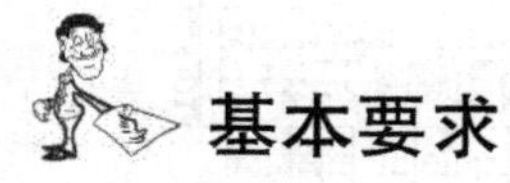

基本要求

舞蹈机器人电路必须能实现程序的下载及运行，并能驱动多路舵机。

总体思路

利用舵机代替机器人的各个关节，由舵机驱动电路及程序指令控制舵机实现各种舞蹈动作，由电源电路为整个舞蹈机器人电路提供所需的电压。

系统组成

舞蹈机器人电路主要分为电源电路、RS232 电路、指示电路、舵机驱动电路、单片机电路 5 个模块。

模块详解

舞蹈机器人电路如图 32-1 所示。下面分别对舞蹈机器人电路的各主要模块进行详细介绍。

1. 电源电路

因为单片机采用 5V 电源供电，因此稳压电路采用 LM1117 芯片。LM1117 芯片为低压差电压调节器，在其输入端接入的电容 C16（100μF）和 C12（200μF）用于滤波；在其后接入的 C13（100μF）、C14（100μF）、C15（100μF）用于进一步滤波，如图 32-2 所示。

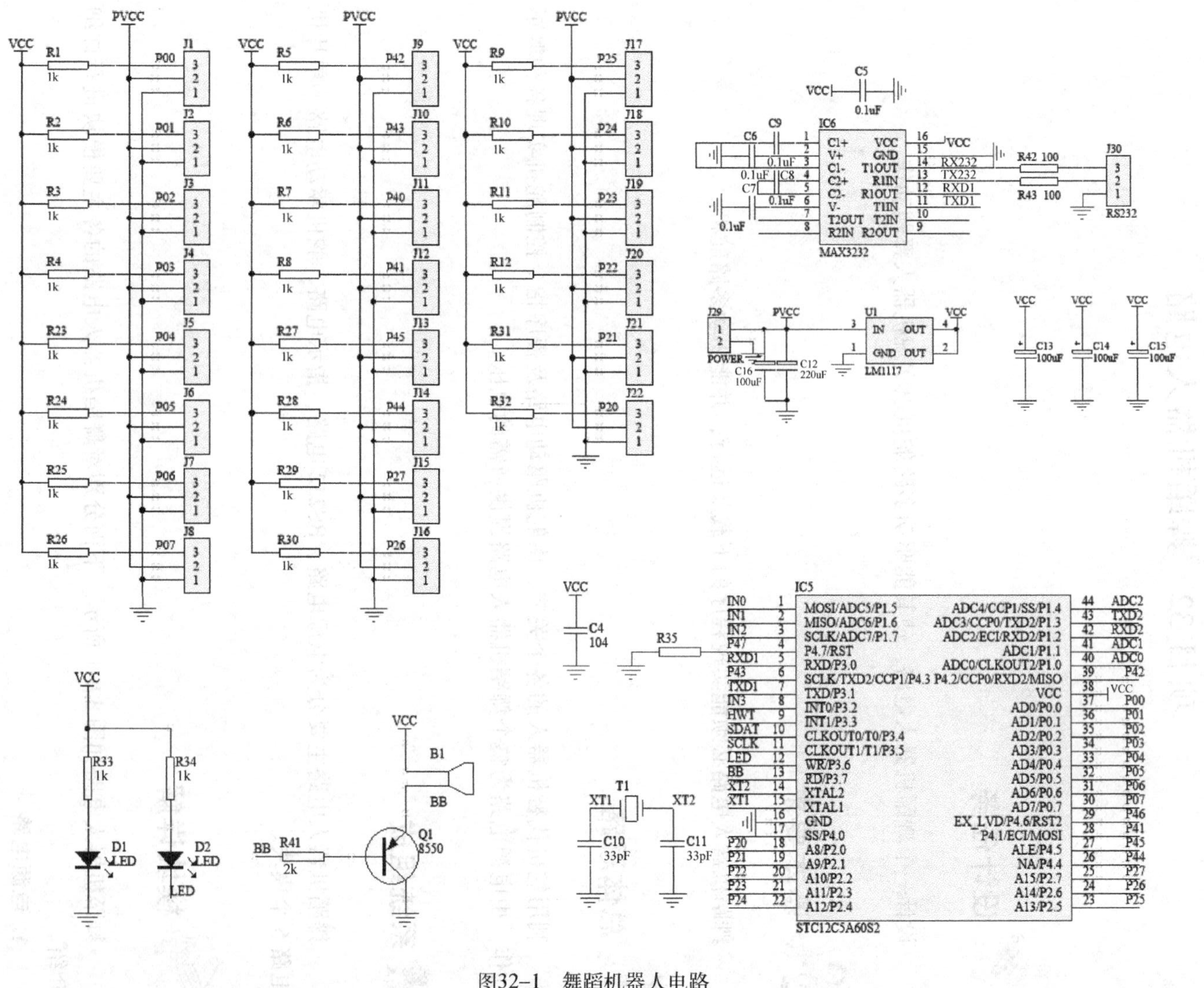

图32-1 舞蹈机器人电路

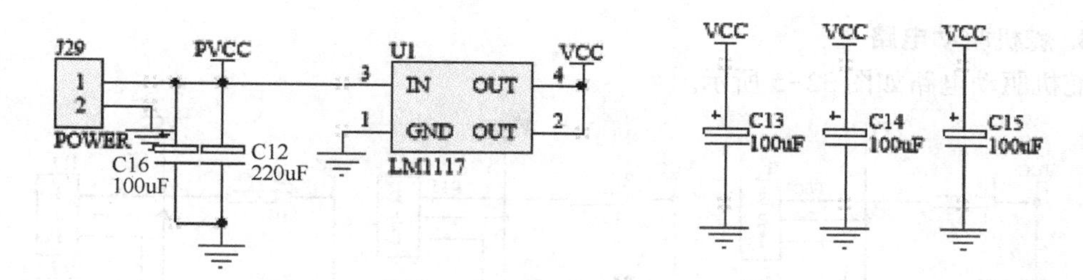

图 32-2　稳压电路

2. RS232 电路

RS232 电路用于实现电平的转换，即将 TTL 电平转换为 RS232 电平，以实现单片机与计算机之间通信。RS232 电路采用 MAX3232 芯片，如图 32-3 所示。

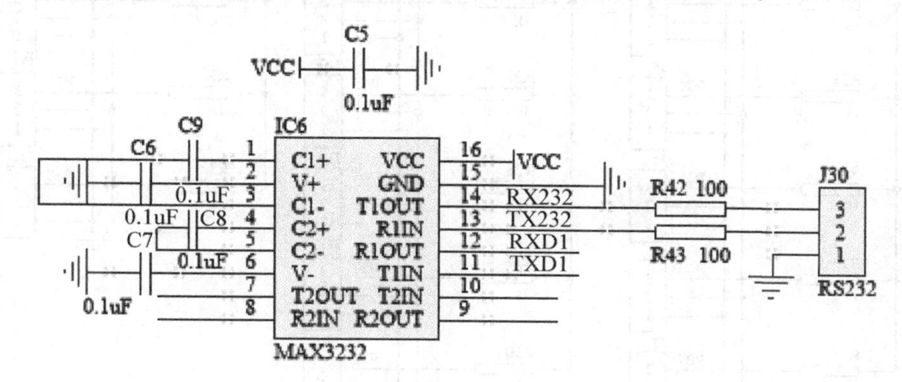

图 32-3　RS232 电路

3. 指示电路

指示电路主要由两个 LED 及一个蜂鸣器组成。其中，一个 LED 用于电源指示，另一个 LED 及蜂鸣器用于程序调试及程序运行指示，如图 32-4 所示。

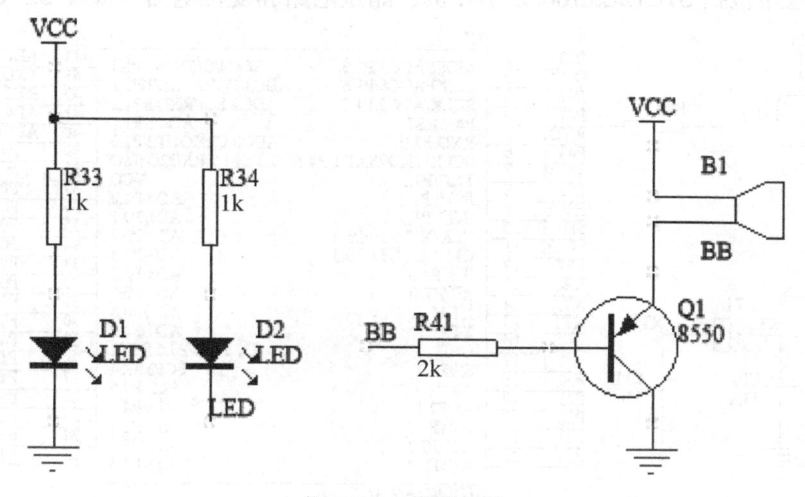

图 32-4　指示电路

4. 舵机驱动电路

舵机驱动电路如图 32-5 所示。

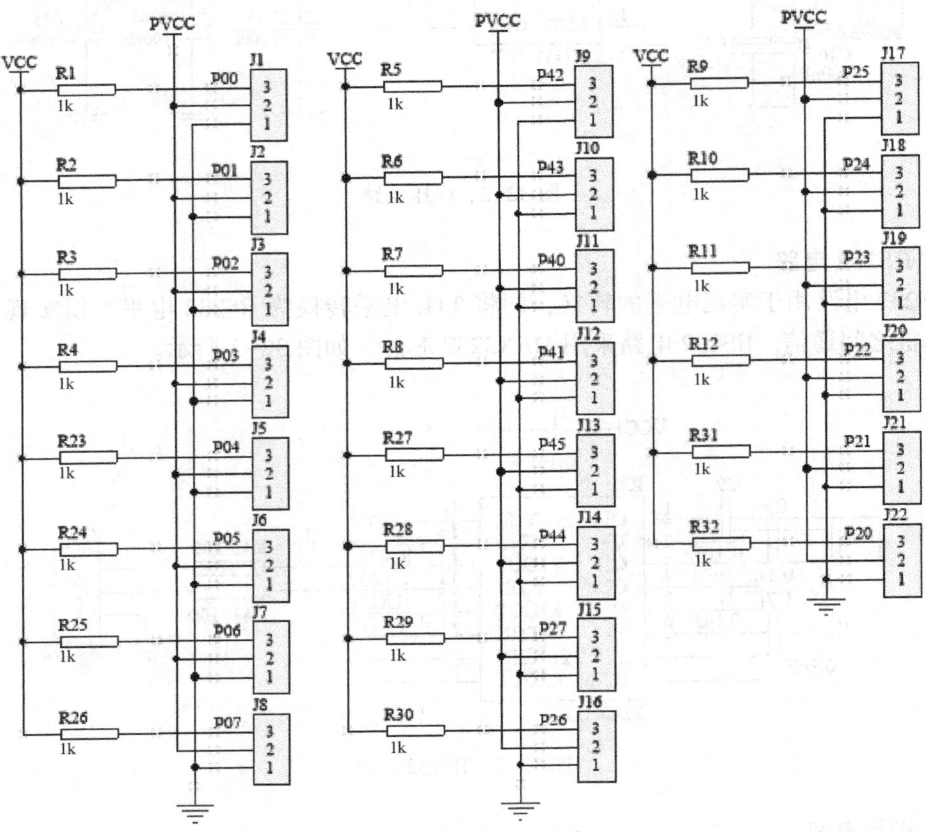

图 32-5　舵机驱动电路

5. 单片机电路

单片机电路包括 STC12C5A60S2 单片机、晶振电路和复位电路，如图 32-6 所示。

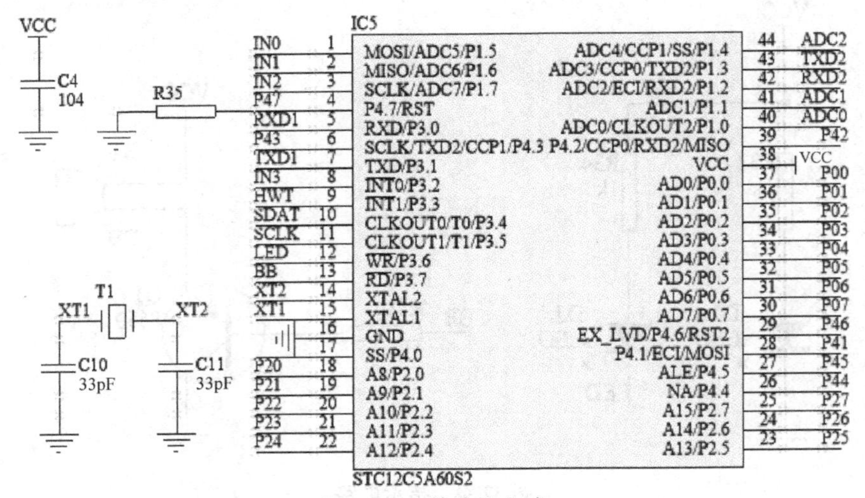

图 32-6　单片机电路

经过测试，舞蹈机器人电路能够做出各种编排的舞蹈动作，达到了本设计的要求。

程序设计

具体程序如下：

```
#include<STC12C5A60S2. H>
#include<string. h>
#include<intrins. h>
#define uchar unsigned char
#define uint unsigned int

sbit position[0]=P0^0;
sbit position[1]=P0^1;
sbit position[2]=P0^2;
sbit position[3]=P0^3;
sbit position[4]=P0^4;
sbit position[5]=P0^5;
sbit position[6]=P0^6;
sbit position[7]=P0^7;
sbit position[8]=P2^0;
sbit position[9]=P2^1;
sbit position[10]=P2^2;
sbit position[11]=P2^3;
sbit position[12]=P2^4;
sbit position[13]=P2^5;
sbit position[14]=P2^6;
sbit position[15]=P2^7;
sbit position[16]=P4^0;
uchar   position_initial[]={158,87,134,107,99,135,250,8,121,119,189,82,193,122,56,145,
131};                                                   //立正状态
uchar   position[]={158,87,134,107,99,135,250,8,121,119,189,82,193,122,56,145,131};
unsigned chararr[8]={0,0,0,0,0,0,0,0};      //定义端口的数值,由舵机状态决定,无规律
unsigned charpick_up[8]={0,0,0,0,0,0,0,0}; //固定的一组逻辑参数
unsigned char t0bit;

void r_cs_zu(int foot);
void lc_ru(int foot);
void rc_lu(int foot);
void lf_rb(int foot);
void lc_ld(int foot);
void l_cs_zu(int foot);
void rf_lb(int foot);
void rc_rd(int foot);
void initial_position(void);
void sit_down(char foot);
void stand_up(char foot);
void qi_liwanzheng(void);
```

```
void pa_xia(void);

/************************初始化定时器0****************************/

void Timer0_init(void)
{
    TR0 = 0;
    TMOD = 0x01;        //定时器0工作在方式1,要在中断中重装初始值
                        //注意在串行接口初始化中,TMOD=0x21
    TH0 = 0xED;         //设置溢出一次为50ms
    TL0 = 0xED;
    EA = 1;             //打开总中断
    ET0 = 1;            //打开定时器0中断
    TR0 = 0;            //关定时器0
}

/****************************END*********************************/
/*****************************延时函数*****************************/

void delay8us(unsigned int time)
{
    unsigned char j;
    for(;time>0;time--)
        {
            j = 8;
            while(j--);

        }
}

/*******************************END******************************/
/*****************************延时函数*****************************/

void delay500us(unsigned int time)
{
    unsigned int j;
    for(;time>0;time--)
        {
            j = 700;
            while(j--);

        }
}

/*******************************END******************************/
//##############################################################################
// 函数名称:low_level_t0(unsigned int THTL)
// 函数说明:定时器0的设置及启动程序,使每个变化量的变化周期相同
// 入口参数:THTL
// 返 回 值:无
```

```
//####################################################################
void low_level_t0(unsigned int THTL)
{
TH0=THTL>>8;
TL0=THTL;
t0bit=0;
TR0=1;
}
//####################################################################
// 函数名称:void array( )
// 函数说明:排序子程序,根据时间的长短排序
// 入口参数:无
// 出口参数:无
//####################################################################
void array()
{
unsigned chari=0,j=0,x=0;
pick_up[0]=0xFE;
pick_up[1]=0xFD;
pick_up[2]=0xFB;
pick_up[3]=0xF7;
pick_up[4]=0xEF;
pick_up[5]=0xDF;
pick_up[6]=0xBF;
pick_up[7]=0x7F;
//排序
for(i=0;i<=6;i++)
{ for(j=i+1;j<=7;j++)
{
if(arr[i]<arr[j])
{
x=arr[j];
arr[j]=arr[i];
arr[i]=x;
x=pick_up[j];
pick_up[j]=pick_up[i];
pick_up[i]=x;
}
}}
for(i=0;i<=6;i++)
{
arr[i]= arr[i]- arr[i+1];
}
}
//####################################################################
// 函数名称:void PWM_24( )
// 函数说明:舵机输出子程序,在最短的时间内输出舵机的 PWM 信号
// 入口参数:无
// 出口参数:无
//####################################################################
void PWM_24()
{uchar i=0,j;
```

```
for(i=0;i<=7;i++)                    //取 P0 接口舵机对应的值
{arr[i]=position[i];}
array();                             //排序计算
low_level_t0(0xed00);                //定时器赋初始值
P0=0xff;                             //使 P0 接口为高电平
delay500us(1);                       //调用 500μs 延时函数
for(i=0;i<8;i++)                     //同时输出 P0 接口 8 路信号
{ for(j=0;j<arr[7-i];j++)
{delay8us(1);}
P0=P0&pick_up[7-i];

}
while(t0bit==0);
for(i=0;i<8;i++)                     //给排序数组赋值
{arr[i]=position[i+8];}
array();                             //调用排序子程序
low_level_t0(0xed00);                //定时器赋初始值
P2=0xff;                             //使 P2 接口为高电平
delay500us(1);                       //调用 500μs 延时函数
for(i=0;i<8;i++)                     //同时输出 P2 接口 8 路信号
{ for(j=0;j<arr[7-i];j++)
{delay8us(1);}
P2=P2&pick_up[7-i];
}
while(t0bit==0);

arr[0]=position[16];

P4=0x01;                             //使 P4 接口为高电平
low_level_t0(0xed00);                //定时器赋初始值
delay500us(1);                       //调用 500μs 延时函数

for(j=0;j<arr[0];j++)
{delay8us(1);}
P4=0x00;

while(t0bit==0);
TR0=0;
}
//#####################################################################
// 函数名称:void rc_lu_bb(int foot)
// 功 能:右侧身+抬左腿
// 入口参数:foot, 表示积分步数
// 出口参数:无
//#####################################################################
void rc_lu_bb(int foot)
{
r_cs_zu(5);                          //调用右侧身子程序
rc_lu(15);                           //调用右侧身+抬左腿子程序
lf_rb(foot);                         //调用左前右后前进子程序
lc_ld(15);                           //调用左侧身+落左腿子程序
l_cs_zu(5);                          //调用左侧身子程序
```

```
}
//#############################################################################
// 函数名称:void lc_ru_bb(int foot)
// 功 能:左侧身+抬右腿
// 入口参数:foot,表示积分步数
// 出口参数:无
//#############################################################################
void lc_ru_bb(int foot)
{uchar i;
l_cs_zu(5);                         //调用左侧身子程序
lc_ru(15);                          //调用左侧身+抬右腿子程序
rf_lb(foot);                        //调用右前左后前进子程序
rc_rd(15);                          //调用右侧身+落右腿子程序
r_cs_zu(5);                         //调用右侧身子程序
for(i=0;i<30;i++)                   //手臂的最后复位补偿
{ position[6]+=1;
  position[7]-=1;
PWM_24();
delay500us(15);
}
}
//#############################################################################
// 函数名称:void l_cs_zu(int foot)
// 功 能:左侧身子程序
// 入口参数:foot,表示积分步数
// 出口参数:无
//#############################################################################
void l_cs_zu(int foot)
{ uchar i;
for(i=0;i<foot;i++)
{
position[8]+=1;
position[9]+=1;
position[10]+=1;
position[11]+=1;
PWM_24();
delay500us(30);
}
}
//#############################################################################
// 函数名称:void r_cs_zu(int foot)
// 功 能:右侧身
// 入口参数: foot,表示积分步数
// 出口参数: 无
//#############################################################################
void r_cs_zu(int foot)
{ uchar i;
for(i=0;i<foot;i++)
{
position[8]-=1;
position[9]-=1;
position[10]-=1;
```

```
position[11]-=1;
PWM_24();
delay500us(30);
}
}
//#####################################################################
// 函数名称:void lc_ld(int foot)
// 功 能:左侧身+落左腿
// 入口参数:foot,表示积分步数
// 出口参数:无
//#####################################################################
void lc_ld(int foot)
{ uchar i;
for(i=0;i<foot;i++)
{
position[0]-=2;
position[1]+=4;
position[2]+=2;
position[8]+=1;
position[9]+=1;
position[10]+=1;
position[11]+=1;
PWM_24();
delay500us(30);
}
}
//#####################################################################
// 函数名称:void rc_rd(int foot)
// 功 能:右侧身+落右腿
// 入口参数:foot,表示积分步数
// 出口参数:无
//#####################################################################
void rc_rd(int foot)
{ uchar i;
for(i=0;i<foot;i++)
{
position[3]+=2;
position[4]-=4;
position[5]-=2;
position[8]-=1;
position[9]-=1;;
position[10]-=1;
position[11]-=1;;
PWM_24();
delay500us(30);
}
}
//#####################################################################
// 函数名称:void lc_ru(int foot)
// 功 能:左侧身+抬右腿
// 入口参数:foot,表示积分步数
// 出口参数:无
```

```
//##########################################################################
void lc_ru(int foot)
{ uchar i;
for(i=0;i<foot;i++)
{
position[3]-=2;
position[4]+=4;
position[5]+=2;
position[8]+=1;
position[9]+=1;
position[10]+=1;
position[11]+=1;
PWM_24();
delay500us(30);
}
}
//##########################################################################
// 函数名称:void rc_lu(int foot)
// 功 能:右侧身+抬左腿
// 入口参数:foot, 表示积分步数
// 出口参数:无
//##########################################################################
void rc_lu(int foot)
{
uchar i;
for(i=0;i<foot;i++)
{
position[0]+=2;
position[1]-=4;
position[2]-=2;
position[8]-=1;
position[9]-=1;
position[10]-=1;
position[11]-=1;
PWM_24();
delay500us(30);
}
}
//##########################################################################
// 函数名称:void rf_lb(int foot)
// 功 能:右前左后前进
// 功 能:
// 入口参数:foot, 表示积分步数
// 出口参数:无
//##########################################################################
void rf_lb(int foot)
{ uchar i;
for(i=0;i<foot;i++)
{
position[0]-=1;
position[2]-=1;
position[3]-=1;
```

```
position[5]-=1;
if(position[6]!=position_initial[6])
{
position[6]+=3;
position[7]+=3;
}
else
position[7]+=3;
PWM_24();
delay500us(30);
}
}
//#########################################################################
// 函数名称:void lf_rb(int foot)
// 功 能:左前右后前进
// 入口参数:foot, 表示积分步数
// 出口参数:无
//#########################################################################
void lf_rb(int foot)
{ uchar i;
for(i=0;i<foot;i++)
{
position[0]+=1;
position[2]+=1;
position[3]+=1;
position[5]+=1;
if(position[7]==position_initial[7])
position[6]-=3;
else
{
position[7]-=3;
position[6]-=3;
}
PWM_24();
delay500us(30);
}
}

//#########################################################################
// 函数名称:void walk(char foot)
// 功 能:行走
// 入口参数:foot, 表示行走步数
// 出口参数:无
//#########################################################################
void walk(char foot)
{
uchar i;
initial_position();
delay500us(4000);
sit_down(18);                      //下蹲 18
rc_lu_bb(10);                      //调用右侧身+抬左腿子程序,积分步数为 10
                                   //一般为右前左后前进子程序的积分步数的一半
```

```
for (i=0;i<foot;i++)
{ l_cs_zu(5);                    //调用左侧身子程序
lc_ru(15);                       //调用左侧身+抬右腿子程序
rf_lb(20);                       //调用右前左后前进子程序
rc_rd(15);                       //调用右侧身+落右腿子程序
r_cs_zu(5);                      //调用右侧身子程序
r_cs_zu(5);                      //调用右侧身子程序
rc_lu(15);                       //调用右侧身+抬左腿子程序
lf_rb(20);                       //调用左前右后前进子程序
lc_ld(15);                       //调用左侧身+落左腿子程序
l_cs_zu(5);                      //调用左侧身子程序
}
lc_ru_bb(10);                    //调用左侧身+抬右腿程序,积分步数为 10
stand_up(18);                    //起立
initial_position();
}
//##########################################################################
// 函数名称:void rf_lb_fuwocheng1(int foot)俯卧撑子程序 1
// 功 能:手臂向下弯
// 入口参数:foot, 表示积分步数
// 出口参数:无
//##########################################################################
void rf_lb_fuwocheng1(int foot)
{uchar i;
for(i=0;i<foot;i++)
{
position[12]+=2;
position[14]-=2;
position[13]-=2;
position[15]+=2;

PWM_24();
delay500us(30);
}
}
//##########################################################################
// 函数名称:void lf_rb_fuwocheng2(int foot) 俯卧撑子程序 2
// 功 能:手臂向上弯
// 入口参数:foot, 表示积分步数
// 出口参数:无
//##########################################################################
void lf_rb_fuwocheng2(int foot)
{uchar i;
for(i=0;i<foot;i++)
{
position[12]-=2;
position[14]+=2;
position[13]+=2;
position[15]-=2;

PWM_24();
delay500us(30);
```

```
}
}
//##########################################################################
// 函数名称:void jvgebo(void)
// 功 能:俯卧撑前举胳膊
// 出口参数:无
//##########################################################################
void jvgebo(void)
{
uchar i;
for(i=0;i<76;i++)
{
position[6]-=2;
position[7]+=2;

PWM_24();
delay500us(30);
}
}

//##########################################################################
// 函数名称:void jvgebo1(void)
// 功 能:俯卧撑前举胳膊
// 出口参数:无
//##########################################################################
void jvgebo1(void)
{
uchar i;
for(i=0;i<16;i++)
{
position[6]+=2;
position[7]-=2;

PWM_24();
delay500us(30);
}
}

//##########################################################################
// 函数名称:void jvgebo2(uchar foot)
// 功 能:俯卧撑前举胳膊
// 出口参数:无
//##########################################################################
void jvgebo2(uchar foot)
{
uchar i;
for(i=0;i<foot;i++)
{
position[6]-=2;
position[7]+=2;

PWM_24();
```

```
delay500us(30);
}
}

void shen_gebo(uchar foot)
{
uchar i;
for(i=0;i<foot;i++)
{
position[6]+=2;
position[7]-=2;

PWM_24();
delay500us(30);
}
}


void wangebo(uchar foot)
{
uchar i;
for(i=0;i<foot;i++)
{
position[13]+=2;
position[15]-=2;

PWM_24();
delay500us(30);
}
}

/****************************下蹲****************************/
// 函数名称:void fuwocheng(int times)
// 功 能:俯卧撑
// 入口参数:times, 表示俯卧撑个数
// 出口参数:无
//################################################################################
void fuwocheng(int times)
{uchar i;
initial_position();
delay500us(4000);
pa_xia();
wangebo(30);
for(i=0;i<times;i++)
{
lf_rb_fuwocheng2(30);
rf_lb_fuwocheng1(30);

}
qi_liwanzheng();
initial_position();
```

```
}

/*****************************下蹲*****************************/
void sit_down(char foot)
{
uchar i;
for(i=0;i<foot;i++)
{
position[0]-=2;
position[1]+=4;
position[2]+=2;
position[3]+=2;
position[4]-=4;
position[5]-=2;
PWM_24();
delay500us(30);
}
}

/*****************************站立*****************************/
void stand_up(char foot)
{
uchar i;
for(i=0;i<foot;i++)
{
position[0]+=2;
position[1]-=4;
position[2]-=2;
position[3]-=2;
position[4]+=4;
position[5]+=2;
PWM_24();
delay500us(30);
}
}

/***************************原地踏步***************************/
void ta_bu(char foot)
{
uchar i;
sit_down(18);                 //下蹲
rc_lu_bb(10);                 //调用右侧身+抬左腿子程序,积分步数为10
                              //一般为右前左后前进子程序的积分步数的一半

for (i=0;i<foot;i++)
{l_cs_zu(5);                  //调用左侧身子程序
lc_ru(15);                    //调用左侧身+抬右腿子程序
rc_rd(15);                    //调用右侧身+落右腿子程序
r_cs_zu(5);                   //调用右侧身子程序
r_cs_zu(5);                   //调用右侧身子程序
rc_lu(15);                    //调用右侧身+抬左腿子程序
```

```
lc_ld(15);                    //调用左侧身+落左腿子程序
l_cs_zu(5);                   //调用左侧身子程序
}
stand_up(18);                 //起立
}

/****************************胳膊拉直****************************/
void gebola_zhi(char foot)    //手臂向前伸直
{

uchar i;
for(i=0;i<foot;i++)
{
position[13]-=2;
position[15]+=2;

PWM_24();
delay500us(30);

}
}

/****************************脚踏下****************************/
void jiao_xia(char foot)      //后脚踏下
{

uchar i;
for(i=0;i<foot;i++)
{
position[2]+=2;
position[5]-=2;
PWM_24();
delay500us(30);

}
}

/****************************后拉****************************/
void hou_la(char foot)        //后脚拉回来
{
uchar i;
for(i=0;i<foot;i++)
{
position[0]-=3;
position[3]+=3;
position[2]-=2;
position[5]+=2;
PWM_24();
delay500us(30);

}
}
```

```
/ **************************** 后坐 ****************************/
void hou_zuo(char foot)         //向后坐下来
{
uchar i;
for(i=0;i<foot;i++)
{
position[2]-=1;
position[5]+=1;
PWM_24();
delay500us(30);

}
}

/ **************************** 立直 ****************************/
void zhi_li(char foot)          //立直
{
uchar i;
for(i=0;i<foot;i++)
{
position[0]+=3;
position[3]-=3;
position[2]+=2;
position[5]-=2;
position[6]+=4;
position[7]-=4;
PWM_24();
delay500us(30);

}
}

/ **************************** 立直 ****************************/
void zhi_li2(char foot)         //立直
{
uchar i;
for(i=0;i<foot;i++)
{
position[0]+=2;
position[3]-=2;
position[6]+=1;
position[7]-=1;
PWM_24();
delay500us(30);

}
}

/ ************************** 脚踏下(反) **************************/
void jiao_xia_1(char foot)      //后脚踏下
{
```

```
uchar i;
for(i=0;i<foot;i++)
{
position[2]-=2;
position[5]+=2;
PWM_24();
delay500us(30);

}
}

/***************************后拉(反)***************************/
void hou_la_1(char foot)        //后脚拉回来
{
uchar i;
for(i=0;i<foot;i++)
{
position[0]+=3;
position[3]-=3;
position[2]+=2;
position[5]-=2;
PWM_24();
delay500us(30);

}
}

/***************************后坐(反)***************************/
void hou_zuo_1(char foot)       //向后坐下来
{
uchar i;
for(i=0;i<foot;i++)
{
position[2]+=1;
position[5]-=1;
PWM_24();
delay500us(30);

}
}

/***************************立直(反)***************************/
void zhi_li_1(char foot)        //立直
{
uchar i;
for(i=0;i<foot;i++)
{
position[0]-=3;
position[3]+=3;
position[2]-=2;
position[5]+=2;
position[6]-=4;
```

```
position[7]+=4;
PWM_24();
delay500us(30);

}
}

/**************************立直2(反)**************************/
void zhi_li2_1(char foot)        //立直
{
uchar i;
for(i=0;i<foot;i++)
{
position[0]-=2;
position[3]+=2;
position[6]-=1;
position[7]+=1;
PWM_24();
delay500us(30);

}
}

void PWM_24delay()
{uchar i=0,j;
for(i=0;i<=7;i++)                 //取P0接口舵机对应的值
{arr[i]=position[i];}
array();                          //排序计算
low_level_t0(0xed00);             //定时器赋初始值
P0=0xff;                          //使P0接口为高电平
delay500us(1);                    //调用500μs延时函数
for(i=0;i<8;i++)                  //同时输出P0接口8路信号
{ for(j=0;j<arr[7-i];j++)
{delay8us(1);}
P0=P0&pick_up[7-i];

}
while(t0bit==0);
delay500us(1000);
for(i=0;i<8;i++)                  //给排序数组赋值
{arr[i]=position[i+8];}
array();                          //调用排序子程序
low_level_t0(0xed00);             //定时器赋初始值
P2=0xff;                          //使P2接口为高电平
delay500us(1);                    //调用500μs延时函数
for(i=0;i<8;i++)                  //同时输出P2接口8路信号
{ for(j=0;j<arr[7-i];j++)
{delay8us(1);}
P2=P2&pick_up[7-i];
}
while(t0bit==0);
delay500us(1000);
```

```
arr[0]=position[16];

P4=0x01;                        //使 P4 接口为高电平
low_level_t0(0xed00);           //定时器赋初始值
delay500us(1);                  //调用 500μs 延时函数

for(j=0;j<arr[0];j++)
{delay8us(1);}
P4=0x00;

while(t0bit==0);
TR0=0;
delay500us(1000);
}

/****************************趴下****************************/
void pa_xia(void)               //控制机器人趴下做俯卧撑
{
zhi_li2_1(17);
zhi_li_1(35);
hou_zuo_1(70);
hou_la_1(45);
shen_gebo(20);
jiao_xia_1(45);
}


/****************************起立完整****************************/
void qi_liwanzheng(void)        //控制机器人从做俯卧撑中起立
{

gebola_zhi(30);
jiao_xia(45);
jvgebo2(20);                    //举胳膊
hou_la(45);
hou_zuo(70);
zhi_li(35);
zhi_li2(17);
delay500us(1000);
initial_position();

}


void initial_position(void)
{
uchar i=0;
for(i=0;i<17;i++)
position[i]=position_initial[i];
PWM_24delay();
delay500us(10);
```

```
}
/************************** 手臂舞蹈动作 **************************/
void shou_bi()                    //立直
{
uchar i,j;
initial_position();               //身体初始化,立直
delay500us(4000);
for(i=0;i<20;i++)                 //双臂伸平,双腿劈开
{
position[12]-=5;
position[14]+=5;
position[9]+=1;
position[11]-=1;
position[8]+=1;
position[10]-=1;
PWM_24();
delay500us(30);}
delay500us(1000);
for(i=0;i<20;i++)                 //双臂向外弯
{
position[13]-=5;
position[15]+=5;
PWM_24();
delay500us(30);
}
delay500us(1000);
for(i=0;i<22;i++)
{
position[6]-=5;                   //双臂向后翻转
position[7]+=5;
PWM_24();
delay500us(30);
}
delay500us(1000);
for(i=0;i<20;i++)                 //双臂向前合拢
{
position[12]+=5;
position[14]-=5;
PWM_24();
delay500us(30);
}
delay500us(1000);
for(i=0;i<44;i++)                 //双臂向里弯
{
position[13]+=5;
position[15]-=5;
PWM_24();
delay500us(30);
}
delay500us(1000);
for(i=0;i<22;i++)                 //双臂向外弯回正
```

```
{
position[13]-=5;
position[15]+=5;
PWM_24();
delay500us(30);
}
delay500us(1000);
for(i=0;i<20;i++)                //双臂向外弯
{
position[12]-=5;
position[14]+=5;
position[6]+=5;
position[7]-=5;
PWM_24();
delay500us(30);
}
delay500us(1000);
for(i=0;i<24;i++)
{
position[13]+=5;                 //双臂向下弯
position[15]-=5;
PWM_24();
delay500us(30);
}

for(j=0;j<4;j++)                 //双臂来回摆动
{
for(i=0;i<12;i++)
{
position[13]-=5;
position[15]+=5;
PWM_24();
delay500us(30);
}
for(i=0;i<12;i++)
{
position[13]+=5;
position[15]-=5;
PWM_24();
delay500us(30);
}
}
for(i=0;i<24;i++)                //双臂伸直
{
position[13]-=5;
position[15]+=5;
PWM_24();
delay500us(30);
}
for(i=0;i<20;i++)                //劈开的腿回正
{
position[9]-=1;
```

```
position[11]+=1;
position[8]-=1;
position[10]+=1;
PWM_24();
delay500us(30);
}
}

/**************************** 舞蹈 ****************************/
void wu_dao()                   //立直
{

uchar i,j,a=45,b=50;
shou_bi();
for(i=0;i<45;i++)               //左手抬到头顶
{
position[6]-=5;
position[12]+=2;
position[13]+=2;
PWM_24();
delay500us(30);}
delay500us(1000);
for(i=0;i<9;i++)                 //向右摆头
{
position[16]-=10;
PWM_24();
delay500us(30);
}
for(i=0;i<30;i++)                //右臂到初始位置
{
position[14]-=2;
position[15]+=3;
PWM_24();
delay500us(30);
}
for(j=0;j<3;j++)                 //上下摆右臂
{
for(i=0;i<60;i++)
{
position[14]+=2;
position[15]-=3;
PWM_24();
delay500us(30);
}
for(i=0;i<60;i++)
{
position[14]-=2;
position[15]+=3;
PWM_24();
delay500us(30);
}
}
```

```
for(i=0;i<48;i++)                    //左臂回到水平位置
{
position[6]+=5;
position[12]-=2;
position[13]-=2;
PWM_24();
delay500us(30);}
delay500us(1000);

for(i=0;i<30;i++)                    //右臂回到水平位置
{
position[14]+=2;
position[15]-=3;
PWM_24();
delay500us(30);
}

for(i=0;i<45;i++)                    //右臂抬到头顶
{
position[7]+=5;
position[14]-=2;
position[15]-=2;
PWM_24();
delay500us(30);
}
delay500us(1000);

for(i=0;i<18;i++)                    //向左摆头
{
position[16]+=10;
PWM_24();
delay500us(30);
}

for(i=0;i<30;i++)                    //左臂到初始位置
{
position[12]-=2;
position[13]+=3;
PWM_24();
delay500us(30);
}


for(j=0;j<3;j++)                     //左臂上下摆动
{
for(i=0;i<60;i++)
{
position[12]+=2;
position[13]-=3;
PWM_24();
delay500us(30);
```

```
}
for(i=0;i<60;i++)
{
position[12]-=2;
position[13]+=3;
PWM_24();
delay500us(30);
}
}
for(i=0;i<30;i++)                       //左臂到初始位置
{
position[12]+=2;
position[13]-=3;
PWM_24();
delay500us(30);
}
for(i=0;i<75;i++)
{
if(a>0)
{position[16]-=2;a--;}
if(b>0)
{position[12]+=2;b--;}
position[7]-=2;
PWM_24();
delay500us(30);
}

for(i=0;i<30;i++)
{
position[0]-=4;
position[3]+=4;
position[2]-=1;
position[5]+=1;
PWM_24();
delay500us(30);
}
delay500us(2000);
for(i=0;i<30;i++)
{
position[0]+=4;
position[3]-=4;
position[2]+=1;
position[5]-=1;
PWM_24();
delay500us(30);
}

}

/**************************脚踏下***********************/
void jiao_xia_1(char foot)              //脚踏下
```

```
{
uchar i;
for(i=0;i<foot;i++)
{
position[2]-=2;
position[5]+=2;
PWM_24();
delay500us(30);

}
}

/**************************后拉**************************/
void hou_la_1(char foot)            //后脚拉回来
{
uchar i;
for(i=0;i<foot;i++)
{
position[0]+=3;
position[3]-=3;
position[2]+=2;
position[5]-=2;
PWM_24();
delay500us(30);

}
}

/**************************后坐*************************/
void hou_zuo_1(char foot)           //向后坐下来
{
uchar i;
for(i=0;i<foot;i++)
{
position[2]+=1;
position[5]-=1;
PWM_24();
delay500us(30);

}
}

/**************************立直*************************/
void zhi_li_1(char foot)            //立直
{
uchar i;
for(i=0;i<foot;i++)
{
position[0]-=3;
position[3]+=3;
position[2]-=2;
```

```
position[5]+=2;
position[6]-=4;
position[7]+=4;
PWM_24();
delay500us(30);

}
}

/*************************** 立直 2 *************************/
void zhi_li2_1(char foot)                //立直
{
uchar i;
for(i=0;i<foot;i++)
{
position[0]-=2;
position[3]+=2;
position[6]-=1;
position[7]+=1;
PWM_24();
delay500us(30);

}
}


/**************************** 趴下 *************************/
void pa_xia(void)                        //控制机器人趴下做俯卧撑
{
zhi_li2_1(17);
zhi_li_1(35);
hou_zuo_1(70);
hou_la_1(45);
shen_gebo(20);
jiao_xia_1(45);
}
/*********************** 倒立舞蹈 ***************************/
void dao_li()
{
uchar i,j;


for(i=0;i<40;i++)                       //手往后滑   脚跟着往前移
{
position[6]+=1;
position[7]-=1;
position[2]+=1;
position[5]-=1;
PWM_24();
delay500us(30);
}
delay500us(2000);
```

```
for(i=0;i<120;i++)                    //向左偏头
{
position[16]+=1;
PWM_24();
delay500us(30);
}
delay500us(2000);

delay500us(2000);
for(i=0;i<190;i++)                    //脚往上蹬直
{
position[0]+=1;
position[3]-=1;
PWM_24();
delay500us(30);
}
delay500us(2000);

for(i=0;i<40;i++)                     //脚往后蹬直
{
position[2]-=1;
position[5]+=1;
PWM_24();
delay500us(30);
}
delay500us(2000);

for(i=0;i<20;i++)                     //定好姿势
{
position[0]+=2;
position[3]+=2;
PWM_24();
delay500us(30);
}
delay500us(3000);

for(j=0;j<3;j++)                      //腿前后摆
{
for(i=0;i<40;i++)
{
position[0]-=2;
position[3]-=2;
PWM_24();
delay500us(30);
}
for(i=0;i<40;i++)
{
position[0]+=2;
position[3]+=2;
PWM_24();
delay500us(30);
}
```

```
}

for(i=0;i<20;i++)                    //回归姿势
{
position[0]-=2;
position[3]-=2;
PWM_24();
delay500us(30);
}

for(j=0;j<3;j++)                     //腿左右摆
{
for(i=0;i<40;i++)
{
position[8]+=2;
position[10]-=2;
PWM_24();
delay500us(30);
}
for(i=0;i<40;i++)
{
position[8]-=2;                      //回归姿势
position[10]+=2;
PWM_24();
delay500us(30);
}
}


for(i=0;i<60;i++)                    //向右偏头
{
position[16]-=2;
position[1]+=1;                      //摆个姿势
position[3]+=1;
PWM_24();
delay500us(30);
}

for(i=0;i<35;i++)
{
position[13]+=1;
position[15]-=1;
PWM_24();
delay500us(30);
}

for(i=0;i<20;i++)
{
position[12]-=1;
position[14]-=2;
PWM_24();
delay500us(30);
```

```
}
for(i=0;i<20;i++)
{
position[12]+=1;
position[14]-=1;
PWM_24();
delay500us(30);
}

for(j=0;j<5;j++)                    //转圈
{

for(i=0;i<40;i++)
{
position[12]+=1;
position[14]+=1;
PWM_24();
delay500us(30);
}
for(i=0;i<40;i++)
{
position[12]-=1;
position[14]-=2;
PWM_24();
delay500us(30);
}
for(i=0;i<40;i++)
{
position[12]+=1;
position[14]-=1;
PWM_24();
delay500us(30);
}
}
for(i=0;i<20;i++)
{
position[12]+=1;
position[14]-=2;
PWM_24();
delay500us(30);
}
for(i=0;i<20;i++)
{
position[12]+=1;
position[14]+=1;
PWM_24();
delay500us(30);
}

for(i=0;i<35;i++)
{
position[13]-=1;
```

```
position[15]+=1;
PWM_24();
delay500us(30);
}
for(i=0;i<60;i++)                    //回归姿势
{
position[16]-=2;
position[1]-=1;
position[3]-=1;
PWM_24();
delay500us(30);
}
for(i=0;i<40;i++)                    //脚往前蹬直
{
position[2]+=1;
position[5]-=1;
PWM_24();
delay500us(30);
}
for(i=0;i<100;i++)                   //腿往下移
{
position[0]-=1;
position[3]+=1;
PWM_24();
delay500us(30);
}

for(i=0;i<120;i++)                   //向右偏头回归下蹲前位置,向左扭头
{
position[16]-=1;
PWM_24();
delay500us(30);
}

for(i=0;i<30;i++)                    //将重心挪到脚跟实现往后倾
{
position[6]+=1;
position[7]-=1;
PWM_24();
delay500us(30);
}


for(i=0;i<90;i++)                    //腿往下移
{
position[0]-=1;
position[3]+=1;
PWM_24();
delay500us(30);
}
```

```
for(i=0;i<90;i++)
{
position[12]-=1;
position[14]+=1;
position[2]-=1;
position[5]+=1;
PWM_24();
delay500us(30);
}

for(i=0;i<50;i++)                    //向后转
{
position[6]-=1;
position[7]+=1;
PWM_24();
delay500us(30);
}

for(i=0;i<90;i++)
{
position[12]+=1;
position[14]-=1;
PWM_24();
delay500us(30);
}

for(i=0;i<30;i++)
{
position[2]-=1;
position[5]+=1;
PWM_24();
delay500us(30);
}

for(i=0;i<50;i++)
{
position[2]-=1;
position[5]+=1;
PWM_24();
delay500us(30);
}

for(i=0;i<60;i++)                    //立直
{
position[0]+=1;
position[3]-=1;
PWM_24();
delay500us(30);
}

for(i=0;i<35;i++)
{
```

```
position[2]+=1;
position[5]-=1;
position[0]+=2;
position[3]-=2;
PWM_24();
delay500us(30);
}


for(i=0;i<70;i++)                    //手往后移
{
position[6]+=2;
position[7]-=2;

PWM_24();
delay500us(30);
}
for(i=0;i<60;i++)                    //向左偏头
{
position[16]+=2;
PWM_24();
delay500us(30);
}
}

void initial_position_z(void)
{
uchar i,k;
for(i=0;i<30;i++)
{
for(k=0;k<17;k++)
{
if(position[k]>position_initial[k])
position[k]-=1;
else
position[k]+=1;
PWM_24();
delay500us(30);
}
}
}

/************************ 主函数 ************************/

void main(void)
{
    P4M1 = 0x00;
    P4M0 = 0x0f;
    P0=0x00;P2=0x00;
    Timer0_init();                         //定时器0初始化

initial_position();
delay500us(4000);
ta_bu(5);
```

```
walk(5);
initial_position_z();
dao_li();
wu_dao();
while(1)
    {
    ;

    }
}
// ##########################################################################
// 函数名称:void T0_Interrupt(void) interrupt 1
// 函数说明:PWM 信号低电平时间子程序,控制舵机 PWM 信号的低电平时间,决定舵机转动
   的速度
// 入口参数:低电平时间
// 出口参数:无
// ##########################################################################
void T0_Interrupt(void) interrupt 1
{ TH0=0xED;      //22.1184MHz,2.5Ms 定时 0xed00
TL0=0x00;
t0bit=1;
}
```

电路板布线图（见图 32-7）

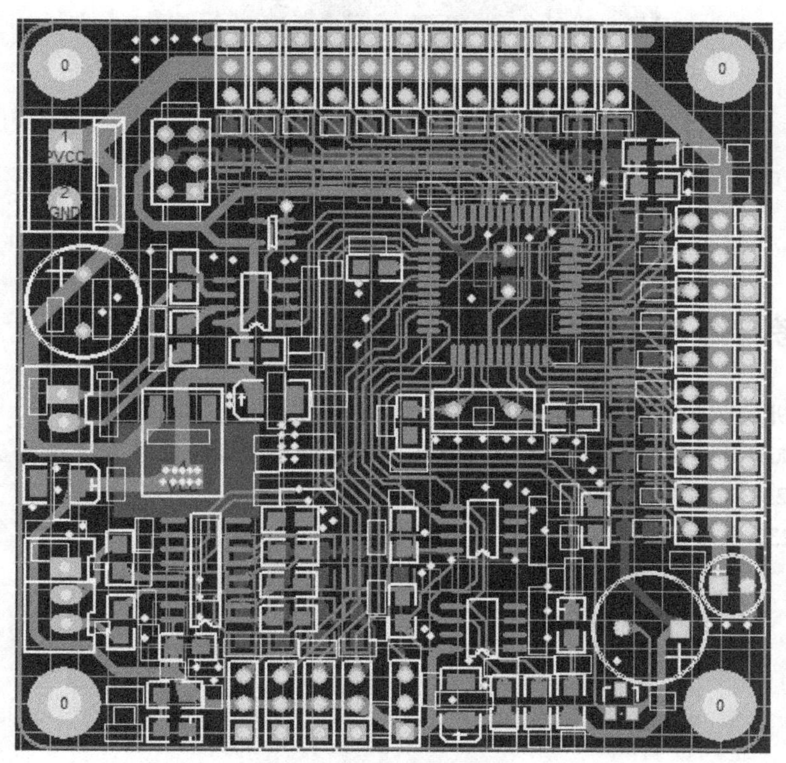

图 32-7　电路板布线图

实物照片（见图 32-8）

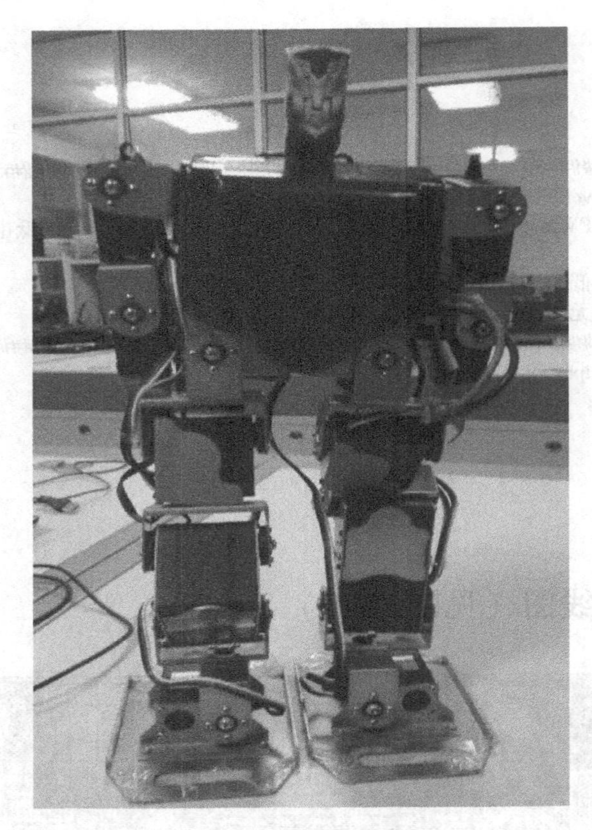

图 32-8　实物照片

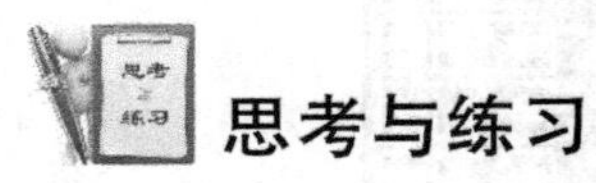

思考与练习

（1）舵机为什么直接使用电源电压供电而不是使用稳压芯片供电？

答：舵机工作电流较大，如果采用稳压芯片供电会造成稳压芯片过热甚至烧坏。

（2）RS232 电路的作用？

答：RS232 电路的作用是实现电平的转换。

项目 33　无线电遥控车电路

设计任务

设计一个可以通过蓝牙模块将控制信号串行输入单片机中，再由单片机将控制信号转换成 PWM 驱动信号，以控制小车完成前进、后退、转弯动作的无线电遥控车电路。

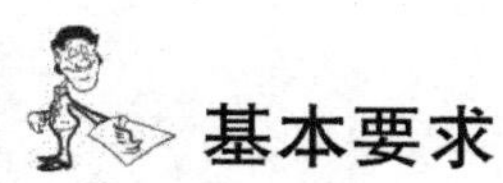

基本要求

在无线遥控状态下，通过蓝牙模块实现以下功能。

☺ 单片机通过串行接口接收控制信号。

☺ 单片机将控制信号转化为 PWM 驱动信号。

☺ 在 PWM 驱动信号作用下，小车能够完成前进、后退、转弯动作。

总体思路

单片机是无线电遥控车电路的重要组成部分，其作用是将蓝牙模块接收到的控制信号转化为 PWM 驱动信号，以控制电动机运行。

系统组成

无线电遥控车电路主要分为蓝牙模块、单片机电路、电动机驱动电路、电源电路 4 个模块。

无线电遥控车电路系统框图如图 33-1 所示。

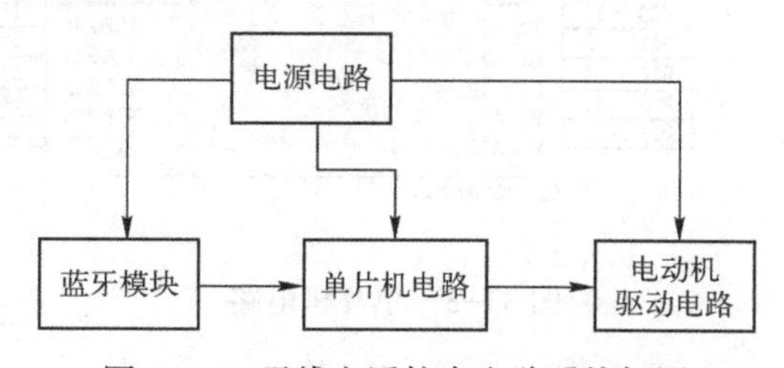

图 33-1　无线电遥控车电路系统框图

模块详解

1. 蓝牙模块

蓝牙模块是具有无线收/发数据功能的模块，接口电平为5V，可以直接连接各种单片机，如51、AVR、PIC、ARM、MSP430等单片机。蓝牙模块的灵敏度（误码）达到-80dBm，而且只有在传输连接电路中产生信号衰变时才会产生误码。蓝牙模块如图33-2所示。

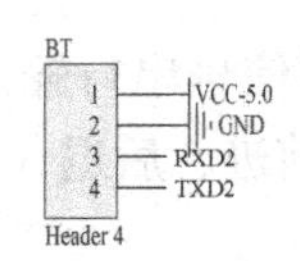

图33-2　蓝牙模块

2. 单片机电路

单片机电路包括STC12C5A60S2单片机、晶振电路和复位电路，如图33-3所示。STC12C5A60S2单片机的6引脚、39引脚分别与蓝牙模块的TXD2和RXD2引脚连接。TXD引脚为发送端，用于发送数据，RXD引脚为数据接收端，用于接收数据。STC12C5A60S2单片机具有一定的信号处理能力，将从蓝牙模块接收的控制信号转换成PWM信号，再通过I/O接口将该信号发送到电动机驱动电路上以控制电动机运行。

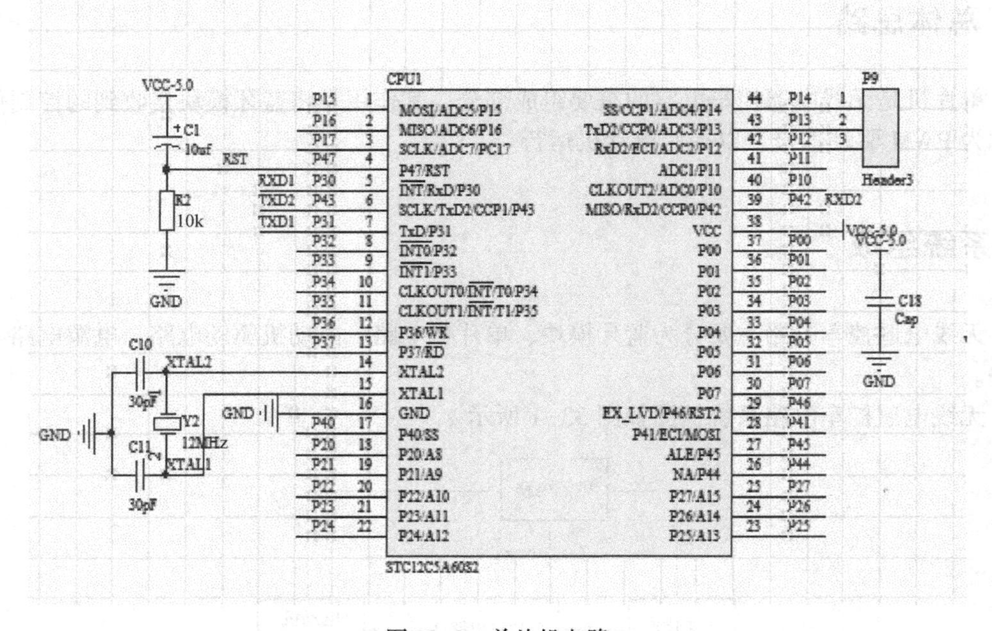

图33-3　单片机电路

3. 电动机驱动电路

电动机驱动电路如图 33-4 所示。L298N 芯片内部包含 4 通道逻辑驱动电路，是一种二相和四相电动机的专用驱动电路，内含两个 H 桥的高电压大电流双桥式驱动器，采用标准 TTL 电平，工作电压为 5V，可驱动 46V、2A 以下的电动机。L298N 芯片的 IN1、IN2、IN3、IN4 引脚接收 STC12C5A60S2 单片机输出的控制信号，控制电动机的正、反转；ENA、ENB 引脚为控制使能端，控制电动机运行。本电路采用 PWM 调速的方法，即调节 PWM 信号的占空比，占空比越大，电动机转速越快。

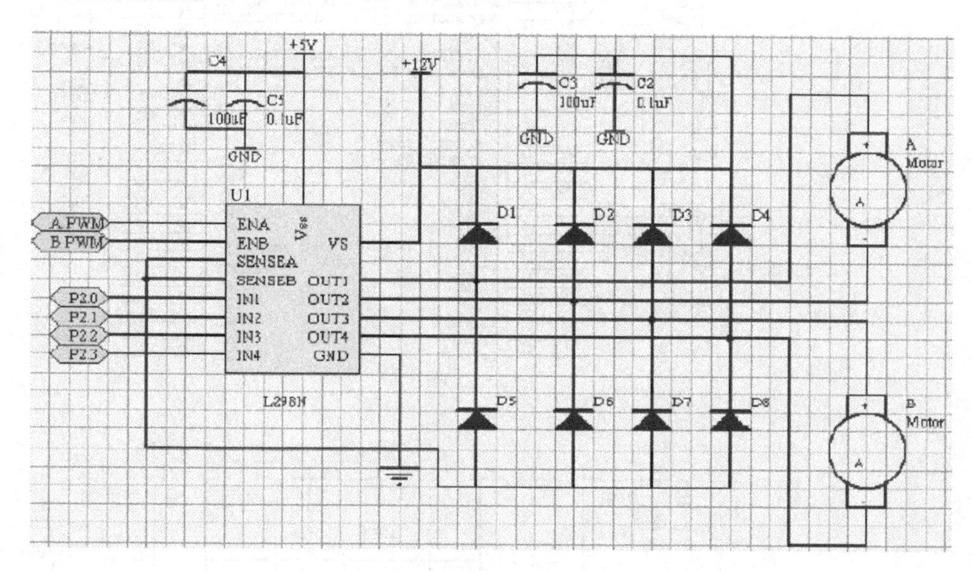

图 33-4　电动机驱动电路

4. 电源电路

电源电路采用 AMS1117 芯片为单片机电路及电动机驱动电路提供稳定的 5V 电压，采用 LM1117 芯片为蓝牙模块提供稳定的 3.3V 电压。电源电路如图 33-5 所示。

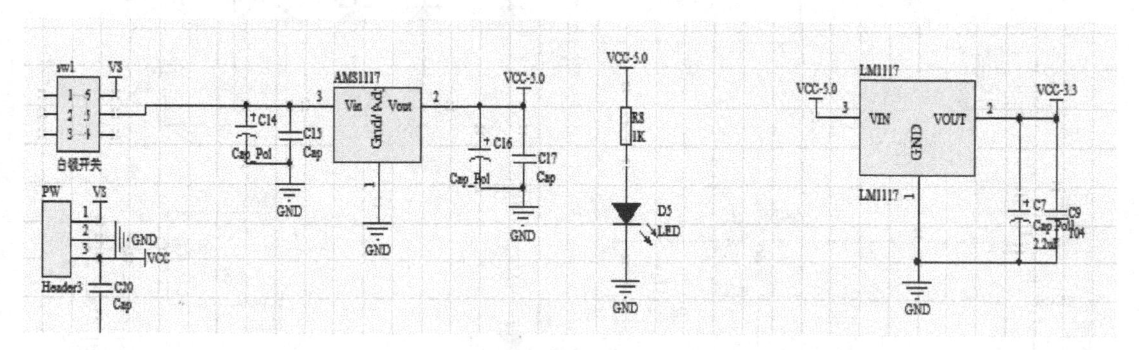

图 33-5　电源电路

总体电路仿真（见图 33-6）

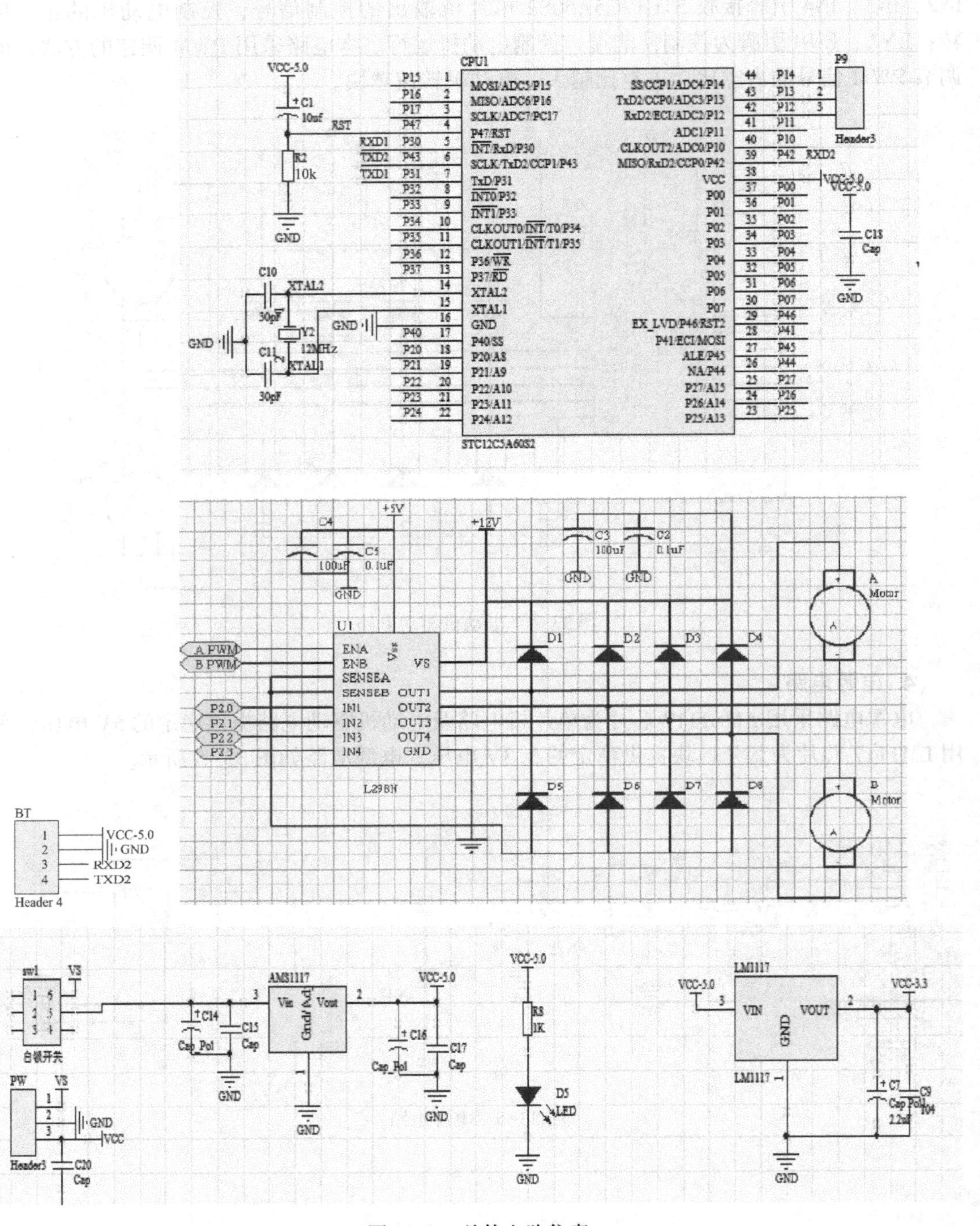

图 33-6　总体电路仿真

经过测试，在无线遥控状态下，无线电遥控车电路通过蓝牙模块收/发装置，可以控制遥控车的前进、后退、转弯，符合本设计的要求。

电路板布线图（见图 33-7）

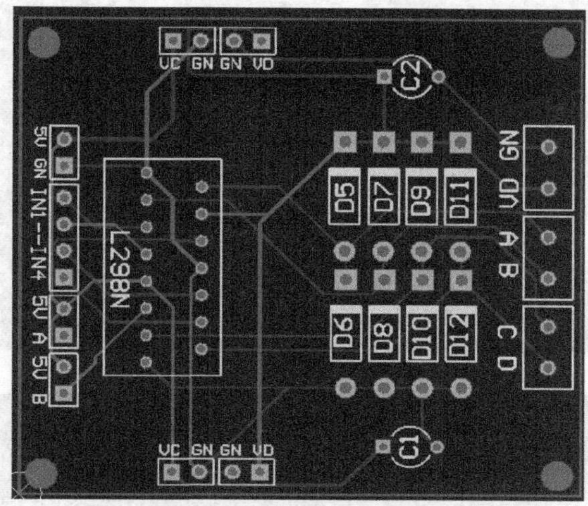

（a）电动机驱动电路板布线图

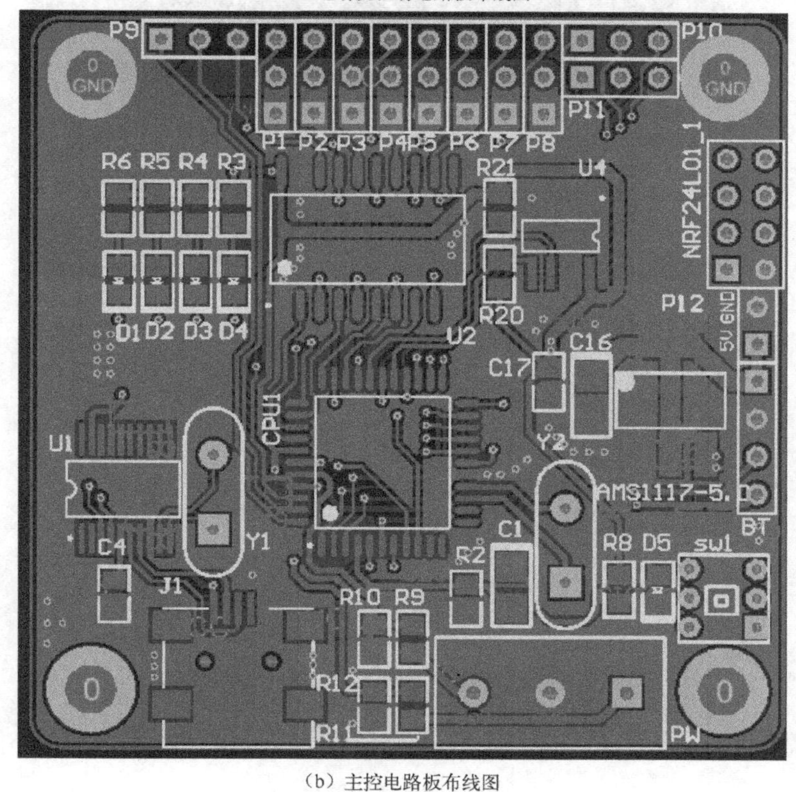

（b）主控电路板布线图

图 33-7　电路板布线图

实物照片（见图 33-8）

（a）主控电路板

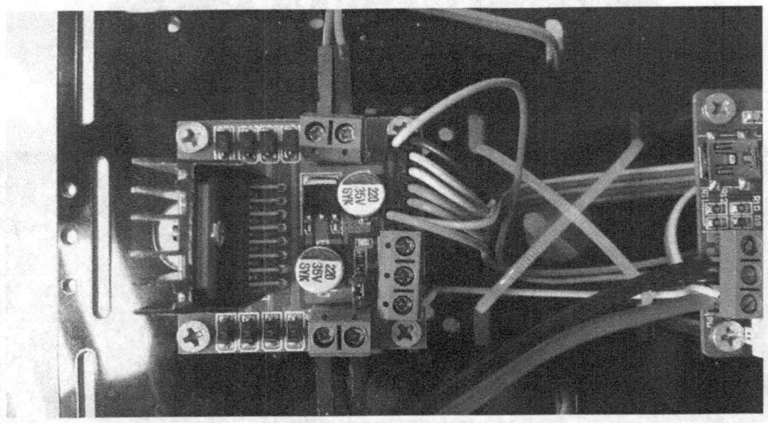

（b）电动机驱动电路板

（c）无线电遥控车

图 33-8　实物照片

思考与练习

（1）试分析电动机驱动电路工作时的状态编码。

答：电动机驱动电路工作时的状态编码如表33-1所示。

表33-1　电动机驱动电路工作时的状态编码

控制左电动机的状态编码		控制右电动机的状态编码		左电动机	右电动机	小车运行状态
IN1	IN2	IN3	IN4			
1	0	1	0	正转	正转	前行
1	0	0	1	正转	反转	左转
1	0	1	1	正转	停止	以左电动机为中心原地左转
0	1	1	0	反转	正转	右转
1	1	1	0	停止	正转	以右电动机为中心原地右转
0	1	0	1	反转	反转	后退

（2）AMS1117芯片的作用是什么？

答：AMS1117芯片可以稳定单片机所需的5V工作电压。当电源电压低于5V时，单片机电路不能正常工作；当电源电压高于5V时，单片机电路可能被损坏。因此，AMS1117芯片对单片机电路起保护作用。

特别提醒

（1）当完成无线电遥控车电路各模块的设计后，必须对这些模块进行适当的连接，并考虑元器件之间的相互影响。

（2）无线电遥控车电路的连接过程：先正确连接蓝牙模块与主控电路板，然后按正、负极将电源接在主控电路板上，再打开主控电路板开关为主控电路板供电，最后打开手机App，选择连接蓝牙模块，提示连接成功后即可控制小车。

项目 34　动作投影体感机器人电路

设计任务

本设计可以通过 Kinect 模块扫描人体骨架关节角度的变化，并通过计算机（上位机）程序算法将控制信号串行输入 ATMEGA32 单片机中。ATMEGA32 单片机控制若干舵机联动完成人体上肢基本动作，同时将控制信号转换成 PWM 信号，并将该 PWM 信号通过 I/O 接口传送到电动机驱动电路，进而控制动作投影体感机器人完成前进、后退、差速转弯等动作。

基本要求

通过 WiFi 模块（收/发装置）控制 ATMEGA32 单片机实现以下功能。

☺ 通过串行接口接收信号。

☺ 将控制信号转化为 PWM 信号。

☺ 将 PWM 信号转化为舵机联动信号。

总体思路

首先通过 Kinect 模块的红外摄像头感知人体的动作，并通过 WiFi 模块将控制信号传递给 RS232-RS485 接口转换器，经 RS232-RS485 接口转换器处理后传递给ATMEGA32 单片机。ATMEGA32 单片机控制上肢的舵机联动和电动机运转，实现动作投影体感机器人前进、后退等功能。

系统组成

动作投影体感机器人电路主要分为 Kinect 模块、WiFi 模块、RS232-RS485 接口转换器、电源电路、RS232 电路、舵机驱动电路、电动机驱动电路、单片机电路 8 个模块。

动作投影体感机器人电路系统框图如图 34-1 所示。

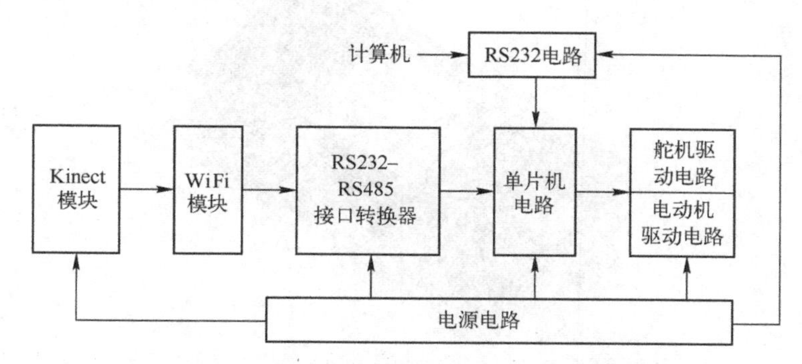

图 34-1　动作投影体感机器人系统框图

模块详解

1. Kinect 模块

Kinect 模块实物照片如图 34-2 所示。Kinect 模块具有三大功能：侦测 3D 影像、人体骨架追踪和音频处理。本设计所使用的是侦测 3D 影像和人体骨架追踪的功能。

图 34-2　Kinect 模块实物照片

侦测 3D 影像的原理是通过红外线发射器发出激光，再通过红外线 CMOS 摄像机记录下空间中的每个散斑，结合原始散斑图案，通过晶片计算出具有 3D 深度的图像。

人体骨架追踪是指在追踪范围内，CMOS 红外传感器寻找移动物体，该传感器通过黑白光谱的方式来感知环境。

人体骨架追踪的步骤如下。

首先，收集视野范围内的每个点，并形成一幅代表周围环境的景深图像，传感器以每秒 30 帧的速度生成景深图像流，实时再现周围环境。

其次，对景深图像进行像素级评估来辨别人体的不同部位，采用分割策略将人体从背景环境中区分出来，得到剔除追踪对象背景后的景深图像。

最后，评估每个可能的像素来确定关节点，根据追踪到的 20 个关节点生成一幅骨架系统图。

2. WiFi 模块

WiFi 模块实物照片如图 34-3 所示。

图 34-3　WiFi 模块实物照片

WiFi 模块的特点如下。

（1）具有 1200m 传输距离（1200bit/s）。

（2）工作频率为 431 ～ 478MHz。

（3）具有高效的循环交织纠错编码。

（4）具有灵活的软件编程选项设置。

（5）具有超大的 256B 数据缓冲区。

（6）适合大数据量传输。

（7）内置看门狗电路，以保证长期可靠运行。

3. RS232-RS485 接口转换器

RS232-RS485 接口转换器实物照片如图 34-4 所示。

图 34-4　RS232-RS485 接口转换器实物照片

由于 Kinect 模块采用 RS232 接口，而 ATMEGA32 单片机采用 RS485 接口。如果要使这两个设备进行通信，则需要一个 RS232-RS485 接口转换器，把 RS232 接口转换成 RS485 接口。

4. 电源电路

电源电路采用 AZ1084 芯片。AZ1084 芯片为低压差电压调节器，可以稳定其输出电压。在 AZ1084 芯片输入端接入的电容 C16（100μF）、C12（200μF）用于滤波；其后接入的 C13（100μF）、C14（100μF）、C15（100μF）用于进一步滤波，如图 34-5 所示。

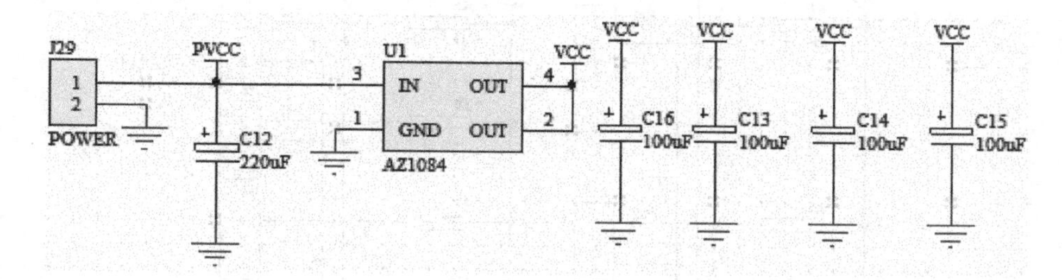

图 34-5 电源电路

5. RS232 电路

当 ATMEGA32 单片机与计算机串行通信时，一般采用 MAX3232 芯片进行 TTL 电平和 RS232 电平之间的相互转换。RS232 电路用来实现这种电平的转换，将 TTL 电平转换为 RS232 电平以实现 ATMEGA32 单片机与计算机之间的通信。RS232 电路采用 MAX3232 芯片，如图 34-6 所示。

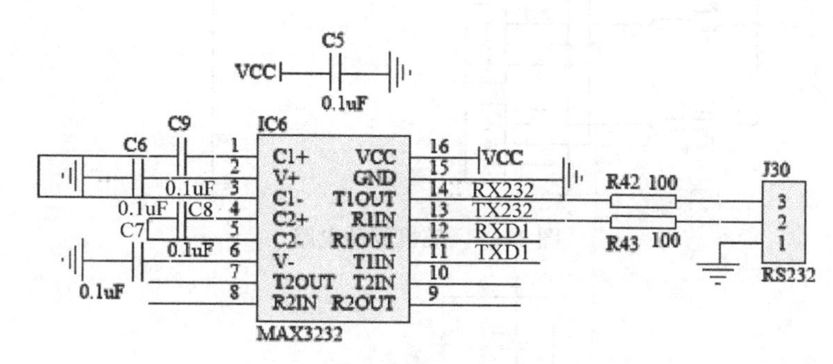

图 34-6 RS232 电路

6. 舵机驱动电路

动作投影体感机器人选用数字舵机。舵机的控制信号是一个脉宽调制信号，即周期为 20ms 的 PWM 信号。通过调节该 PWM 信号控制舵机的旋转角度。舵机驱动电路如图 34-7 所示。

7. 电动机驱动电路

电动机驱动电路采用两块 IR2014 芯片。IR2104 芯片为半桥驱动芯片。电动机驱动电路如图 34-8 所示。

8. 单片机电路

单片机电路主要包括 ATMEGA32 单片机、晶振电路、复位电路及程序下载接口，如图 34-9 所示。ATMEGA32 单片机有较强的数据处理能力，能够在收到数据后生成指令，进而控制动作投影体感机器人。

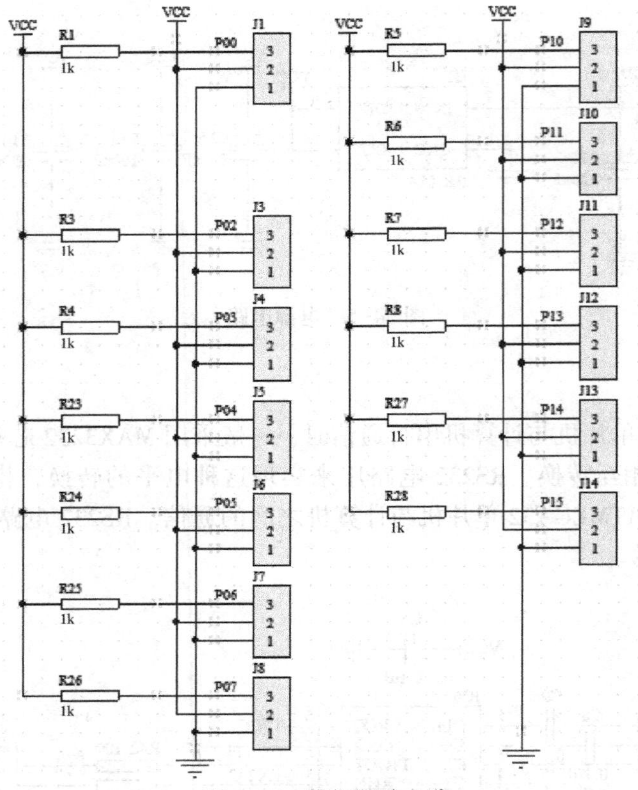

图 34-7　舵机驱动电路

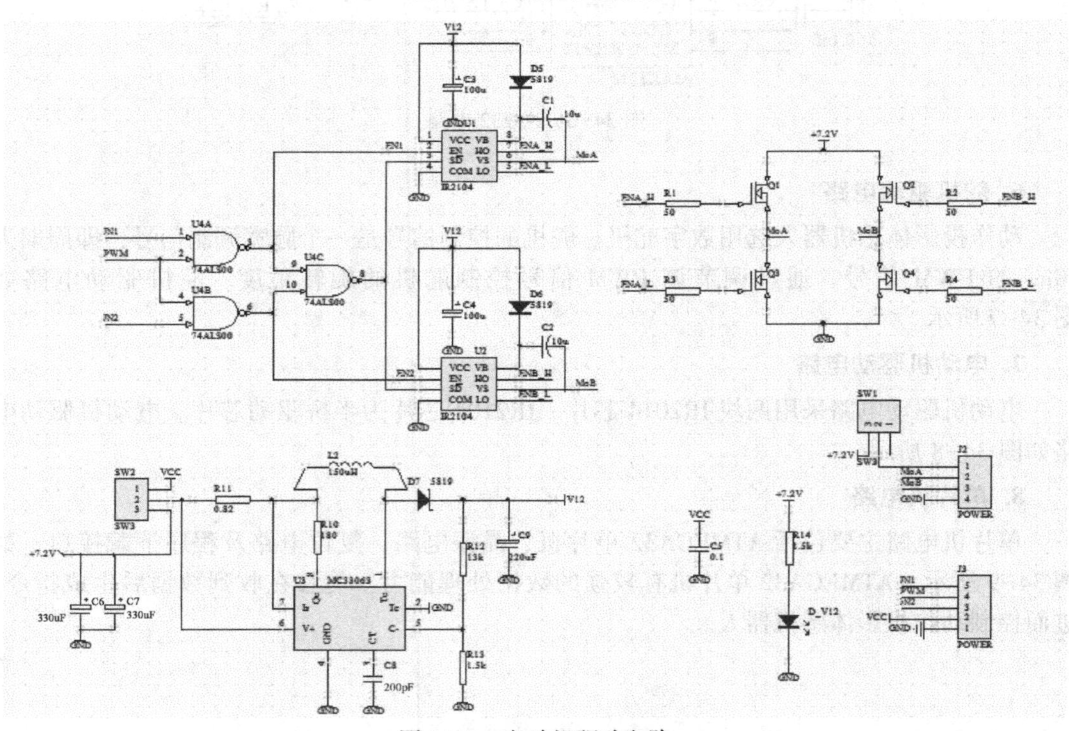

图 34-8　电动机驱动电路

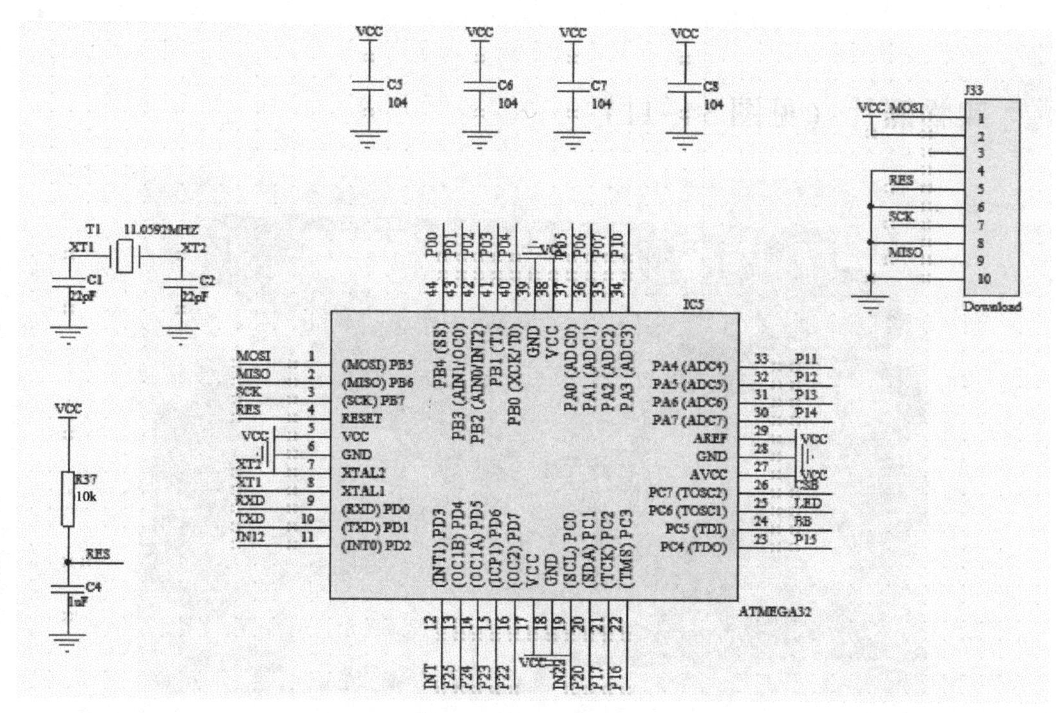

图 34-9　单片机电路

电路板布线图（见图 34-10）

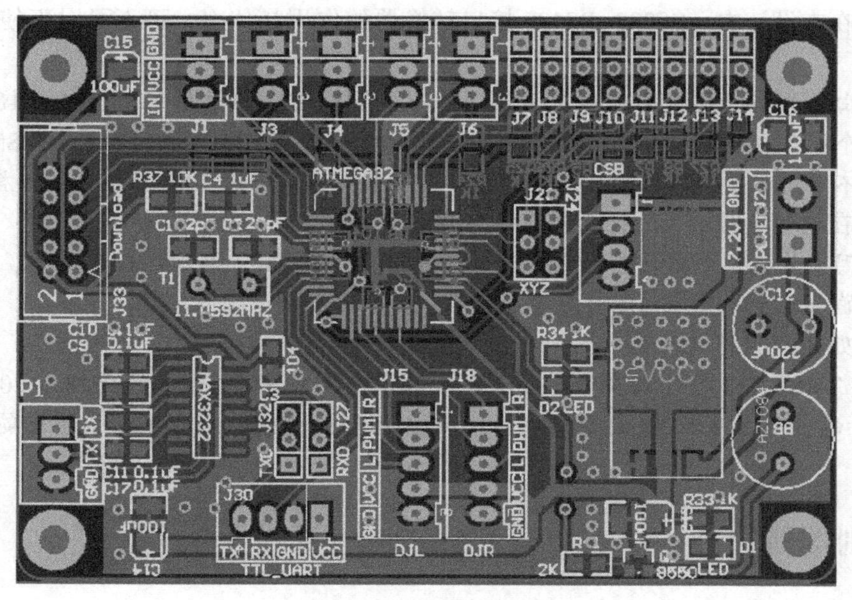

图 34-10　电路板布线图

实物照片（见图 34-11）

图 34-11　实物照片

思考与练习

（1）在本设计中，RS232-RS485 接口转换器的作用是什么？可不可以不使用该接口转换器？

答：由于 Kinect 模块采用 RS232 接口，而 ATMEGA32 单片机采用 RS485 接口。如果要使这两个设备进行通信，则需要一个转换器，从而把 RS232 接口转换成 RS485 接口。

可以不使用该接口转换器，这是由于单片机内部集成一个 RS232 转 RS485 模块。

（2）在电源电路中，为什么要使用滤波电容？

答：因为外接的电源信号存在杂波，为保证 ATMEGA32 单片机正常工作，必须滤除电源信号的杂波，故要使用滤波电容。

（3）如何控制舵机转向？

答：ATMEGA32 单片机发送一个 PWM 信号。这个 PWM 信号的周期为 20ms。这个 PWM 信号的占空比可在 5%到 10%之间可调。通过这个 PWM 信号就可以控制舵机转向。

特别提醒

（1）舵机 I/O 接口和电动机接口不可通用。

（2）切勿将通信接口的接收端和发送端接反。

项目 35　数字音量控制电路

设计任务

设计一个简单的数字音量控制电路，使其能调节音量的大小，并将音量的大小在数码管上显示出来。

总体思路

将音频信号输入音量控制及音频功率放大电路后，调节电位器可以改变音量的大小，同时通过数码管可以清楚地看到当前音量的大小。

系统组成

数字音量控制电路主要分为电源电路、音量控制及音频功率放大电路、AD 转换电路、单片机及数码管显示电路 4 个模块。

数字音量控制电路系统框图如图 35-1 所示。

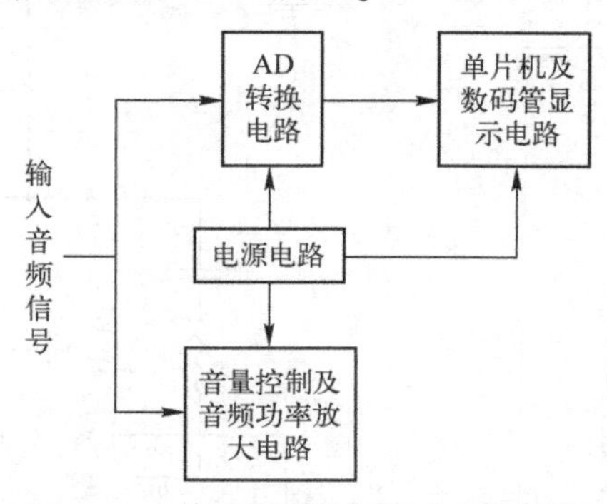

图 35-1　数字音量控制电路系统框图

模块详解

数字音量控制电路如图 35-2 所示。下面分别对数字音量控制电路的各主要模块进行详细介绍。

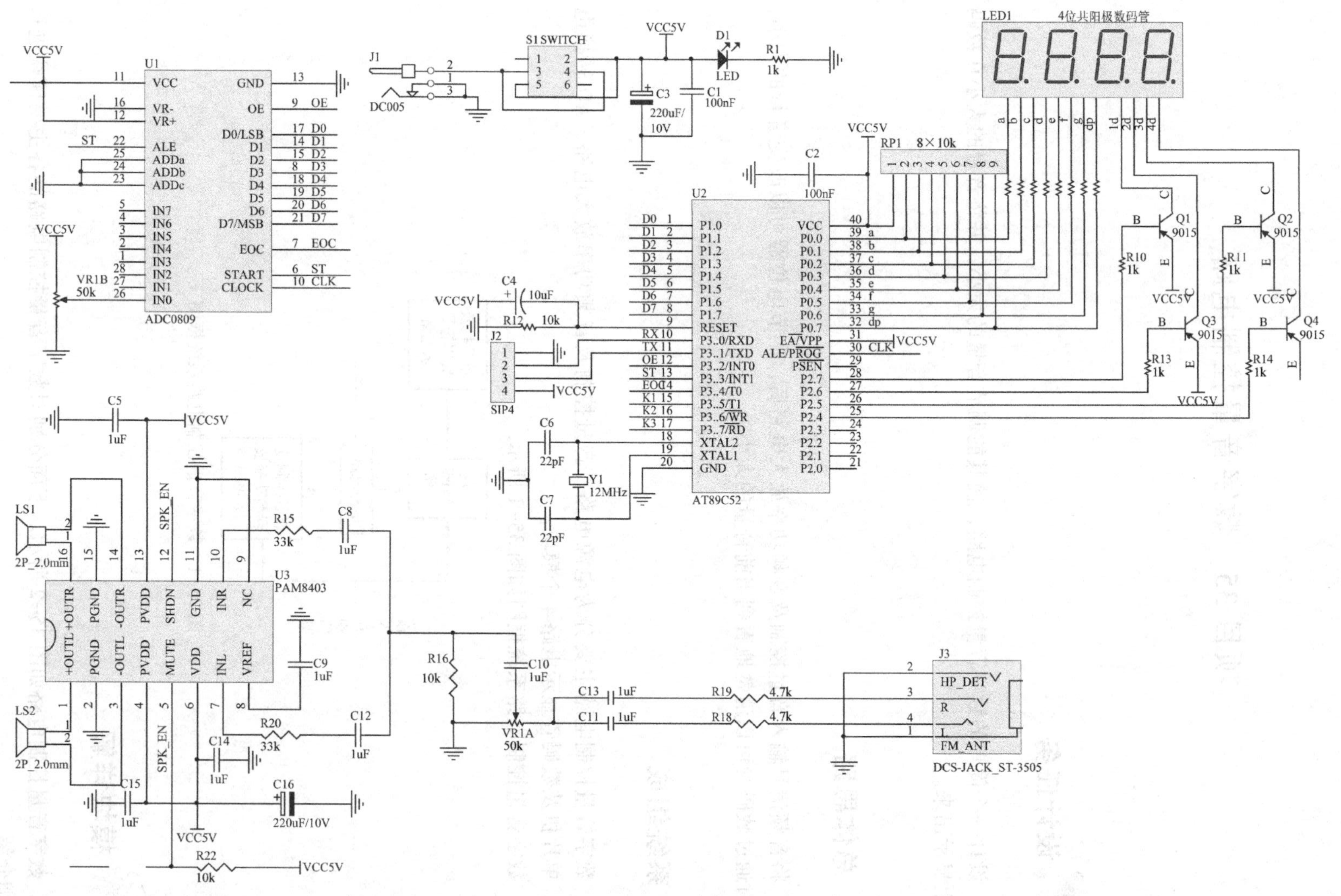

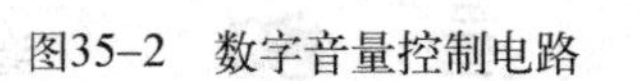

图35-2　数字音量控制电路

1. 电源电路

电源电路如图 35-3 所示。其中，J1 接口连接外部 5V 直流电源，为单片机和其他电路供电；S1 开关控制电源电路是否导通；当电源电路导通时，电源指示灯 D1 会亮起。

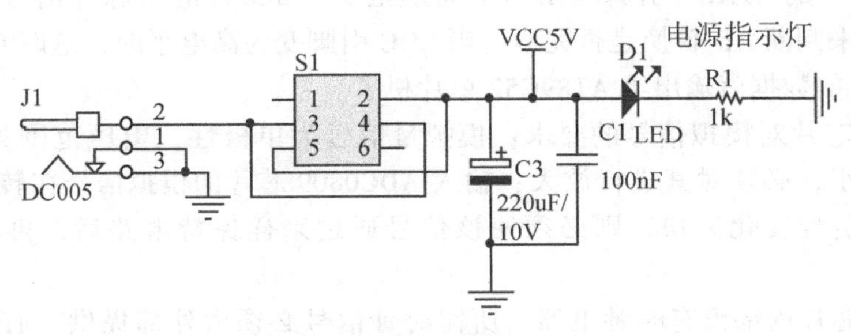

图 35-3　电源电路

2. 音量控制及音频功率放大电路

音量控制及音频功率放大电路如图 35-4 所示。其中，通过一个 50kΩ 电位器进行音量调节，即通过改变电流的大小改变音量的大小。该电位器同时与 ADC0809 芯片相连，以实现 AD 转换及相应显示。音频功率放大电路主要由数字功放芯片 PAM8403 构成。其中，两个 33kΩ 电阻 R15、R20 和两个 1μF 电容 C8、C12 构成高频滤波器；两个 1μF 电容 C5、C15 串联在 VCC 附近，以提高频率响应范围及减少噪声。PAM8403 芯片是 D 类结构的，能够以 90%的效率提供 3W 功率，具有工作效率高、便于与其他数字化设备相连接的特点。音频功率放大电路属于 PWM 型功率放大电路，符合本设计的要求。

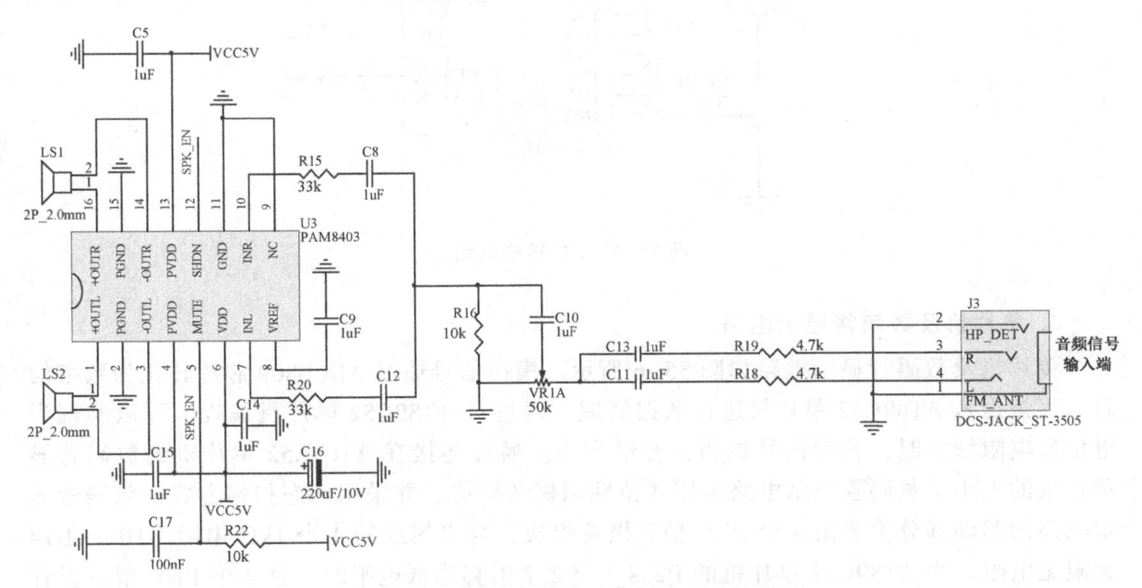

图 35-4　音量控制及音频功率放大电路

3. AD 转换电路

通过 ADC0809 芯片将信号由模拟量转化为数字量。ADC0809 芯片内部具有 8 位 AD

转换器、8 路多路开关及与微处理机兼容的控制逻辑 CMOS 组件。它是逐次逼近式 AD 转换器，可以和 AT89C52 单片机接口直接相连。在初始化 ADC0809 芯片时，START 和 OE 引脚均被置为低电平。ADC0809 芯片的 ADDa、ADDb、ADDc 引脚用于选择输入通道。如果 ADC0809 芯片的 START 引脚输出一个周期至少为 100ns 的正脉冲信号，就可以根据 EOC 引脚电平来判断 AD 转换是否完毕。当 EOC 引脚变为高电平时，这时 OE 引脚则为高电平，AD 转换的数据就输出给 AT89C52 单片机了。

ADC0809 芯片对模拟信号的要求：模拟量信号为单极性，电压范围为 0 ～ 5V；若模拟量信号太小，必须对其进行放大；输入 ADC0809 芯片的模拟信号在转换过程中保持不变；若模拟信号变化太快，则必须使该信号通过采样保持电路后，再输入 ADC0809 芯片。

ADC0809 芯片内部没有时钟电路，所需时钟信号必须由外部提供，通常使用的时钟信号频率为 500kHz。可将 ADC0809 芯片的 CLOCK 引脚与 AT89C52 单片机的 ALE 引脚相连，以获得时钟信号。AD 转换电路如图 35-5 所示。

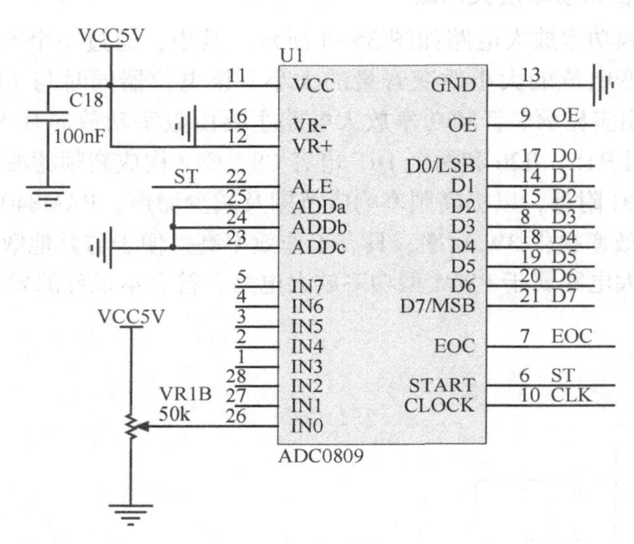

图 35-5　AD 转换电路

4. 单片机及数码管显示电路

单片机及数码管显示电路如图 35-6 所示。模拟信号通过 ADC0809 芯片转化为数字信号，再被送入 AT89C52 单片机进行数据处理。通过对 AT89C52 单片机编程，可以实现当电位器电阻增大时，音频信号减弱，音量变小。通过连接在 AT89C52 单片机的数码管显示音量的大小。数码管显示电路采用 4 位共阳极数码管，并采用动态扫描方式。数码管显示电路的驱动部分主要由 4 个 PNP 型三极管组成，与之相连的 4 个 1kΩ 电阻 R10 ～ R14 为限流电阻。当 AT89C52 单片机的 P2.4 ～ P2.7 引脚为低电平时，这 4 个 PNP 型三极管导通。AT89C52 单片机的 P0.0 ～ P0.7 引脚接数码管段选信号。

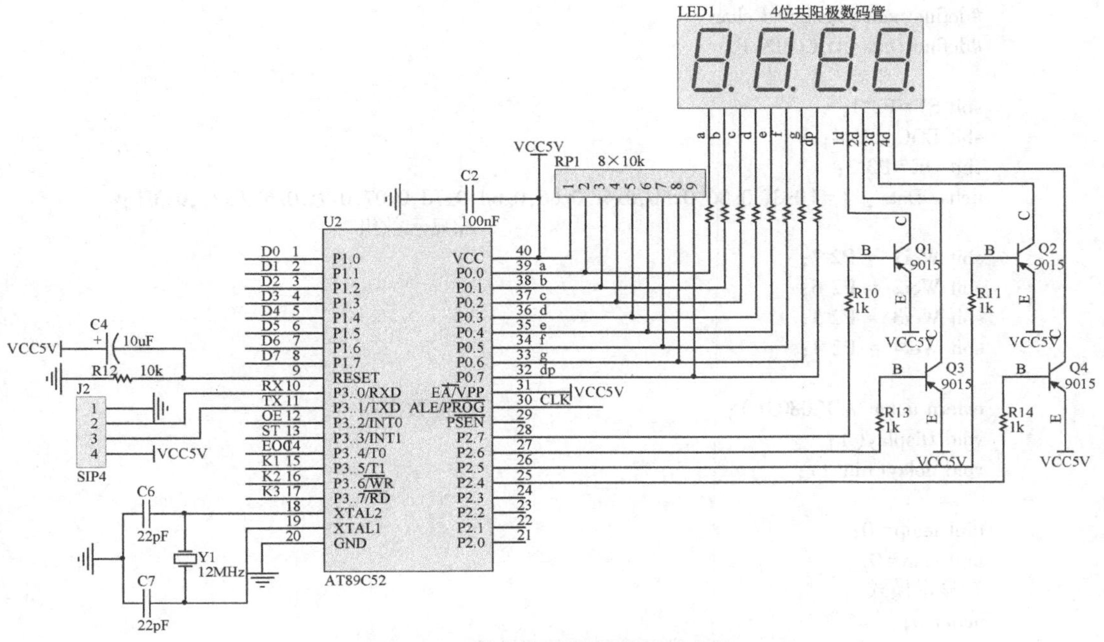

图 35-6　单片机及数码管显示电路

程序设计

程序流程图如图 35-7 所示。

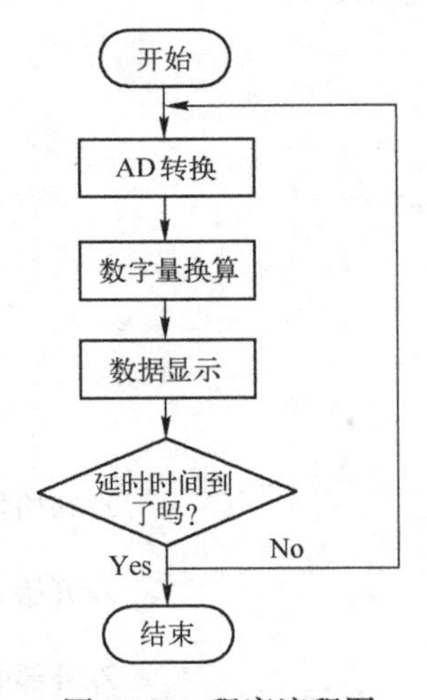

图 35-7　程序流程图

具体程序如下：

```
#include <reg52. h>                                 //头函数

#define uint unsigned int                           //宏定义
```

```
#define uchar unsigned char
#define Data_ADC0809 P1

sbit ST=P3^3;
sbit EOC=P3^4;
sbit OE=P3^2;
uchar Data_[ ]={0x3f,0x06,0x5b,0x4f,0x66,0x6d,0x7d,0x07,0x7f,0x6f,0x71,0x3f};
                                                //显示数组
sbit Wei1 = P2^7;
sbit Wei2 = P2^6;
sbit Wei3 = P2^5;
sbit Wei4 = P2^4;

extern uchar ADC0809( );                        //函数声明
void Display( );
void delay( uint t);

uint temp=0;
uint sum=0;
//显示模式
uchar p;

void main( )                                    //主函数
{
    while(1)
    {
            for( p=0;p<50;p++)                  //读取 AD 值
        {
            sum=sum+ADC0809( );
            Display( );
        }
        temp=sum/50;
        sum=0;
        for( p=0;p<30;p++)
        Display( );
    }
}
uchar ADC0809( )
{
    uchar temp_=0x00;
        OE=0;                                   //初始化
        ST=0;
        ST=1;                                   //开始 AD 转换
    ST=0;
        while( EOC==0)                          //外部中断等待 AD 转换结束
    OE=1;                                       //读取转换的 AD 值
    temp_=Data_ADC0809;
    OE=0;
    return temp_;
}
void delay( uint t)                             //延时
{
```

```
    uint i,j;
    for(i=0;i<t;i++)
        for(j=0;j<10;j++);
}

void Display()                                    //显示
{
    P0=0xff;
    Wei1=0;
    delay(10);
    Wei1=1;

    P0=~Data_[temp/100];
    Wei2=0;
    delay(10);
    Wei2=1;

    P0=~Data_[temp%100/10];
    Wei3=0;
    delay(10);
    Wei3=1;

    P0=~Data_[temp%100%10];
    Wei4=0;
    delay(10);
    Wei4=1;

}
```

电路板布线图（见图 35-8）

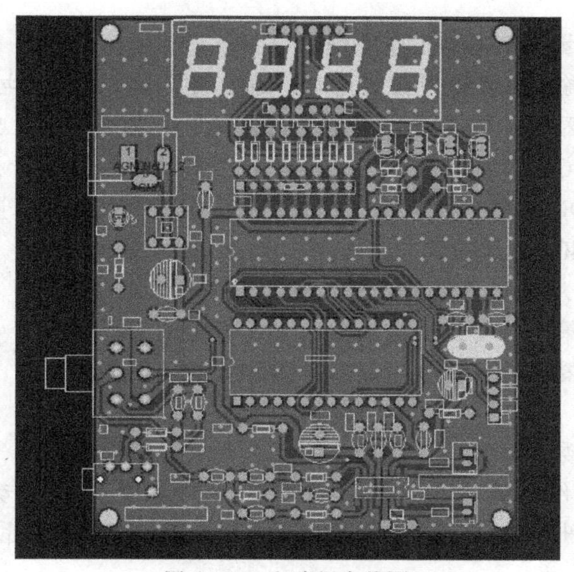

图 35-8　电路板布线图

实物照片（见图 35-9）

（a）数字音量控制电路板

（b）测试数字音量控制电路板

图 35-9　实物照片

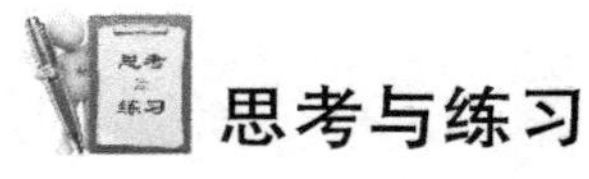

思考与练习

（1）简述数字音量控制电路工作原理。

答： 将音频信号输入数字音量控制电路，通过调节电位器改变电流的大小，进而改变音量的大小。该电位器同时与 ADC0809 芯片的输入引脚相连，以改变输入 ADC0809 芯片模拟信号的大小。ADC0809 芯片将输入的模拟信号转换成数字信号，再输入 AT89C52 单片机中。通过对 AT89C52 单片机编程，可以实现在数码管上显示音量的大小。

（2）简述 PAM8403 芯片的工作原理。

答： PAM8403 芯片是 D 类结构的，能够以 90%的效率提供 3W 功率。PAM8403 芯片内部有两级放大器，第一级增益由输入电阻 R_i 和反馈电阻 R_f 决定，第一级放大器的输出信号作为第二级放大器的输入信号，因此 PAM8403 芯片的增益为

$$A=20\lg[2\times(R_f/R_i)]$$

（3）在单片机及数码管显示电路中，为什么要加三极管？

答： 数码管的工作电流很大，而 AT89C52 单片机提供的驱动电流不大，所以将 AT89C52 单片机的输出电流通过三级管进行放大，才足以驱动数码管进行显示。

项目 36　数控晶闸管调光电路

设计任务

本设计是一个数控晶闸管调光电路，通过单片机控制数控晶闸管移相触发电路来实现D1和D2灯的选择，通过按键调节D1和D2灯的亮度。

总体思路

以STC15F104W单片机为主控单元，通过数控晶闸管移相触发电路实现对D1或D2灯的单独控制。当触发信号到达时，通过MOC3022芯片驱动双向晶闸管。通过按键调节双向晶闸管的导通区间，以实现对D1和D2灯的亮度调节。

系统组成

数控晶闸管调光电路主要分为以下两个模块。

☺ 控制电路。

☺ 高压电路：包括以下4个部分。

（1）数控晶闸管移相触发电路：实现通道选择及每个通道的单独控制。

（2）双向晶闸管驱动电路：驱动双向晶闸管。

（3）双向晶闸管电路：通过双向晶闸管不同的导通区间实现对D1和D2灯的亮度调节。

（4）交流同步脉冲电路：产生交流同步脉冲信号，并输入晶闸管移相触发电路。

模块详解

1. 控制电路

本设计采用STC15F104W单片机作为整个电路的控制单元。如图36-1所示，STC15F104W单片机的P3.2、P3.3、P3.5引脚分别通过JP3接口与高压电路中WS100T10芯片的2、4、3引脚相连，以实现对通道的选择。STC15F104W单片机的P3.1

和 P3.0 引脚既与下载串行接口相连，又与按键 S1 和 S2 相连。STC15F104W 单片机的 P3.4 引脚与开关 S3 相连，以实现对 0 和 1 状态的判断，从而控制 WS100T10 芯片的 4 引脚，以实现对 D1、D2 灯控制的选择。

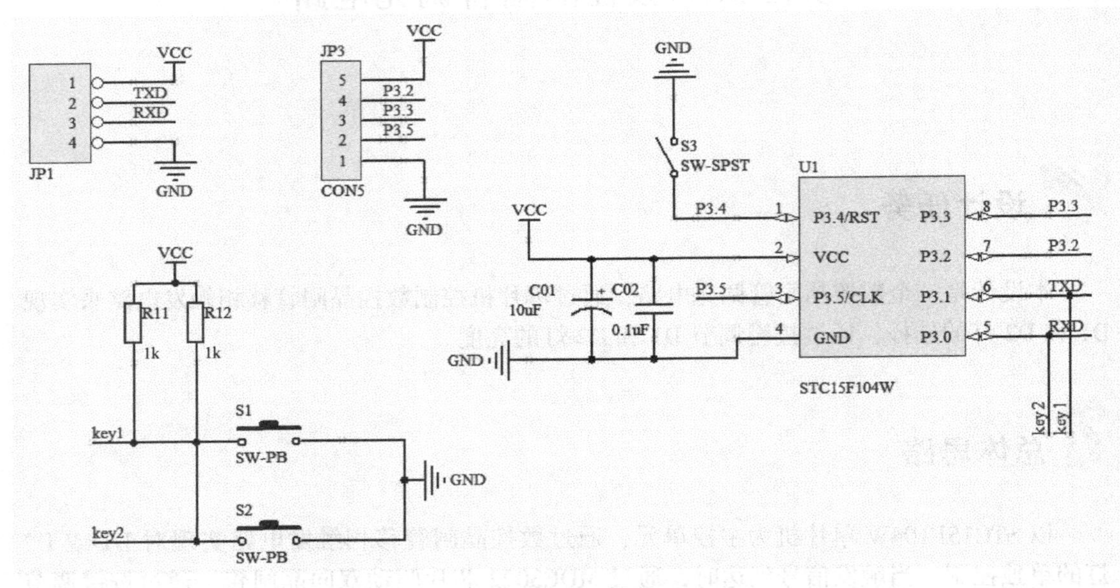

图 36-1　控制电路

2. 高压电路

1）数控晶闸管移相触发电路

本设计通过数控晶闸管移相触发专用集成电路（WS100T10 芯片）实现晶闸管的移相触发功能。WS100T10 芯片是用于工频 50Hz/60Hz 交流控制系统的专用集成电路，可以实现双通道双相晶闸管的触发，使每个通道可以被单独控制。WS100T10 芯片引脚功能如表 36-1 所示。

表 36-1　WS100T10 芯片引脚功能

引　脚	功　能	引　脚	功　能
1 引脚	接+5V 电源	5 引脚	交流同步脉冲信号输入端
2 引脚	串行数据输入端	6 引脚	通道 2 触发脉冲信号输出端
3 引脚	时钟信号输入端	7 引脚	通道 1 触发脉冲信号输出端
4 引脚	通道选择端	8 引脚	接地

数控晶闸管移相触发电路在本设计中的作用是实现通道选择。如图 36-2 所示，根据 STC15F104W 单片机的 P3.4 引脚的状态，STC15F104W 单片机将控制信号经其 P3.3 引脚输入 WS100T10 芯片的 4 引脚，再将其 P3.5 引脚输出信号输入 WS100T10 芯片的 3 引脚，提供时钟信号。将 STC15F104W 单片机的 P3.2 引脚输出信号输入 WS100T10 芯片的 2 引脚。通过按键调节延时时间，即可改变触发信号和同步信号的关系，从而改变了双向晶闸管的导通区间，以实现灯光亮度的调节。从 WS100T10 芯片的 5 引脚输入 100Hz 的交流同步脉冲信号。

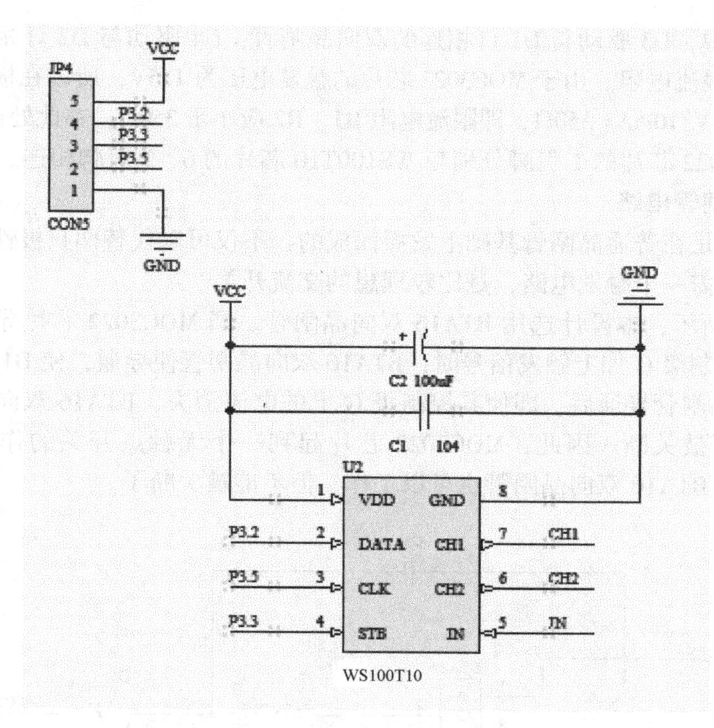

图 36-2 数字晶闸管移相触发电路

2）双向晶闸管驱动电路

本设计采用MOC3022芯片驱动双向晶闸管，如图36-3所示。MOC3022芯片是光耦合器，由输入、输出级两部分组成。其中，输入级是一个红外发光二极管，该二极管在10mA（最小触发电流）正向电流作用下，发出足够的红外光；输出级为具有过零检测功能的光控双向晶闸管。当红外发光二极管发射红外光时，光控双向晶闸管就被触发导通。

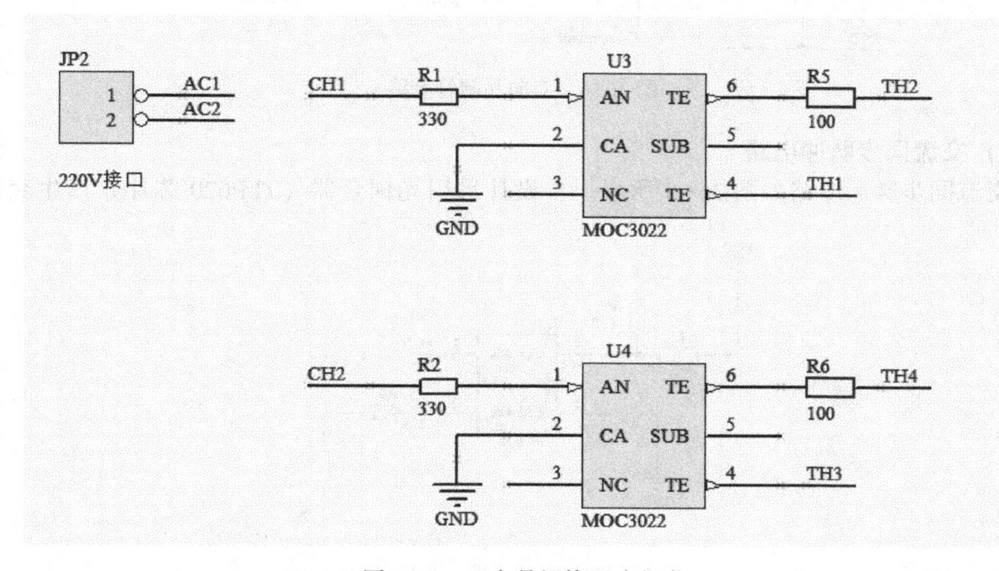

图 36-3 双向晶闸管驱动电路

在图 36-3 中，U3 驱动与 D1 灯相连的双向晶闸管，U4 驱动与 D2 灯相连的双向晶闸管，R1、R2 为限流电阻。由于 MOC3022 芯片的触发电压为 1.5V，所以在极限条件下限流电阻 $R=(5-1.5)\mathrm{V}/10\mathrm{mA}=350\Omega$，即限流电阻 R1、R2 应小于 350Ω，在此处选择 330Ω。

两个 MOC3022 芯片的 1 引脚分别与 WS100T10 芯片的 6、7 引脚相连。

3）双向晶闸管电路

双向晶闸管是在普通晶闸管基础上发展而成的，不仅可以代替两只极性相反且并联的晶闸管，而且只需一个触发电路，是比较理想的交流开关。

如图 36-4 所示，本设计选用 BTA16 双向晶闸管。当 MOC3022 芯片导通、在 BTA16 双向晶闸管的控制级 G 加上触发信号时，BTA16 双向晶闸管便导通，使 D1 或 D2 灯发光。当 BTA16 双向晶闸管导通后，即使其控制级 G 上的电流消失，BTA16 双向晶闸管仍然处于导通状态而不被关断。因此，MOC3022 芯片起到一个无触点开关的作用。如果去掉 MOC3022 芯片，BTA16 双向晶闸管也可以工作，但不能被关断了。

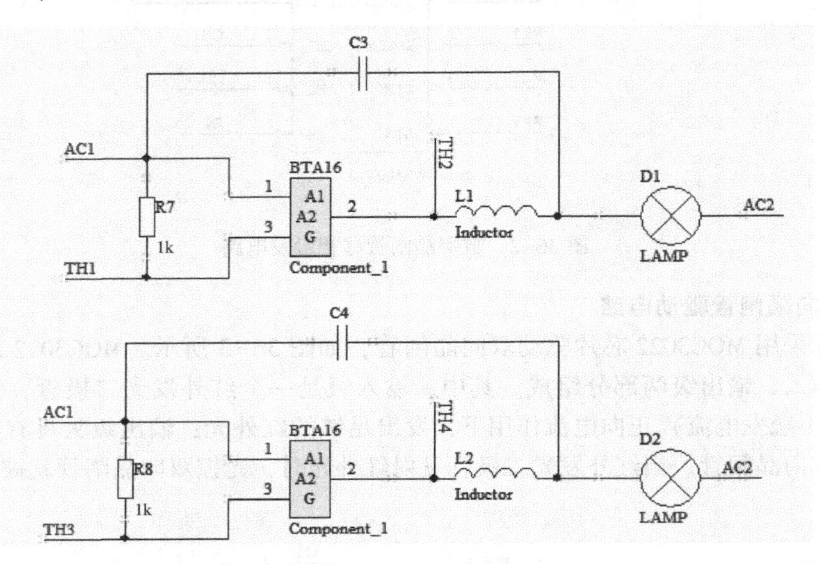

图 36-4　双向晶闸管电路

4）交流同步脉冲电路

交流同步脉冲电路如图 36-5 所示。本设计采用光耦合器（TLP620 芯片）产生交流

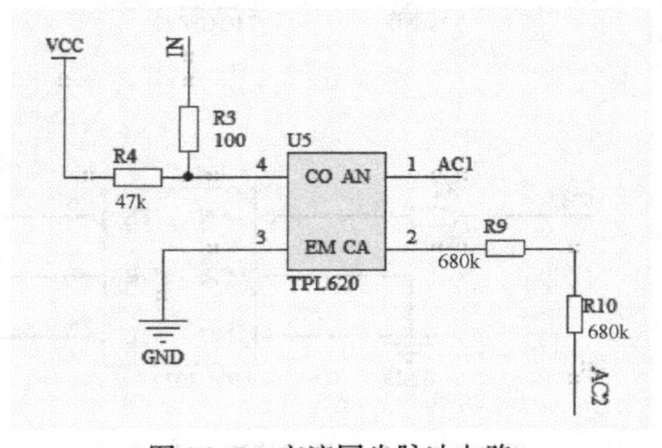

图 36-5　交流同步脉冲电路

同步脉冲信号作为WS100T10芯片5引脚的输入信号。TLP620芯片把发光二极管和光敏三极管组装在一起。当高电平信号送入TLP620芯片的1引脚时，发光二极管通过电流而发光，光敏三极管受到光照后而导通，在TLP620芯片的4引脚输出低电平信号；当低电平信号送入TLP620芯片的1引脚时，发光二极管不发光，光敏三极管截止，在TLP620芯片的4引脚输出高电平信号。

程序设计

```
#include <REG52.H>
#include <stdio.h>
#include <intrins.h>
#include <main.h>
/*-------------------------------------------------------------------------
函数功能:主函数
-------------------------------------------------------------------------*/
void main(void)
{
    P3 = 0x00;
    P1 = 0xf8;
    while(1)
    {
        scankey();
        MyDelay(50);
    }
}

/*-------------------------------------------------------------------------
函数功能:调光控制函数
-------------------------------------------------------------------------*/
void Control(unsigned char cmd,unsigned char ch)
{
    unsigned char i,dl,dh;
    unsigned int datas;

    dh =cmd;
    if(ch == 1)dh |= 0x80;

    dl = ~dh;
    datas  = dl;
    datas |= dh<<8;

    STB = 0;
    MyDelay(10);
    for(i=0;i<16;i++)
    {
        CLK = 0;
        MyDelay(5);
        if(datas & 0x8000)DAT = 1;
```

```
        else            DAT = 0;
        CLK = 1;
        MyDelay(5);
        datas <<= 1;
    }
    DAT = 1;
    STB = 1;
    CLK = 1;
}
/*---------------------------------------------------------------------------
函数功能:延时函数
---------------------------------------------------------------------------*/
void MyDelay(unsigned int time)
{
    while(time--)
    {
        _nop_();
    }
}
/*---------------------------------------------------------------------------
函数功能:延时函数
---------------------------------------------------------------------------*/
void scankey(void)
{


}

void Key00(void)                    //D1 灯亮度增大
{
    if(light1 == 0)light1 = 81;
    if(light1 > 1)light1--;
    channel = 0;
    Control(light1,channel);
}
void Key10(void)
{
    LED = 1;
    if(light1 == 0)light1 = 81;
    if(light1 > 1)light1--;
    channel = 0;
    Control(light1,channel);
    MyDelay(2000);
}
void Key20(void)
{


}
void Key01(void)                        //D1 灯亮度减小
{
    if(light1 == 0)     return;
    if(++light1 > 81)   light1 = 0;
    channel = 0;
```

```
    Control(light1,channel);
}
void Key11(void)
{
    if(light1 == 0)      return;
    if(++light1 > 81)    light1 = 0;
    channel = 0;
    Control(light1,channel);
    MyDelay(2000);
}
void Key21(void)
{


}
void Key02(void)                         //D2 灯亮度增大
{
    if(light2 == 0)light2 = 81;
    if(light2 > 1)    light2--;
    channel = 1;
    Control(light2,channel);
}
void Key12(void)
{
    if(light2 == 0)light2 = 81;
    if(light2 > 1)    light2--;
    channel = 1;
    Control(light2,channel);
    MyDelay(2000);
}
void Key22(void)
{


}
void Key03(void)                     //D2 灯亮度减小
{
    if(light2 == 0)      return;
    if(++light2 > 81)    light2 = 0;
    channel = 1;
    Control(light2,channel);
}
void Key13(void)
{
    if(light2 == 0)      return;
    if(++light2 > 81)    light2 = 0;
    channel = 1;
    Control(light2,channel);
    MyDelay(2000);
}
void Key23(void)
{


}
```

```
void Key04(void)                //关机键
{
    Control(0x00,0x00);
    Control(0x00,0x01);
    light1 = 0;
    light2 = 0;
}
void Key14(void)
{

}
void Key24(void)
{

}
```

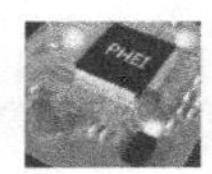

电路板布线图（见图 36-6）

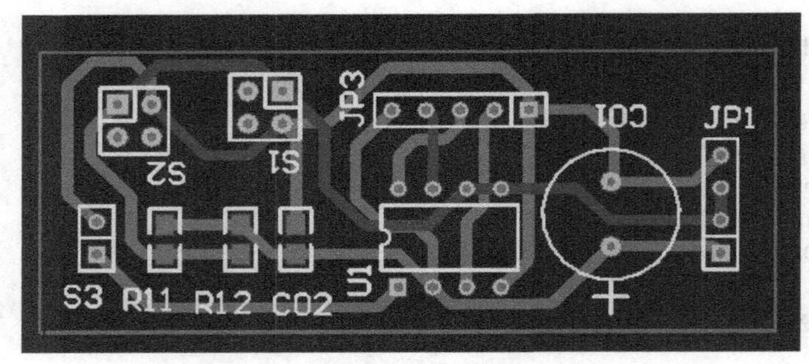

(a) 控制电路板布线图

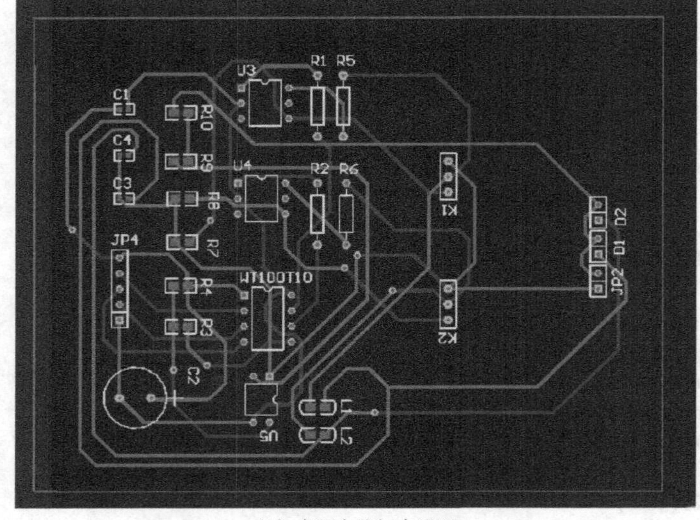

(b) 高压电路板布线图

图 36-6　电路板布线图

实物照片（见图 36-7）

（a）数控晶控管调光电路

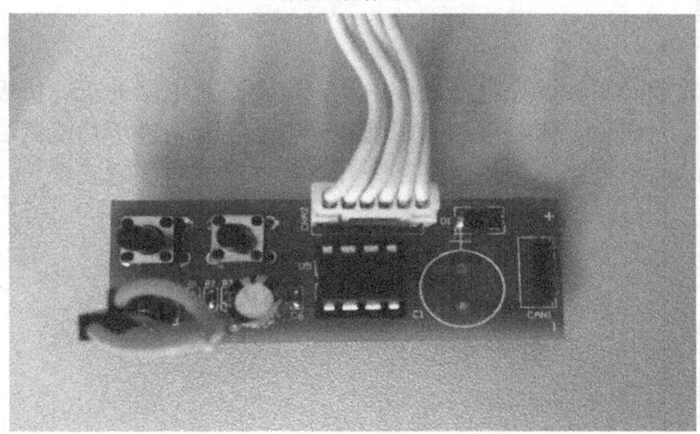

（b）控制电路

（c）高压电路

图 36-7　实物照片

思考与练习

（1）在本设计中，WS100T10 芯片的主要作用是什么？若本设计只控制一个灯，可否去掉 WS100T10 芯片？

答： WS100T10 芯片的主要作用是实现通道选择。若本设计控制一个白炽灯，可以去掉 WS100T10 芯片。

（2）怎样通过双向晶闸管实现调光的？

答： 通过按键调节延时时间，即可改变触发信号和同步信号的关系，从而改变了双向晶闸管的导通区间，以实现灯光亮度的调节。

（3）在晶闸管导通后，去掉控制级 G 上的电流，晶闸管处于什么状态？

答： 晶闸管仍处于导通状态。

特别提醒

（1）在测试数控晶闸管调光电路过程中，一定要注意电源的正、负极不能接反。

（2）在本设计完成后，要对数控晶闸管调光电路各模块进行功能测试。

（3）本设计的高压电路应与控制电路分开，并在测试时注意安全。

项目 37　数字定时控制开关电路

设计任务

设计一个简单的数字定时控制开关电路，使其在某时间范围内能设置定时时间，并在达到定时时间后做出相应控制动作。

基本要求

☺ 由 5V 电源电路给数字定时控制开关电路供电。

☺ 单片机电路采用 ATMEGA32A 单片机作为主控单元。

☺ 由 4 位数码管组成显示电路，以显示定时时间。

☺ 由 5 个按键组成按键电路，可以设置最长为 24h60s 的定时时间。

☺ 由发光二极管（LED）和蜂鸣器组成声光电路，以方便调试数字定时控制开关电路，并体现控制效果。

总体思路

以 ATMEGA32A 单片机为主控单元，由按键电路设置定时时间，能在数码管上显示定时时间，在达到定时时间后由声光电路显示控制效果。

系统组成

数字定时控制开关电路主要分为电源电路、单片机电路、按键电路、数码管显示电路、声光电路、预留引脚电路 6 个模块。

数字定时控制开关电路系统框图如图 37-1 所示。

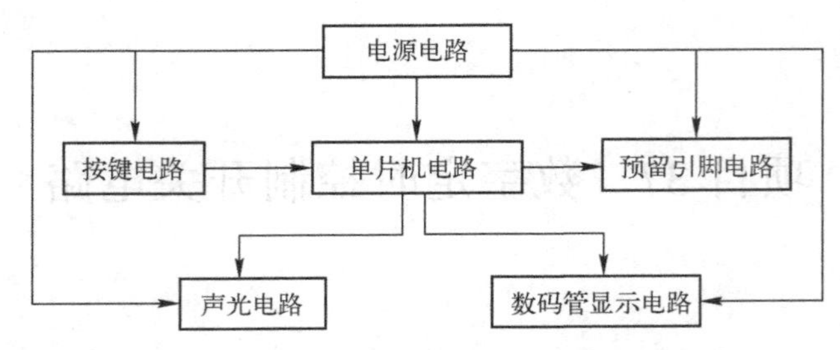

图 37-1　数字定时控制开关电路系统框图

模块详解

1. 电源电路

数字定时控制开关电路的供电电压为 5V。本设计采用的稳压芯片是 LM1117，它是一款低压差的稳压芯片，能够提供 800mA 的电流。电源电路如图 37-2 所示。C8、C9 是钽电容，起到缓冲作用和稳定作用。当电源电路通电瞬间，电流从电源流出时不稳定，容易冲击元器件，C8、C9 就起到缓冲作用。电源电路在工作过程中的电流大小不是一直持续不变的，有了 C8、C9 这两个电容，电源电路的电压和电流就会很稳定，不会产生大的波动。C10、C11 电容值较小，都是 0.1μF，用来滤除高频信号的干扰。C10、C11 就是所说的去耦高频电容。D2 是发光二极管（LED），作为电源指示灯。R21 是限流电阻，保护 D2 不被烧坏。

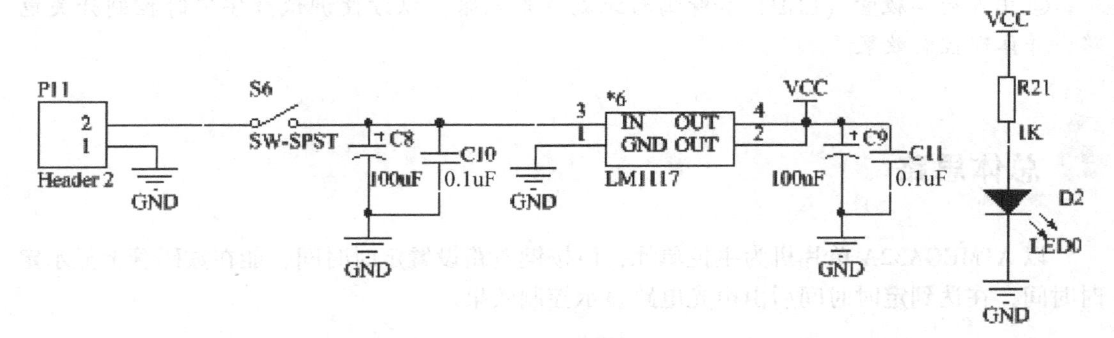

图 37-2　电源电路

2. 单片机电路

单片机电路如图 37-3 所示。本设计采用的主控单元是 ATMEGA32A 单片机，它是一款高性能、低功耗的 8 位 AVR 微处理器。Y1 是 11.0592MHz 的晶振。C2、C3 是匹配电容。P1 是下载接口。R1 和 C1 组成复位电路。C4、C5、C6、C7 是 ATMEGA32A 单片机供电引脚的去耦电容，用于稳定电压。

3. 按键电路

按键电路如图 37-4 所示。按键电路由 5 个微动开关组成。R13、R14、R15、R16、R17 是上拉电阻。当按键没有被按下时，ATMEGA32A 单片机对应引脚输入的是高电平信

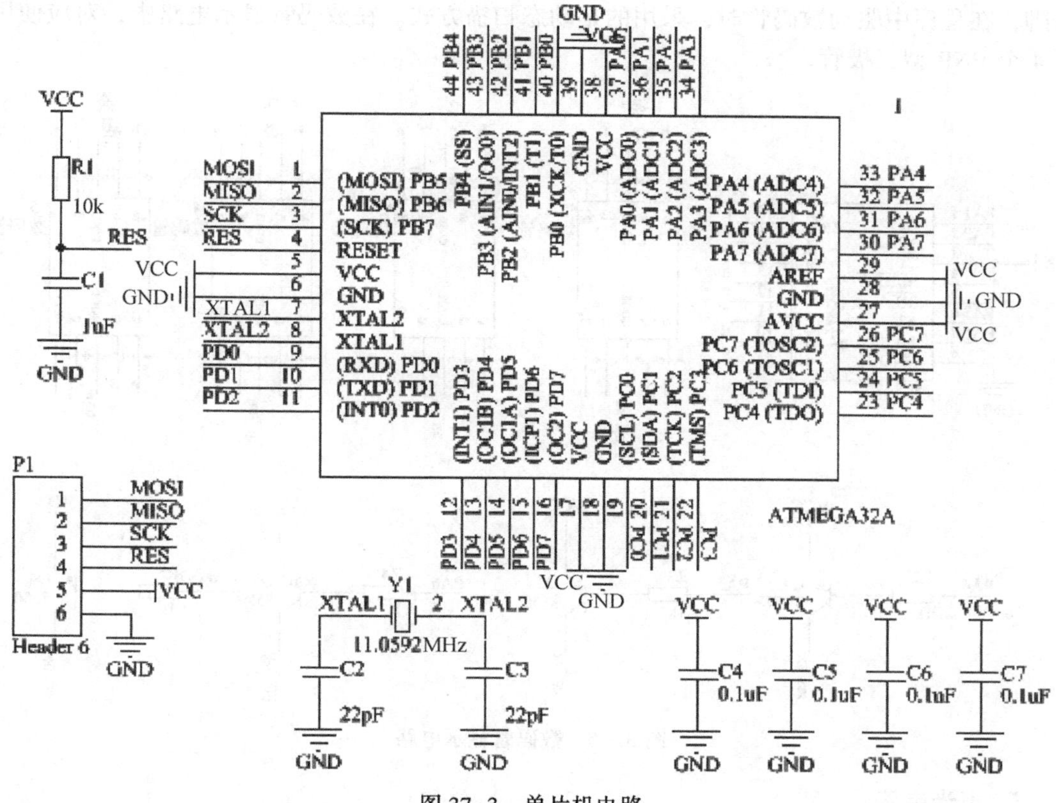

图 37-3　单片机电路

号；当按键被按下时，ATMEGA32A 单片机对应引脚输入的是低电平信号。为了消除按键抖动，在程序中进行了消抖处理，即两次间隔 50ms 读取按键状态信号。

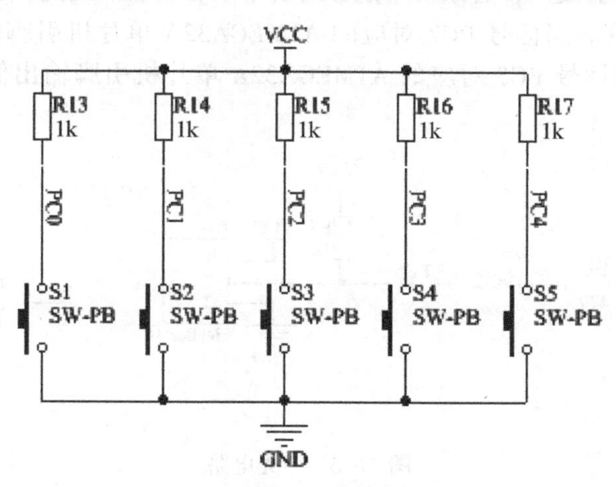

图 37-4　按键电路

4. 数码管显示电路

数码管显示电路如图 37-5 所示。本设计采用的数码管是共阳极贴片数码管。在数码管显示电路中，使用了 74LS47 芯片作为数码管译码芯片。为了节省 ATMEGA32A 单片机引脚，在程序中驱动数码管时，采用的是动态扫描方式。在数码管显示电路中，对应使用了4个PNP型三极管。

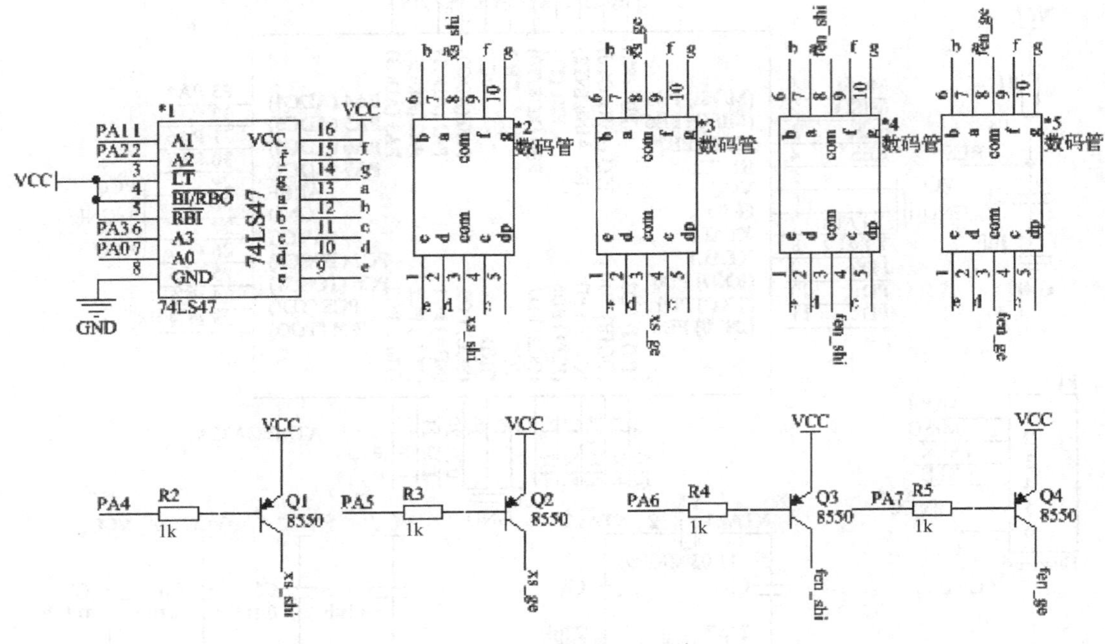

图 37-5　数码管显示电路

5. 声光电路

声光电路如图37-6所示。在调试数字定时控制开关电路过程中，通过声光电路能方便地得知程序的运行状态，并能准确地体现控制效果。声光电路主要由LED调试灯和蜂鸣器组成。欲使蜂鸣器发声，必须要用足够的功率来驱动它。因此，在声光电路中，使用了一个PNP型三极管。当标号PC7对应的ATMEGA32A单片机引脚输出低电平信号时，蜂鸣器发出声音。当标号PC5对应的ATMEGA32A单片机引脚输出低电平信号时，LED被点亮。

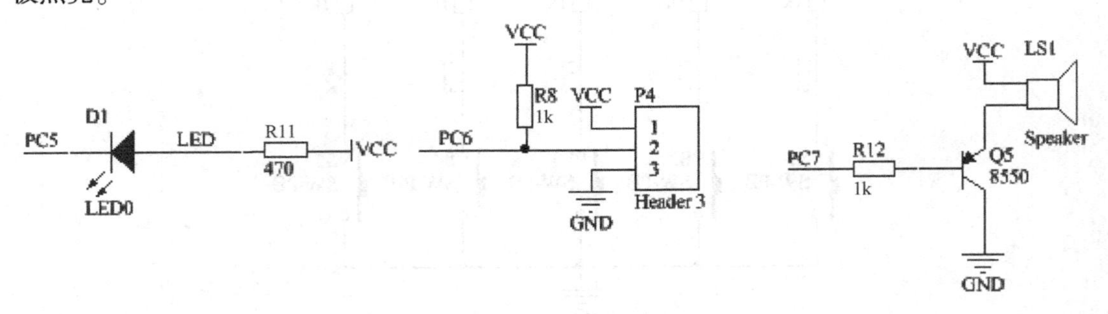

图 37-6　声光电路

6. 预留引脚电路

为了方便ATMEGA32A单片机的功能扩展和满足调试数字定时控制开关电路的需求，本设计将ATMEGA32A单片机未使用的引脚引出，并在每个引脚加了上拉电阻。预留引脚电路如图37-7所示。

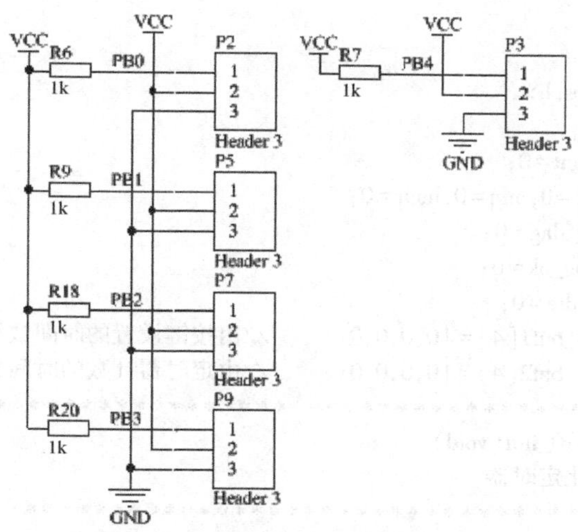

图 37-7　预留引脚电路

程序设计

主函数程序流程图如图 37-8 所示。

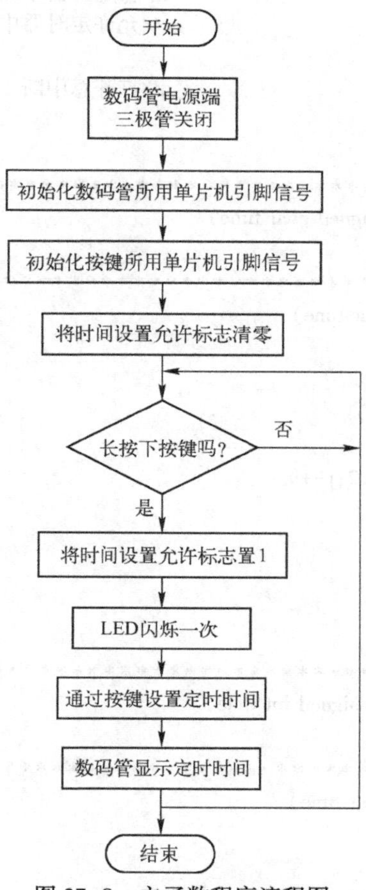

图 37-8　主函数程序流程图

主函数程序如下:

```
#include <includes.h>

unsigned char count=0;
unsigned char sec=0,min=0,hour=0;
unsigned char set_flag=0;
unsigned char time_ok=0;
unsigned char modle=0;
unsigned char dis_buf1[4]={0,0,0,0};        //由按键设置的时间数组
unsigned char dis_buf2[4]={0,0,0,0};        //由定时器计数的时间数组
/**************************************************************
函数名:void timer0_init(void)
函数功能:初始化定时器
**************************************************************/
void timer0_init(void)
{
    TCCR0 = 0x00;
    TCNT0 = 0x95;
    OCR0  = 0x6B;
    TIFR&=0xFE;                             //将定时器中断标志清零
    TIMSK|=0x01;                            //允许定时器中断
    TCCR0 = 0x05;
    SREG=0x80;                              //打开总中断
}

/**************************************************************
函数名:void delayus(unsigned char time)
函数功能:延时 1.6μs
**************************************************************/
void delayus(unsigned char time)
{
    unsigned char j;
    for(;time>0;time--)
        {
            for(j=0;j<2;j++)
            {
                ;
            }
        }
}
/**************************************************************
函数名:void delay1ms(unsigned int time)
函数功能:延时 1ms
**************************************************************/
void delay1ms(unsigned int time)
{
    unsigned char i,j;
    for(i=time;i>0;i--)
```

```
    {
        for(j=62;j>0;j--)
        {
            delayus(10);
        }
    }
}
/************************************************************
函数名:void BB(void)
函数功能:蜂鸣器响一次
************************************************************/
void BB(void)
{
    DDRC |=0x80;
    BB_L;
    delay1ms(500);
    BB_H;
}
/************************************************************
函数名:void LED(void)
函数功能:LED 灯烁一下
************************************************************/
void LED(void)
{
    DDRC |=0x20;
    LED_L;
    delay1ms(500);
    LED_H;


}

/***********************************END*********************/
void main(void)
{
    DDRC |=0x40;

timer0_init();  //初始化定时器,测试定时器是否正确定时 1s,测试通过之后屏蔽此段程序
nixietube_port_init();          //初始化数码管所用单片机引脚信号

button_port_init();             //初始化按键所用单片机引脚信号
set_flag=0;
while(1)
{

    if(down_key)                //长按下按键
    {
        delay1ms(1000);
        if(down_key)
        {
```

```
            modle=1;              //在中断中选择相应的模式
            set_flag=1;           //允许进入时间设置模式
            LED();
            ceshi_H;
            sec=0;
            min=0;
            hour=0;
            dis_buf1[0]=0;
            dis_buf1[1]=0;
            dis_buf1[2]=0;
            dis_buf1[3]=0;
            dis_buf2[0]=0;
            dis_buf2[1]=0;
            dis_buf2[2]=0;
            dis_buf2[3]=0;
          }
        }
          setup_time();           //设置定时时间
        if(time_ok==1)
        {
          timer0_init();          //初始化定时器
          display_time2();        //显示时间，此时的效果是倒计时
        }

    }

}

/**************************************************
定时器 0 中断函数
**************************************************/
#pragma vector=TIMER0_OVF_vect
__interrupt void timer0_ovf_isr(void)
{
    TIFR&=0xFE;                   //将定时器中断标志清零
    TCCR0 = 0x00;

    TCNT0 = 0x95;
    OCR0  = 0x6B;
    //修改这里的两个参数,使定时器的中断时间为 1s
    count+=1;
    if(count==100)                //定时 1s
    {
        count=0;
        sec+=1;
        if(sec>59)
        {
          min+=1;
```

```
            sec=0;
            if(min>59)
            {
              hour+=1;
              min=0;
              if(hour>24)
              {
                hour=0;
                min=0;
                sec=0;
              }
            }
          }

            dis_buf2[0]=min/10;
            dis_buf2[1]=min%10;
            dis_buf2[2]=sec/10;
            dis_buf2[3]=sec%10;

      }

      if((sec%2)==0)//测试定时器是否正确定时 1s,测试通过之后屏蔽此段程序
      ceshi_H;
      else
      {ceshi_L;}

   if((dis_buf1[0]==dis_buf2[0])&&(dis_buf1[1]==dis_buf2[1])&&(dis_buf1[2]==dis_buf2
[2])&&(dis_buf1[3]==dis_buf2[3]))  //达到定时时间
      {
          BB();

          ceshi_L;
          TCCR0 = 0x00;           //stop

      }
      else
      {TCCR0 = 0x05; }           //start timer

   }
```

调试程序如下:

```
#include <includes.h>

unsigned char number[10]={0x00,0x01,0x02,0x03,0x04,0x05,0x06,0x07,0x08,0x09};
/*************************************************************
函数名:void nixietube_port_init(void)
功能:初始化数码管所用单片机引脚信号
*************************************************************/
void nixietube_port_init(void)
```

```
{
  DDRA |=0xFF;
  PORTA =0xF0;

}

/********************************************************
函数名:void display_time1(void)
功能:数码管显示小时、分钟
********************************************************/
void display_time1(void)
{

  PORTA =0xe0|dis_buf1[0];      //小时的十位
  delay1ms(2);
  PORTA =0xf0;

  PORTA =0xd0|dis_buf1[1];      //小时的个位
  delay1ms(2);
  PORTA =0xf0;

  PORTA =0xb0|dis_buf1[2];      //分钟的十位
  delay1ms(2);
  PORTA =0xf0;

  PORTA =0x70|dis_buf1[3];      //分钟的个位
  delay1ms(2);
  PORTA =0xf0;
}
/********************************************************
函数名:void display_time2(void)
功能:数码管显示小时、分钟
********************************************************/
void display_time2(void)
{

  PORTA =0xe0|dis_buf2[0];      //小时的十位
  delay1ms(2);
  PORTA =0xf0;

  PORTA =0xd0|dis_buf2[1];      //小时的个位
  delay1ms(2);
  PORTA =0xf0;

  PORTA =0xb0|dis_buf2[2];      //分钟的十位
  delay1ms(2);
  PORTA =0xf0;

  PORTA =0x70|dis_buf2[3];      //分钟的个位
  delay1ms(2);
  PORTA =0xf0;
}
```

按键程序如下：

```
#include <includes. h>


/****************************************************************
函数名:void button_port_init(void)
功能:初始化按键所用单片机引脚信号
****************************************************************/
void button_port_init(void)
{
  DDRC&=0xe0;
  PORTC|=0x1F;


}
/****************************************************************
函数名:void setup_time(void)
功能:设置定时时间
****************************************************************/
void setup_time(void)
{
  PORTA =0xf0;
  if(centre_key)
  {
    delay1ms(1000);
    if(centre_key)
    {
      BB();                          //蜂鸣器响一次
      while(set_flag)
      {
        if(left_key)                 //设置分钟
        {
          delay1ms(50);
          if(left_key)
          {
            PORTA =0xa0;             //点亮分钟对应的两个数码管
            if(up_key)
            {
              delay1ms(50);
              if(up_key)
              {
                dis_buf1[1]+=1;
                  if(dis_buf1[1]>9)dis_buf1[0]+=1;
                  if((dis_buf1[0] * 10+dis_buf1[1])>60)
                  {
                    dis_buf1[0]=0;
                    dis_buf1[1]=0;
                  }
              }
            }
            if(down_key)
```

```
            {
              delay1ms(50);
              if(down_key)
              {
                if((dis_buf1[0]==0)&&(dis_buf1[1]==0));
                else
                {
                  if((dis_buf1[1]==0)&&(dis_buf1[0]>0))dis_buf1[0]-=1;
                  else
                  {
                    dis_buf1[1]-=1;
                  }
                }
              }
            }
          }
        }
        if(right_key)              //设置秒
        {
          delay1ms(50);
          if(right_key)
          {
            PORTA =0x30;           //点亮秒对应的两个数码管
            if(up_key)
            {
              delay1ms(50);
              if(up_key)
              {

                  dis_buf1[3]+=1;
                  if(dis_buf1[3]>9)dis_buf1[2]+=1;
                  if((dis_buf1[2] * 10+dis_buf1[3])>60)
                  {
                    dis_buf1[2]=0;
                    dis_buf1[3]=0;
                  }

              }
            }
            if(down_key)
            {
              delay1ms(50);
              if(down_key)
              {
                if((dis_buf1[2]==0)&&(dis_buf1[3]==0));
                else
                {
                  if((dis_buf1[3]==0)&&(dis_buf1[2]>0))dis_buf1[2]-=1;
                  else
                  {
                    dis_buf1[3]-=1;
                  }
```

```
                                }
                            }
                        }
                    }
                }
                display_time1();
                if(centre_key)
                {
                    delay1ms(1000);
                    if(centre_key)
                    {
                        BB();
                        set_flag=0;
                        time_ok=1;
                        timer0_init();          //初始化定时器
                    }
                }
            }

        }
    }
}
```

电路板布线图（见图 37-9）

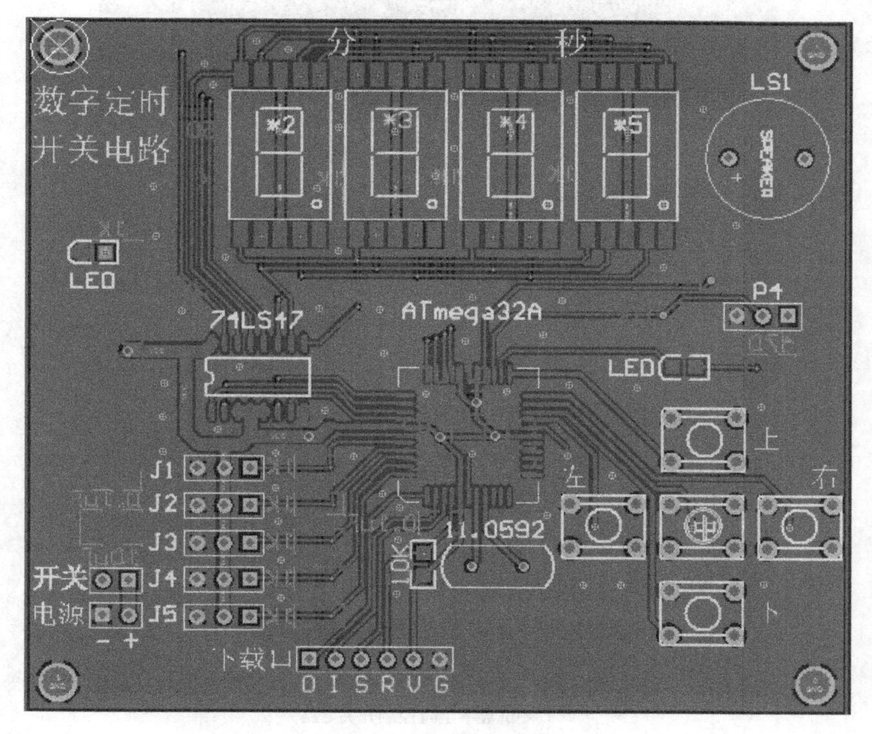

图 37-9　电路板布线图

实物照片（见图 37-10）

（a）数字定时控制开关电路板正面

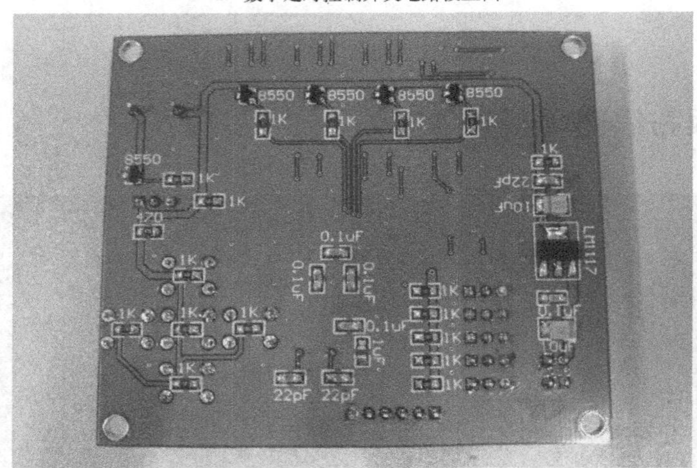

（b）数字定时控制开关电路板反面

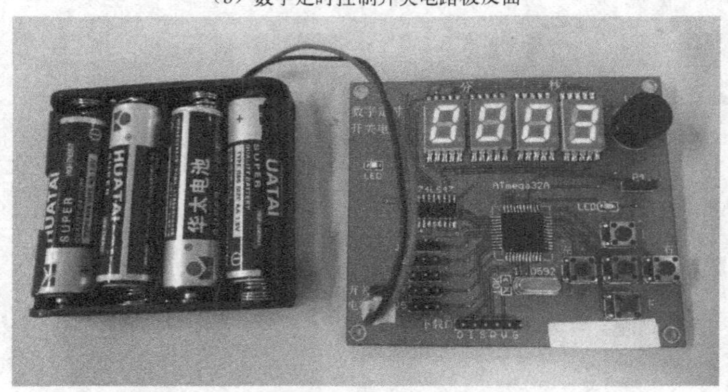

（c）测试数字定时控制开关电路

图 37-10　实物照片

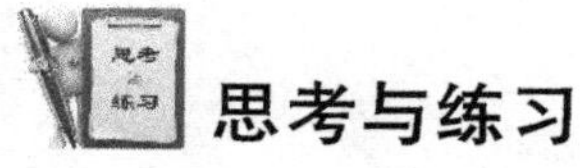

思考与练习

（1）如何确定LED的限流电阻？

答：不同颜色的LED的管压降是不一样的。一般LED的驱动电流是10mA。LED的限流电阻为

限流电阻 =(电源电压−管压降)÷驱动电流

（2）在电源电路中，电容的作用是什么？

答：电容值较大的电容起到缓冲和稳定电流的作用。电容值较小的电容起到滤除高频信号干扰的作用。

（3）在程序中，如何消除按键抖动？

答：在程序中，采取多次读取按键状态信号，一般两次读取按键状态信号即可。这两次读取按键状态信号中间间隔时间为50ms即可。

（4）在采用动态扫描方式的数码管显示电路中，显示频率应设置为多少？

答：当显示频率达到25Hz时，人眼将不能区分是否振动，所以显示频率应当大于25Hz。

特别提醒

（1）在测试数字定时控制开关电路过程中，一定要注意电源接线不能接反。

（2）在本设计完成后，要对数字定时控制开关电路各模块进行功能测试。

举报电话：（010）88254396；（010）88258888
传　　真：（010）88254397
E-mail：dbqq@ phei. com. cn
通信地址：北京市海淀区万寿路 173 信箱
　　　　　电子工业出版社总编办公室
邮　　编：100036